工业和信息化**精品系列**教材

Java EE Enterprise Application Development Course
2nd Edition

Java EE 企业级应用开发教程

(Spring+Spring MVC+MyBatis) 第2版

黑马程序员 编著

人民邮电出版社
北京

图书在版编目（CIP）数据

Java EE企业级应用开发教程 : Spring+Spring MVC+MyBatis / 黑马程序员编著. -- 2版. -- 北京 : 人民邮电出版社, 2021.10
工业和信息化精品系列教材
ISBN 978-7-115-56817-5

Ⅰ. ①J… Ⅱ. ①黑… Ⅲ. ①JAVA语言－程序设计－高等学校－教材 Ⅳ. ①TP312.8

中国版本图书馆CIP数据核字(2021)第128626号

内 容 提 要

本书详细讲解 Java EE 中 Spring、Spring MVC 和 MyBatis 三大框架（以下简称 SSM）的基本知识和应用。本书在对知识点进行描述时采用了大量案例，以便读者理解 SSM 的核心技术。

本书共 15 章，第 1~5 章主要讲解 MyBatis 的相关知识，包括初识 MyBatis 框架、MyBatis 的核心配置、动态 SQL、MyBatis 的关联映射和缓存机制，以及 MyBatis 的注解开发；第 6～9 章主要讲解 Spring 的基本知识和应用，包括初识 Spring 框架、Spring 中的 Bean 的管理、Spring AOP，以及 Spring 的数据库编程；第 10~14 章主要讲解 Spring MVC 的相关知识，包括初识 Spring MVC 框架、Spring MVC 的核心类和注解、Spring MVC 数据绑定和响应、Spring MVC 的高级功能，以及 SSM 框架整合；第 15 章通过一个云借阅图书管理系统案例，讲解实际开发中 SSM 框架的应用。

本书附有配套视频、源代码、题库、教学课件等资源，为帮助初学者更好地学习本书，编者还提供了在线答疑。

本书既可作为高等教育本、专科院校计算机相关专业的教材，也可作为 Java 高级技术的培训教材。

◆ 编　　著　黑马程序员
　责任编辑　范博涛
　责任印制　彭志环
◆ 人民邮电出版社出版发行　　北京市丰台区成寿寺路 11 号
　邮编　100164　　电子邮件　315@ptpress.com.cn
　网址　https://www.ptpress.com.cn
　山东华立印务有限公司印刷
◆ 开本：787×1092　1/16
　印张：18.5　　　　2021 年 10 月第 2 版
　字数：458 千字　　2025 年 1 月山东第 10 次印刷

定价：59.80 元

读者服务热线：(010)81055256　印装质量热线：(010)81055316
反盗版热线：(010)81055315
广告经营许可证：京东市监广登字 20170147 号

FOREWORD

序言

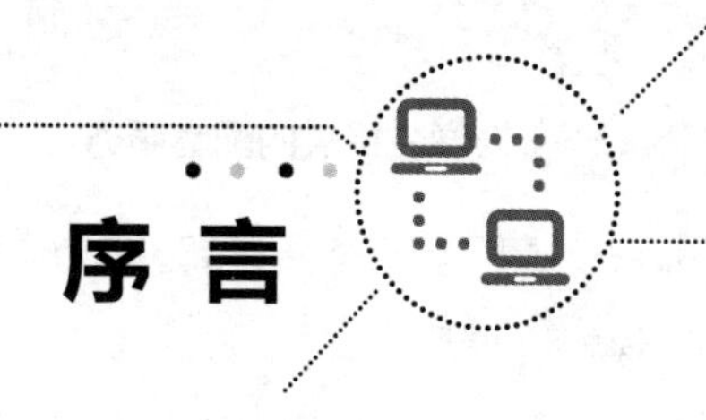

本书的创作公司——江苏传智播客教育科技股份有限公司（简称“传智教育”）作为我国第一个实现 A 股 IPO 上市的教育企业，是一家培养高精尖数字化专业人才的公司，主要培养人工智能、大数据、智能制造、软件开发、区块链、数据分析、网络营销、新媒体等领域的人才。传智教育自成立以来贯彻国家科技发展战略，讲授的内容涵盖了各种前沿技术，已向我国高科技企业输送数十万名技术人员，为企业数字化转型、升级提供了强有力的人才支撑。

传智教育的教师团队由一批来自互联网企业或研究机构，且拥有 10 年以上开发经验的 IT 从业人员组成，他们负责研究、开发教学模式和课程内容。传智教育具有完善的课程研发体系，一直走在整个行业的前列，在行业内树立了良好的口碑。传智教育在教育领域有 2 个子品牌：黑马程序员和院校邦。

一、黑马程序员——高端 IT 教育品牌

黑马程序员的学员多为大学毕业后想从事 IT 行业，但各方面的条件还达不到岗位要求的年轻人。黑马程序员的学员筛选制度非常严格，包括了严格的技术测试、自学能力测试、性格测试、压力测试、品德测试等。严格的筛选制度确保了学员质量，可在一定程度上降低企业的用人风险。

自黑马程序员成立以来，教学研发团队一直致力于打造精品课程资源，不断在产、学、研 3 个层面创新自己的执教理念与教学方针，并集中黑马程序员的优势力量，有针对性地出版了计算机系列教材百余种，制作教学视频数百套，发表各类技术文章数千篇。

二、院校邦——院校服务品牌

院校邦以“协万千院校育人、助天下英才圆梦”为核心理念，立足于中国职业教育改革，为高校提供健全的校企合作解决方案，通过原创教材、高校教辅平台、师资培训、院校公开课、实习实训、协同育人、专业共建、“传智杯”大赛等，形成了系统的高校合作模式。院校邦旨在帮助高校深化教学改革，实现高校人才培养与企业发展的合作共赢。

（一）为学生提供的配套服务

1. 请同学们登录“传智高校学习平台”，免费获取海量学习资源。该平台可以帮助同学们解决各类学习问题。

2. 针对学习过程中存在的压力过大等问题，院校邦为同学们量身打造了 IT 学习小助手——邦小苑，可为同学们提供教材配套学习资源。同学们快来关注“邦小苑”微信公众号。

（二）为教师提供的配套服务

1. 院校邦为其所有教材精心设计了“教案+授课资源+考试系统+题库+教学辅助案例”的系列教学资源。教师可登录“传智高校教辅平台”免费使用。

2. 针对教学过程中存在的授课压力过大等问题，教师可添加“码大牛” QQ（2770814393），或者添加“码大牛”微信（18910502673），获取最新的教学辅助资源。

前言 PREFACE

为什么要学习本书

当前轻量级 Java EE 应用开发通常会采用以 SSM（Spring+Spring MVC+MyBatis）框架为核心的组合方式，从而使 Java EE 架构具有出色的可维护性和可扩展性，同时可以极大地提高项目的开发效率，降低开发和维护的成本，因此，SSM 框架是当前企业项目开发的首选。

为加快推进党的二十大精神进教材、进课堂、进头脑，本书秉承“坚持教育优先发展，加快建设教育强国、科技强国、人才强国”的思想对教材的编写进行策划。通过教材研讨会、师资培训等渠道，广泛调动教学改革经验的高校教师，以及具有多年开发经验的技术人员共同参与教材编写与审核，让知识的难度与深度、案例的选取与设计，既满足职业教育特色，又满足产业发展和行业人才需求。

本书在《Java EE 企业级应用开发（Spring+Spring MVC+MyBatis）》的基础上，对 SSM 框架知识体系进行更为系统的罗列与规划，使章节排布更合理，并对每一个框架进行更为深入的分析讲解。除此之外，本书还新增很多阶段案例，并采用 Maven 构建项目案例，突出培养读者的实践能力，尽可能地使读者具备解决实际问题的能力。从而全面提高人才自主培养质量，加快现代信息技术与教育教学的深度融合，进一步推动高质量教育体系的发展。

如何使用本书

本书适合具有 Java 基础和一定 Java Web 相关知识的读者学习。对于没有任何基础的读者，建议先学习本系列教材中的《Java 基础案例教程（第 2 版）》和《Java Web 程序设计任务教程（第 2 版）》。

本书在 Spring 5.2+Spring MVC 5.2+MyBatis 3 的基础上，详细讲解这三大框架的基础知识和使用方法。在编写时，编者力求将一些非常复杂、难以理解的思想和问题简单化，使读者能够轻松理解并快速掌握这些知识点。同时，本书还对每个知识点进行了深入分析，并针对重要知识点精心设计了案例，以提高读者的实践操作能力。本书共分为 15 章，每章的内容具体如下。

- 第 1 章主要讲解 MyBatis 框架的基础知识，包括框架概述、MyBatis 框架的概念和特点、MyBatis 的环境搭建、简单的查询案例，以及 MyBatis 的工作原理。
- 第 2 章主要讲解 MyBatis 的核心配置，包括 MyBatis 的核心对象 SqlSessionFactoryBuilder、SqlSessionFactory 和 SqlSession，以及 MyBatis 核心配置文件和映射文件。
- 第 3 章主要讲解 MyBatis 框架的动态 SQL，包括常用的动态 SQL 元素介绍和常用动态 SQL 元素的使用。
- 第 4 章主要讲解 MyBatis 框架中的关联映射和缓存机制，包括关联关系中的一对一、一对多和多对多的处理，以及 MyBatis 缓存机制中的一级缓存和二级缓存。
- 第 5 章主要讲解 MyBatis 框架中的注解开发，包括基于注解的单表增删改查和基于注解的关联查询。
- 第 6 章主要讲解 Spring 框架的一些基础知识，包括 Spring 框架的概念、优点、体系结构、新特性、下载及目录结构、入门程序，以及控制反转与依赖注入等。
- 第 7 章主要讲解 Spring 中的 Bean 的管理，包括 Spring IoC 容器、Bean 的配置、Bean 的实例化的 3 种方式、Bean 的作用域、Bean 的装配方式，以及 Bean 的生命周期。

- 第 8 章主要讲解 Spring 框架中的 AOP，包括 AOP 的介绍、AOP 的实现机制，以及基于 XML 的 AOP 实现和基于注解的 AOP 实现。
- 第 9 章主要讲解 Spring 的数据库编程，包括 Spring JDBC 中的核心类和配置的介绍、Spring Jdbc-Template 的常用方法、Spring 事务管理的核心接口、事务管理的方式，以及基于 XML 方式和基于注解方式的声明式事务处理的使用。
- 第 10 章主要讲解 Spring MVC 框架的入门知识，包括 Spring MVC 的介绍、Spring MVC 入门程序的编写，以及 Spring MVC 的工作原理。
- 第 11 章主要讲解 Spring MVC 的核心类及其相关注解的使用，包括对前端控制器 DispatcherServlet 的作用和配置、@Controller 注解和@RequestMapping 注解类型的使用。
- 第 12 章主要讲解 Spring MVC 数据绑定和响应，包括数据绑定介绍、简单数据绑定、复杂数据绑定、页面跳转的 3 种方式，以及数据回写的两种方式。
- 第 13 章主要讲解 Spring MVC 高级功能的使用，包括异常处理的 3 种方式，拦截器概述、拦截器的配置、单个拦截器和多个拦截器的执行流程、拦截器的实际应用，以及 Spring MVC 环境下的文件上传和下载。
- 第 14 章主要讲解 SSM 框架的整合知识，包括常用方式整合 SSM 框架和纯注解方式整合 SSM 框架。
- 第 15 章主要讲解云借阅图书管理系统项目的开发，包括系统概述、数据库设计、系统环境搭建、用户登录模块、图书管理模块，以及访问权限控制的开发实现等。

在学习过程中，读者一定要亲自实践书中的案例代码，如果不能完全理解书中所讲的知识点，可以登录博学谷平台，通过平台中的教学视频来辅助学习。学习完一个知识点后，要及时在博学谷平台上进行测试以巩固学习内容。另外，如果读者在理解知识点的过程中遇到困难，建议不要纠结于某个地方，可以先往后学习。通常来讲，随着对后面知识的不断深入了解，前面看不懂的知识点一般就迎刃而解了。如果读者在动手练习的过程中遇到问题，建议多思考，理清思路，认真分析问题发生的原因，并在问题解决后多总结。

致谢

本书的编写和整理工作由江苏传智播客教育科技股份有限公司完成，主要参与人员有高美云、薛蒙蒙、甘金龙等，全体人员在近一年的编写过程中付出了很多辛勤的汗水，在此一并表示衷心的感谢。

意见反馈

尽管编者付出了最大的努力，但书中难免会有不妥之处，欢迎各界专家和读者朋友们来信给予宝贵意见，编者将不胜感激。大家在阅读本书时，如发现任何问题或不认同之处可以通过电子邮件与编者进行联系。

请发送电子邮件至：itcast_book@vip.sina.com。

黑马程序员

2023 年 5 月于北京

目录
CONTENTS

第 1 章

初识MyBatis框架

学习目标

★ 了解框架的概念和优点

★ 了解 MyBatis 框架的概念和优点

★ 掌握 MyBatis 环境搭建

★ 掌握 MyBatis 入门程序的编写

★ 熟悉 MyBatis 工作原理

拓展阅读

随着业务的发展，软件系统变得越来越复杂，不同领域的业务所涉及的知识、内容、问题错综复杂，如果所有的软件都从底层功能开始开发，那将是一个漫长且烦琐的事情。此外，团队协作开发时，由于没有统一的调用规范，系统会出现大量重复的功能代码，给系统的二次开发和维护带来不便。为解决上述问题，框架应运而生。框架实现了很多基础功能，开发人员不需要关心底层功能操作，只需要专心实现所需要的业务逻辑即可，极大地提高了开发人员的工作效率。当前市场上的 Java EE 开发主流框架有 Spring、Spring MVC 和 MyBatis 等，本书将对这 3 个框架进行讲解。作为本书第 1 章，本章主要对框架的概念和 MyBatis 的基础知识进行介绍。

1.1 初识框架

学习框架知识之前，首先要了解框架的概念和框架的优势。本节将从框架概述、框架的优势及当前主流框架这几个方面对框架相关知识进行讲解。

1.1.1 框架概述

"框架"（Framework）一词最早出现在建筑领域，是指建造房屋前期所构建的建筑骨架。在编程领域，框架就是应用程序的"骨架"，开发人员可以在这个"骨架"上加入自己的东西，搭建出符合自己需求的应用系统。

软件框架是一种通用的、可复用的软件环境，它提供特定的功能，助力软件应用、产品和解决方案的开发工作。软件框架包含支撑程序、编译器、代码、库、工具集和 API，它把这些部件汇集在一起，以支持项目或系统的开发。

软件框架可以形象地比喻成人们在盖楼房时，用梁+柱子+承重墙搭建起来的钢筋混凝土结构的建筑框架，它是整个建筑的骨架。而实现的软件功能，也就像在这个建筑框架中所要实现的不同类型、功能的房子，如健身房、商场、酒店、饭店等。

可想而知，一个好的建筑框架是非常重要的，其不仅能够在资源上节约成本，而且能够在资源有限的条件下使建筑的质量达到最优，并能够提高空间利用率，发挥资源的最大功效。

总体来说，建筑框架的目的就是制定规矩、保障品质、节约成本，使工作人员能够以较低的代价完成高质量的工作，软件框架也是如此。

1.1.2　框架的优势

在早期 JavaEE 应用的开发中，企业开发人员是利用 JSP+Servlet 技术进行软件应用和系统开发的，但使用 JSP+Servlet 技术进行 JavaEE 应用的开发有以下两个弊端。

（1）软件应用和系统可维护性差

如果全部采用 JSP+Servlet 技术进行软件开发，因为分层不够清晰，业务逻辑的实现无法单独分离出来，所以系统后期维护非常困难。

（2）代码重用性低

企业希望以最快的速度开发出最稳定、最实用的软件。如果系统不使用框架，每次开发系统都需要重新开发和投入大量的人力、物力，并且重新开发的代码可能具有更多的漏洞，这就增加了系统出错的风险。

针对上述两个弊端，开发人员开发出了许多框架。相比于使用 JSP+Servlet 技术进行软件开发，使用框架有以下优势。

（1）提高开发效率

如果采用成熟、稳健的框架，那么一些通用的基础工作，如事务处理、安全性、数据流控制等都可以交给框架处理，程序员只需要集中精力完成系统的业务逻辑设计即可，从而降低了开发难度。

（2）提高代码规范性和可维护性

当多人协同进行开发时，代码的规范性和可维护性就变得非常重要。成熟的框架都有严格的代码规范，能保证团队整体的开发风格统一。

（3）提高软件性能

使用框架进行软件开发，可以减少程序中的冗余代码。例如，使用 Spring 框架开发时，通过 Spring 的控制反转（Inversion of Control，IoC）特性，可以将对象之间的依赖关系交给 Spring 控制，从而方便解耦，简化开发；使用 MyBatis 框架开发时，MyBatis 提供了 XML 标签，支持动态的 SQL，开发人员无须在类中编写大量的 SQL 语句，只需要在配置文件中进行配置即可。

1.1.3　当前主流框架

在 Java EE 开发中离不开框架，使用框架可以减少代码冗余，提高程序运行速度，规范编程且便于代码维护。下面介绍几种当前 Java EE 开发中常见的框架。

1. Spring 框架

Spring 是一个开源框架，是为了解决企业应用程序开发复杂这一难题而创建的，其主要优势之一就是分层架构。同时，Spring 之所以与 Struts、Hibernate 等单层框架不同，是因为 Spring 致力于提供一个以统一的、高效的方式构造整个应用，并且可以将单层框架组合在一起建立一个连贯的体系。Spring 提供了更完善的开发环境，可以为 POJO（Plain Ordinary Java Object，普通 Java 对象）提供企业级的服务。

2. Spring MVC 框架

Spring MVC 是 Spring 提供的一个基于 MVC 设计模式的 Web 开发框架，是 Spring 家族中应用于 Web 应用的一个模块，可以将它理解为 Servlet。在 MVC 模式中，Spring MVC 作为控制器（Controller）用于实现模型与视图的数据交互，是结构非常清晰的 JSP Model2 实现，即典型的 MVC 框架。

Spring MVC 框架采用松耦合、可插拔的组件结构，具有出色的可配置性，与其他的 MVC 框架相比，Spring MVC 具有更强的扩展性和灵活性。此外，Spring MVC 本身就是 Spring 家族的一部分，可以与 Spring 框架无缝集成，因此，Spring MVC 在互联网开发中应用得越来越广泛。

3. MyBatis 框架

MyBatis 原本是 Apache 的一个开源项目 iBatis，2010 年这个项目由 Apache Software Foundation 迁移到了 Google Code，并改名为 MyBatis，2013 年 11 月 MyBatis 又被迁移到 GitHub。MyBatis 是一个优秀的持久层框架，它可以在实体类和 SQL 语句之间建立映射关系，是一种半自动化的 ORM（Object Relational Mapping，对象关系映射）实现。MyBatis 封装性要低于 Hibernate，但它性能优越、简单易学，在互联网应用的开发中被广泛使用。

4. Spring Boot 框架

Spring Boot 框架是 Pivotal 团队基于 Spring 开发的全新框架，其设计初衷是为了简化 Spring 的配置，使用户能够构建独立运行的程序，提高开发效率。Spring Boot 框架本身并不提供 Spring 框架的核心特性及扩展功能，它只是用于快速、敏捷地开发新一代基于 Spring 框架的应用，同时它还集成了大量的第三方类库（如 Jackson、JDBC、Redis 等），使用户只需少量配置就能完成相应功能。

5. Spring Cloud 框架

Spring Cloud 是一系列框架的有序集合，为开发人员构建微服务架构提供了完整的解决方案，它利用 Spring Boot 的开发便利性巧妙地简化了分布式系统的开发。例如，配置管理、服务发现、控制总线等操作，都可以使用 Spring Boot 做到一键启动和部署。可以说，Spring Cloud 将 Spring Boot 框架进行了再封装，屏蔽掉了复杂的配置和实现原理，具有简单易懂、易部署和易维护等特点。

1.2 MyBatis 介绍

Java 程序依靠 Java 数据库连接（Java Database Connectivity，JDBC）实现对数据库的操作，但是在大型企业项目中由于程序与数据库交互次数较多且读写数据量较大，仅仅使用传统 JDBC 操作数据库无法满足性能要求。同时，JDBC 的使用也会带来代码冗余、复用性低等问题，因此，企业级开发中一般使用 MyBatis 等 ORM 框架操作数据库。下面将对 MyBatis 框架涉及的基础知识进行详细讲解。

1.2.1 传统 JDBC 的劣势

JDBC 是 Java 程序实现数据访问的基础，它提供了一套数据库操作 API。JDBC 实现数据库操作的步骤包括加载驱动、获取连接、获取执行者对象、发送 SQL 语句等，操作比较烦琐，并且传统的 JDBC 编程存在一定的局限性。JDBC 的劣势主要有以下几个方面。

- 频繁地创建、释放数据库连接会造成系统资源浪费，从而影响系统性能。
- 代码中的 SQL 语句硬编码，会造成代码不易于维护。在实际应用的开发中，SQL 变化的可能性较大。在传统 JDBC 编程中，SQL 变动需要更改 Java 代码，违反了开闭原则。
- 使用 PreparedStatement 向占位符传参数存在硬编码，因为 SQL 语句的 where 条件不确定，如果有修改 SQL 的需求，必须要修改代码，这样会导致系统难以维护。
- JDBC 对结果集解析存在硬编码（查询列名），SQL 变化导致解析代码变化，使得系统不易于维护。

由于 JDBC 编程存在上述缺陷，故企业中常使用 ORM 框架完成数据库的编程操作。常用的 ORM 框架有 MyBatis 和 Hibernate，因为 MyBatis 容易掌握，而 Hibernate 学习门槛较高，所以本书主要针对 MyBatis 进行讲解。

1.2.2 MyBatis 概述

MyBatis 是一个支持普通 SQL 查询、存储及高级映射的持久层框架，它几乎消除了 JDBC 的冗余代码，无须手动设置参数和对结果集进行检索，使用简单的 XML 或注解进行配置和原始映射，将接口和 Java 的 POJO 映射成数据库中的记录，使 Java 开发人员可以使用面向对象的编程思想来操作数据库。

MyBatis 框架是一个 ORM 框架。所谓的 ORM 就是一种为了解决面向对象与关系型数据库中数据类型不匹配的技术，它通过描述 Java 对象与数据库表之间的映射关系，自动将 Java 应用程序中的对象持久化到关系型数据库的数据表中。ORM 框架的工作原理如图 1-1 所示。

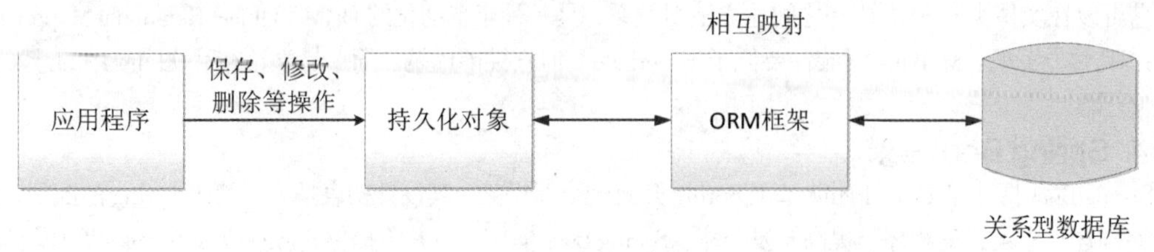

图1-1　ORM框架的工作原理

从图 1-1 可以看出，使用 ORM 框架后，应用程序不再直接访问底层数据库，而是以面向对象的方式来操作持久化对象（Persisent Object，PO），ORM 框架会通过映射关系将这些面向对象的操作转换成底层的 SQL 操作。

MyBatis 作为一个优秀的持久层框架，它对 JDBC 操作数据库的过程进行了封装，使开发者只需要关注 SQL 本身，而不需要花费精力去处理注册驱动、创建 Connection 对象、创建 Statement 对象、手动设置参数、结果集检索等 JDBC 繁杂的过程代码。

针对 1.2.1 节提到的 JDBC 编程的劣势，MyBatis 提供了以下解决方案，具体如下。

问题一：频繁地创建、释放数据库连接会造成系统资源浪费，从而影响系统性能。

解决方案：在 SqlMapConfig.xml 中配置数据连接池，使用数据库连接池管理数据库连接。

问题二：代码中的 SQL 语句硬编码，会造成代码不易于维护。在实际应用的开发中，SQL 变化的可能性较大。在传统 JDBC 编程中，SQL 变动需要更改 Java 代码，违反了开闭原则。

解决方案：MyBatis 将 SQL 语句配置在 MyBatis 的映射文件中，实现了与 Java 代码的分离。

问题三：使用 PreparedStatement 向占位符传参数存在硬编码，因为 SQL 语句的 where 条件不确定，如果有修改 SQL 的需求，必须要修改代码，这样会导致系统难以维护。

解决方案：MyBatis 自动将 Java 对象映射至 SQL 语句，通过 Statement 中的 parameterType 定义输入参数的类型。

问题四：JDBC 对结果集解析存在硬编码（查询列名），SQL 变化导致解析代码变化，使得系统不易于维护。

解决方案：MyBatis 自动将 SQL 执行结果映射至 Java 对象，通过 Statement 中的 resultType 定义输出结果的类型。

1.3　MyBatis 环境搭建

使用 MyBatis 框架进行数据库开发前，需要先搭建 MyBatis 环境，MyBatis 环境搭建的基本步骤包括创建工程、引入相关依赖、创建数据库、创建数据库连接信息配置文件、创建 MyBatis 的核心配置文件。本书采用 MyBatis 3.5.2 版本搭建 MyBatis 环境，具体步骤如下。

1. 创建工程

启动 IntelliJ IDEA 开发工具，选择工具栏中的“File”→“New”→“Project”选项，弹出“New Project”对话框，如图 1-2 所示。

在图 1-2 所示的“New Project”对话框中，选择左侧菜单中的“Maven”选项，然后单击“Next”按钮，弹出项目命名对话框，如图 1-3 所示。

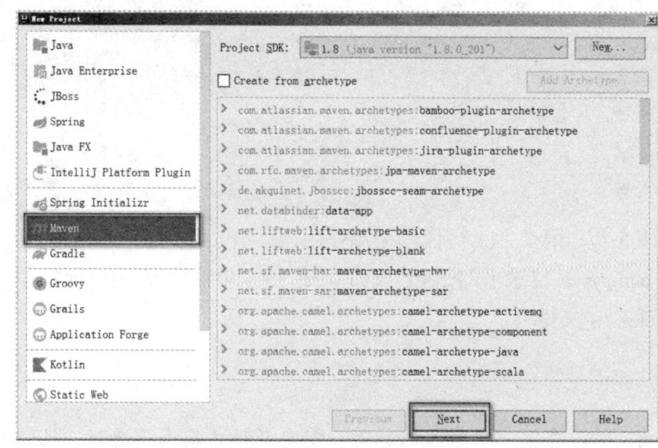

图1-2　“New Project”对话框

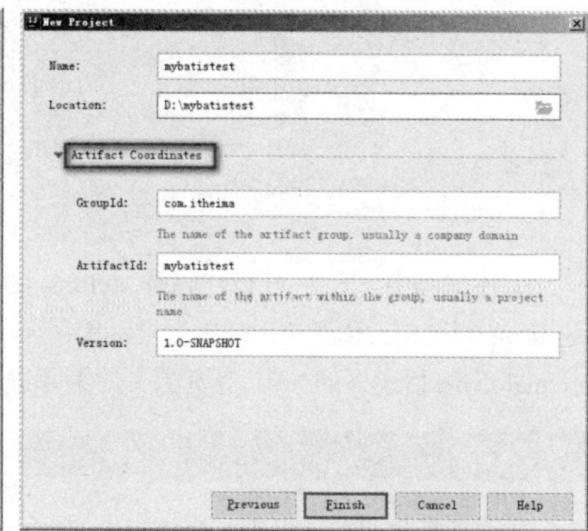

图1-3　项目命名对话框

在图 1–3 中，在“Name”文本框中为 Maven 项目命名，在“Location”文本框中选择项目存放的路径。单击“Artifact Coordinates”选项左侧的下拉按钮可以填写“GroupId”“ArtifactId”和“Version”。其中，“GroupId”通常设置为公司倒置的网络域名，如“com.itheima”；“ArtifactId”通常设置为项目名；“Version”为 IDEA 默认版本即可。填写完成之后单击“Finish”按钮完成项目创建。项目结构如图 1–4 所示。

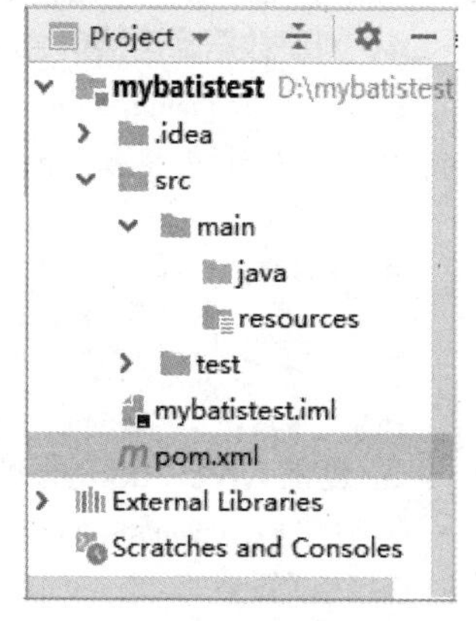

图1–4　项目结构

2. 引入相关依赖

在以往 Java 项目的开发中，需要在项目中引入许多 JAR 包以便于调用 JAR 包中封装好的常用类集。但由于 JAR 包占用的内存空间较大，给项目的打包和发布带来了极大的不便，基于以上原因，Apache 公司开发了项目管理工具 Maven。Maven 使用 Maven 仓库管理 JAR 包，使用 Maven 管理项目不需要再引入一个个的 JAR 包，只需将 JAR 包的依赖引入项目的 pom.xml 文件中就可以调用 JAR 包中的类，极大提高了开发人员的编程效率。由于 IDEA 中集成了 Maven，所以本书直接使用 IDEA 中默认的 Maven 进行项目构建。

由于本项目要连接数据库并对程序进行测试，所以需要在项目的 pom.xml 文件中导入 MySQL 驱动包、JUnit 测试包、MyBatis 的核心包等相关依赖，具体代码如下：

```
1  <dependencies>
2      <dependency>
3          <groupId>org.mybatis</groupId>
4          <artifactId>mybatis</artifactId>
5          <version>3.5.2</version>
6      </dependency>
7      <dependency>
8          <groupId>mysql</groupId>
9          <artifactId>mysql-connector-java</artifactId>
10         <version>8.0.11</version>
11     </dependency>
12     <dependency>
13         <groupId>junit</groupId>
14         <artifactId>junit</artifactId>
15         <version>4.12</version>
16         <scope>test</scope>
17     </dependency>
18 </dependencies>
19 <build>
20     <resources>
21         <resource>
22             <directory>src/main/java</directory>
```

```
23            <includes>
24                <include>**/*.properties</include>
25                <include>**/*.xml</include>
26            </includes>
27            <filtering>true</filtering>
28        </resource>
29    </resources>
30 </build>
```

上述代码中，第 2～6 行代码是 MyBatis 的核心包；第 7～11 行代码是 MySQL 驱动包；第 12～17 行代码是 JUnit 测试包；由于 IDEA 不会自动编译 src/main/java 目录下的 XML 文件，第 19～30 行代码是将项目中 src/main/java 目录下的 XML 等资源文件编译进 classes 文件夹。

注意：

由于本书使用的是 IDEA 默认集成的 Maven，所以在第一次引入依赖时，需要在联网状态下进行，且引入依赖需要较长时间，读者耐心等待依赖引入完成即可。

3. 创建数据库

在 MySQL 中创建一个名称为 mybatis 的数据库，具体 SQL 语句如下：

```
create database mybatis;
```

4. 创建数据库连接信息配置文件

在项目的 src/main/resources 目录下创建数据库连接的配置文件，这里将其命名为 db.properties，在该文件中配置数据库连接的参数。db.properties 文件的具体内容如文件 1-1 所示。

文件 1-1 db.properties

```
mysql.driver=com.mysql.cj.jdbc.Driver
mysql.url=jdbc:mysql://localhost:3306/mybatis?serverTimezone=UTC&\
    characterEncoding=utf8&useUnicode=true&useSSL=false
mysql.username=root
mysql.password=root
```

5. 创建 MyBatis 的核心配置文件

在项目的 src/main/resources 目录下创建 MyBatis 的核心配置文件，该文件主要用于项目的环境配置，如数据库连接相关配置等。核心配置文件可以随意命名，但通常将其命名为 mybatis-config.xml。如无特殊说明，本书中的 MyBatis 核心配置文件均命名为 mybatis-config.xml。mybatis-config.xml 的具体实现如文件 1-2 所示。

文件 1-2 mybatis-config.xml

```
1  <?xml version="1.0" encoding="UTF-8" ?>
2  <!DOCTYPE configuration
3          PUBLIC "-//mybatis.org//DTD Config 3.0//EN"
4          "http://mybatis.org/dtd/mybatis-3-config.dtd">
5  <configuration>
6      <!-- 环境配置 -->
7      <!-- 加载类路径下的属性文件 -->
8      <properties resource="db.properties"/>
9      <environments default="development">
10         <environment id="development">
11             <transactionManager type="JDBC"/>
12             <!-- 数据库连接相关配置 ,db.properties 文件中的内容-->
13             <dataSource type="POOLED">
14                 <property name="driver" value="${mysql.driver}" />
15                 <property name="url" value="${mysql.url}" />
16                 <property name="username" value="${mysql.username}" />
17                 <property name="password" value="${mysql.password}" />
18             </dataSource>
19         </environment>
20     </environments>
21 </configuration>
```

在文件 1-2 中，第 2～4 行代码是核心配置文件的约束信息；第 8 行代码用于加载数据库连接信息配置文件 db.properties；第 13～18 行代码是数据库连接参数的配置。

至此，MyBatis 的开发环境就搭建完成了。

1.4　MyBatis 入门程序

1.3 节完成了 MyBatis 环境的搭建，下面将在 MyBatis 环境下实现一个入门程序来演示 MyBatis 框架的使用（如果不做特别说明，后续编码都将在 1.3 节搭建的 MyBatis 环境下进行），该程序要求实现根据 id 查询用户信息的操作，具体实现步骤如下。

1. 数据准备

在 mybatis 数据库中创建 users 表，并在 users 表中插入两条数据，具体 SQL 语句如下：

```
use mybatis;
create table users(
   uid int primary key auto_increment,
   uname varchar(20) not null,
   uage int not null
);
insert into users(uid,uname,uage) values(null,'张三',20),(null,'李四',18);
```

2. 创建 POJO 实体

在项目的 src/main/java 目录下创建 com.itheima.pojo 包，在 com.itheima.pojo 包下创建 User 类，该类用于封装 User 对象的属性，如文件 1–3 所示。

文件 1-3　User.java

```
1  package com.itheima.pojo;
2  public class User {
3     private int uid;           //用户 id
4     private String uname;      //用户姓名
5     private int uage;          //用户年龄
6     public int getUid() {
7        return uid;
8     }
9     public void setUid(int uid) {
10       this.uid = uid;
11    }
12    public String getUname() {
13       return uname;
14    }
15    public void setUname(String uname) {
16       this.uname = uname;
17    }
18    public int getUage() {
19       return uage;
20    }
21    public void setUage(int uage) {
22       this.uage = uage;
23    }
24 }
```

3. 创建映射文件 UserMapper.xml

在项目的 src/main/resources 目录下创建一个 mapper 文件夹，在 mapper 文件夹下创建映射文件 UserMapper.xml，该文件主要用于配置 SQL 语句和 Java 对象之间的映射，使 SQL 语句查询出来的数据能够被封装成 Java 对象。一个项目中可以有多个映射文件，每个实体类都可以有其对应的映射文件。映射文件通常使用 POJO 实体类名+Mapper 命名。例如，User 实体类的映射文件名称就为 UserMapper.xml。UserMapper.xml 的实现具体如文件 1–4 所示。

文件 1-4　UserMapper.xml

```
1  <?xml version="1.0" encoding="UTF-8"?>
2  <!DOCTYPE mapper
3          PUBLIC "-//mybatis.org//DTD mapper 3.0//EN"
4          "http://mybatis.org/dtd/mybatis-3-mapper.dtd">
5  <!-- mapper 为映射的根节点-->
```

```
6  <!-- mapper 为映射的根节点，namespace 指定 Dao 接口的完整类名
7      mybatis 会依据这个接口动态创建一个实现类去实现这个接口，
8      而这个实现类是一个 Mapper 对象-->
9  <mapper namespace="com.itheima.pojo.User">
10     <!--id ="接口中的方法名"
11     parameterType="传入的参数类型"
12     resultType = "返回实体类对象，使用包.类名"-->
13 <select id="findById" parameterType="int"
14       resultType="com.itheima.pojo.User">
15       select * from users where uid = #{id}
16 </select>
17 </mapper>
```

在文件 1-4 中，第 2～4 行代码是映射文件的约束信息；第 9 行代码是根元素<mapper>元素，<mapper>元素中可包含用于增删改查操作的<insert>、<delete>、<update>和<select>等元素。<mapper>元素中的 namespace 属性用于标识映射文件，namespace 属性的值通常设置为对应实体类的全限定类名；第 13～16 行代码为<select>查询语句块，用于 SQL 查询语句模板的编写。需要注意的是，<select>元素中的 id 属性用于唯一标识该 SQL 语句块，Java 代码通过 id 属性的值找到对应的 SQL 语句块。

4. 修改 mybatis-config.xml 配置文件

在 mybatis-config.xml 映射文件的第 20 行代码后添加 UserMapper.xml 映射文件路径的配置，用于将 UserMapper.xml 映射文件加载到程序中。具体代码如下：

```
<!-- mapping 文件路径配置 -->
<mappers>
   <mapper resource="mapper/UserMapper.xml"/>
</mappers>
```

上述代码中，<mapper>元素指定了 UserMapper.xml 映射文件的路径。

注意：

如果一个项目有多个映射文件，则需要在 mybatis-config.xml 核心配置文件中的<mappers>元素下配置多个<mapper>元素指定映射文件的路径。

5. 编写测试类

在项目的 src/test/java 目录下创建 Test 包，在 Test 包下创建 UserTest 类，该类主要用于程序测试，如文件 1-5 所示。

文件 1-5　UserTest.java

```
1  package Test;
2  import com.itheima.pojo.User;
3  import org.apache.ibatis.io.Resources;
4  import org.apache.ibatis.session.SqlSession;
5  import org.apache.ibatis.session.SqlSessionFactory;
6  import org.apache.ibatis.session.SqlSessionFactoryBuilder;
7  import org.junit.Test;
8  import java.io.IOException;
9  import java.io.Reader;
10 public class UserTest {
11       @Test
12       public void userFindByIdTest(){
13           String resources = "mybatis-config.xml";
14           //创建流
15           Reader reader=null;
16           try {
17               //读取 mybatis-config.xml 文件内容到 reader 对象中
18               reader= Resources.getResourceAsReader(resources);
19           } catch (IOException e) {
20               e.printStackTrace();
21           }
22           //初始化 MyBatis 数据库，创建 SqlSessionFactory 类的实例
23           SqlSessionFactory sqlMapper=new
24                                   SqlSessionFactoryBuilder().build(reader);
```

```
25          //创建 SqlSession 实例
26          SqlSession session=sqlMapper.openSession();
27          //传入参数查询，返回结果
28          User user=session.selectOne("findById",1);
29          //输出结果
30          System.out.println(user.getUname());
31          //关闭 session
32          session.close();
33      }
34  }
```

在文件 1-5 中，第 18 行代码用于读取 mybatis-config.xml 文件内容到 reader 对象中；第 23～26 行代码用于创建 SqlSessionFactory 类的实例，并通过 SqlSessionFactory 类的实例创建 SqlSession 实例；第 28 行代码调用 selectOne() 方法，查询 id 为 1 的用户信息，并将查询结果返回给 User 对象。

文件 1-5 的运行结果如图 1-5 所示。

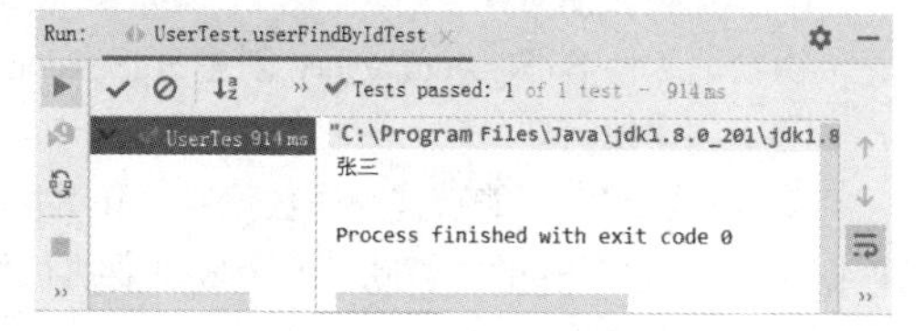

图1-5　文件1-5的运行结果

1.5　MyBatis 工作原理

在学习了 MyBatis 环境搭建和入门程序的编写之后，可结合 1.4 节 MyBatis 入门程序，对 MyBatis 操作数据库的流程进行分析，如图 1-6 所示。

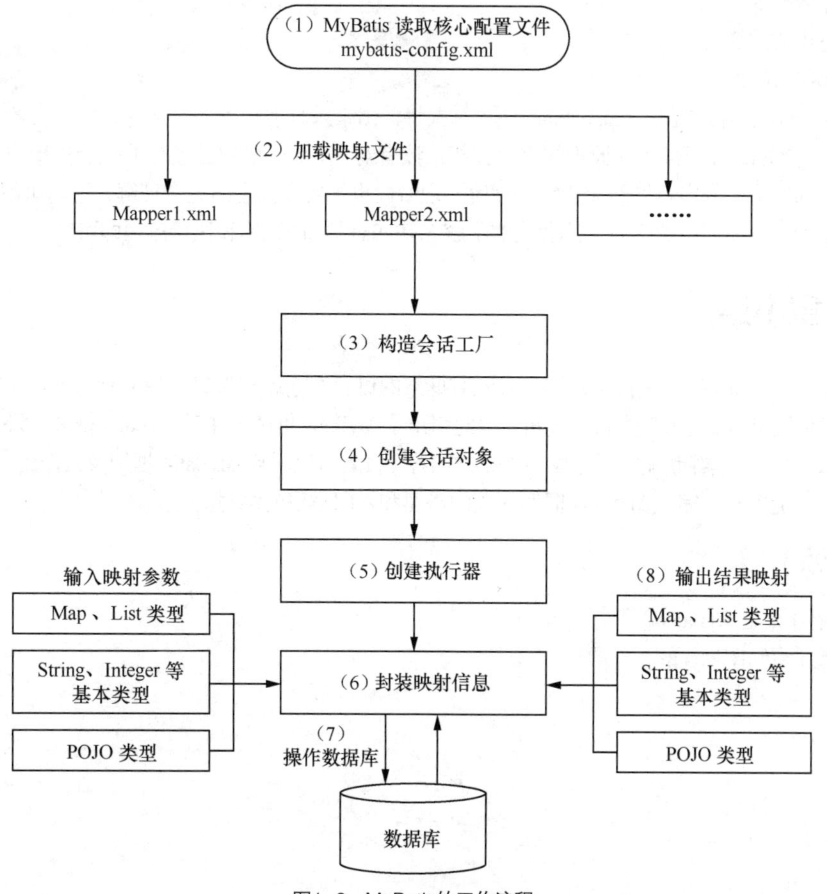

图1-6　MaBatis的工作流程

在图 1-6 中，MyBatis 操作数据库的流程分为 8 个步骤，具体介绍如下。

（1）MyBatis 读取核心配置文件 mybatis-config.xml

mybatis-config.xml 核心配置文件主要配置了 MyBatis 的运行环境等信息。

（2）加载映射文件 Mapper.xml

Mapper.xml 文件即 SQL 映射文件，该文件配置了操作数据库的 SQL 语句，需要在 mybatis-config.xml 中加载才能执行。mybatis-config.xml 可以加载多个映射文件，每个映射文件对应数据库中的一张表。

（3）构造会话工厂

通过 MyBatis 的环境等配置信息构建会话工厂 SqlSessionFactory，用于创建 SqlSession。

（4）创建会话对象

由会话工厂 SqlSessionFactory 创建 SqlSession 对象，该对象中包含了执行 SQL 语句的所有方法。

（5）创建执行器

会话对象本身不能直接操作数据库，MyBatis 底层定义了一个 Executor 接口用于操作数据库，执行器会根据 SqlSession 传递的参数动态的生成需要执行的 SQL 语句，同时负责查询缓存地维护。

（6）封装 SQL 信息

SqlSession 内部通过执行器 Executor 操作数据库，执行器将待处理的 SQL 信息封装到 MappedStatement 对象中，MappedStatement 对象中存储了要映射的 SQL 语句的 id、参数等。Mapper.xml 文件中一个 SQL 语句对应一个 MappedStatement 对象，SQL 语句的 id 即是 MappedStatement 的 id。Executor 执行器会在执行 SQL 语句之前，通过 MappedStatement 对象将输入的参数映射到 SQL 语句中。

（7）操作数据库

根据动态生成的 SQL 操作数据库。

（8）输出结果映射

执行 SQL 语句之后，通过 MappedStatement 对象将输出结果映射至 Java 对象中。

通过上面对 MyBatis 框架工作原理的讲解，相信读者对 MyBatis 框架已经有了一个初步的了解。对于初学者来说，上面所讲解的内容可能无法完全理解，现阶段也不要求读者能完全理解，这里讲解 MyBatis 框架的工作原理是为了方便后续的学习，读者能够了解 MyBatis 的工作原理和执行流程即可。

1.6　本章小结

本章主要对 MyBatis 框架进行了讲解。首先对框架的概念、优点和当前一些主流的 Java EE 框架进行了讲解，然后对传统 JDBC 的劣势进行了分析，由此引出了 MyBatis 框架，并对 MyBatis 框架的环境搭建、入门程序和工作原理进行了详细讲解。通过学习本章的内容，读者可以了解 MyBatis 框架及其作用，熟悉 MyBatis 的工作原理，并能够独立完成 MyBatis 框架环境的搭建和入门程序的编写。

【思考题】

1. 请简述什么是 MyBatis。
2. 请简要介绍 MyBatis 的工作原理。

第 2 章

MyBatis的核心配置

学习目标

★ 了解 MyBatis 核心对象的作用

★ 掌握 MyBatis 核心配置文件及其元素的使用

★ 掌握 MyBatis 映射文件及其元素的使用

拓展阅读

通过第 1 章的学习，相信读者对 MyBatis 框架已经有了初步了解，但是要想熟练地使用 MyBatis 框架进行实际开发，只会简单的配置是不行的，还需要对框架中的核心对象、核心配置文件和映射文件有更深入的了解。本章将对 MyBatis 核心对象、核心配置文件和映射文件进行详细讲解。

2.1 MyBatis 的核心对象

通过前面的学习可知，MyBatis 的持久化解决方案将用户从原始的 JDBC 访问中解放出来，用户只需要定义 SQL 语句，无须关注底层的 JDBC 操作。MyBatis 通过配置文件管理 JDBC 连接，实现数据库的持久化访问。

使用 MyBatis 框架解决持久化问题，主要涉及 3 个核心对象，分别是 SqlSessionFactoryBuilder、SqlSessionFactory 和 SqlSession，它们在 MyBatis 框架中起着至关重要的作用。下面将对这 3 个对象进行详细讲解。

2.1.1 SqlSessionFactoryBuilder

所有的 MyBatis 应用都是以 SqlSessionFactory 对象为中心，而 SqlSessionFactoryBuilder 就是 SqlSessionFactory 的构造者。SqlSessionFactoryBuilder 通过 build()方法构建 SqlSessionFactory 对象，SqlSessionFactoryBuilder 提供了多个重载的 build()方法，如图 2-1 所示。

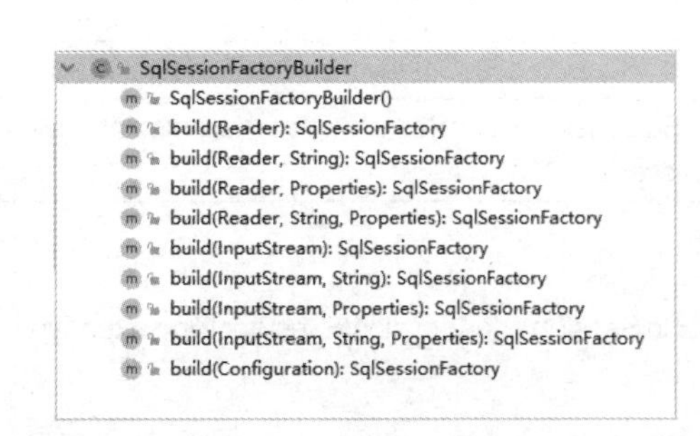

图2-1 SqlSessionFactoryBuilder中重载的build()方法

在图 2-1 中，这些重载的 build()方法，按照配置信息的传入方式可以分为三种形式，具体如下。

第一种形式：

```
build(InputStream inputStream,String environment,Properties properties)
```

上述 build()方法中，参数 inputStream 是字节流，它封装了 XML 文件形式的配置信息；参数 environment 和参数 properties 为可选参数。其中，参数 environment 用于指定将要加载的环境，包括数据源和事务管理器；参数 properties 用于指定将要加载的 properties 文件。

第二种形式：

```
build(Reader reader,String environment,Properties properties)
```

由上述 build()方法可知，第二种形式的 build()方法参数作用与第一种形式大体一致，唯一不同的是，第一种形式的 build()方法使用 InputStream 字节流封装了 XML 文件形式的配置信息，而第二种形式的 build()方法使用 Reader 字符流封装了 XML 文件形式的配置信息。

第三种形式：

```
build(Configuration config)
```

上述 build()方法中，Configuration 对象用于封装 MyBatis 项目中的配置信息。

通过以上代码可知，配置信息可以通过 InputStream（字节流）、Reader（字符流）、Configuration（类）3 种形式提供给 SqlSessionFactoryBuilder 的 build()方法。

下面通过读取 XML 配置文件的方式来构造 SqlSessionFactory 对象，其关键代码如下：

```
// 读取配置文件
InputStream inputStream = Resources.getResourceAsStream("配置文件位置");
// 根据配置文件构建 SqlSessionFactory
SqlSessionFactory sqlSessionFactory =
                new SqlSessionFactoryBuilder().build(inputStream);
```

SqlSessionFactory 对象是线程安全的，它一旦被创建，在整个应用程序执行期间都会存在。如果多次创建同一个数据库的 SqlSessionFactory 对象，那么该数据库的资源将很容易被耗尽。为了解决此问题，通常一个数据库只创建一个 SqlSessionFactory 对象，因此在构建 SqlSessionFactory 对象时，建议使用单例模式。

2.1.2　SqlSessionFactory

SqlSessionFactory 是 MyBatis 框架中十分重要的对象，用于创建 SqlSession 对象，所有的 MyBatis 应用都是以 SqlSessionFactory 为对象中心。在 SqlSessionFactoryBuilder 构建 SqlSessionFactory 对象之后，就可以使用 SqlSessionFactory 对象调用 openSession()方法创建 SqlSession 对象，SqlSessionFactory 有多个重载的 openSession()方法，具体如表 2-1 所示。

表 2-1　SqlSessionFactory 的 openSession()方法

方法名称	描述
SqlSession openSession()	开启一个事务，连接对象从活动环境配置的数据源对象中得到，事务隔离级别将会使用驱动或数据源的默认设置，预处理语句不会复用，也不会批量处理更新
SqlSession openSession(Boolean autoCommit)	参数 autoCommit 可设置是否开启事务。若传入 true 表示关闭事务控制，自动提交；若传入 false 表示开启事务控制
SqlSession openSession(Connection connection)	参数 connection 可提供自定义连接
SqlSession openSession(TransactionIsolationLevel level)	参数 level 可设置隔离级别
SqlSession openSession(ExecutorType execType)	参数 execType 为执行器的类型，有以下 3 个可选值： • ExecutorType.SIMPLE：表示为每条语句创建一条新的预处理语句。 • ExecutorType.REUSE：表示会复用预处理语句。 • ExecutorType.BATCH：表示会批量执行所有更新语句

续表

方法名称	描述
SqlSession openSession(ExecutorType execType, Boolean autoCommit)	参数 execType 为执行器的类型，参数 autoCommit 设置是否开启事务
SqlSession openSession(ExecutorType execType, Connection connection)	参数 execType 为执行器的类型，参数 connection 可提供自定义连接

注意：

openSession()方法的参数为 boolean 值时，若传入 true 表示关闭事务控制，自动提交；若传入 false 表示开启事务控制。若不传入参数，默认为 true。

2.1.3 SqlSession

SqlSession 是 MyBatis 框架中另一个重要的对象，它是应用程序与持久层之间执行交互操作的对象，主要作用是执行持久化操作，类似于 JDBC 中的 Connection。SqlSession 对象包含了执行 SQL 操作的方法，由于其底层封装了 JDBC 连接，所以可以直接使用 SqlSession 对象来执行已映射的 SQL 语句。

SqlSession 对象中包含了很多方法，其常用方法如表 2-2 所示。

表 2-2　SqlSession 对象中的常用方法

方法名称	描述
<T> T selectOne(String statement)	查询方法。参数 statement 是在配置文件中定义的<select>元素的 id，该方法会返回 SQL 语句查询结果的一个泛型对象
<T> T selectOne(String statement, Object parameter)	查询方法。参数 statement 是在配置文件中定义的<select>元素的 id，parameter 是查询语句所需的参数。该方法会返回 SQL 语句查询结果的一个泛型对象
<E> List<E> selectList(String statement)	查询方法。参数 statement 是在配置文件中定义的<select>元素的 id。该方法会返回 SQL 语句查询结果的泛型对象的集合
<E> List<E> selectList(String statement, Object parameter)	查询方法。参数 statement 是在配置文件中定义的<select>元素的 id，parameter 是查询语句所需的参数。该方法会返回 SQL 语句查询结果的泛型对象的集合
<E> List<E> selectList(String statement, Object parameter, RowBounds rowBounds)	查询方法。参数 statement 是在配置文件中定义的<select>元素的 id，parameter 是查询语句所需的参数，rowBounds 是用于分页的参数对象。该方法会返回 SQL 语句查询结果的泛型对象的集合
void select(String statement, Object parameter, ResultHandler handler)	查询方法。参数 statement 是在配置文件中定义的<select>元素的 id，parameter 是查询语句所需的参数，handler 对象用于处理查询语句返回的复杂结果集。该方法通常用于多表查询
int insert(String statement)	插入方法。参数 statement 是在配置文件中定义的<insert>元素的 id。该方法会返回执行 SQL 语句所影响的行数

续表

方法名称	描述
int insert(String statement, Object parameter)	插入方法。参数 statement 是在配置文件中定义的<insert>元素的 id，parameter 是插入语句所需的参数。该方法会返回执行 SQL 语句所影响的行数
int update(String statement)	更新方法。参数 statement 是在配置文件中定义的<update>元素的 id。该方法会返回执行 SQL 语句所影响的行数
int update(String statement, Object parameter)	更新方法。参数 statement 是在配置文件中定义的<update>元素的 id，parameter 是更新语句所需的参数。该方法会返回执行 SQL 语句所影响的行数
int delete(String statement)	删除方法。参数 statement 是在配置文件中定义的<delete>元素的 id。该方法会返回执行 SQL 语句所影响的行数
int delete(String statement, Object parameter)	删除方法。参数 statement 是在配置文件中定义的<delete>元素的 id，parameter 是删除语句所需的参数。该方法会返回执行 SQL 语句所影响的行数
void commit()	提交事务的方法
void rollback()	回滚事务的方法
void close()	关闭 SqlSession 对象
<T> T getMapper(Class<T> type)	该方法会返回 Mapper 接口的代理对象，该对象关联了 SqlSession 对象，开发人员可以使用该对象直接调用相应方法操作数据库。参数 type 是 Mapper 的接口类型。MyBatis 官方推荐通过 Mapper 对象访问 MyBatis
Connection getConnection()	获取 JDBC 数据库连接对象的方法

每一个线程都应该有一个自己的 SqlSession 对象，并且该对象不能共享。SqlSession 对象是线程不安全的，因此其使用范围最好在一次请求或一个方法中，绝不能将其放在类的静态字段、对象字段或任何类型的管理范围（如 Servlet 的 HttpSession）中使用。使用完 SqlSession 对象后要及时关闭，SqlSession 对象通常放在 finally 块中关闭，示例代码如下：

```
SqlSession sqlSession = sqlSessionFactory.openSession();
try {
    // 此处执行持久化操作
} finally {
    sqlSession.close();
}
```

2.2 MyBatis 核心配置文件

学习完 MyBatis 的核心对象之后，下面学习它的核心配置文件，MyBatis 核心配置文件配置了 MyBatis 的一些全局信息，包括数据库连接信息、MyBatis 运行时所需的各个特性，以及设置和影响 MyBatis 行为的一些属性。下面将对 MyBatis 核心配置文件进行详细讲解。

2.2.1 配置文件的主要元素

MyBatis 的核心配置文件包含了很多影响 MyBatis 行为的重要信息。一个项目通常只会有一个核心配置文件，并且核心配置文件编写后也不会轻易改动。MyBatis 核心配置文件的主要元素如图 2-2 所示。

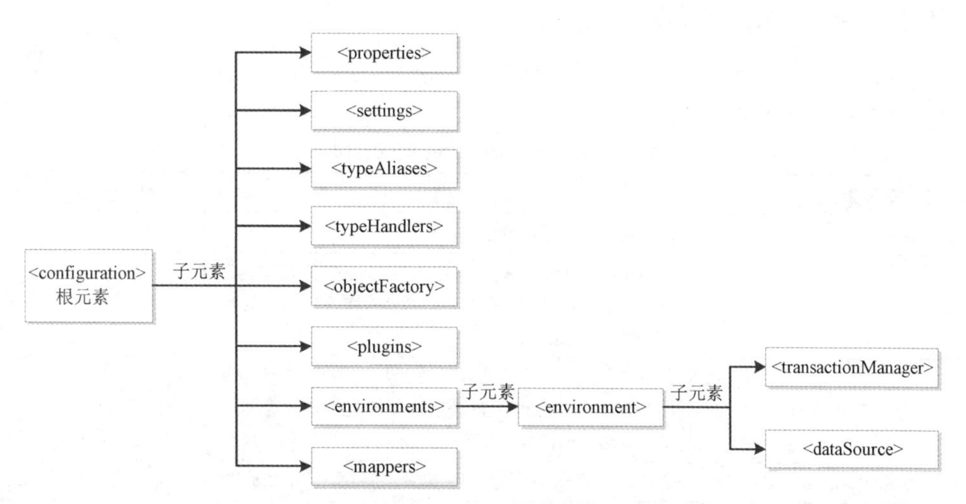

图2-2　MyBatis核心配置文件的主要元素

从图 2-2 中可以看到，<configuration>元素是整个 XML 配置文件的根元素，相当于 MyBatis 各元素的管理员。<configuration>有很多子元素，MyBatis 的核心配置就是通过这些子元素完成的。需要注意的是，在核心配置文件中，<configuration>的子元素必须按照图 2-2 中由上到下的顺序进行配置，否则 MyBatis 在解析 XML 配置文件的时候会报错。下面对<configuration>元素的几个常用子元素进行详细讲解。

2.2.2 <properties>元素

<properties>是一个配置属性的元素，该元素的作用是读取外部文件的配置信息。

假设现在有一个配置文件 db.properties，该文件配置了数据库的连接信息，具体如下：

```
jdbc.driver=com.mysql.cj.jdbc.Driver
jdbc.url=jdbc:mysql://localhost:3306/mybatis
jdbc.username=root
jdbc.password=root
```

如果想获取数据库的连接信息，可以在 MyBatis 的核心配置文件 mybatis-config.xml 中使用<properties>元素先引入 db.properties 文件，具体代码如下：

```
<properties resource="db.properties" />
```

引入 db.properties 文件后，如果希望动态获取 db.properties 文件中的数据库连接信息，可以使用<property>元素配置，示例代码如下：

```
<dataSource type="POOLED">
    <!-- 数据库驱动 -->
    <property name="driver" value="${jdbc.driver}" />
    <!-- 连接数据库的 url -->
    <property name="url" value="${jdbc.url}" />
    <!-- 连接数据库的用户名 -->
    <property name="username" value="${jdbc.username}" />
    <!-- 连接数据库的密码 -->
    <property name="password" value="${jdbc.password}" />
</dataSource>
```

上述代码中，<dataSource>元素中连接数据库的 4 个属性（driver、url、username 和 password）值将会由 db.properties 文件中对应的值来动态替换。这样一来，<properties>元素就可以通过 db.properties 文件实现动态参数配置。

2.2.3 <settings>元素

<settings>元素主要用于改变 MyBatis 运行时的行为，如开启二级缓存、开启延迟加载等。

<settings>元素中的常见配置参数如表 2-3 所示。

表 2-3 <settings>元素中的常见配置参数

配置参数	描述	有效值	默认值
cacheEnabled	用于配置是否开启缓存	true | false	true
lazyLoadingEnabled	延迟加载的全局开关。开启时，所有关联对象都会延迟加载。特定关联关系中可以通过设置 fetchType 属性来覆盖该项的开关状态	true | false	false
aggressiveLazyLoading	关联对象属性的延迟加载开关。当启用时，对任意延迟属性的调用会使带有延迟加载属性的对象完整加载；反之，每种属性会按需加载	true | false	true
multipleResultSetsEnabled	是否允许单一语句返回多结果集（需要兼容驱动）	true | false	true
useColumnLabel	使用列标签代替列名。不同的驱动在这方面有不同的表现，具体可参考驱动文档或通过测试两种模式来观察所用驱动的行为	true | false	true
useGeneratedKeys	允许 JDBC 支持自动生成主键，需要驱动兼容。如果设置为 true，则这个设置强制使用自动生成主键，尽管一些驱动不兼容但仍可正常工作	true | false	false
autoMappingBehavior	指定 MyBatis 应如何自动映射列到字段或属性。NONE 表示取消自动映射；PARTIAL 只会自动映射没有定义嵌套结果集映射的结果集；FULL 会自动映射任意复杂的结果集（无论是否嵌套）	NONE | PARTIAL | FULL	PARTIAL
defaultExecutorType	配置默认的执行器。SIMPLE 执行器是普通的执行器；REUSE 执行器会复用预处理语句（prepared statements）；BATCH 执行器将复用语句并执行批量更新	SIMPLE | REUSE | BATCH	SIMPLE
defaultStatementTimeout	配置超时时间，它决定驱动等待数据库响应的秒数	任何正整数	无
mapUnderscoreToCamelCase	是否开启自动驼峰命名规则（Camel Case）映射	true | false	false
jdbcTypeForNull	当没有为参数提供特定的 JDBC 类型时，为空值指定 JDBC 类型。某些驱动需要指定列的 JDBC 类型，多数情况直接用一般类型即可，例如 NULL、VARCHAR 或 OTHER	NULL | VARCHAR | OTHER	OTHER

表 2-3 中介绍了<settings>元素中的常见配置参数，这些配置参数在配置文件中的使用方式如下：

```
<settings>
    <!--是否开启缓存 -->
    <setting name="cacheEnabled" value="true" />
    <!--是否开启延迟加载，如果开启，所有关联对象都会延迟加载 -->
    <setting name="lazyLoadingEnabled" value="true" />
    <!--是否开启关联对象属性的延迟加载，如果开启，对任意延迟属性的调用都
    会使带有延迟加载属性的对象完整加载，否则每种属性都按需加载 -->
    <setting name="aggressiveLazyLoading" value="true" />
    ...
</settings>
```

表 2-3 中介绍的配置参数在大多数情况下都不需要开发人员去配置，通常只在需要时配置少数几项即可。这里读者了解这些可设置的参数值及其含义即可。

2.2.4 <typeAliases>元素

核心配置文件若要引用一个 POJO 实体类，需要输入 POJO 实体类的全限定类名，而 POJO 实体类的全限定类名比较冗长，如果直接输入 POJO 实体类的全限定类名，很容易拼写错误。这时，可以使用<typeAliases>元素为核心配置文件中的 POJO 实体类设置一个简短的别名，通过 MyBatis 的核心配置文件与映射文件相关联，减少全限定类名的冗余，以简化操作。例如，POJO 实体类 User 的全限定类名是 com.itheima.pojo.User，未设置别名之前，映射文件的 select 语句块若要引用 POJO 类 User，必须使用其全限定类名，引用代码如下：

```
<select id="findById" parameterType="int"
  resultType="com.itheima.pojo.User"> select * from users where uid = #{id}
</select>
```

在核心配置文件 mybatis-config.xml 中，使用<typeAliases>元素为 com.itheima.pojo.User 实体类定义别名，示例代码如下：

```
<typeAliases>
   <typeAlias alias="User" type="com.itheima.pojo.User"/>
</typeAliases>
```

上述代码为全限定类名 com.itheima.pojo.User 定义了一个别名 User，定义了别名之后，映射文件中只需使用别名 User 就可以引用 POJO 实体类 com.itheima.pojo.User，具体引用代码如下：

```
<select id="findById" parameterType="int"
     resultType="User"> select * from users where uid = #{id}
</select>
```

如果有多个全限定类需要设置别名，有以下两种方式可以完成设置。

（1）在<typeAliases>元素下，使用多个<typeAlias>元素为每一个全限定类逐个配置别名，示例代码如下：

```
<typeAliases>
   <typeAlias alias="User" type="com.itheima.pojo.User"/>
   <typeAlias alias="Student" type="com.itheima.pojo.Student"/>
   <typeAlias alias="Employee" type="com.itheima.pojo.Employee"/>
   <typeAlias alias="Animal" type="com.itheima.pojo.Animal"/>
</typeAliases>
```

上述配置方式虽然可以为多个全限定类设置别名，但代码比较冗长。

（2）通过自动扫描包的形式自定义别名。具体示例代码如下：

```
<typeAliases>
   <package name="com.itheima.pojo"/>
</typeAliases>
```

按照上述代码配置后，MyBatis 会自动扫描<package>元素的 name 属性指定的包 com.itheima.pojo，并自动将该包下的所有实体类以首字母小写的类名作为别名。例如，它会自动给 com.itheima.pojo.User 设置别名 user。

除了可以使用<typeAliases>元素为实体类自定义别名外，MyBatis 框架还为许多常见的 Java 类型（如数值、字符串、日期和集合等）提供了相应的默认别名，MyBatis 默认的常见 Java 类型的别名如表 2-4 所示。

表 2-4　MyBatis 默认的常见 Java 类型的别名

别名	映射的类型
_byte	byte
_long	long
_short	short
_int	int
_integer	int
_double	double
_float	float
_boolean	boolean
string	Sring

续表

别名	映射的类型
byte	Byte
long	Long
short	Short
int	Integer
integer	Integer
double	Double
float	Float
boolean	Boolean
date	Date
decimal	BigDecimal
bigdecimal	BigDecimal
object	Object
map	Map
hashmap	HashMap
list	List
arraylist	ArrayList
collection	Collection
iterator	Iterator

表 2-4 所列举的别名可以在 MyBatis 中直接使用，但由于别名不区分大小写，所以在使用时要注意重复定义的覆盖问题。

2.2.5 <environments>元素

MyBatis 可以配置多套运行环境，如开发环境、测试环境、生产环境等，可以灵活选择不同的配置，从而将 SQL 映射到不同运行环境的数据库中。不同的运行环境可以通过<environments>元素来配置，但不管增加几套运行环境，都必须要明确选择出当前要用的唯一的一个运行环境。

MyBatis 的运行环境信息包括事务管理器和数据源。在 MyBatis 的核心配置文件中，MyBatis 通过<environments>元素定义一个运行环境。<environments>元素有两个子元素：<transactionManager>元素和<dataSource>元素。<transactionManager>元素用于配置运行环境的事务管理器；<dataSource>元素用于配置运行环境的数据源信息。使用<environments>元素进行环境配置的示例代码如下：

```
1  <environments default="development">
2      <environment id="development">
3          <!-设置使用 JDBC 事务管理 -->
4          <transactionManager type="JDBC" />
5          <!-配置数据源 -->
6          <dataSource type="POOLED">
7              <property name="driver" value="${jdbc.driver}" />
8              <property name="url" value="${jdbc.url}" />
9              <property name="username" value="${jdbc.username}" />
10             <property name="password" value="${jdbc.password}" />
11         </dataSource>
12     </environment>
13 ...
14 </environments>
```

在上述示例代码中，<environments>元素是环境配置的根元素，它包含一个 default 属性，该属性用于指定默认环境的 id。<environment>是<environments>元素的子元素，一个<environments>元素下可以有多个<environment>子元素，<environment>元素的 id 属性用于设置所定义环境的 id 值。在<environment>元素内，使用<transactionManager>元素配置事务管理，它的 type 属性用于指定事务管理的方式，即使用哪种事务管理器；<dataSource>元素用于配置数据源，它的 type 属性用于指定所使用的数据源。

在 MyBatis 中，<transactionManager>元素可以配置两种类型的事务管理器，分别是 JDBC 和 MANAGED。这两个事务管理器的含义如下。

- JDBC：此配置直接使用 JDBC 的提交和回滚设置，它依赖于从数据源得到的连接来管理事务的作用域。
- MANAGED：此配置不提交或回滚一个连接，而是让容器来管理事务的整个生命周期。默认情况下，它会关闭连接，但有些容器并不希望这样，为此可以将<transactionManager>元素的 closeConnection 属性设置为 false 来阻止它默认的关闭行为。

注意：

如果项目中使用的是 Spring+MyBatis，则没有必要在 MyBatis 中配置事务管理器，因为实际开发中项目会使用 Spring 自带的管理器来实现事务管理。

对于数据源的配置，MyBatis 框架提供了 UNPOOLED、POOLED 和 JNDI 3 种数据源类型，具体如下。

1. UNPOOLED

UNPOOLED 表示数据源为无连接池类型。配置此数据源类型后，程序在每次被请求时会打开和关闭数据库连接。UNPOOLED 适用于对性能要求不高的简单应用程序。

UNPOOLED 类型的数据源需要配置 5 种属性，如表 2-5 所示。

表 2-5　UNPOOLED 数据源需要配置的属性

属性	说明
driver	JDBC 驱动的 Java 类的完全限定名（并不是 JDBC 驱动中可能包含的数据源类）
url	数据库的 URL 地址
username	登录数据库的用户名
password	登录数据库的密码
defaultTransactionIsolationLevel	默认的连接事务隔离级别

2. POOLED

POOLED 表示数据源为连接池类型。POOLED 数据源利用“池”的概念将 JDBC 连接对象组织起来，节省了创建新的连接对象时需要初始化和认证的时间。POOLED 数据源使并发 Web 应用可以快速响应请求，是当前比较流行的数据源配置类型，本书中使用的数据源就是 POOLED 类型。

配置 POOLED 数据源类型时，除了可以使用表 2–5 中的 5 种属性外，还可以配置更多的属性，如表 2–6 所示。

表 2-6　POOLED 数据源可额外配置的属性

属性	说明
poolMaximumActiveConnections	在任意时间可以存在的活动（也就是正在使用）连接数量，默认值为 10
poolMaximumIdleConnections	任意时间可能存在的空闲连接数
poolMaximumCheckoutTime	在被强制返回前，池中连接被检出（checked out）时间，默认值为 20000 毫秒，即 20 秒
poolTimeToWait	如果获取连接花费的时间较长，它会给连接池打印状态日志并重新尝试获取一个连接（避免在错误配置的情况下一直处于无提示的失败），默认值为 20000 毫秒，即 20 秒

续表

属性	说明
poolPingQuery	发送到数据库的侦测查询，用于检验连接是否处在正常工作秩序中，默认是“NO PING QUERY SET”
poolPingEnabled	是否启用侦测查询，若开启，则必须使用一个可执行的 SQL 语句（最好是一个非常快的 SQL）设置 poolPingQuery 属性，默认值为 false
poolPingConnectionsNotUsedFor	配置 poolPingQuery 的使用频度，该属性的值可以被设置成匹配具体的数据库连接超时时间，从而避免不必要的侦测，默认值为 0（表示所有连接每一时刻都被侦测，只有 poolPingEnabled 的属性值为 true 时适用）

3. JNDI

JNDI 表示数据源可以在 EJB 或应用服务器等容器中使用。配置 JNDI 数据源时，只需要配置两个属性，如表 2-7 所示。

表 2-7 JNDI 数据源需要配置的属性

属性	说明
initial_context	该属性主要用于在 InitialContext 中寻找上下文（即 initialContext.lookup(initial_context)）。该属性为可选属性，在忽略时，data_source 属性会直接从 InitialContext 中寻找
data_source	该属性表示引用数据源对象位置的上下文路径。如果提供了 initial_context 配置，那么程序会在其返回的上下文中进行查找；如果没有提供，则直接在 InitialContext 中查找

2.2.6 <mappers>元素

在 MyBatis 的核心配置文件中，<mappers>元素用于引入 MyBatis 映射文件。映射文件包含了 POJO 对象和数据表之间的映射信息，MyBatis 通过核心配置文件中的<mappers>元素找到映射文件并解析其中的映射信息。

通过<mappers>元素引入映射文件的方法有 4 种，具体如下。

1. 使用类路径引入

使用类路径引入映射文件的示例代码如下：

```
<mappers>
   <mapper resource="com/itheima/mapper/UserMapper.xml"/>
</mappers>
```

2. 使用本地文件路径引入

使用本地文件路径引入映射文件的示例代码如下：

```
<mappers>
   <mapper url="file:///D:/com/itheima/mapper/UserMapper.xml"/>
</mappers>
```

3. 使用接口类引入

使用接口类引入映射文件的示例代码如下：

```
<mappers>
   <mapper class="com.itheima.mapper.UserMapper"/>
</mappers>
```

4. 使用包名引入

使用包名引入映射文件的示例代码如下：

```
<mappers>
   <package name="com.itheima.mapper"/>
</mappers>
```

上述 4 种引入方式非常简单，读者可以根据实际项目需要选择使用。

2.3 MyBatis映射文件

MyBatis的真正强大之处在于可以配置SQL映射语句。相比于JDBC，使用MyBatis可使SQL映射配置的代码量大大减少，并且MyBatis专注于SQL语句，对于开发人员来说，进行项目开发时，使用MyBatis的SQL映射配置可最大限度地进行SQL调优，以保证性能。MyBatis通过许多特定的元素将SQL映射语句配置在映射文件中。下面将对MyBatis映射文件及其元素进行详细讲解。

2.3.1 MyBatis映射文件中的常用元素

在MyBatis映射文件中，<mapper>元素是映射文件的根元素，其他元素都是它的子元素。MyBatis映射文件中的常用元素如表2-8所示。

表2-8 MyBatis映射文件中的常用元素

元素	说明
<mapper>	映射文件的根元素，该元素只有一个namespace（命名空间）属性，namespace属性作用如下。 （1）用于区分不同的mapper，全局唯一。 （2）绑定DAO接口，即面向接口编程。当namespace绑定某一接口之后，可以不用写该接口的实现类，MyBatis会通过接口的全限定类名查找到对应的mapper配置来执行SQL语句，因此namespace的命名必须跟接口同名
<cache>	配置给定命名空间的缓存
<cache-ref>	从其他命名空间引用缓存配置
<select>	用于映射查询语句
<insert>	用于映射插入语句
<update>	用于映射更新语句
<delete>	用于映射删除语句
<sql>	可以重用的SQL块，也可以被其他语句使用
<resultMap>	描述数据库结果集和对象的对应关系

注意：

在不同的映射文件中，<mapper>元素的子元素的id可以是相同的，MyBatis通过<mapper>元素的namespace属性值和子元素的id区分不同的Mapper.xml文件。接口中的方法与映射文件中SQL语句id应一一对应。

2.3.2 <select>元素

<select>元素用于映射查询语句，它可以从数据库中查询数据并返回。使用<select>元素执行查询操作非常简单，示例代码如下：

```
<!--查询操作 -->
<select id="findUserById" parameterType="Integer"
   resultType="com.itheima.pojo.User">
   select * from users where id = #{id}
</select>
```

上述语句中的<select>元素id属性的值为findUserById；parameterType属性的值为Integer，表示接收一个int（或Integer）类型的参数；resultType的值为User类的全限定类名，表示返回一个User类型的对象；参数符号#{参数名}表示创建一个预处理语句参数，在JDBC中，这个预处理语句参数由“?”来标识。

<select>元素中，除了上述示例代码中的几个属性外，还有其他一些可以配置的属性，具体如表2-9所示。

表 2-9 <select>元素的常用属性

属性	说明
id	表示命名空间中<select>元素的唯一标识，通过该标识可以调用这条查询语句。如果 id 属性的值在当前命名空间不唯一，MyBatis 会抛出异常
parameterType	用于指定 SQL 语句所需参数类的全限定类名或者别名。它是一个可选属性，因为 MyBatis 可以通过 TypeHandler 推断出具体传入语句的参数。其默认值是 unset（依赖于驱动）
resultType	用于指定执行这条SQL 语句返回的类的全限定类名或别名。如果属性值是集合，则需要指定集合可以包含的类型（如 HashMap）
resultMap	表示外部 resultMap 的命名引用。resultMap 和 resultType 不能同时使用
flushCache	SQL 语句被调用之后，flushCache 用于指定是否需要 MyBatis 清空本地缓存和二级缓存。flushCache 值为布尔类型（true | false），默认值为 false。如果设置为 true，则任何时候只要 SQL 语句被调用，都会清空本地缓存和二级缓存
useCache	用于控制二级缓存的开启和关闭。其值为布尔类型（true | false），默认值为 true，表示将查询结果存入二级缓存中
timeout	用于设置超时时间，单位为秒，超时将抛出异常
fetchSize	获取记录的总条数设定，默认值是 unset（依赖于驱动）
statementType	用于设置 MyBatis 预处理类，其值有 3 个：STATEMENT、PREPARED（默认值）或 CALLABLE，分别对应 JDBC 中的 Statement、PreparedStatement 和 CallableStatement
resultSetType	表示结果集的类型，其值可设置为 DEFAULT、FORWARD_ONLY、SCROLL_SENSITIVE 或 SCROLL_ INSENSITIVE

2.3.3 <insert>元素

<insert>元素用于映射插入语句，在执行完<insert>元素中定义的 SQL 语句后，会返回插入记录的数量。使用<insert>元素执行插入操作非常简单，示例代码如下：

```
<!--插入操作 -->
<insert id="addUser" parameterType="com.itheima.pojo.User">
   insert into users(uid,uname,uage)values(#{uid},#{uname},#{uage})
</insert>
```

上述语句中的唯一标识为 addUser；parameterType 属性的值为 User 类的全限定类名，表示接收一个 User 类型的参数；SQL 语句中的#{uid}、#{uname}和#{uage}表示通过占位符的形式接收参数 uid、uname 和 uage。

<insert>元素除了上述示例代码中的几个属性外，还有其他一些可以配置的属性，具体如表 2-10 所示。

表 2-10 <insert>元素的其他常用属性

属性	说明
id	表示命名空间中的唯一标识，通过该标识可以调用这条语句。如果 id 属性的值在当前命名空间不唯一，MyBatis 会抛出异常
parameterType	用于指定 SQL 语句所需参数类的全限定类名或者别名。它是一个可选属性，因为 MyBatis 可以通过 TypeHandler 推断出具体传入语句的参数。其默认值是 unset（依赖于驱动）
flushCache	SQL 语句被调用之后，flushCache 用于指定是否需要 MyBatis 清空本地缓存和二级缓存。其值为布尔类型（true | false），默认值为 false。如果设置为 true，则任何时候只要 SQL 语句被调用，都会清空本地缓存和二级缓存
timeout	用于设置超时时间，单位为秒，超时将抛出异常
statementType	用于设置 MyBatis 预处理类，它有 3 个值：STATEMENT、PREPARED（默认值）或 CALLABLE，分别对应 JDBC 中的 Statement、PreparedStatement 和 Callable Statement

续表

属性	说明
keyProperty （仅对<insert>和<update>元素有用）	将插入或更新操作的返回值赋值给 POJO 类的某个属性。如果需要设置联合主键，在多个值之间用逗号隔开
keyColumn （仅对<insert>和<update>元素有用）	该属性用于设置第几列是主键，当主键列不是表中的第一列时需要设置。需要设置联合主键时，在多个值之间用逗号隔开
useGeneratedKeys （仅对<insert>和<update>元素有用）	该属性会使 MyBatis 调用 JDBC 的 getGeneratedKeys()方法来获取由数据库内部生产的主键，如 MySQL 和 SQL Server 等自动递增的字段，其默认值为 false

通常，执行插入操作后需要获取插入成功的数据生成的主键值，不同类型数据库获取主键值的方式不同，下面分别对支持主键自动增长的数据库获取主键值和不支持主键自动增长的数据库获取主键值的方式进行介绍。

1. 使用支持主键自动增长的数据库获取主键值

如果使用的数据库支持主键自动增长（如 MySQL 和 SQL Server），那么可以通过 keyProperty 属性指定 POJO 类的某个属性接收主键返回值（通常会设置到 id 属性上），然后将 useGeneratedKeys 的属性值设置为 true。示例代码如下：

```
<!--数据库支持主键自动增长，插入数据，并返回插入成功的数据生成的主键值 -->
<insert id="addUser" parameterType="com.itheima.pojo.User"
        keyProperty="uid" useGeneratedKeys="true" >
  insert into users(uid,uname,uage)values(#{uid},#{uname},#{uage})
</insert>
```

2. 使用不支持主键自动增长的数据库获取主键值

如果使用的数据库不支持主键自动增长（如 Oracle），或者支持增长的数据库取消了主键自增的规则，可以使用 MyBatis 提供的<selectKey>元素来自定义主键。<selectKey>元素在使用时可以设置以下几种属性：

```
<selectKey
   keyProperty="id"
   resultType="Integer"
   order="BEFORE"
   statementType="PREPARED">
```

在上述<selectKey>元素的几个属性中，keyProperty、resultType 和 statementType 的作用与前面讲解的相同，这里不重复介绍。order 属性可以被设置为 BEFORE 或 AFTER。如果设置为 BEFORE，那么它会首先执行<selectKey>元素中的配置来设置主键，然后执行插入语句；如果设置为 AFTER，那么它先执行插入语句，然后再执行<selectKey>元素中的配置内容。

使用 MyBatis 提供的<selectKey>元素来自定义生成主键的具体配置示例如下：

```
<!--数据库不支持主键自动增长，插入数据，并返回插入成功的数据生成的主键值 -->
<insert id="addUser" parameterType="com.itheima.po.User">
   <selectKey keyProperty="uid" resultType="Integer" order="BEFORE">
     select if(max(uid) is null, 1, max(uid) +1) as newId from users
   </selectKey>
   insert into users(uid,uname,uage)values(#{uid},#{uname},#{uage})
</insert>
```

执行上述示例代码时，<selectKey>元素会先运行，通过自定义的语句来设置数据表中的主键，然后再调用插入语句。在设置数据表中的主键时，如果 users 表中没有记录，则将 uid 设置为 1，否则将 uid 的最大值加 1，作为新的主键。

2.3.4 <update>元素

<update>元素用于映射更新语句，它可以更新数据库中的数据。在执行完元素中定义的 SQL 语句后，会返回更新的记录数量。

使用<update>元素执行更新操作非常简单，示例代码如下：

```
<!--更新操作 -->
<update id="updateUser" parameterType="com.itheima.pojo.User">
   update users set uname= #{uname},uage = #{uage} where uid = #{uid}
</update>
```

在上述语句中，<update>元素 id 属性的值为 updateUser；parameterType 属性的值为 User 类的全限定类名，表示接收一个 User 类型的参数；SQL 语句中的#{uid}、#{uname}和#{uage}表示通过占位符的形式接收参数 uid、uname 和 uage。

<update>元素属性与<insert>元素属性一致，这里不再重复介绍。

2.3.5 <delete>元素

<delete>元素用于映射删除语句，在执行完<delete>元素中的 SQL 语句之后，会返回删除的记录数量。

使用<delete>元素执行删除操作非常简单，示例代码如下：

```
<!-- 删除操作 -->
<delete id="deleteUser" parameterType="Integer">
   delete from users where uid=#{uid}
</delete>
```

<delete>元素除了上述示例代码中的几个属性外，还有其他一些可以配置的属性，具体如表 2-11 所示。

表 2-11 <delete>元素的常用属性

属性	说明
id	表示命名空间中的唯一标识，通过该属性可以调用这条语句。如果 id 属性的值在当前命名空间不唯一，MyBatis 会抛出异常
parameterType	用于指定 SQL 语句所需参数类的全限定名或者别名。它是一个可选属性，因为 MyBatis 可以通过 TypeHandler 推断出具体传入语句的参数。其默认值是 unset（依赖于驱动）
flushCache	SQL 语句被调用之后，flushCache 指定是否需要 MyBatis 清空本地缓存和二级缓存。其值为布尔类型（true | false），默认值为 false。如果设置为 true，则任何时候只要 SQL 语句被调用，都会清空本地缓存和二级缓存
timeout	用于设置超时时间，单位为秒。超时将抛出异常
statementType	用于设置 MyBatis 预处理类，它有 3 个值：STATEMENT、PREPARED（默认值）和 CALLABLE，分别对应 JDBC 中的 Statement、PreparedStatement 和 CallableStatement

由表 2-11 可知，<delete>元素的属性与<insert>、<update>元素的属性大致相同，但<delete>元素比<insert>、<update>元素少了 3 个与键值相关的属性，即 keyProperty、keyColumn 和 useGeneratedKeys。

2.3.6 <sql>元素

在一个映射文件中，通常需要定义多条 SQL 语句，这些 SQL 语句的组成可能有一部分是相同的（如多条 select 语句中都查询相同的 id、username 字段），如果每一个 SQL 语句都重写一遍相同的部分，势必会增加代码量，导致映射文件过于臃肿。针对以上问题，可以在映射文件中使用 MyBatis 所提供的<sql>元素，将这些 SQL 语句中相同的组成部分抽取出来，然后在需要的地方引用。

<sql>元素的作用是定义可重用的 SQL 代码片段，它可以被包含在其他语句中。<sql>元素可以被静态地（在加载参数时）参数化，<sql>元素不同的属性值随包含的对象不同而发生变化。例如，定义一个包含 uid、uname 和 uage 字段的代码片段，具体如下：

```
<sql id="userColumns">${alias}.uid,${alias}.uname,${alias}.uage</sql>
```

这一代码片段可以包含在其他语句中使用，如 select 查询语句、update 更新语句等。下面将上述代码片段包含在 select 查询语句中，具体如下：

```
<select id="findUserById" parameterType="Integer"
        resultType="com.itheima.pojo.User">
   select <include refid="userColumns"/>
   <property name="alias" value="t1" >
```

```
    from users
    where uid = #{uid}
</select>
```

在上述代码中，使用<include>元素的 refid 属性引用了自定义的代码片段，refid 属性的值为自定义代码片段的 id。使用<property>元素将<sql>元素参数化，<sql>元素中的属性值随包含的对象而发生变化。

上面示例只是一个简单的引用查询，在实际开发中，可以更灵活地定义 SQL 片段。下面实现一个根据客户 id 查询客户信息的 SQL 片段，示例代码如下：

```
1  <!--定义要查询的表 -->
2  <sql id="someinclude">
3      from
4      <include refid="${include_target}" />
5  </sql>
6  <!--定义查询列 -->
7  <sql id="userColumns">
8     uid,uname,uage
9  </sql>
10 <!--根据客户 id 查询客户信息 -->
11 <select id="findUserById" parameterType="Integer"
12          resultType="com.itheima.pojo.User">
13     select
14     <include refid="userColumns"/>
15     <include refid="someinclude"/>
16         <property name="include_target" value="users" />
17     </include>
18     where uid = #{uid}
19 </select>
```

上述代码中，第 2～5 行代码定义了需要查询的表，代码片段中的“${include_target}”会获取 name 为 include_target 的<property>的值，由于值为 users，所以最后要查询的表为“users”；第 7～9 行代码定义了需要查询的列，代码片段中定义了需要查询的列为 uid、uname、和 uage；第 11～19 行代码定义了一个<select>查询元素，根据客户的 uid 查询客户信息。其中，第 14 行和第 15 行代码分别引用了 id 为 userColumns 和 id 为 someinclude 的<sql>代码片段。所有的<sql>代码片段在程序运行时都会由 MyBatis 组合成 SQL 语句来执行需要的操作。

2.3.7 <resultMap>元素

<resultMap>元素表示结果映射集，是 MyBatis 中最重要也是功能最强大的元素。<resultMap>元素的主要作用是定义映射规则、更新级联和定义类型转化器等。

默认情况下，MyBatis 程序在运行时会自动将查询到的数据与需要返回的对象的属性进行匹配赋值（数据表中的列名与对象的属性名称完全一致才能匹配成功并赋值）。然而实际开发时，数据表中的列和需要返回的对象的属性可能不会完全一致，这种情况下 MyBatis 不会自动赋值，这时就需要使用<resultMap>元素进行结果集映射。

下面通过一个具体的案例演示使用<resultMap>元素进行结果集映射，具体步骤如下。

（1）在名称为 mybatis 的数据库中，创建一个 t_student 表，并插入几条测试数据，具体代码如下：

```
USE mybatis;
CREATE TABLE t_student(
   sid INT PRIMARY KEY AUTO_INCREMENT,
   sname VARCHAR(50),
   sage INT
);
INSERT INTO t_student(sname,sage) VALUES('Lucy',25);
INSERT INTO t_student(sname,sage) VALUES('Lili',20);
INSERT INTO t_student(sname,sage) VALUES('Jim',20);
```

（2）在项目 src/main/java 目录下创建 com.itheima.pojo 包，并在 com.itheima.pojo 包中创建实体类 Student，用于封装学生信息。在类中定义 id、name 和 age 属性，以及属性的 getter/setter 方法和 toString()方法。Student

类的具体实现代码如文件 2-1 所示。

文件 2-1　Student.java

```
1  package com.itheima.pojo;
2  public class Student {
3       private Integer id;            //学生 id
4       private String name;          //学生姓名
5       private Integer age;          //学生年龄
6       public Integer getId() {
7            return id;
8       }
9       public void setId(Integer id) {
10           this.id = id;
11      }
12      public String getName() {
13           return name;
14      }
15      public void setName(String name) {
16           this.name = name;
17      }
18      public Integer getAge() {
19           return age;
20      }
21      public void setAge(Integer age) {
22           this.age = age;
23      }
24      @Override
25      public String toString() {
26           return "User [id=" + id + ", name=" + name + ", age=" + age + "]";
27      }
28 }
```

（3）在项目的 src/main/java 目录下创建 com.itheima.mapper 包，并在 com.itheima.mapper 包中创建映射文件 StudentMapper.xml，并在映射文件中编写映射查询语句。StudentMapper.xml 映射文件主要用于实现 SQL 语句和 Java 对象之间的映射，使 SQL 语句查询出来的关系型数据能够被封装成 Java 对象。StudentMapper.xml 具体代码如文件 2-2 所示。

文件 2-2　StudentMapper.xml

```
1  <?xml version="1.0" encoding="UTF-8"?>
2  <!DOCTYPE mapper
3     PUBLIC "-//mybatis.org//DTD Mapper 3.0//EN"
4     "http://mybatis.org/dtd/mybatis-3-mapper.dtd">
5      <mapper namespace="com.itheima.mapper.StudentMapper">
6      <resultMap type="com.itheima.pojo.Student" id="studentMap">
7         <id property="id" column="sid"/>
8         <result property="name" column="sname"/>
9         <result property="age" column="sage"/>
10     </resultMap>
11     <select id="findAllStudent" resultMap="studentMap">
12         select * from t_student
13     </select>
14 </mapper>
```

在文件 2-2 中，第 6～10 行代码使用<resultMap>元素进行结果集的映射。其中，<resultMap>的子元素<id>和子元素<result>的 property 属性的值与 Student 类的属性名一一对应，column 属性的值与数据表 t_student 的列名一一对应；第 11～13 行代码定义了一个查询映射。<select>元素的 resultMap 属性的值为 studentMap，表示引用 id 值为 studentMap 的<resultMap>元素。

（4）在核心配置文件 mybatis-config.xml 中，引入 StudentMapper.xml，将 StudentMapper.xml 映射文件加载到程序中。在 mybatis-config.xml 中的<mappers>元素下添加的代码如下：

```
<mapper resource="com/itheima/mapper/StudentMapper.xml"/>
```

（5）在项目的 src/test/java 目录下的 Test 包中创建测试类 MyBatisTest，在测试类中编写测试方法

findAllStudentTest()，用于测试<resultMap>元素实现查询结果的映射。MyBatisTest 类的具体实现代码如文件 2-3 所示。

文件 2-3　MyBatisTest.java

```
1  package Test;
2  import com.itheima.pojo.Student;
3  import org.apache.ibatis.io.Resources;
4  import org.apache.ibatis.session.SqlSession;
5  import org.apache.ibatis.session.SqlSessionFactory;
6  import org.apache.ibatis.session.SqlSessionFactoryBuilder;
7  import org.junit.After;
8  import org.junit.Before;
9  import org.junit.Test;
10 import java.io.IOException;
11 import java.io.Reader;
12 import java.util.List;
13 public class MyBatisTest {
14     private SqlSessionFactory sqlSessionFactory;
15     private SqlSession sqlSession;
16     @Before
17     public void init() {
18         //定义读取文件名
19         String resources = "mybatis-config.xml";
20         //创建流
21         Reader reader = null;
22         try {
23             //读取mybatis-config.xml 文件到reader 对象中
24             reader = Resources.getResourceAsReader(resources);
25             //初始化mybatis，创建SqlSessionFactory 类的对象
26             SqlSessionFactory sqlMapper = new
27                                     SqlSessionFactoryBuilder().build(reader);
28             //创建sqlSession 对象
29             sqlSession= sqlMapper.openSession();
30         } catch (IOException e) {
31             e.printStackTrace();
32         }
33     }
34     @Test
35     public void findAllStudentTest() {
36         // SqlSession 执行映射文件中定义的 SQL，并返回映射结果
37         List<Student> list =
38                 sqlSession.selectList("com.itheima.mapper.StudentMapper.findAllStudent");
39         for (Student student : list) {
40             System.out.println(student);
41         }
42     }
43     @After
44     public void destory() {
45         //提交事务
46         sqlSession.commit();
47         //关闭事务
48         sqlSession.close();
49     }
50 }
```

在文件 2-3 中，第 16～33 行代码编写了一个 init()方法，并使用@Before 注解标注。JUnit 中的@Before 注解用于初始化，每个测试方法都要执行一次 init()方法。在 init()方法中，先根据 MyBatis 的核心配置文件构建 SqlSessionFactory 对象，再通过 SqlSessionFactory 对象创建 SqlSession 对象。

第 34～42 行代码编写了一个测试方法 findAllStudentTest()，在该方法中，第 37 行和第 38 行代码调用 SqlSession 对象的 selectList()方法执行查询操作。selectList()方法的参数是映射文件 StudentMapper.xml 中定义的<select>元素 id 的全限定类名，这里为"com.itheima.mapper.StudentMapper.findAllStudent"，表示将执行这个 id 所表示的<select>元素中的 SQL 语句。第 39～41 行代码用于遍历执行 SQL 语句并返回结果集。

第 43～49 行代码定义了一个 destory()方法，用于释放资源，并使用@After 注解标注，使用@After 注解标注的方法在每个方法执行完后都要执行一次。

需要注意的是，在测试类 MyBatisTest 中，每一个用@Test 注解标注的方法称为测试方法，它们的调用顺序为@Before→@Test→@After。

运行 MyBatisTest 测试类，控制台的输出结果如图 2-3 所示。

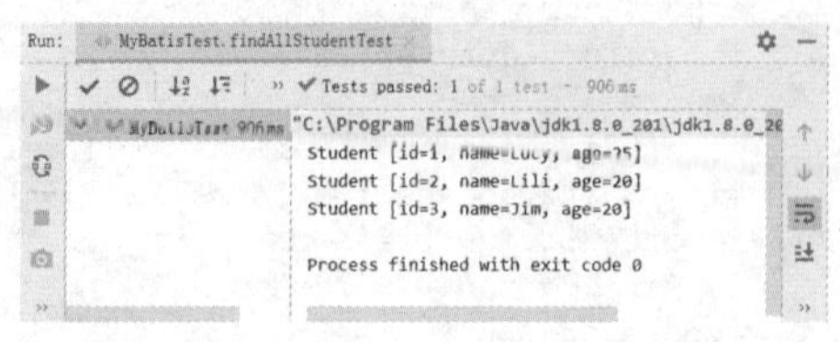

图2-3　MyBatisTest测试类运行结果

对图 2-3 中的运行结果进行分析可知，虽然 t_student 数据表的列名与 Student 对象的属性名完全不一样，但查询出的数据还是被正确地封装到了 Student 对象中，这表明<resultMap>元素实现了查询结果的映射。

多学一招：使用工具类创建SqlSession对象

在上述案例中，由于每个方法执行时都需要读取配置文件，并根据配置文件的信息构建 SqlSessionFactory 对象、创建 SqlSession 对象、释放资源，这产生了大量的重复代码。为了简化开发，可以将读取配置文件和释放资源的代码封装到一个工具类中，然后通过工具类创建 SqlSession 对象。工具类具体代码如文件 2-4 所示。

文件 2-4　MyBatisUtils.java

```
1  package com.itheima.utils;
2  import java.io.Reader;
3  import org.apache.ibatis.io.Resources;
4  import org.apache.ibatis.session.SqlSession;
5  import org.apache.ibatis.session.SqlSessionFactory;
6  import org.apache.ibatis.session.SqlSessionFactoryBuilder;
7  /**
8   * 工具类
9   */
10 public class MyBatisUtils {
11     private static SqlSessionFactory sqlSessionFactory = null;
12     // 初始化SqlSessionFactory对象
13     static {
14         try {
15             // 使用MyBatis提供的Resources类加载MyBatis的配置文件
16             Reader reader =
17                     Resources.getResourceAsReader("mybatis-config.xml");
18             // 构建SqlSessionFactory
19             sqlSessionFactory =
20                     new SqlSessionFactoryBuilder().build(reader);
21         } catch (Exception e) {
22             e.printStackTrace();
23         }
24     }
25     // 获取SqlSession对象的静态方法
26     public static SqlSession getSession() {
27         return sqlSessionFactory.openSession();
28     }
29 }
```

这样，在使用时就只创建了一个 SqlSessionFactory 对象，并且可以通过工具类的 getSession()方法来获取 SqlSession 对象。

2.4　案例：员工管理系统

本章对 MyBatis 的核心配置进行了详细讲解，包括 MyBatis 的核心对象、MyBatis 的核心配置文件和 MyBatis 映射文件中的元素。现有一员工表，如表 2-12 所示。

表 2-12　员工表（employee）

员工编号（id）	员工名称（name）	员工年龄（age）	员工职位（position）
1	张三	20	员工
2	李四	18	员工
3	王五	35	经理

本案例要求根据表 2-12 在数据库中创建一个 employee 表,并利用本章所学知识完成一个员工管理系统，该系统需要实现以下几个功能。

（1）根据 id 查询员工信息。

（2）新增员工信息。

（3）根据 id 修改员工信息。

（4）根据 id 删除员工信息。

2.5　本章小结

本章主要对 MyBatis 的核心配置进行了详细讲解。首先，讲解了 MyBatis 中的 3 个重要核心对象 SqlSessionFactoryBuilder、SqlSessionFactory 和 SqlSession；然后，介绍了核心配置文件中的元素及其使用；最后，对映射文件中的几个主要元素进行了详细讲解。通过学习本章的内容，读者将能够了解 MyBatis 中 3 个核心对象的作用，熟悉核心配置文件中常用元素的使用，并掌握映射文件中常用元素的使用。

【思考题】

1. 请简述<mappers>元素引入映射文件的 4 种方式。
2. 请简述 MyBatis 映射文件中的常用元素及其作用。

第3章

动态SQL

学习目标

★ 掌握 MyBatis 中动态 SQL 元素的使用

★ 掌握 MyBatis 的条件查询操作

★ 掌握 MyBatis 的更新操作

★ 掌握 MyBatis 的复杂查询操作

拓展阅读

在实际项目的开发中，开发人员在使用 JDBC 或其他持久层框架进行开发时，经常需要根据不同的条件拼接 SQL 语句，拼接 SQL 语句时还要确保不能遗漏必要的空格、标点符号等，这种编程方式给开发人员带来了极大的不便，而 MyBatis 提供的 SQL 语句动态组装功能，恰能很好地解决这一问题。本章将对 MyBatis 框架的动态 SQL 进行详细讲解。

3.1 动态 SQL 中的元素

动态 SQL 是 MyBatis 的强大特性之一，MyBatis 采用了功能强大的基于对象导航图语言（Object Graph Navigation Language，OGNL）的表达式来完成动态 SQL。在 MyBatis 的映射文件中，开发人员可通过动态 SQL 元素灵活组装 SQL 语句，这在很大程度上避免了单一 SQL 语句的反复堆砌，提高了 SQL 语句的复用性。

MyBatis 动态 SQL 中的常用元素如表 3-1 所示。

表 3-1 MyBatis 动态 SQL 中的常用元素

元素	说明
<if>	判断语句，用于单条件判断
<choose>（<when>、<otherwise>）	相当于 Java 中的 switch...case...default 语句，用于多条件判断
<where>	简化 SQL 语句中 where 的条件判断
<trim>	可以灵活地去除多余的关键字
<set>	用于 SQL 语句的动态更新
<foreach>	循环语句，常用于 in 语句等列举条件中

表 3-1 列举了 MyBatis 动态 SQL 的一些常用元素，并分别对其作用进行了简要介绍。为了帮助读者更好地掌握动态 SQL 的使用，下面将对这些动态 SQL 元素的使用进行详细讲解。

3.2 条件查询操作

3.2.1 <if>元素

在 MyBatis 中，<if>元素是最常用的判断元素，它类似于 Java 中的 if 语句，主要用于实现某些简单的条件判断。

在实际应用中，常会通过某个条件查询某个数据。例如，要查找某个客户的信息，可以通过姓名或者年龄来查找客户，也可以不填写年龄直接通过姓名来查找客户，还可以什么都不填写查询出所有客户，此时姓名和年龄就是非必须条件。遇到上述情况，可在 MyBatis 中通过<if>元素来实现。下面通过一个具体的案例演示单条件判断下<if>元素的使用，案例具体实现步骤如下。

1. 数据库准备

在名称为 mybatis 的数据库中，创建一个 t_customer 数据表，并插入几条测试数据，具体代码如下：

```
# 使用 mybatis 数据库
USE mybatis;
# 创建一个名称为 t_customer 的表
CREATE TABLE t_customer (
    id int(32) PRIMARY KEY AUTO_INCREMENT,
    username varchar(50),
    jobs varchar(50),
    phone varchar(16)
);
# 插入 3 条数据
INSERT INTO t_customer VALUES ('1', 'joy', 'teacher', '13733333333');
INSERT INTO t_customer VALUES ('2', 'jack', 'teacher', '13522222222');
INSERT INTO t_customer VALUES ('3', 'tom', 'worker', '15111111111');
```

完成上述操作后，t_customer 表中的数据如图 3-1 所示。

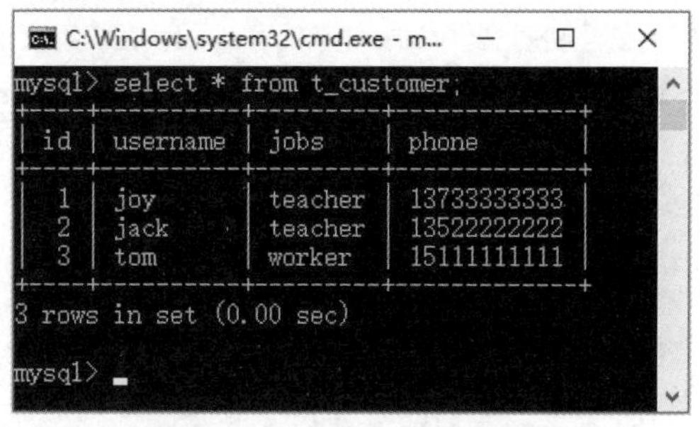

图3-1 t_customer表中的数据

2. POJO 类准备

在 com.itheima.pojo 包下创建持久化类 Customer，在类中声明 id、username、jobs 和 phone 属性，以及属性对应的 getter/setter 方法。Customer 类具体代码如文件 3-1 所示。

文件 3-1 Customer.java

```
1  package com.itheima.pojo;
2  /**
3   * 客户持久化类
4   */
5  public class Customer {
6       private Integer id;       // 客户 id
7       private String username; // 客户姓名
8       private String jobs;      // 职业
9       private String phone;     // 电话
10      public Integer getId() {
```

```
11            return id;
12        }
13        public void setId(Integer id) {
14            this.id = id;
15        }
16        public String getUsername() {
17            return username;
18        }
19        public void setUsername(String username) {
20            this.username = username;
21        }
22        public String getJobs() {
23            return jobs;
24        }
25        public void setJobs(String jobs) {
26            this.jobs = jobs;
27        }
28        public String getPhone() {
29            return phone;
30        }
31        public void setPhone(String phone) {
32            this.phone = phone;
33        }
34        @Override
35        public String toString() {
36            return "Customer [id=" + id + ", username=" + username +
37                          ", jobs=" + jobs + ", phone=" + phone + "]";
38        }
39 }
```

在文件 3-1 中，持久化类 Customer 与普通的 JavaBean 并没有什么区别，只是其属性字段与数据库中的表字段相对应。实际上，Customer 就是一个 POJO（普通 Java 对象），MyBatis 就是采用 POJO 作为持久化类来完成对数据库的操作。

3. 创建映射文件

在项目 com.itheima.mapper 包下创建映射文件 CustomerMapper.xml，在映射文件中，根据客户姓名和年龄组合成的条件查询客户信息，使用<if>元素编写该组合条件的动态 SQL。CustomerMapper.xml 具体代码如文件 3-2 所示。

文件 3-2 CustomerMapper.xml

```
1  <?xml version="1.0" encoding="UTF8"?>
2  <!DOCTYPE mapper PUBLIC "-//mybatis.org//DTD Mapper 3.0//EN"
3     "http://mybatis.org/dtd/mybatis-3-mapper.dtd">
4  <mapper namespace="com.itheima.mapper.CustomerMapper">
5      <!-- <if>元素使用 -->
6      <select id="findCustomerByNameAndJobs"
7              parameterType="com.itheima.pojo.Customer"
8              resultType="com.itheima.pojo.Customer">
9          select * from t_customer where 1=1
10         <if test="username !=null and username !=''">
11             and username like concat('%',#{username}, '%')
12         </if>
13         <if test="jobs !=null and jobs !=''">
14             and jobs= #{jobs}
15         </if>
16     </select>
17 </mapper>
```

在文件 3-2 中，第 10～15 行代码使用<if>元素的 test 属性分别对 username 和 jobs 进行了非空判断，如果传入的查询条件非空就进行动态 SQL 组装。

<if>元素的 test 属性多用于条件判断语句中，用于判断真假，在大部分的场景中都用于进行非空判断，有时候也用于判断字符串、数字和枚举等。

4. 修改核心配置文件

在配置文件 mybatis-config.xml 中，引入 CustomerMapper.xml 映射文件，将 CustomerMapper.xml 映射文件

加载到程序中。在 mybatis-config.xml 中的<mappers>元素下添加的代码如下：

```
<mapper resource="com/itheima/mapper/CustomerMapper.xml"/>
```

5. 创建获取 SqlSession 对象的工具类

本案例使用 2.3.7 节的 MyBatisUtils 类作为获取 SqlSession 对象的工具类。首先在项目的 src/main/java 目录下创建一个 com.itheima.utils 包，然后将 2.3.7 节的 MyBatisUtils 类复制到该包下即可。

6. 修改测试类

在测试类 MyBatisTest 中，编写测试方法 findCustomerByNameAndJobsTest()，该方法用于根据客户姓名和职业组合条件查询客户信息列表。MyBatisTest 类具体代码如文件 3-3 所示。

文件 3-3　MyBatisTest.java

```
1  package Test;
2  import com.itheima.pojo.Customer;
3  import com.itheima.utils.MyBatisUtils;
4  import org.apache.ibatis.session.SqlSession;
5  import org.junit.Test;
6  import java.util.List;
7  public class MyBatisTest {
8      /**
9       * 根据客户姓名和职业组合条件查询客户信息列表
10      */
11     @Test
12     public void findCustomerByNameAndJobsTest(){
13         // 通过工具类获取 SqlSession 对象
14         SqlSession session = MyBatisUtils.getSession();
15         // 创建 Customer 对象，封装需要组合查询的条件
16         Customer customer = new Customer();
17         customer.setUsername("jack");
18         customer.setJobs("teacher");
19         // 执行 SqlSession 的查询方法，返回结果集
20         List<Customer> customers = session.selectList("com.itheima.mapper"
21                 + ".CustomerMapper.findCustomerByNameAndJobs",customer);
22         // 输出查询结果信息
23         for (Customer customer2 : customers) {
24             // 打印输出结果
25             System.out.println(customer2);
26         }
27         // 关闭 SqlSession
28         session.close();
29     }
30 }
```

在文件 3-3 中，第 14 行代码通过 MyBatisUtils 工具类获取 SqlSession 对象；第 16～21 行代码使用 Customer 对象封装用户名为 jack 且职业为 teacher 的查询条件，并通过 SqlSession 对象调用 selectList()方法执行多条件组合的查询操作；第 23～26 行代码使用 for 循环打印查询结果信息；第 28 行代码关闭 SqlSession，释放资源。

执行 MyBatisTest 测试类的 findCustomerByNameAndJobsTest()方法，控制台的输出结果如图 3-2 所示。

从图 3-2 可以看出，程序查询出了 username 为 jack，并且 jobs 为 teacher 的客户信息。如果将文件 3-2 中的 10～15 行代码注释掉，不使用<if>元素对客户信息进行判断（即不以客户姓名和职业为判断条件），然后再次执行测试类的 findCustomerByNameAndJobsTest()方法，则控制台的输出结果如图 3-3 所示。

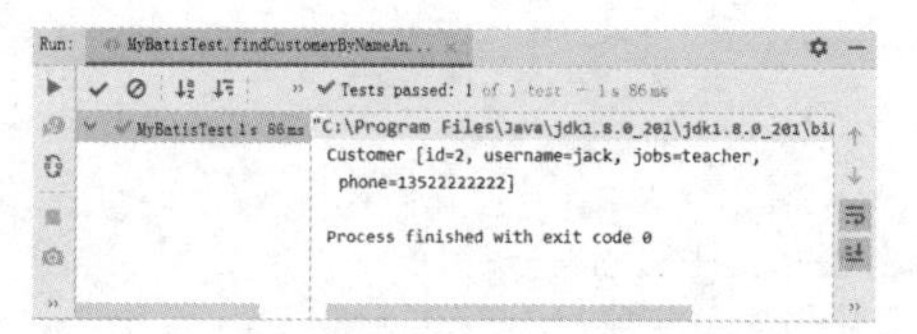

图3-2　findCustomerByNameAndJobsTest()方法执行结果（1）

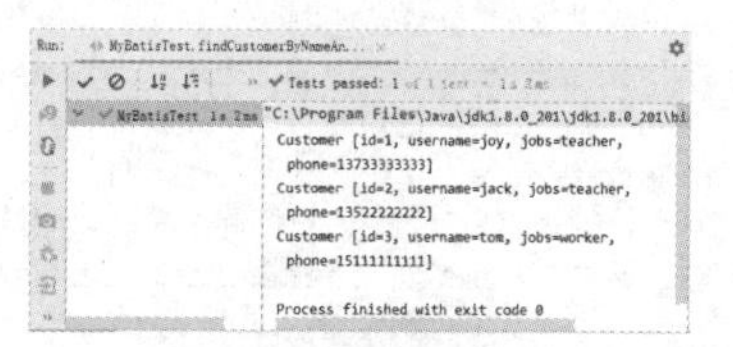

图3-3　findCustomerByNameAndJobsTest()方法执行结果（2）

从图 3-3 可以看到，程序查询出了数据表中的所有数据。

3.2.2 <choose>、<when>、<otherwise>元素

在使用<if>元素时，只要 test 属性中的表达式为 true，就会执行元素中的条件语句，但是在实际应用中，有时只需要从多个选项中选择一个去执行。

例如，下面的场景。

当客户名称不为空，则只根据客户名称进行客户筛选。

当客户名称为空，而客户职业不为空，则只根据客户职业进行客户筛选。

当客户名称和客户职业都为空，则要求查询出所有电话不为空的客户信息。

此种情况下，使用<if>元素进行处理是非常不合适的。针对上述情况，MyBatis 提供了<choose>、<when>、<otherwise>元素进行处理，这 3 个元素往往组合在一起使用，作用相当于 Java 中的 switch...case...default 语句。下面演示如何使用<choose>、<when>、<otherwise>元素组合去实现上面所述场景，具体如下。

（1）在映射文件 CustomerMapper.xml 中，添加使用<choose>、<when>、<otherwise>元素执行上述情况的动态 SQL，具体代码如下：

```
<!--<choose>(<when>、<otherwise>)元素使用 -->
<select id="findCustomerByNameOrJobs"
      parameterType="com.itheima.pojo.Customer"
      resultType="com.itheima.pojo.Customer">
   select * from t_customer where 1=1
   <choose>
      <!--条件判断 -->
      <when test="username !=null and username !=''">
         and username like concat('%',#{username}, '%')
      </when>
      <when test="jobs !=null and jobs !=''">
         and jobs= #{jobs}
      </when>
      <otherwise>
         and phone is not null
      </otherwise>
   </choose>
</select>
```

上述配置代码中，使用<choose>元素进行 SQL 拼接，当第一个<when>元素中的条件为真时，只动态组装第一个<when>元素内的 SQL 片段并执行，否则就继续向下判断第二个<when>元素中的条件是否为真，以此类推，直到某个<when>元素中的条件为真，结束判断。当前面所有 when 元素中的条件都不为真时，则动态组装<otherwise>元素内的 SQL 片段并执行。

（2）在测试类 MyBatisTest 中，编写测试方法 findCustomerByNameOrJobsTest()，该方法用于根据客户姓名或职业查询客户信息列表，具体代码如下：

```
1  /**
2    根据客户姓名或职业查询客户信息列表
3  */
4  @Test
5  public void findCustomerByNameOrJobsTest(){
6        // 通过工具类获取 SqlSession 对象
7        SqlSession session = MyBatisUtils.getSession();
8        // 创建 Customer 对象，封装需要组合查询的条件
9        Customer customer = new Customer();
10       customer.setUsername("tom");
11       customer.setJobs("teacher");
12       // 执行 SqlSession 的查询方法，返回结果集
13       List<Customer> customers = session.selectList("com.itheima.mapper"
14             + ".CustomerMapper.findCustomerByNameOrJobs",customer);
15       // 输出查询结果信息
16       for (Customer customer2 : customers) {
17       // 打印输出结果
18             System.out.println(customer2);
```

```
19        }
20        // 关闭SqlSession
21        session.close();
22 }
```

在上述代码中，第7行代码通过MyBatisUtils工具类获取SqlSession对象；第9～11行代码创建Customer对象，封装需要组合查询的条件；第13行和第14行代码执行SqlSession的查询方法，返回结果集；第16～19行代码使用for循环打印查询结果信息；第21行代码关闭SqlSession，释放资源。

执行测试类MyBatisTest的findCustomerByNameOrJobsTest()方法，控制台的输出结果如图3-4所示。

由图3-4所示的输出结果进行分析可知，虽然同时传入了姓名和职业两个查询条件，但MyBatis只是动态组装了客户姓名的SQL片段进行条件查询。

如果将上述代码中的第10行代码“customer.setUsername("tom");”删除或者注释掉，使SQL只按职业进行查询。再次执行findCustomerByNameOrJobsTest()方法后，控制台的输出结果如图3-5所示。

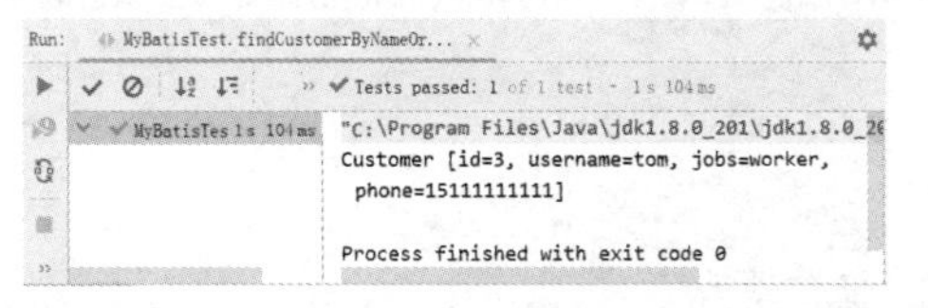

图3-4 findCustomerByNameOrJobsTest()方法执行结果（1）

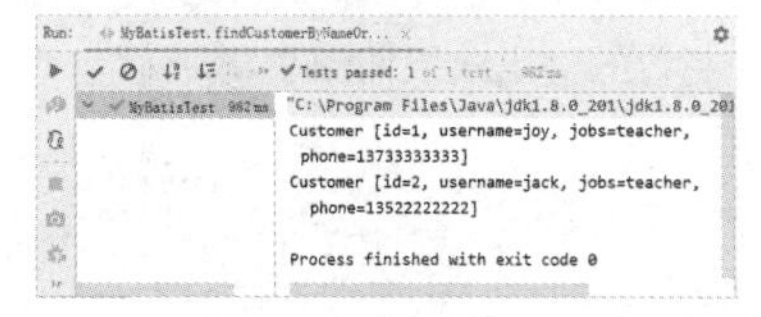

图3-5 findCustomerByNameOrJobsTest()方法执行结果（2）

对图3-5中的输出结果进行分析可知，MyBatis生成了按客户职业进行查询的SQL语句，同样查询出了客户信息。

如果将上述代码中的第10行代码“customer.setUsername("tom");”和第11行代码“customer.setJobs("teacher");”都删除或者注释掉（即客户姓名和职业都为空），那么程序的执行结果如图3-6所示。

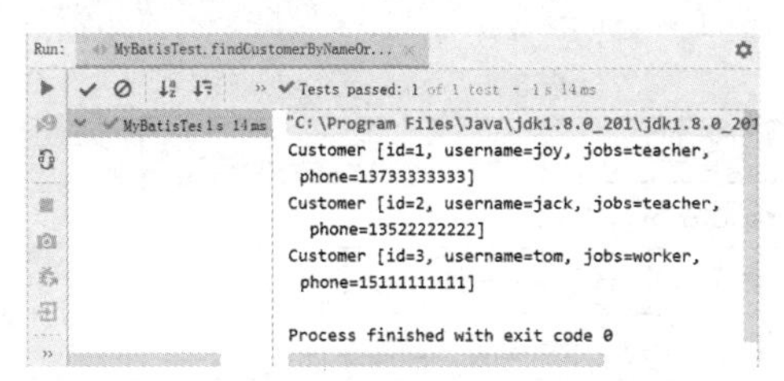

图3-6 findCustomerByNameOrJobsTest()方法执行结果（3）

对图3-6中的输出结果进行分析可知，当姓名和职业参数都为空时，MyBatis组装了<otherwise>元素中的SQL片段进行条件查询。

3.2.3 <where>、<trim>元素

在3.2.1节和3.2.2节的案例中，映射文件中编写的SQL后面都加入了“where 1=1”的条件，而加入了条件“1=1”后，既保证了where后面的条件成立，又避免了where后面第一个词是and或者or之类的关键字。如果将文件3-2中where后“1=1”的条件去掉，MyBatis所拼接出来的SQL语句如下：

```
select * from t_customer where and username like concat('%',?, '%') and
jobs = #{jobs}
```

上述SQL语句中，where后直接跟的是and，在运行时会报SQL语法错误，针对这种情况，可以使用MyBatis提供的<where>元素和<trim>元素进行处理。

1. <where>元素

以3.2.1节的案例为例，将文件3-2中的“where 1=1”条件删除，并使用<where>元素替换“where 1=1”条件，替换后的代码如下：

```
<!-- <where>元素-->
<select id="findCustomerByNameAndJobs"
        parameterType="com.itheima.pojo.Customer"
```

```
        resultType="com.itheima.pojo.Customer">
    select * from t_customer
    <where>
        <if test="username !=null and username !=''">
            and username like concat('%',#{username}, '%')
        </if>
        <if test="jobs !=null and jobs !=''">
            and jobs= #{jobs}
        </if>
    </where>
</select>
```

在上述配置代码中，使用<where>元素对“where 1=1”条件进行了替换，<where>元素会自动判断由组合条件拼装的 SQL 语句，只有<where>元素内的某一个或多个条件成立时，才会在拼接 SQL 中加入关键字 where，否则将不会添加；即使 where 之后的内容有多余的“AND”或“OR”，<where>元素也会自动将它们去除。

使用<where>元素替换“where 1=1”条件后，再次执行 MyBatisTest 测试类的 findCustomerByNameAndJobsTest() 方法，控制台的输出结果如图 3-7 所示。

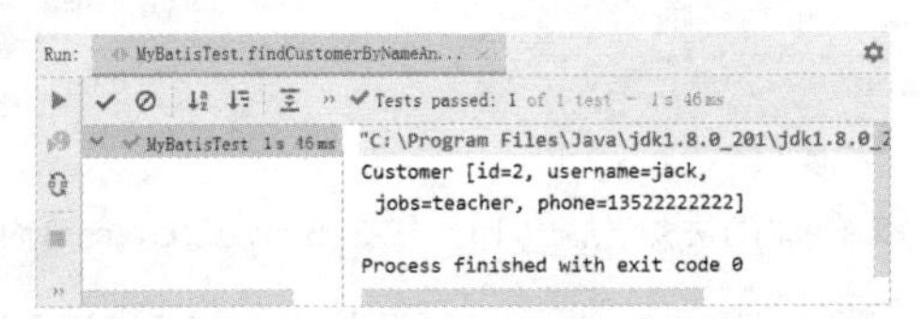

图3-7　findCustomerByNameAndJobsTest()方法执行结果（3）

2. <trim>元素

除了使用<where>元素外，还可以通过<trim>元素来解决上述问题。<trim>元素用于删除多余的关键字，它可以直接实现<where>元素的功能。<trim>元素包含 4 个属性，具体如表 3-2 所示。

表 3-2　<trim>元素的属性

属性	说明
prefix	指定给 SQL 语句增加的前缀
prefixOverrides	指定 SQL 语句中要去掉的前缀字符串
suffix	指定给 SQL 语句增加的后缀
suffixOverrides	指定 SQL 语句中要去掉的后缀字符串

表 3-2 列举了<trim>元素的 4 个属性，并分别对其作用进行了简要介绍。在实现 where 条件判断时，通常使用 prefix 和 prefixOverrides 属性。使用<trim>元素替换文件 3-2 中的 where 1=1 条件，替换后的代码如下：

```
<!-- <trim>元素-->
<select id="findCustomerByNameAndJobs"
        parameterType="com.itheima.pojo.Customer"
        resultType="com.itheima.pojo.Customer">
    select * from t_customer
    <trim prefix="where" prefixOverrides="and">
        <if test="username !=null and username !=''">
            and username like concat('%',#{username}, '%')
        </if>
        <if test="jobs !=null and jobs !=''">
            and jobs= #{jobs}
        </if>
    </trim>
</select>
```

在上述配置代码中，使用<trim>元素对“where 1=1”条件进行了替换，<trim>元素的作用是去除一些多余的前缀字符串，它的 prefix 属性是指语句的前缀（where），而 prefixOverrides 属性是指需要去除的前缀字符串（SQL 中的“AND”或“OR”）。

使用<trim>元素替换"where 1=1"条件后，再次执行 MyBatisTest 测试类的 findCustomerByNameAndJobsTest()方法，控制台的输出结果与图 3-7 相同。

3.3 更新操作

在 Hibernate 框架中，如果想要更新某一个对象，就需要发送所有的字段给持久化对象，然而在实际应用中，大多数情况下都是更新某一个或几个字段。如果每更新一条数据都要将其所有的属性都更新一遍，那么执行效率将非常低。为了解决更新数据的效率问题，MyBatis 提供了<set>元素。<set>元素主要用于更新操作，它可以在动态 SQL 语句前输出一个关键字 SET，并将 SQL 语句中最后一个多余的逗号去除。使用<set>元素与<if>元素相结合的方式可以只更新需要更新的字段。

下面通过一个案例演示如何使用<set>元素更新数据库的信息，案例具体步骤如下。

（1）在映射文件 CustomerMapper.xml 中添加使用<set>元素执行更新操作的动态 SQL，具体代码如下：

```
<!-- <set>元素 -->
<update id="updateCustomerBySet"
                        parameterType="com.itheima.pojo.Customer">
    update t_customer
    <set>
        <if test="username !=null and username !=''">
            username=#{username},
        </if>
        <if test="jobs !=null and jobs !=''">
            jobs=#{jobs},
        </if>
        <if test="phone !=null and phone !=''">
            phone=#{phone},
        </if>
    </set>
    where id=#{id}
</update>
```

在上述配置的 SQL 语句中，使用<set>元素和<if>元素相结合的方式组装 update 语句。其中，<set>元素会动态前置关键字 SET，同时也会消除 SQL 语句中最后一个多余的逗号；<if>元素会判断相应的字段是否有传入值，如果传入的更新字段不是 null 或空字符串，就将此字段进行动态 SQL 组装，并更新此字段，否则此字段不执行更新。

（2）为了验证上述配置，可以在测试类中编写测试方法 updateCustomerBySetTest()，其代码如下：

```
1  /**
2   * 更新客户信息
3   */
4  @Test
5  public void updateCustomerBySetTest(){
6      // 获取 SqlSession
7      SqlSession sqlSession = MyBatisUtils.getSession();
8      // 创建 Customer 对象，并向对象中添加数据
9      Customer customer = new Customer();
10     customer.setId(3);
11     customer.setPhone("13311111234");
12     // 执行 SqlSession 的更新方法，返回的是 SQL 语句影响的行数
13     int rows = sqlSession.update("com.itheima.mapper"
14             + ".CustomerMapper.updateCustomerBySet", customer);
15     // 通过返回结果判断更新操作是否执行成功
16     if(rows > 0){
17         System.out.println("您成功修改了"+rows+"条数据！");
18     }else{
19         System.out.println("执行修改操作失败！！！");
20     }
21     // 提交事务
22     sqlSession.commit();
```

```
23     // 关闭 SqlSession
24     sqlSession.close();
25 }
```

在上述代码中，第 7 行代码通过 MyBatisUtils 工具类获取 SqlSession 对象；第 9～11 行代码创建 Customer 对象，封装需要更新的字段；第 13 行和第 14 行代码执行 SqlSession 的更新方法，返回的是 SQL 语句影响的行数；第 16～20 行代码通过返回结果判断更新操作是否执行成功；第 22～24 行代码提交事务和关闭 SqlSession，释放资源。

执行 MyBatisTest 测试类的 updateCustomerBySetTest()方法，控制台的输出结果如图 3-8 所示。

从图 3-8 可以看出，程序已经提示成功更新了 1 条数据。为了验证是否真的执行成功，此时查看 t_customer 表中的数据，t_customer 表更新后的数据如图 3-9 所示。

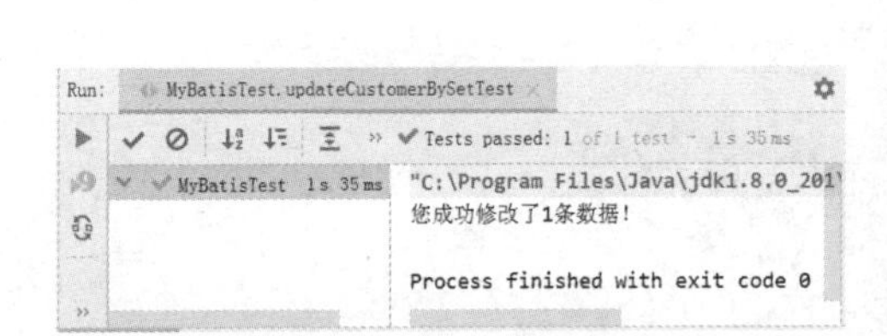

图3-8　updateCustomerBySetTest()方法执行结果

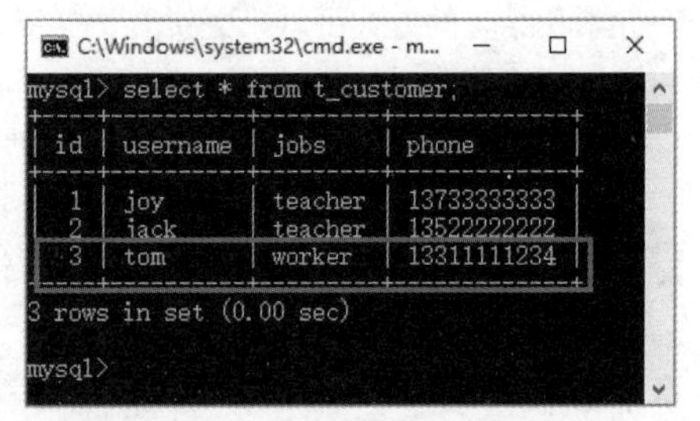

图3-9　t_customer表更新后的数据（1）

由图 3-9 中的查询结果分析可知，使用<set>元素已成功对数据表中 id 为 3 的客户电话进行了修改。

注意：

在映射文件中使用<set>元素和<if>元素组合进行 update 语句动态 SQL 组装时，如果<set>元素内包含的内容都为空，则会出现 SQL 语法错误。因此，在使用<set>元素进行字段信息更新时，要确保传入的更新字段不能都为空。

除了使用<set>元素外，还可以通过<trim>元素来实现更新操作。使用<trim>元素进行更新的具体代码如下：

```
<!-- <trim>元素 -->
<update id="updateCustomerByTrim"
                        parameterType="com.itheima.pojo.Customer">
   update t_customer
   <trim prefix="set" suffixOverrides=",">
      <if test="username !=null and username !=''">
         username=#{username},
      </if>
      <if test="jobs !=null and jobs !=''">
         jobs=#{jobs},
      </if>
      <if test="phone !=null and phone !=''">
         phone=#{phone},
      </if>
   </trim>
   where id=#{id}
</update>
```

在上述代码中，<trim>元素的 prefix 属性用于指定要添加的<trim>元素所包含内容的前缀为 set，suffixOverrides 属性用于指定去除的<trim>元素所包含内容的后缀为逗号。

为了验证上述配置，在 MyBatisTest 测试类中的测试方法 updateCustomerByTrimTest()中，将 id 为 3 的客户的 phone 属性的值修改为“13311111111”，具体代码如下：

```
1  /**
2   * 更新客户信息
3   */
```

```
4   @Test
5   public void updateCustomerByTrimTest(){
6       // 获取 SqlSession
7       SqlSession sqlSession = MyBatisUtils.getSession();
8       // 创建 Customer 对象，并向对象中添加数据
9       Customer customer = new Customer();
10      customer.setId(3);
11      customer.setPhone("13311111111");
12      // 执行 SqlSession 的更新方法，返回的是 SQL 语句影响的行数
13      int rows = sqlSession.update("com.itheima.mapper"
14              + ".CustomerMapper.updateCustomerByTrim", customer);
15      // 通过返回结果判断更新操作是否执行成功
16      if(rows > 0){
17          System.out.println("您成功修改了"+rows+"条数据！");
18      }else{
19          System.out.println("执行修改操作失败！！！");
20      }
21      // 提交事务
22      sqlSession.commit();
23      // 关闭 SqlSession
24      sqlSession.close();
25  }
```

在上述代码中，第 7 行代码通过 MyBatisUtils 工具类获取 SqlSession 对象；第 9～11 行代码创建 Customer 对象，封装需要更新的字段；第 13 行和第 14 行代码执行 SqlSession 的更新方法，返回 SQL 语句影响的行数；第 16～20 行代码通过返回结果判断更新操作是否执行成功；第 22～24 行代码提交事务并关闭 SqlSession，释放资源。

执行 MyBatisTest 测试类的 updateCustomerByTrimTest()方法，控制台的输出结果如图 3-10 所示。

从图 3-10 可以看出，程序已经提示成功更新了 1 条数据。为了验证更新是否真的执行成功，查看数据库 t_customer 表中的数据，t_customer 表更新后的数据如图 3-11 所示。

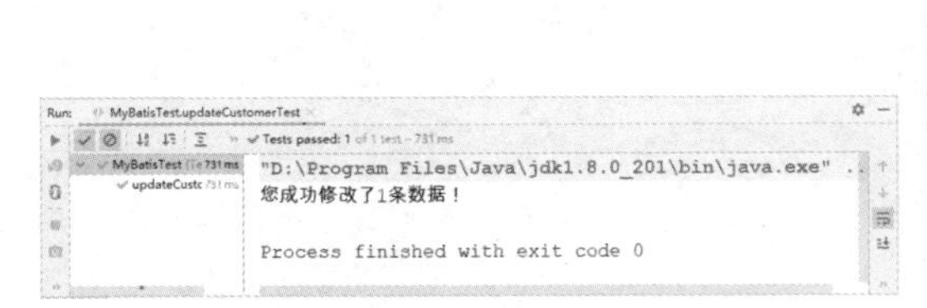

图3-10　updateCustomerByTrimTest()方法执行结果

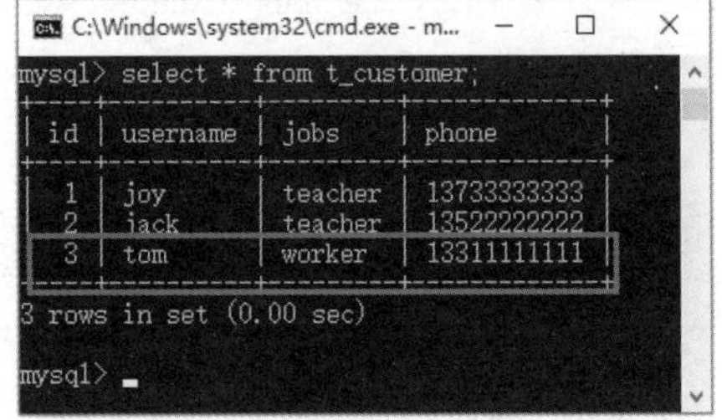

图3-11　t_customer表更新后的数据（2）

从图 3-11 可以看出，数据表中 id 为 3 的客户电话成功被修改了。

3.4　复杂查询操作

在实际开发中，有时可能会遇到这种情况：假设在一个客户表中有 1000 条数据，现在需要将 id 值小于 100 的客户信息全部查询出来，这种情况下，如果每条记录都逐一查询，显然是不可取的。有的人会想到，可以在 Java 方法中使用循环语句，将查询方法放在循环语句中，通过条件循环的方式查询出所需的数据。这种查询方式虽然可行，但每执行一次循环语句，都需要向数据库中发送一条查询 SQL，其查询效率是非常低的。为了解决上述问题，MyBatis 提供了用于数组和集合循环遍历的<foreach>元素。下面将对<foreach>元素进行详细讲解。

3.4.1　<foreach>元素的属性

<foreach>元素主要用于遍历，能够支持数组、List 或 Set 接口的集合。在实际开发中，<foreach>元素通

常和 SQL 语句中的关键字“in”结合使用。<foreach>元素的属性如表 3-3 所示。

表 3-3　<foreach>元素的属性

属性	说明
item	表示集合中每一个元素进行迭代时的别名。该属性为必选属性
index	在 List 和数组中，index 是元素的序号；在 Map 中，index 是元素的 key。该属性为可选属性
open	表示 foreach 语句代码的开始符号，一般和 close=")"合用。常用在 in 条件语句中。该属性为可选属性
separator	表示元素之间的分隔符，例如，在条件语句中，separator=","会自动在元素中间用“,”隔开，避免手动输入逗号导致 SQL 错误，错误示例如 in(1,2,)。该属性为可选属性
close	表示 foreach 语句代码的关闭符号，一般和 open="("合用。常用在 in 条件语句中。该属性为可选属性
collection	用于指定遍历参数的类型。注意，该属性必须指定。不同情况下该属性的值是不一样的，主要有以下 3 种情况。 • 若传入参数为单参数且参数类型是一个 List，collection 属性值为 list。 • 若传入参数为单参数且参数类型是一个数组，collection 属性值为 array。 • 若传入参数为多参数，就需要把参数封装为一个 Map 进行处理，collection 属性值为 Map

表 3-3 中列出了<foreach>元素的属性，其中 open、close、separator 属性用于对遍历内容进行 SQL 拼接。

3.4.2　<foreach>元素迭代数组

<foreach>元素可以实现数组类型的输入参数的遍历。例如，要从数据表 t_customer 中查询出 id 为 1、2、3 的客户信息，如果采用单条查询的方式，势必会造成资源的浪费，此时就可以利用数组作为参数，存储 id 的属性值 1、2、3，并通过<foreach>元素迭代数组完成客户信息的批量查询操作。<foreach>元素迭代数组的实现具体如下。

（1）在映射文件 CustomerMapper.xml 中，添加使用<foreach>元素迭代数组执行批量查询操作的动态 SQL，具体代码如下：

```
<!--<foreach>元素使用 -->
<select id="findByArray" parameterType="java.util.Arrays"
      resultType="com.itheima.pojo.Customer">
   select * from t_customer where id in
   <foreach item="id" index="index" collection="array"
           open="(" separator="," close=")">
      #{id}
   </foreach>
</select>
```

在上述配置代码中，使用<foreach>元素迭代数组实现客户信息的批量查询操作。其中，collection 属性用于设置传入的参数为数组类型，<foreach>元素将客户id 信息存储在数组中，并对数组进行遍历，遍历出的值用于构建 SQL 语句中的 in 条件语句。

（2）为了验证上述配置，可以在测试类 MyBatisTest 中，编写测试方法 findByArrayTest()，该方法代码具体如下：

```
1  /**
2   * 根据客户 id 批量查询客户信息
3   */
4  @Test
5  public void findByArrayTest(){
6     // 获取 SqlSession
7     SqlSession session = MyBatisUtils.getSession();
8     // 创建数组，封装查询 id
9     Integer[] roleIds = {2,3};
10    // 执行 SqlSession 的查询方法，返回结果集
11    List<Customer> customers = session.selectList("com.itheima.mapper"
12           + ".CustomerMapper.findByArray", roleIds);
13    // 输出查询结果信息
```

```
14     for (Customer customer : customers) {
15         // 打印输出结果
16         System.out.println(customer);
17     }
18     // 关闭 SqlSession
19     session.close();
20 }
```

在上述代码中，第 7 行代码通过 MyBatisUtils 工具类获取 SqlSession 对象；第 9 行代码创建数组，并封装查询 id；第 11 行和第 12 行代码执行 SqlSession 的查询方法，并返回结果集；第 14～17 行代码遍历查询到的结果集信息并输出；第 19 行代码关闭 SqlSession，释放资源。

执行 MyBatisTest 测试类的 findByArrayTest()方法，控制台的输出结果如图 3-12 所示。

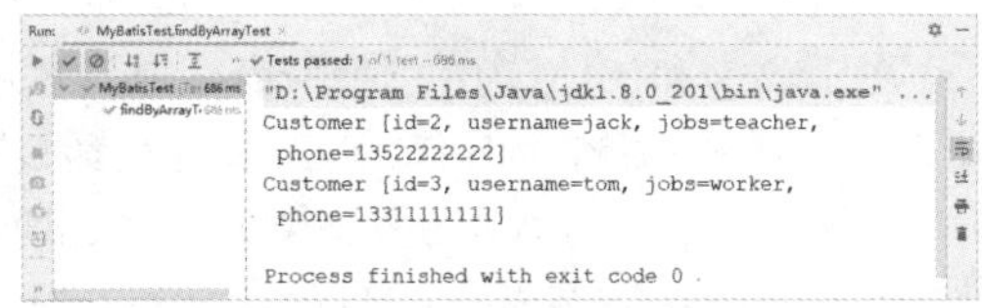

图3-12　findByArrayTest()方法执行结果

3.4.3 <foreach>元素迭代 List

在 3.4.2 节中，使用<foreach>元素完成了客户信息的批量查询操作，方法参数为一个数组，现在更改参数类型，传入一个 List 类型的参数来实现同样的需求。<foreach>元素迭代 List 的实现步骤具体如下。

（1）在映射文件 CustomerMapper.xml 中，添加使用<foreach>元素迭代 List 集合执行批量查询操作的动态 SQL，具体代码如下：

```
<!--<foreach>元素使用 -->
<select id="findByList" parameterType="java.util.Arrays"
        resultType="com.itheima.pojo.Customer">
    select * from t_customer where id in
    <foreach item="id" index="index" collection="list"
             open="(" separator="," close=")">
        #{id}
    </foreach>
</select>
```

在上述配置代码中，使用<foreach>元素迭代 List 集合实现了客户信息的批量查询操作。其中，collection 属性用于设置传入的参数为 List 类型。<foreach>元素将客户 id 信息存储在 List 集合中，并对 List 集合进行遍历，遍历出的值用于构建 SQL 语句中的 in 条件语句。

（2）为了验证上述配置，可以在测试类 MyBatisTest 中，编写测试方法 findByListTest()，该方法代码具体如下：

```
1  /**
2   * 根据客户 id 批量查询客户信息
3   */
4  @Test
5  public void findByListTest(){
6      // 获取 SqlSession
7      SqlSession session = MyBatisUtils.getSession();
8      // 创建 List 集合，封装查询 id
9      List<Integer> ids=new ArrayList<Integer>();
10     ids.add(1);
11     ids.add(2);
12     // 执行 SqlSession 的查询方法，返回结果集
13     List<Customer> customers = session.selectList("com.itheima.mapper"
14             + ".CustomerMapper.findByList", ids);
15     // 输出查询结果信息
16     for (Customer customer : customers) {
17         // 输出结果信息
18         System.out.println(customer);
19     }
20     // 关闭 SqlSession
21     session.close();
22 }
```

在上述代码中，第 7 行代码通过 MyBatisUtils 工具类获取 SqlSession 对象；第 9～11 行代码创建 List 集合，并封装查询 id；第 13 行和第 14 行代码执行 SqlSession 的查询方法，并返回结果集；第 16～19 行代码遍历查询到的结果集信息并输出；第 21 行代码关闭 SqlSession，释放资源。

执行 MyBatisTest 测试类的 findByListTest()方法，控制台的输出结果如图 3-13 所示。

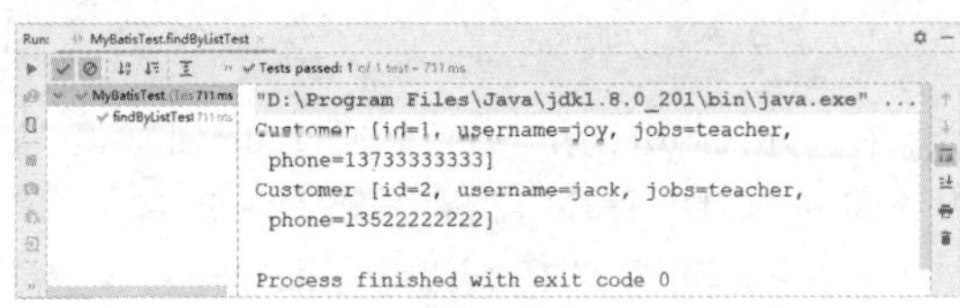

图3-13　findByListTest()方法执行结果

3.4.4　<foreach>元素迭代 Map

在 3.4.2 节和 3.4.3 节中，使用<foreach>元素完成了客户信息的批量查询操作，MyBatis 传入参数均为一个参数，如果传入参数为多个参数，例如，需要查询出性别是男性且职业为老师的所有客户信息。这时，就需要把这些参数封装成一个 Map 集合进行处理。

下面通过一个案例演示如何使用<foreach>元素迭代 Map 集合，实现多参数传入参数查询操作，案例具体实现步骤如下。

（1）在映射文件 CustomerMapper.xml 中，添加使用<foreach>元素迭代 Map 集合执行批量查询操作的动态 SQL，具体代码如下：

```
<!--<foreach>元素使用 -->
<select id="findByMap" parameterType="java.util.Map"
      resultType="com.itheima.pojo.Customer">
   select * from t_customer where jobs=#{jobs} and id in
   <foreach item="roleMap" index="index" collection="id"
         open="(" separator="," close=")">
      #{roleMap}
   </foreach>
</select>
```

在上述配置代码中，使用<foreach>元素迭代 Map 集合实现客户信息的批量查询操作。由于传入参数为 Map 类型，所以在 SQL 语句中需要根据 key 分别获得相应的 value 值，例如，SQL 语句中的#{jobs}获取的是 Map 集合中 key 为“jobs”的 value 值，而 collection="id"获取的是 Map 集合中 key 为“id”的 value 值的集合。

（2）为了验证上述配置，在测试类 MyBatisTest 中，编写测试方法 findByMapTest()。该方法具体代码如下：

```
1    /**
2     * 根据客户 id 批量查询客户信息
3     */
4     @Test
5     public void findByMapTest(){
6         // 获取 SqlSession
7         SqlSession session = MyBatisUtils.getSession();
8         // 创建 List 集合，封装查询 id
9         List<Integer> ids=new ArrayList<Integer>();
10        ids.add(1);
11        ids.add(2);
12        ids.add(3);
13        Map<String,Object> conditionMap = new HashMap<String, Object>();
14        conditionMap.put("id",ids);
15        conditionMap.put("jobs","teacher");
16         // 执行 SqlSession 的查询方法，返回结果集
17        List<Customer> customers = session.selectList("com.itheima.mapper"
18           + ".CustomerMapper.findByMap", conditionMap);
19         // 输出查询结果信息
20        for (Customer customer : customers) {
21           // 输出结果信息
22           System.out.println(customer);
23        }
24         // 关闭 SqlSession
25        session.close();
26     }
```

在上述代码中，第 7 行代码通过 MyBatisUtils 工具类获取 SqlSession 对象；第 9～12 行代码创建 List 集合，并封装查询 id；第 13～15 行代码将查询条件参数封装到 Map 集合中；第 17 行和第 18 行代码执行 SqlSession 的查询方法，并返回结果集；第 20～23 行代码遍历查询到的结果集信息并输出；第 25 行代码关闭 SqlSession，释放资源。

执行 MyBatisTest 测试类的 findByMapTest()方法，控制台的输出结果如图 3-14 所示。

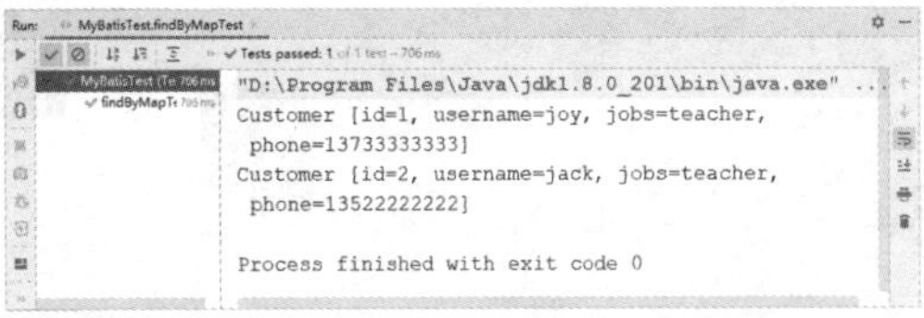

图3-14 findByMapTest()方法执行结果

3.5 案例：学生信息查询系统

本章对 MyBatis 的动态 SQL 进行了详细讲解，包括使用动态 SQL 进行条件查询、更新和复杂查询操作。本案例要求利用本章所学知识完成一个学生信息查询系统，该系统要求实现以下 2 个功能。

（1）多条件查询。

- 当用户输入的学生姓名不为空时，则只根据学生姓名进行学生信息的查询。
- 当用户输入的学生姓名为空而学生专业不为空时，则只根据学生专业进行学生信息的查询。
- 当用户输入的学生姓名和专业都为空，则要求查询出所有学号不为空的学生信息。

（2）单条件查询出所有 id 值小于 5 的学生的信息。

3.6 本章小结

本章主要讲解了动态 SQL 的相关知识。首先讲解了动态 SQL 中的元素；其次讲解了条件查询操作，包括<if>元素、<choose>元素、<when>元素、<otherwise>元素、<where>元素和<trim>元素的使用；然后讲解了更新操作；最后讲解了复杂查询操作。通过学习本章的内容，读者可以了解常用动态 SQL 元素的主要作用，并能掌握这些元素在实际开发中的应用方法。在 MyBatis 框架中，这些动态 SQL 元素十分重要，熟练掌握它们能够极大地提高开发效率。

【思考题】

1. 请简述 MyBatis 动态 SQL 中的常用元素及其作用。
2. 请简述在使用<foreach>时，collection 属性需要注意的几点。

第 4 章

MyBatis的关联映射和缓存机制

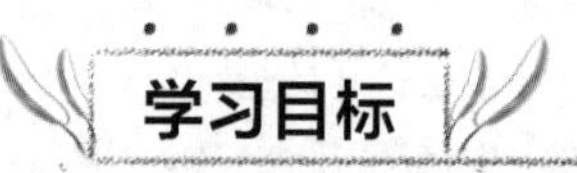

★ 了解数据表之间的 3 种关联关系

★ 了解对象之间的 3 种关联关系

★ 熟悉关联关系中的嵌套查询和嵌套结果

★ 掌握一对一关联映射

★ 掌握一对多关联映射

★ 掌握多对多关联映射

★ 熟悉 MyBatis 的缓存机制

前面几章介绍了 MyBatis 的基本用法、关联映射和动态 SQL 等重要知识，学习完前面几章后，读者已经能够使用 MyBatis 以面向对象的方式进行数据库操作了，但这些操作只是针对单表实现的，在实际开发中，对数据库的操作常常会涉及多张表。针对多表之间的操作，MyBatis 提供了关联映射，通过关联映射可以很好地处理表与表、对象与对象之间的关联关系。此外，在实际开发中经常需要合理利用 MyBatis 缓存来加快数据库查询，进而有效地提升数据库性能。本章将对 MyBatis 的关联映射和缓存机制进行详细讲解。

4.1 关联映射概述

在关系型数据库中，表与表之间存在着 3 种关联映射关系，分别为一对一、一对多和多对多，如图 4-1 所示。

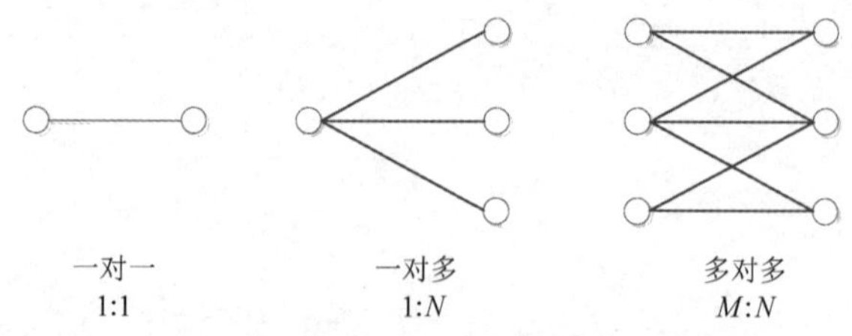

图4-1　表与表之间的3种关联映射关系

这 3 种关联映射关系的具体说明如下。

- 一对一：一个数据表中的一条记录最多可以与另一个数据表中的一条记录相关。例如，现实生活中学生与校园卡就属于一对一的关系，一个学生只能拥有一张校园卡，一张校园卡只能属于一个学生。

- 一对多：主键数据表中的一条记录可以与另外一个数据表的多条记录相关。但另外一个数据表中的记录只能与主键数据表中的某一条记录相关。例如，现实生活中班级与学生的关系就属于一对多的关系，一个班级可以有很多学生，但一个学生只能属于一个班级。
- 多对多：一个数据表中的一条记录可以与另外一个数据表任意数量的记录相关，另外一个数据表中的一条记录也可以与本数据表中任意数量的记录相关。例如，现实生活中学生与教师就属于多对多的关系，一名学生可以由多名教师授课，一名教师可以为多名学生授课。

数据表之间的关系实质上描述的是数据之间的关系，除了数据表，在 Java 中还可以通过对象描述数据之间的关系。通过 Java 对象描述数据之间的关系，其实就是使对象的属性与另一个对象的属性相互关联。Java 对象描述数据之间的关系示意图如图 4-2 所示。

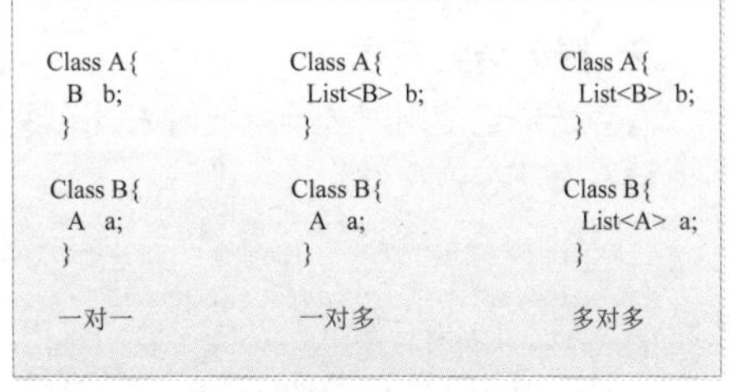

图4-2　Java对象描述数据之间的关系示意图

在图 4-2 中，3 种 Java 对象关联映射关系的描述如下。

- 一对一：就是在本类中定义与之关联的类的对象作为属性。例如，在 A 类中定义 B 类对象 b 作为属性，在 B 类中定义 A 类对象 a 作为属性。
- 一对多：就是一个 A 类对象对应多个 B 类对象的情况。例如，在 A 类中定义一个 B 类对象的集合作为 A 类的属性；在 B 类中定义 A 类对象 a 作为 B 类的属性。
- 多对多：在两个相互关联的类中，都可以定义多个与之关联的类的对象。例如，在 A 类中定义 B 类对象的集合作为 A 类的属性，在 B 类中定义 A 类对象的集合作为 B 类的属性。

以上就是 Java 对象之间的 3 种关联映射关系。下面将对 MyBatis 中的一对一、一对多和多对多 3 种关联映射关系的使用进行详细讲解。

4.2　一对一查询

在现实生活中，一对一关联关系是十分常见的。例如，一个人只能有一个身份证，同时一个身份证也只对应一个人。人与身份证之间的关联关系如图 4-3 所示。

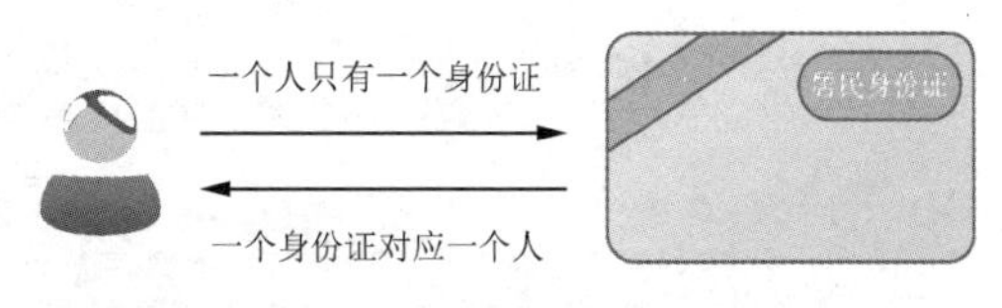

图4-3　人与身份证之间的关联关系

在 MyBatis 中，通过<association>元素来处理一对一关联关系。<association>元素提供了一系列属性用于维护数据表之间的关系。<association>元素中的属性如表 4-1 所示。

表 4-1　<association>元素中的属性

属性	说明
property	用于指定映射到的实体类对象的属性，与表字段一一对应
column	用于指定表中对应的字段
javaType	用于指定映射到实体对象的属性的类型
jdbcType	用于指定数据表中对应字段的类型
fetchType	用于指定在关联查询时是否启用延迟加载。fetchType 属性有 lazy 和 eager 两个属性值，默认值为 lazy（即默认关联映射延迟加载）
select	用于指定引入嵌套查询的子 SQL 语句，该属性用于关联映射中的嵌套查询
autoMapping	用于指定是否自动映射
typeHandler	用于指定一个类型处理器

<association>元素是<resultMap>元素的子元素，<association>元素的使用非常简单，它有两种配置方式，即嵌套查询和嵌套结果，下面对这两种配置方式分别进行介绍。

1. 嵌套查询方式

嵌套查询是指通过执行另外一条 SQL 映射语句来返回预期的复杂类型，其具体配置如下：

```
<!--方式一：嵌套查询-->
<association property="card" column="card_id"
        javaType="com.itheima.pojo.IdCard"
        select="com.itheima.mapper.IdCardMapper.findCodeById" />
```

2. 嵌套结果方式

嵌套结果是使用嵌套结果映射来处理重复的联合结果的子集，其具体配置如下：

```
<!--方式二：嵌套结果-->
<association property="card" javaType="com.itheima.pojo.IdCard">
    <id property="id" column="card_id" />
    <result property="code" column="code" />
</association>
```

了解了 MyBatis 中处理一对一关联关系的元素和方式后，下面就以个人和身份证之间的一对一关联关系为例，对 MyBatis 中一对一关联关系的处理进行详细讲解。案例具体实现步骤如下。

（1）创建数据表。在 mybatis 数据库中分别创建名称为 tb_idcard 的身份证数据表和名称为 tb_person 的个人数据表，同时预先插入两条数据，具体的 SQL 语句如下：

```
USE mybatis;
# 创建一个名称为tb_idcard的表
CREATE TABLE  tb_idcard(
    id INT PRIMARY KEY AUTO_INCREMENT,
    CODE VARCHAR(18)
);
# 插入2条数据
INSERT INTO tb_idcard(CODE) VALUES('152221198711020624');
INSERT INTO tb_idcard(CODE) VALUES('152201199008150317');
# 创建一个名称为tb_person的表
CREATE TABLE  tb_person(
    id INT PRIMARY KEY AUTO_INCREMENT,
    name VARCHAR(32),
    age INT,
    sex VARCHAR(8),
    card_id INT UNIQUE,
    FOREIGN KEY(card_id) REFERENCES tb_idcard(id)
);
# 插入2条数据
INSERT INTO tb_person(name,age,sex,card_id) VALUES('Rose',22,'女',1);
INSERT INTO tb_person(name,age,sex,card_id) VALUES('jack',23,'男',2);
```

完成上述操作后，tb_idcard 表和 tb_person 表中的数据如图 4-4 所示。

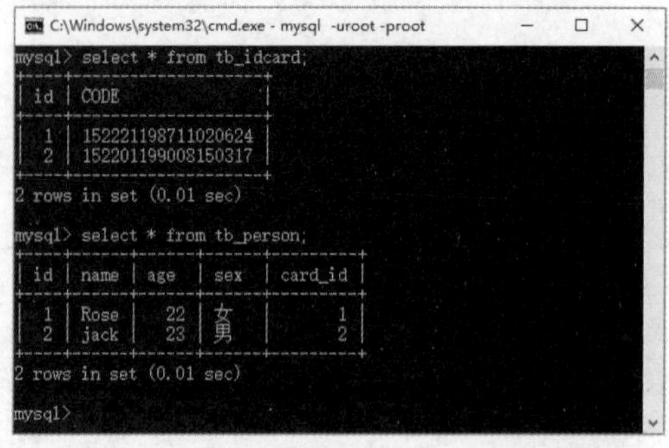

图4-4　tb_idcard表和tb_person表中的数据

（2）在项目的 com.itheima.pojo 包下创建持久化类 IdCard，用于封装身份证信息。IdCard 类具体代码如文件 4-1 所示。

文件 4-1 IdCard.java

```
1  package com.itheima.pojo;
2  /**
3   * 身份证持久化类
4   */
5  public class IdCard {
6      private Integer id;              //身份证 id
7      private String code;             //身份证号码
8      public Integer getId() {
9          return id;
10     }
11     public void setId(Integer id) {
12         this.id = id;
13     }
14     public String getCode() {
15         return code;
16     }
17     public void setCode(String code) {
18         this.code = code;
19     }
20     @Override
21     public String toString() {
22         return "IdCard [id=" + id + ", code=" + code + "]";
23     }
24 }
```

在文件 4-1 中，分别定义了 IdCard 类的 id 和 code 属性，以及对应的 getter/setter 方法，同时提供了方便查看输出结果的 toString()方法。

（3）在项目的 com.itheima.pojo 包下创建持久化类 Person，用于封装人员信息。Person 类具体代码如文件 4-2 所示。

文件 4-2 Person.java

```
1  package com.itheima.pojo;
2  /**
3   *人员持久化类
4   */
5  public class Person {
6      private Integer id;          //人员 id
7      private String name;         //姓名
8      private Integer age;         //年龄
9      private String sex;          //性别
10     private IdCard card;         //人员关联的证件
11     public Integer getId() {
12         return id;
13     }
14     public void setId(Integer id) {
15         this.id = id;
16     }
17     public String getName() {
18         return name;
19     }
20     public void setName(String name) {
21         this.name = name;
22     }
23     public Integer getAge() {
24         return age;
25     }
26     public void setAge(Integer age) {
27         this.age = age;
28     }
29     public String getSex() {
30         return sex;
31     }
32     public void setSex(String sex) {
```

```
33            this.sex = sex;
34        }
35        public IdCard getCard() {
36            return card;
37        }
38        public void setCard(IdCard card) {
39            this.card = card;
40        }
41        @Override
42        public String toString() {
43            return "Person [id=" + id + ", name=" + name + ", "
44                    + "age=" + age + ", sex=" + sex + ", card=" + card + "]";
45        }
46 }
```

在文件 4-2 中，分别定义了 Person 类的人员 id、姓名、年龄、性别和人员关联的证件等属性，以及属性对应的 getter/setter 方法，同时提供了方便查看输出结果的 toString()方法。

（4）在 com.itheima.mapper 包中，创建身份证映射文件 IdCardMapper.xml，并在映射文件中编写一对一关联映射查询的配置信息。IdCardMapper.xml 具体代码如文件 4-3 所示。

文件 4-3　IdCardMapper.xml

```
1  <?xml version="1.0" encoding="UTF-8"?>
2  <!DOCTYPE mapper PUBLIC "-//mybatis.org//DTD Mapper 3.0//EN"
3     "http://mybatis.org/dtd/mybatis-3-mapper.dtd">
4  <mapper namespace="com.itheima.mapper.IdCardMapper">
5    <!-- 根据 id 查询证件信息 -->
6    <select id="findCodeById" parameterType="Integer" resultType="IdCard">
7         SELECT * from tb_idcard where id=#{id}
8    </select>
9  </mapper>
```

在文件 4-3 中，第 6～8 行代码定义了一个 select 查询语句，可以根据 id 查询对应的证件信息。

（5）在 com.itheima.mapper 包中，创建人员映射文件 PersonMapper.xml，并在映射文件中编写一对一关联映射查询的配置信息。PersonMapper.xml 具体代码如文件 4-4 所示。

文件 4-4　PersonMapper.xml

```
1  <?xml version="1.0" encoding="UTF8"?>
2  <!DOCTYPE mapper PUBLIC "-//mybatis.org//DTD Mapper 3.0//EN"
3     "http://mybatis.org/dtd/mybatis-3-mapper.dtd">
4  <mapper namespace="com.itheima.mapper.PersonMapper">
5       <!-- 嵌套查询：通过执行另外一条 SQL 映射语句来返回预期的特殊类型 -->
6       <select id="findPersonById" parameterType="Integer"
7                                   resultMap="IdCardWithPersonResult">
8            SELECT * from tb_person where id=#{id}
9       </select>
10      <resultMap type="Person" id="IdCardWithPersonResult">
11           <id property="id" column="id" />
12           <result property="name" column="name" />
13           <result property="age" column="age" />
14           <result property="sex" column="sex" />
15           <!-- 一对一：association 使用 select 属性引入另外一条 SQL 语句 -->
16           <association property="card" column="card_id" javaType="IdCard"
17                select="com.itheima.mapper.IdCardMapper.findCodeById" />
18      </resultMap>
19 </mapper>
```

在文件 4-4 中，第 6～18 行代码使用 MyBatis 中的嵌套查询方式进行人员及其关联的证件信息查询，<select>元素 resultMap 属性的值需要与<resultMap>元素 id 属性的值相同。其中，第 10～18 行代码实现了人员类中的属性与数据库中字段的关联映射，因为返回的人员对象中除了基本属性外还有一个关联的 card 属性，所以需要使用<association>元素手动编写结果映射。

从映射文件 PersonMapper.xml 中可以看出，嵌套查询的方法是先执行一个简单的 SQL 语句，然后在进行结果映射时，在<association>元素中使用 select 属性执行另一条 SQL 语句（即 IdCardMapper.xml 中 id 为

findCodeById 的 select 查询语句）。

（6）在核心配置文件 mybatis-config.xml 中，引入 IdCardMapper.xml 和 PersonMapper.xml 映射文件，并为 com.itheima.pojo 包下的所有实体类定义别名。mybatis-config.xml 的具体代码如文件 4-5 所示。

文件 4-5 mybatis-config.xml

```
1  <?xml version="1.0" encoding="UTF8" ?>
2  <!DOCTYPE configuration
3         PUBLIC "-//mybatis.org//DTD Config 3.0//EN"
4         "http://mybatis.org/dtd/mybatis-3-config.dtd">
5  <configuration>
6     <!-- 环境配置 -->
7     <!-- 加载类路径下的属性文件 -->
8     <properties resource="db.properties"/>
9     <!--使用扫描包的形式定义别名 -->
10      <typeAliases>
11        <package name="com.itheima.pojo" />
12    </typeAliases>
13    <environments default="development">
14       <environment id="development">
15          <transactionManager type="JDBC"/>
16          <!-- 数据库连接相关配置，db.properties 文件中的内容-->
17          <dataSource type="POOLED">
18             <property name="driver" value="${mysql.driver}" />
19             <property name="url" value="${mysql.url}" />
20             <property name="username" value="${mysql.username}" />
21             <property name="password" value="${mysql.password}" />
22          </dataSource>
23       </environment>
24    </environments>
25    <!-- mapping 文件路径配置 -->
26    <mappers>
27       <mapper resource="mapper/UserMapper.xml"/>
28       <mapper resource="com/itheima/mapper/StudentMapper.xml"/>
29       <mapper resource="com/itheima/mapper/CustomerMapper.xml"/>
30       <mapper resource="com/itheima/mapper/IdCardMapper.xml" />
31       <mapper resource="com/itheima/mapper/PersonMapper.xml" />
32    </mappers>
33 </configuration>
```

在文件 4-5 中，第 10～12 行代码使用扫描包的形式为 com.itheima.pojo 包下的所有实体类定义别名；第 30～31 行代码配置了 IdCardMapper.xml 和 PersonMapper.xml 映射文件的位置信息。

（7）为了验证上述配置，在测试类 MyBatisTest 中，编写测试方法 findPersonByIdTest()，具体代码如下：

```
1     /**
2      * 嵌套查询
3      */
4     @Test
5     public void findPersonByIdTest() {
6        // 1.通过工具类获取 SqlSession 对象
7        SqlSession session = MyBatisUtils.getSession();
8        // 2.使用 MyBatis 嵌套查询的方式查询 id 为 1 的人的信息
9        Person person = session.selectOne("com.itheima.mapper."
10                             + "PersonMapper.findPersonById", 1);
11       // 3.输出查询结果信息
12       System.out.println(person);
13       // 4.关闭 SqlSession
14       session.close();
15    }
```

在上述代码中，第 7 行代码通过 MyBatisUtils 工具类获取 SqlSession 对象；第 9 行和第 10 行代码通过调用 SqlSession 对象的 selectOne()方法获取人员信息；第 12 行代码使用输出语句输出查询结果信息；第 14 行代码关闭 SqlSession，释放资源。

执行 MyBatisTest 测试类的 findPersonByIdTest()方法，控制台的输出结果如图 4-5 所示。

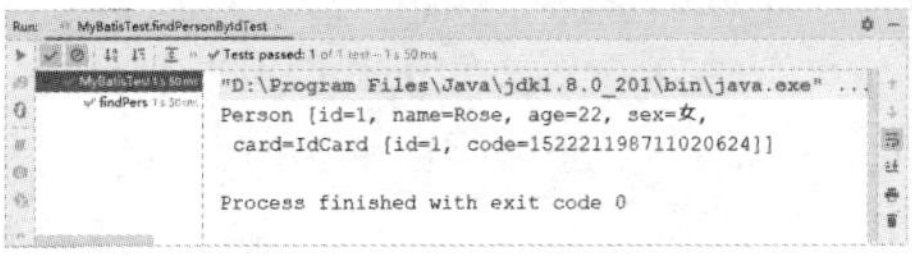

图4-5 findPersonByIdTest()方法执行结果

由图 4-5 可知，使用 MyBatis 嵌套查询的方式查询出了 id 为 1 的人员及其关联的身份证信息，实现了 MyBatis 中的一对一关联查询。

虽然使用嵌套查询的方式比较简单，但是 MyBatis 嵌套查询的方式要执行多条 SQL 语句，对于大型数据集合和列表展示来说，这样可能会导致成百上千条关联的 SQL 语句被执行，从而极大地消耗数据库性能并且会降低查询效率，这并不是开发人员所期望的。为此，可以使用 MyBatis 提供的嵌套结果方式进行关联查询。下面修改上述案例，使用嵌套结果方式实现个人与身份证之间的关联关系查询。修改步骤具体如下。

（1）在 PersonMapper.xml 中，在<mapper>元素下添加使用 MyBatis 嵌套结果的方式进行人员及其关联的证件信息查询的代码，所添加的代码如下：

```
<!-- 嵌套结果：使用嵌套结果映射来处理重复的联合结果的子集 -->
<select id="findPersonById2" parameterType="Integer"
                               resultMap="IdCardWithPersonResult2">
    SELECT p.*,idcard.code
    from tb_person p,tb_idcard idcard
    where p.card_id=idcard.id
    and p.id= #{id}
</select>
<resultMap type="Person" id="IdCardWithPersonResult2">
    <id property="id" column="id" />
    <result property="name" column="name" />
    <result property="age" column="age" />
    <result property="sex" column="sex" />
    <association property="card" javaType="IdCard">
        <id property="id" column="card_id" />
        <result property="code" column="code" />
    </association>
</resultMap>
```

从上述代码可以看出，MyBatis 嵌套结果方式只使用<select>元素编写了一条复杂的、多表关联的 SQL 语句（关联查询人员及其对应的身份证信息），并且在<association>元素中继续使用相关子元素进行数据库表字段和实体类属性的一一映射。这样做的好处是，无须在 IdCardMapper.xml 文件中编写与 PersonMapper.xml 文件相关联的 SQL 语句，在 PersonMapper.xml 文件中即可实现人员及其关联证件信息的查询。

（2）在测试类 MyBatisTest 中编写测试方法 findPersonByIdTest2()，其代码如下：

```
1  /**
2   * 嵌套结果
3   */
4  @Test
5  public void findPersonByIdTest2() {
6      // 1.通过工具类生成SqlSession对象
7      SqlSession session = MyBatisUtils.getSession();
8      // 2.使用MyBatis嵌套结果的方法查询id为1的人员信息
9      Person person = session.selectOne("com.itheima.mapper."
10                             + "PersonMapper.findPersonById2", 1);
11     // 3.输出查询结果信息
12     System.out.println(person);
13     // 4.关闭SqlSession
14     session.close();
15 }
```

在上述代码中，第 7 行代码通过 MyBatisUtils 工具类获取 SqlSession 对象；第 9 行和第 10 行代码通过调用 SqlSession 对象的 selectOne()方法获取 id 为 1 的人员信息；第 12 行代码使用输出语句输出查询结果信息；第 14 行代码关闭 SqlSession，释放资源。

执行 MyBatisTest 测试类的 findPersonByIdTest2 ()方法后，控制台的输出结果与图 4-5 相同。

多学一招：MyBatis延迟加载的配置

在使用MyBatis嵌套查询方式进行MyBatis关联映射查询时，使用MyBatis的延迟加载在一定程度上可以降低运行消耗并提高查询效率。MyBatis默认没有开启延迟加载，需要在核心配置文件mybatis-config.xml中的<settings>元素内进行配置。具体配置方式如下：

```
<settings>
    <!-- 打开延迟加载的开关 -->
    <setting name="lazyLoadingEnabled" value="true" />
    <!-- 将积极加载改为消息加载，即按需加载 -->
    <setting name="aggressiveLazyLoading" value="false"/>
</settings>
```

在映射文件中，MyBatis关联映射的<association>元素和<collection>元素中都已默认配置了延迟加载属性，即默认属性fetchType="lazy"（fetchType="eager"表示立即加载），所以在核心配置文件中开启延迟加载后，无须在映射文件中再做配置。

4.3 一对多查询

与一对一的关联关系相比，开发人员接触更多的关联关系是一对多（或多对一）。例如，一个用户可以有多个订单，多个订单也可以归一个用户所有。用户和订单的关联关系如图4-6所示。

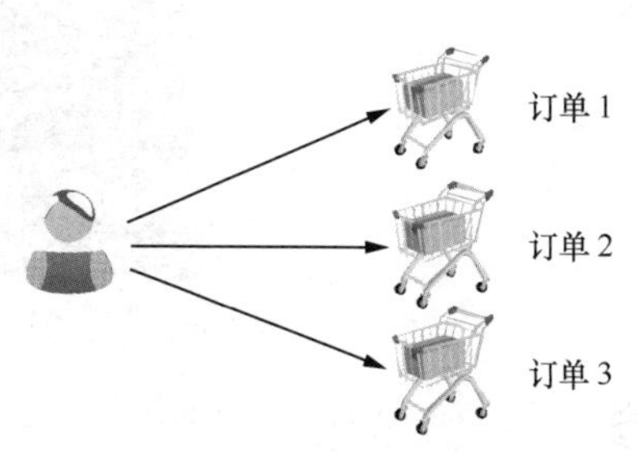

图4-6 用户和订单的关联关系

在MyBatis中，通过<collection>元素来处理一对多关联关系。<collection>元素的属性大部分与<association>元素相同，但其还包含一个特殊属性——ofType。ofType属性与javaType属性相对应，它用于指定实体类对象中集合类属性所包含的元素的类型。

与<association>元素一样，<collection>元素也是<resultMap>元素的子元素，<collection >元素也有嵌套查询和嵌套结果两种配置方式，具体如下。

1. 嵌套查询

```
<!--方式一：嵌套查询 -->
<collection property="ordersList" column="id"
            ofType="com.itheima.pojo.Orders"
            select=" com.itheima.mapper.OrdersMapper.selectOrders" />
```

2. 嵌套结果

```
<!--方式二：嵌套结果 -->
<collection property="ordersList" ofType="com.itheima.pojo.Orders">
    <id property="id" column="orders_id" />
    <result property="number" column="number" />
</collection>
```

在了解了MyBatis处理一对多关联关系的元素和方式后，下面以用户和订单之间的一对多关联关系为例，详细讲解如何在MyBatis中处理一对多关联关系，具体步骤如下。

（1）在名称为mybatis的数据库中，创建两个数据表，分别为tb_user（用户数据表）和tb_orders（订单表），同时在表中预先插入几条测试数据。具体SQL语句如下：

```
USE mybatis;
# 创建一个名称为tb_user的表
CREATE TABLE tb_user (
  id int(32) PRIMARY KEY AUTO_INCREMENT,
  username varchar(32),
  address varchar(256)
 );
# 插入3条数据
INSERT INTO tb_user VALUES ('1', '小明', '北京');
```

```
INSERT INTO tb_user VALUES ('2', '李华', '上海');
INSERT INTO tb_user VALUES ('3', '李刚', '上海');
# 创建一个名称为tb_orders的表
CREATE TABLE tb_orders (
  id int(32) PRIMARY KEY AUTO_INCREMENT,
  number varchar(32) NOT NULL,
  user_id int(32) NOT NULL,
  FOREIGN KEY(user_id) REFERENCES tb_user(id)
);
# 插入3条数据
INSERT INTO tb_orders VALUES ('1', '1000011', '1');
INSERT INTO tb_orders VALUES ('2', '1000012', '1');
INSERT INTO tb_orders VALUES ('3', '1000013', '2');
```

执行完上述操作后，tb_user 表和 tb_orders 表中的数据如图 4-7 所示。

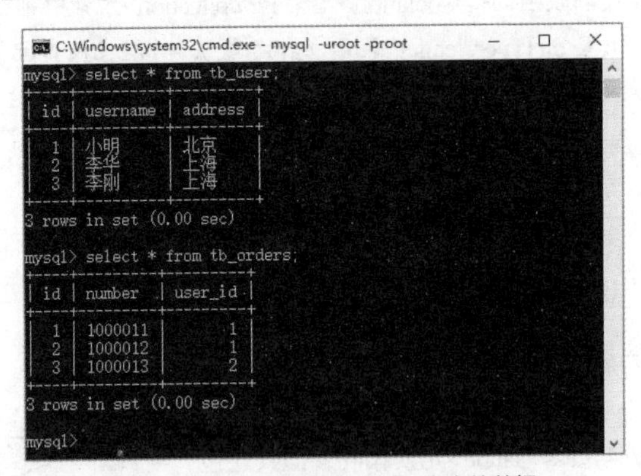

图4-7 tb_user表和tb_orders表中的数据

（2）在 com.itheima.pojo 包中，创建持久化类 Orders，并在类中定义订单 id 和订单编号等属性。Orders 类具体代码如文件 4-6 所示。

文件 4-6 Orders.java

```
1  package com.itheima.pojo;
2  /**
3   * 订单持久化类
4   */
5  public class Orders {
6      private Integer id;              //订单id
7      private String number;           //订单编号
8      public Integer getId() {
9          return id;
10     }
11     public void setId(Integer id) {
12         this.id = id;
13     }
14     public String getNumber() {
15         return number;
16     }
17     public void setNumber(String number) {
18         this.number = number;
19     }
20     @Override
21     public String toString() {
22         return "Orders [id=" + id + ", number=" + number + "]";
23     }
24 }
```

在文件 4-6 中，Orders 类定义了订单的属性和对应的 getter/setter 方法，同时为了方便查看输出结果，重写了 toString()方法。

（3）在 com.itheima.pojo 包中，创建持久化类 Users，并在类中定义用户编号、用户姓名、用户地址和用户关联的订单等属性。Users 类具体代码如文件 4-7 所示。

文件 4-7　Users.java

```
1  package com.itheima.pojo;
2  import java.util.List;
3  /**
4   * 用户持久化类
5   */
6  public class Users {
7       private Integer id;              // 用户 id
8       private String username;         // 用户姓名
9       private String address;          // 用户地址
10      private List<Orders> ordersList; //用户关联的订单
11      public Integer getId() {
12          return id;
13      }
14      public void setId(Integer id) {
15          this.id = id;
16      }
17      public String getUsername() {
18          return username;
19      }
20      public void setUsername(String username) {
21          this.username = username;
22      }
23      public String getAddress() {
24          return address;
25      }
26      public void setAddress(String address) {
27          this.address = address;
28      }
29      public List<Orders> getOrdersList() {
30          return ordersList;
31      }
32      public void setOrdersList(List<Orders> ordersList) {
33          this.ordersList = ordersList;
34      }
35      @Override
36      public String toString() {
37          return "User [id=" + id + ", username=" + username + ", address="
38                  + address + ", ordersList=" + ordersList + "]";
39      }
40 }
```

在文件 4-7 中，Users 类定义了用户属性和对应的 getter/setter 方法，同时为了方便查看输出结果，重写了 toString()方法。

（4）在 com.itheima.mapper 包中，创建用户实体映射文件 UsersMapper.xml，并在文件中编写一对多关联映射查询的配置。UsersMapper.xml 具体代码如文件 4-8 所示。

文件 4-8　UsersMapper.xml

```
1  <?xml version="1.0" encoding="UTF-8"?>
2  <!DOCTYPE mapper PUBLIC "-//mybatis.org//DTD Mapper 3.0//EN"
3     "http://mybatis.org/dtd/mybatis-3-mapper.dtd">
4  <!-- namespace 表示命名空间 -->
5  <mapper namespace="com.itheima.mapper.UsersMapper">
6      <!-- 一对多：查看某一用户及其关联的订单信息
7           注意：当关联查询出的列名相同时，则需要使用别名区分 -->
8      <select id="findUserWithOrders" parameterType="Integer"
9                                resultMap="UserWithOrdersResult">
10         SELECT u.*,o.id as orders_id,o.number
11         from tb_user u,tb_orders o
12         WHERE u.id=o.user_id
13       and u.id=#{id}
14     </select>
15     <resultMap type="Users" id="UserWithOrdersResult">
```

```
16            <id property="id" column="id"/>
17            <result property="username" column="username"/>
18            <result property="address" column="address"/>
19            <!-- 一对多关联映射：collection
20                 ofType 表示属性集合中元素的类型，List<Orders>属性即 Orders 类 -->
21            <collection property="ordersList" ofType="Orders">
22                <id property="id" column="orders_id"/>
23                <result property="number" column="number"/>
24            </collection>
25        </resultMap>
26 </mapper>
```

在文件 4-8 中，使用 MyBatis 嵌套结果的方式定义了一个根据用户 id 查询用户及其关联的订单信息的 select 语句。因为返回的用户对象中包含 Orders 集合对象属性，所以需要手动编写结果映射信息。其中，第 8～14 行代码写了一条复杂的、多表关联的 SQL 语句（关联查询用户及其对应的订单信息）；第 15～25 行代码在<resultMap>元素中使用相关子元素进行数据库表字段和实体类属性的一一映射。

（5）在核心配置文件 mybatis-config.xml 中，引入 UsersMapper.xml，将 UsersMapper.xml 映射文件加载到程序中。在 mybatis-config.xml 中的<mappers>元素下添加的代码如下：

```
<mapper resource="com/itheima/mapper/UsersMapper.xml" />
```

（6）在测试类 MyBatisTest 中编写测试方法 findUserTest()，其代码如下：

```
1  /**
2   * 一对多
3   */
4  @Test
5  public void findUserTest() {
6      // 1.通过工具类生成 SqlSession 对象
7      SqlSession session = MyBatisUtils.getSession();
8      // 2.查询 id 为 1 的用户信息
9      Users users = session.selectOne("com.itheima.mapper."
10                      + "UsersMapper.findUserWithOrders", 1);
11     // 3.输出查询结果信息
12     System.out.println(users);
13     // 4.关闭 SqlSession
14     session.close();
15 }
```

在上述代码中，第 7 行代码通过 MyBatisUtils 工具类获取 SqlSession 对象；第 9 行和第 10 行代码通过 SqlSession 对象调用 selectOne()方法获取 id 为 1 的用户信息；第 12 行代码使用输出语句输出查询结果信息；第 14 行代码关闭 SqlSession，释放资源。

执行 MyBatisTest 测试类的 findUserTest ()方法，控制台的输出结果如图 4-8 所示。

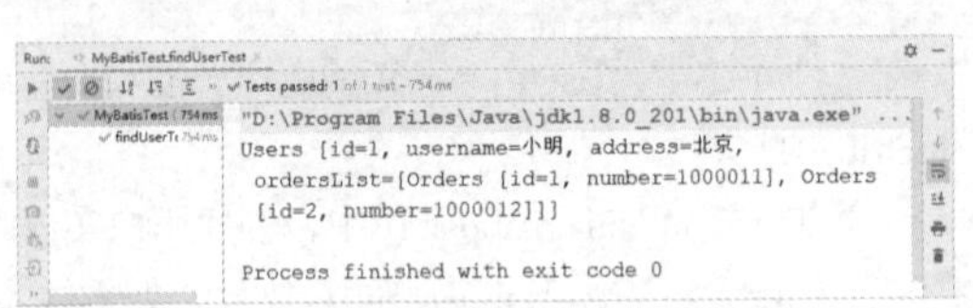

图4-8 findUserTest ()方法执行结果

由图 4-8 可知，使用 MyBatis 嵌套结果的方式查询出了 id 为 1 的用户及其关联的订单集合信息。说明程序实现了一个用户对多个订单的的一对多关联查询。

需要注意的是，上述案例从用户的角度出发，用户与订单之间是一对多的关联关系，但如果从单个订单的角度出发，一个订单只能属于一个用户，即一对一的关联关系。读者可根据 4.2 节内容实现单个订单与用户之间的一对一关联关系查询，由于篇幅有限，这里不再赘述。

4.4 多对多查询

在实际项目开发中，多对多的关联关系也是非常常见的。以订单和商品为例，一个订单可以包含多种商品，而一种商品又可以属于多个订单，订单和商品就属于多对多的关联关系，订单和商品之间的关联关系如图 4-9 所示。

在数据库中，多对多的关联关系通常使用一个中间表来维护，中间表中的订单 id 作为外键关联订单表的 id，中间表中的商品 id 作为外键关联商品表的 id。这 3 个表之间的关系如图 4-10 所示。

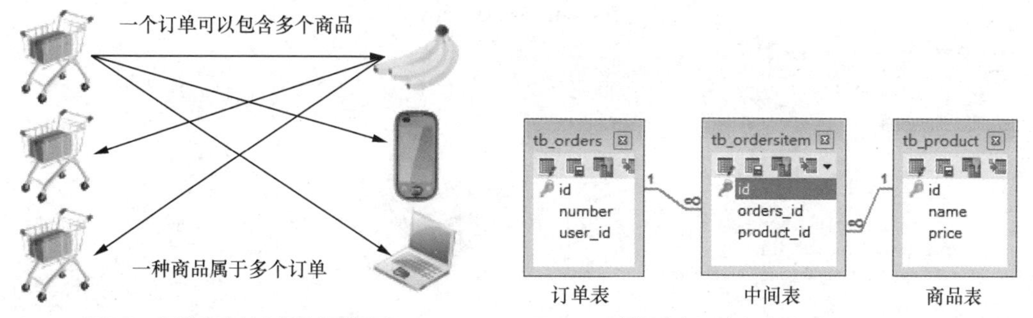

图4-9　订单和商品之间的关联关系

图4-10　数据库中订单表、中间表与商品表之间的关系

了解了数据库中订单表与商品表之间的多对多关联关系后，下面以订单表与商品表之间的多对多关系为例来讲解如何使用 MyBatis 处理多对多的关系，具体实现步骤如下。

（1）在名称为 mybatis 的数据库中，创建名称为 tb_product 的商品表和名称为 tb_ordersitem 的中间表，同时在表中预先插入几条数据。具体的 SQL 语句如下：

```
USE mybatis;
# 创建一个名称为tb_product的表
CREATE TABLE tb_product (
  id INT(32) PRIMARY KEY AUTO_INCREMENT,
  NAME VARCHAR(32),
  price DOUBLE
 );
# 插入3条数据
INSERT INTO tb_product VALUES ('1', 'Java基础入门', '44.5');
INSERT INTO tb_product VALUES ('2', 'Java Web程序开发入门', '38.5');
INSERT INTO tb_product VALUES ('3', 'SSM框架整合实战', '50.0');
# 创建一个名称为tb_ordersitem 的中间表
CREATE TABLE tb_ordersitem (
    id INT(32) PRIMARY KEY AUTO_INCREMENT,
    orders_id INT(32),
    product_id INT(32),
    FOREIGN KEY(orders_id) REFERENCES tb_orders(id),
FOREIGN KEY(product_id) REFERENCES tb_product(id)
);
# 插入3条数据
INSERT INTO tb_ordersitem  VALUES ('1', '1', '1');
INSERT INTO tb_ordersitem  VALUES ('2', '1', '3');
INSERT INTO tb_ordersitem  VALUES ('3', '3', '3');
```

由于订单表在 4.3 节中已经创建，所以这里只创建了商品表和中间表。完成上述操作后，tb_product 表和 tb_ordersitem 表中的数据如图 4-11 所示。

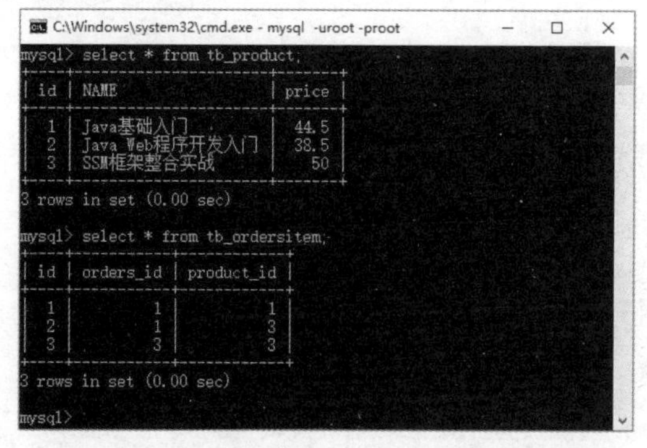

```
C:\Windows\system32\cmd.exe - mysql -uroot -proot
mysql> select * from tb_product;
+----+----------------------+-------+
| id | NAME                 | price |
+----+----------------------+-------+
|  1 | Java基础入门         |  44.5 |
|  2 | Java Web程序开发入门 |  38.5 |
|  3 | SSM框架整合实战      |    50 |
+----+----------------------+-------+
3 rows in set (0.00 sec)

mysql> select * from tb_ordersitem;
+----+-----------+------------+
| id | orders_id | product_id |
+----+-----------+------------+
|  1 |         1 |          1 |
|  2 |         1 |          3 |
|  3 |         3 |          3 |
+----+-----------+------------+
3 rows in set (0.00 sec)

mysql>
```

图4-11　tb_product表和tb_ordersitem 表中的数据

（2）在 com.itheima.pojo 包中，创建持久化类 Product，并在类中定义商品 id、商品名称、商品单价等属性，以及与订单关联的属性。Product 类如文件 4-9 所示。

文件 4-9　Product.java

```
1  package com.itheima.pojo;
2  import java.util.List;
3  /**
4   * 商品持久化类
5   */
6  public class Product {
7       private Integer id;                          //商品 id
8       private String name;                         //商品名称
9       private Double price;                        //商品单价
10      private List<Orders> orders;                 //与订单关联的属性
11      public Integer getId() {
12           return id;
13      }
14      public void setId(Integer id) {
15           this.id = id;
16      }
17      public String getName() {
18           return name;
19      }
20      public void setName(String name) {
21           this.name = name;
22      }
23      public Double getPrice() {
24           return price;
25      }
26      public void setPrice(Double price) {
27           this.price = price;
28      }
29      public List<Orders> getOrders() {
30           return orders;
31      }
32      public void setOrders(List<Orders> orders) {
33           this.orders = orders;
34      }
35      @Override
36      public String toString() {
37           return "Product [id=" + id + ", name=" + name
38                                  + ", price=" + price + "]";
39      }
40 }
```

（3）在商品持久化类中，除了需要添加订单的集合属性外，还需要在订单持久化类（Orders.java）中增加商品集合的属性及其对应的 getter/setter 方法，同时为了方便查看输出结果，需要重写 toString()方法，Orders 类中添加的代码如下：

```
//关联商品集合属性
private List<Product> productList;
//省略 getter/setter 方法，以及重写的 toString()方法
```

（4）在 com.itheima.mapper 包中，创建订单实体映射文件 OrdersMapper.xml，用于编写订单信息的查询 SQL 语句，并在映射文件中编写多对多关联映射查询的配置信息。OrdersMapper.xml 具体代码如文件 4-10 所示。

文件 4-10　OrdersMapper.xml

```
1  <?xml version="1.0" encoding="UTF8"?>
2  <!DOCTYPE mapper PUBLIC "-//mybatis.org//DTD Mapper 3.0//EN"
3      "http://mybatis.org/dtd/mybatis-3-mapper.dtd">
4  <mapper namespace="com.itheima.mapper.OrdersMapper">
5      <!-- 多对多嵌套查询：通过执行另外一条 SQL 映射语句来返回预期的特殊类型 -->
6      <select id="findOrdersWithPorduct" parameterType="Integer"
7             resultMap="OrdersWithProductResult">
```

```
8            select * from tb_orders WHERE id=#{id}
9        </select>
10       <resultMap type="Orders" id="OrdersWithProductResult">
11           <id property="id" column="id" />
12           <result property="number" column="number" />
13           <collection property="productList" column="id" ofType="Product"
14               select="com.itheima.mapper.ProductMapper.findProductById">
15           </collection>
16       </resultMap>
17 </mapper>
```

在文件 4-11 中，第 6～9 行代码使用嵌套查询的方式定义了一个 id 为 findOrdersWithPorduct 的 select 语句来查询订单及其关联的商品信息；第 10～16 行代码在<resultMap>元素中使用了<collection>元素来映射多对多的关联关系，其中 property 属性表示订单持久化类中的商品属性，ofType 属性表示集合中的数据为 Product 类型，而 column 的属性值会作为参数执行 ProductMapper 类中定义的 id 为 findProductById 的执行语句来查询订单中的商品信息。

（5）在 com.itheima.mapper 包中，创建商品实体映射文件 ProductMapper.xml，用于编写订单与商品信息的关联查询 SQL 语句。ProductMapper.xml 具体代码如文件 4-11 所示。

文件 4-11　ProductMapper.xml

```
1  <?xml version="1.0" encoding="UTF-8"?>
2  <!DOCTYPE mapper PUBLIC "-//mybatis.org//DTD Mapper 3.0//EN"
3      "http://mybatis.org/dtd/mybatis-3-mapper.dtd">
4  <mapper namespace="com.itheima.mapper.ProductMapper">
5      <select id="findProductById" parameterType="Integer"
6                              resultType="Product">
7          SELECT * from tb_product where id IN(
8            SELECT product_id FROM tb_ordersitem  WHERE orders_id = #{id}
9          )
10     </select>
11 </mapper>
```

在文件 4-12 中，第 5～10 行代码定义了一个 id 为 findProductById 的执行语句，该执行语句中的 SQL 会根据订单 id 查询与该订单关联的商品信息。由于订单和商品是多对多的关联关系，所以需要通过中间表来查询商品信息。

（6）将新创建的映射文件 OrdersMapper.xml 和 ProductMapper.xml 的文件路径配置到核心配置文件 mybatis-config.xml 中，配置代码如下：

```
<mapper resource="com/itheima/mapper/OrdersMapper.xml" />
<mapper resource="com/itheima/mapper/ProductMapper.xml" />
```

（7）在测试类 MyBatisTest 中编写多对多关联查询的测试方法 findOrdersTest()，其代码如下：

```
1  /**
2   * 多对多
3   */
4  @Test
5  public void findOrdersTest(){
6      // 1.通过工具类生成 SqlSession 对象
7      SqlSession session = MyBatisUtils.getSession();
8      // 2.查询 id 为 1 的订单中的商品信息
9      Orders orders = session.selectOne("com.itheima.mapper."
10                     + "OrdersMapper.findOrdersWithPorduct", 1);
11     // 3.输出查询结果信息
12     System.out.println(orders);
13     // 4.关闭 SqlSession
14     session.close();
15 }
```

在上述代码中，第 7 行代码通过 MyBatisUtils 工具类获取 SqlSession 对象；第 9 行和第 10 行代码通过 SqlSession 对象调用 selectOne()方法获取 id 为 1 的订单中的商品信息；第 12 行代码使用输出语句输出查询结果信息；第 14 行代码关闭 SqlSession，释放资源。

执行 MyBatisTest 测试类的 findOrdersTest()方法，控制台的输出结果如图 4-12 所示。

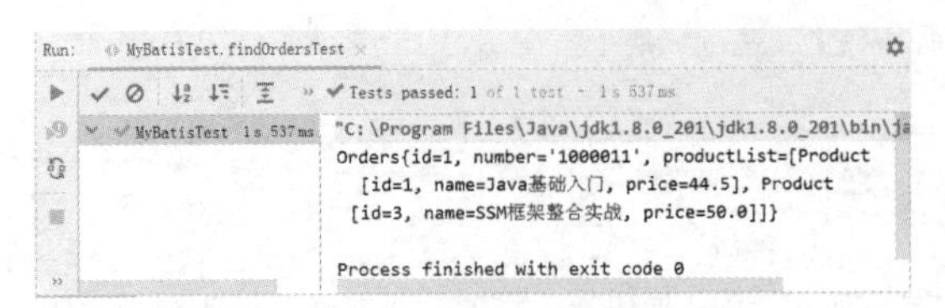

图4-12 findOrdersTest()方法执行结果

由图 4-12 可知，使用 MyBatis 嵌套查询的方式查询出了一条 id 为 1 的订单信息及其关联的商品信息，说明实现了订单对多个商品的多对多关联查询。

除了使用嵌套查询的方式查询订单及其关联的商品信息外，还可以在 OrdersMapper.xml 中使用嵌套结果的方式进行查询，具体代码如下：

```
<!-- 多对多嵌套结果查询：查询某订单及其关联的商品详情 -->
<select id="findOrdersWithPorduct2" parameterType="Integer"
      resultMap="OrdersWithPorductResult2">
   select o.*,p.id as pid,p.name,p.price
   from tb_orders o,tb_product p,tb_ordersitem  oi
   WHERE oi.orders_id=o.id
   and oi.product_id=p.id
   and o.id=#{id}
</select>
<!-- 自定义手动映射类型 -->
<resultMap type="Orders" id="OrdersWithPorductResult2">
   <id property="id" column="id" />
   <result property="number" column="number" />
   <!-- 多对多关联映射：collection -->
   <collection property="productList" ofType="Product">
      <id property="id" column="pid" />
      <result property="name" column="name" />
      <result property="price" column="price" />
   </collection>
</resultMap>
```

在上述执行代码中，MyBatis 嵌套结果的方式只编写了一条复杂的、多表关联的 SQL 语句，用于查询订单及其关联的商品信息，然后在<collection>元素中使用相关子元素进行数据表字段和实体类属性的一一映射。

4.5 MyBatis 缓存机制

在实际项目开发中，通常对数据库查询的性能要求很高，MyBatis 中通过缓存机制来减轻数据库压力，提高数据库性能。MyBatis 的查询缓存分为一级缓存和二级缓存，下面将分别对 MyBatis 的一级缓存和二级缓存进行详细讲解。

4.5.1 一级缓存

MyBatis 的一级缓存是 SqlSession 级别的缓存。如果同一个 SqlSession 对象多次执行完全相同的 SQL 语句，在第一次执行完成后，MyBatis 会将查询结果写入到一级缓存中，此后，如果程序没有执行插入、更新、删除操作，当第二次执行相同的查询语句时，MyBatis 会直接读取一级缓存中的数据，而不用再去数据库查询，从而提高了数据库的查询效率。

例如，从数据表 tb_book 中多次查询 id 为 1 的图书信息，当程序第一次查询 id 为 1 的图书信息时，程序会将查询结果写入 MyBatis 一级缓存，当程序第二次查询 id 为 1 的图书信息时，MyBatis 直接从一级缓存中读取，不再访问数据库进行查询。当程序对数据库执行了插入、更新、删除操作，MyBatis 会清空一级缓存中的内容以防止程序误读。查询的具体过程如图 4-13 所示。

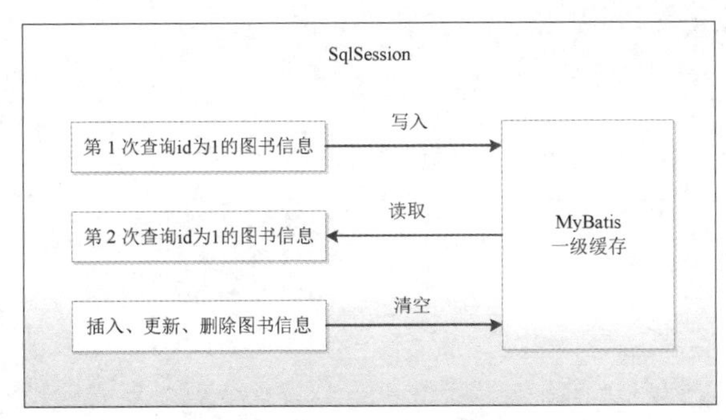

图4-13　查询id为1的图书信息

下面通过一个案例来对 MyBatis 一级缓存的应用进行详细讲解，该案例要求根据图书 id 查询图书信息。其具体步骤如下。

（1）在 mybatis 数据库中创建一个名称为 tb_book 的数据表，同时预先插入几条测试数据。具体的 SQL 语句如下：

```
USE mybatis;
# 创建一个名称为tb_book的表
CREATE TABLE  tb_book(
    id INT PRIMARY KEY AUTO_INCREMENT,
    bookName VARCHAR(255),
    price double,
    author VARCHAR(40)
);
# 插入3条数据
INSERT INTO tb_book(bookName,price,author) VALUES('Java基础入门',45.0,'传智播客高教产品研发部');
INSERT INTO tb_book(bookName,price,author) VALUES('Java基础案例教程',48.0,'黑马程序员');
INSERT INTO tb_book(bookName,price,author) VALUES('JavaWeb程序设计任务教程',50.0,'黑马程序员');
```

完成上述操作后，数据库 tb_book 表中的数据如图 4-14 所示。

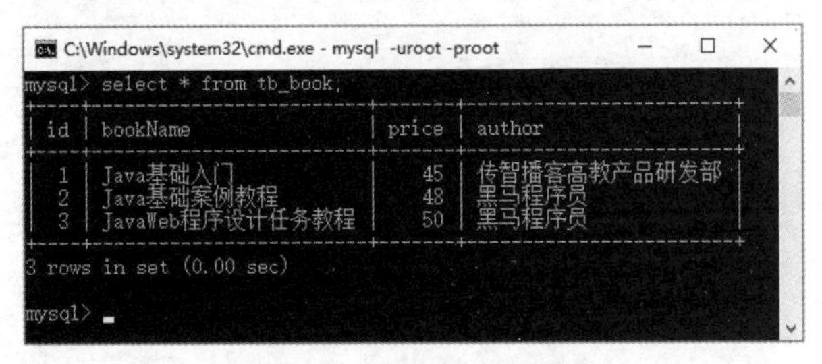

图4-14　tb_book表中的数据

（2）在项目的 com.itheima.pojo 包下创建持久化类 Book，在 Book 类中定义图书 id、图书名称、价格、作者等属性，以及属性对应的 getter/setter 方法。Book 类具体代码如文件 4-12 所示。

文件 4-12　Book.java

```
1  package com.itheima.pojo;
2  /**
3   * 图书持久化类
4   */
5  public class Book implements Serializable {
6      private Integer id;                    //图书id
7      private String bookName;               //图书名称
8      private double price;                  //价格
9      private String author;                 //作者
10     public Integer getId() {
11         return id;
12     }
13     public void setId(Integer id) {
14         this.id = id;
```

```
15     }
16     public String getBookName() {
17        return bookName;
18     }
19     public void setBookName(String bookName) {
20        this.bookName = bookName;
21     }
22     public double getPrice() {
23        return price;
24     }
25     public void setPrice(double price) {
26        this.price = price;
27     }
28     public String getAuthor() {
29        return author;
30     }
31     public void setAuthor(String author) {
32        this.author = author;
33     }
34     @Override
35     public String toString() {
36       return "Book{" +
37              "id=" + id + ", bookName='" + bookName +
38            ", price=" + price + ", author='" + author+ '}';
39     }
40 }
```

（3）在 com.itheima.mapper 包中，创建图书映射文件 BookMapper.xml，并在该文件中编写根据图书 id 查询图书信息的 SQL 语句。BookMapper.xml 具体代码如文件 4-13 所示。

文件 4-13　BookMapper.xml

```
1  <?xml version="1.0" encoding="UTF8"?>
2  <!DOCTYPE mapper PUBLIC "-//mybatis.org//DTD Mapper 3.0//EN"
3        "http://mybatis.org/dtd/mybatis-3-mapper.dtd">
4  <mapper namespace="com.itheima.mapper.BookMapper">
5     <!-- 根据 id 查询图书信息 -->
6     <select id="findBookById" parameterType="Integer"
7           resultType="com.itheima.pojo.Book">
8      SELECT * from tb_book where id=#{id}
9     </select>
10      <!-- 根据 id 更新图书信息 -->
11      <update id="updateBook"
12        parameterType="com.itheima.pojo.Book">
13         update tb_book set bookName=#{bookName},price=#{price}
14          where id=#{id}
15      </update>
16 </mapper>
```

在文件 4-13 中，第 6～9 行代码定义了一个 select 查询语句，可根据 id 查询对应的图书信息；第 11～15 行代码定义了一个更新语句，可根据 id 更新对应的图书信息。

（4）在核心配置文件 mybatis-config.xml 中的<mappers>元素下，引入 BookMapper.xml 映射文件。具体代码如下：

```
<mapper resource="com/itheima/mapper/BookMapper.xml" />
```

（5）由于需要通过 log4j 日志组件查看一级缓存的工作状态，所以需要在 pom.xml 中引入 log4j 的相关依赖。具体代码如下：

```
<dependency>
  <groupId>log4j</groupId>
    <artifactId>log4j</artifactId>
  <version>1.2.17</version>
</dependency>
```

（6）在 src/main/resources 目录下创建 log4j.properties 文件，用于配置 MyBatis 和控制台的日志。log4j.properties 具体代码如文件 4-14 所示。

文件 4-14　log4j.properties

```
1  #全局日志配置
2  log4j.rootLogger=DEBUG, Console
3  #控制台输出配置
4  log4j.appender.Console=org.apache.log4j.ConsoleAppender
5  log4j.appender.Console.layout=org.apache.log4j.PatternLayout
6  log4j.appender.Console.layout.ConversionPattern=%d [%t] %-5p [%c] - %m%n
7  #日志输出级别
8  log4j.logger.java.sql.ResultSet=INFO
9  log4j.logger.org.apache=INFO
10 log4j.logger.java.sql.Connection=DEBUG
11 log4j.logger.java.sql.Statement=DEBUG
12 log4j.logger.java.sql.PreparedStatement=DEBUG
```

在文件 4-14 中，第 2 行代码配置全局日志；第 4～6 行代码配置控制台的输出信息；第 8～12 行代码配置日志的输出级别。

（7）为了验证上述配置，在测试类 MyBatisTest 中编写测试方法 findBookByIdTest1()，具体代码如下：

```
1  /**
2   * 根据 id 查询图书信息
3   */
4  @Test
5  public void findBookByIdTest1() {
6      // 1.通过工具类生成 SqlSession 对象
7      SqlSession session = MyBatisUtils.getSession();
8      // 2.使用 session 查询 id 为 1 的图书的信息
9      Book book1 = session.selectOne("com.itheima.mapper."
10                         + "BookMapper.findBookById", 1);
11     // 3.输出查询结果信息
12     System.out.println(book1.toString());
13     // 4.使用 session 查询 id 为 1 的图书的信息
14     Book book2 = session.selectOne("com.itheima.mapper."
15                         + "BookMapper.findBookById", 1);
16     // 5.输出查询结果信息
17     System.out.println(book2.toString());
18     // 6.关闭 SqlSession
19     session.close();
20 }
```

在上述代码中，第 7 行代码通过 MyBatisUtils 工具类获取 SqlSession 对象；第 9～17 行代码通过 SqlSession 对象调用 selectOne()方法两次获取 id 为 1 的图书信息，并分别对两次的查询结果进行输出；第 19 行代码关闭 SqlSession，释放资源。

执行 MyBatisTest 测试类的 findBookByIdTest1()方法，控制台的输出结果如图 4-15 所示。

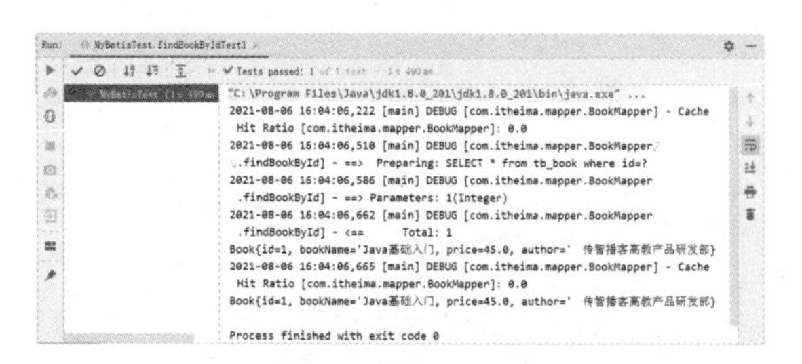

图4-15　findBookByIdTest1()方法执行结果

由图 4-15 可知，控制台输出了执行的 SQL 语句日志信息和查询结果。通过分析 SQL 语句日志信息可以发现，当程序第一次查询 id 为 1 的图书信息时，程序向数据库发送了 SQL 语句，当程序再次执行相同的查询语句时，程序没有再向数据库发送 SQL 语句进行查询，但依然得到了要查询的信息，这是因为程序直接从一级缓存中获取到了要查询的数据。

当程序对数据库执行了插入、更新、删除操作后，MyBatis 会清空一级缓存中的内容，以防止程序误读。MyBatis 一级缓存被清空之后，再次使用 SQL 查询语句访问数据库时，MyBatis 会重新访问数据库。例如，首先查询 id 为 1 的图书信息，然后使用更新语句对数据库中的图书信息进行更改，更改之后，再次对 id 为 1 的图书信息进行查询时，MyBatis 依然会从数据库中查询。下面以案例的形式对上述举例进行演示，具体过程如下。

（1）修改 BookMapper.xml 映射文件，在该文件中添加根据图书 id 修改图书信息的 SQL 语句，具体代码如下：

```
<!-- 根据 id 更新图书信息 -->
<update id="updateBook"
          parameterType="com.itheima.pojo.Book">
   update tb_book set bookName=#{bookName},price=#{price} where id=#{id}
</update>
```

（2）在测试类 MyBatisTest 中编写测试方法 findBookByIdTest2()进行测试，具体代码如下：

```
1  @Test
2  public void findBookByIdTest2() {
3      // 1.通过工具类生成 SqlSession 对象
4      SqlSession session = MyBatisUtils.getSession();
5      // 2.使用 session 查询 id 为 1 的图书的信息
6      Book book1 = session.selectOne("com.itheima.mapper."
7              + "BookMapper.findBookById", 1);
8      // 3.输出查询结果信息
9      System.out.println(book1.toString());
10     Book book2 = new Book();
11     book2.setId(3);
12     book2.setBookName("MySQL 数据库入门");
13     book2.setPrice(40.0);
14    // 4.使用 session 更新 id 为 3 的图书的信息
15     session.update("com.itheima.mapper."
16             + "BookMapper.updateBook", book2);
17     session.commit();
18     Book book3 = session.selectOne("com.itheima.mapper."
19             + "BookMapper.findBookById", 1);
20     // 5.输出查询结果信息
21     System.out.println(book1.toString());
22     // 6.关闭 SqlSession
23     session.close();
24 }
```

在上述代码中，第 4 行代码通过 MyBatisUtils 工具类获取 SqlSession 对象；第 6～9 行代码通过 SqlSession 对象调用 selectOne()方法第一次查询 id 为 1 的图书信息，并输出查询结果；第 15～17 行代码是调用 update()方法更新数据库中 id 为 3 的图书信息；第 18～21 行代码通过 SqlSession 对象调用 selectOne()方法第二次查询 id 为 1 的图书信息，并输出查询结果；第 23 行代码关闭 SqlSession，释放资源。

执行 MyBatisTest 测试类的 findBookByIdTest2 ()方法，控制台的输出结果如图 4-16 所示。

```
"D:\Program Files\Java\jdk1.8.0_201\bin\java.exe" ...
2021-07-23 15:22:31,230 [main] DEBUG [com.itheima.mapper.BookMapper.findBookById] - ==>  Preparing: SELECT * from
  tb_book where id=?
2021-07-23 15:22:31,255 [main] DEBUG [com.itheima.mapper.BookMapper.findBookById] - ==> Parameters: 1(Integer)
2021-07-23 15:22:31,277 [main] DEBUG [com.itheima.mapper.BookMapper.findBookById] - <==      Total: 1
Book{id=1, bookName='Java 基础入门, price=45.0, author='传智播客高教产品研发部}
2021-07-23 15:22:31,280 [main] DEBUG [com.itheima.mapper.BookMapper.updateBook] - ==>  Preparing: update tb_book
  set bookName=?,price=? where id=?
2021-07-23 15:22:31,281 [main] DEBUG [com.itheima.mapper.BookMapper.updateBook] - ==> Parameters: MySQL 数据库入门
  (String), 40.0(Double), 3(Integer)
2021-07-23 15:22:31,282 [main] DEBUG [com.itheima.mapper.BookMapper.updateBook] - <==    Updates: 1
2021-07-23 15:22:31,283 [main] DEBUG [com.itheima.mapper.BookMapper.findBookById] - ==>  Preparing: SELECT * from
  tb_book where id=?
2021-07-23 15:22:31,283 [main] DEBUG [com.itheima.mapper.BookMapper.findBookById] - ==> Parameters: 1(Integer)
2021-07-23 15:22:31,285 [main] DEBUG [com.itheima.mapper.BookMapper.findBookById] - <==      Total: 1
Book{id=1, bookName='Java 基础入门, price=45.0, author='传智播客高教产品研发部}
```

图4-16　findBookByIdTest2()方法运行结果

由图 4-16 可知，控制台输出了执行 SQL 语句的日志信息和查询结果。通过分析 SQL 语句日志信息可以发现，当程序第一次查询 id 为 1 的图书信息时，程序向数据库发送了 SQL 语句，然后使用 update 语句执行了更新操作。数据库更新之后，程序再次执行查询语句，程序就会向数据库发送 SQL 语句。由此可见，MyBatis 的一级缓存在执行更新语句后被清空了。

4.5.2 二级缓存

由 4.5.1 节的内容可知，相同的 Mapper 类使用相同的 SQL 语句，如果 SqlSession 不同，则两个 SqlSession 查询数据库时，会查询数据库两次，这样也会降低数据库的查询效率。为了解决这个问题，就需要用到 MyBatis 的二级缓存。MyBatis 的二级缓存是 Mapper 级别的缓存，与一级缓存相比，二级缓存的范围更大，多个 SqlSession 可以共用二级缓存，并且二级缓存可以自定义缓存资源。

在 MyBatis 中，一个 Mapper.xml 文件通常被称为一个 Mapper，MyBatis 以 namespace 区分 Mapper，如果多个 SqlSession 对象使用同一个 Mapper 的相同查询语句去操作数据库，在第一个 SqlSession 对象执行完后，MyBatis 会将查询结果写入二级缓存，此后，如果程序没有执行插入、更新、删除操作，当第二个 SqlSession 对象执行相同的查询语句时，MyBatis 会直接读取二级缓存中的数据。MyBatis 二级缓存的执行过程如图 4-17 所示。

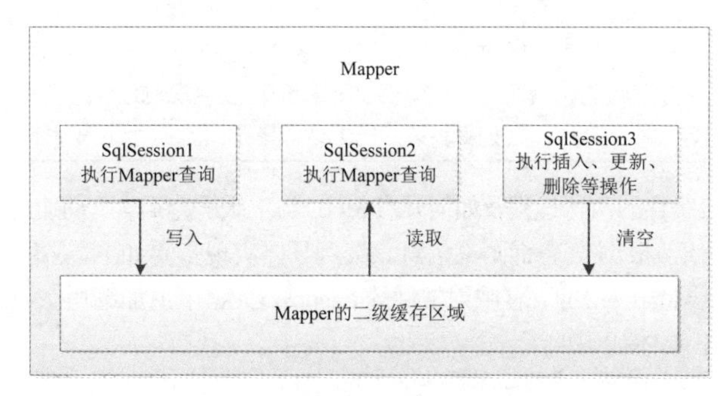

图4-17 MyBatis二级缓存的执行过程

与 MyBatis 的一级缓存不同的是，MyBatis 的二级缓存需要手动开启，开启二级缓存通常要完成以下两个步骤。

1. 开启二级缓存的全局配置

使用二级缓存前，需要在 MyBatis 的核心配置 mybatis-config.xml 文件中通过<settings>元素开启二级缓存的全局配置，具体代码如下：

```
<!--开启二级缓存-->
<settings>
    <setting name="cacheEnabled" value="true" />
</settings>
```

在上述代码中，cacheEnabled 的 value 值为 true，表示在此配置文件下开启 MyBatis 的二级缓存。

2. 开启当前 Mapper 的 namespace 下的二级缓存

开启当前 Mapper 的 namespace 下的二级缓存，可以通过 MyBatis 映射文件中的<cache>元素来完成，在<mapper>元素下添加的代码如下：

```
<!-- 开启当前 Mapper 的 namespace 下的二级缓存-->
<cache></cache>
```

以上代码开启了当前 Mapper 的 namespace 下的二级缓存，此时二级缓存处于默认状态，默认状态的二级缓存可以实现的功能如下。

- 映射文件中所有 select 语句将会被缓存。
- 映射文件中的所有 insert、update 和 delete 语句都会刷新缓存。
- 缓存会使用 LRU 算法回收。
- 没有刷新间隔，缓存不会以任何时间顺序来刷新。
- 缓存会存储列表集合或对象的 1024 个引用。
- 缓存是可读/可写的缓存，这意味着对象检索不是共享的，缓存可以安全地被调用者修改，而不干扰其他调用者或线程所做的潜在修改。

以上是二级缓存在默认状态下的特性，如果需要调整上述特性，可通过<cache>元素的属性来实现，<cache>元素的属性具体如表 4-2 所示。

表 4-2 <cache>元素的属性

属性	说明
flushInterval	刷新间隔。该属性可以被设置为任意的正整数，而且它们代表一个合理的毫秒形式的时间段。默认情况下是不设置值，即没有刷新间隔，只在调用语句时刷新
size	引用数目。该属性可以被设置为任意正整数，要记住缓存的对象数目和运行环境的可用内存资源数目，默认值为 1024
readOnly	只读。该属性可以被设置为 true 或者 false。当缓存设置为只读时，缓存对象不能被修改，但此时缓存性能较高。当缓存设置为可读写时，性能较低，但安全性高
eviction	收回策略。该属性有 4 个可选值，具体如下。 • LRU：最近最少使用的策略，移除最长时间不被使用的对象。 • FIFO：先进先出策略，按对象进入缓存的顺序来移除它们。 • SOFT：软引用策略，移除基于垃圾回收器状态和软引用规则的对象。 • WEAK：弱引用策略，更积极地移除基于垃圾收集器状态和弱引用规则的对象

在讲解了 MyBatis 二级缓存的执行过程及如何开启 MyBatis 二级缓存后，下面通过一个案例来演示 MyBatis 二级缓存的应用，该案例依然根据 id 查询图书信息。案例具体实现步骤如下。

（1）修改映射文件 BookMapper.xml，在映射文件的<mapper>元素下追加编写<cache>元素开启当前 Mapper 的 namespace 的二级缓存，具体代码如下：

```
<!--开启当前 BookMapper 的 namespace 下的二级缓存-->
<cache></cache>
```

（2）为了验证上述配置，在测试类 MyBatisTest 中编写测试方法 findBookByIdTest3()，具体代码如下：

```
1  /**
2   * 根据 id 查询图书信息
3   */
4  @Test
5  public void findBookByIdTest3() {
6      // 1.通过工具类生成 SqlSession 对象
7      SqlSession session1 = MyBatisUtils.getSession();
8      SqlSession session2 = MyBatisUtils.getSession();
9      // 2.使用 session1 查询 id 为 1 的图书信息
10     Book book1 = session1.selectOne("com.itheima.mapper."
11                     + "BookMapper.findBookById", 1);
12     // 3.输出查询结果信息
13     System.out.println(book1.toString());
14     // 4.关闭 SqlSession1
15     session1.close();
16     // 5.使用 session2 查询 id 为 1 的图书信息
17     Book book2 = session2.selectOne("com.itheima.mapper."
18                     + "BookMapper.findBookById", 1);
19     // 6.输出查询结果信息
20     System.out.println(book2.toString());
21     // 7.关闭 SqlSession2
22     session2.close();
23 }
```

在上述代码中，第 7 行和第 8 行代码通过 MyBatisUtils 工具类获取两个 SqlSession 对象；第 10～15 行代码，首先通过第一个 SqlSession 对象 session1 调用 selectOne()方法获取 id 为 1 的图书信息，然后对查询结果进行输出，最后关闭 SqlSession；第 17～22 行代码，首先通过第二个 SqlSession 对象 session2 调用 selectOne()方法再次获取 id 为 1 的图书信息，然后对查询结果进行输出，最后关闭 SqlSession。

执行 MyBatisTest 测试类的 findBookByIdTest3()方法，控制台的输出结果如图 4-18 所示。

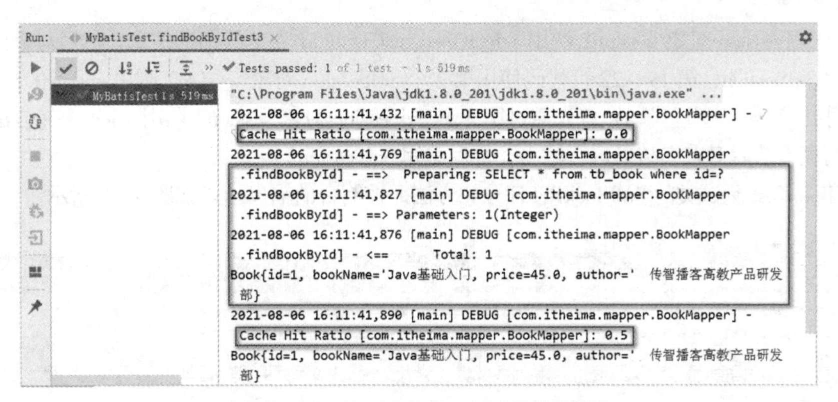

图4-18　findBookByIdTest3()方法执行结果

由图 4-18 可知，控制台输出了执行 SQL 语句的日志信息和查询结果。通过分析 SQL 语句日志信息可以发现，当第一个 SqlSession 对象 session1 执行查询时，Cache Hit Ratio（缓存命中率）为 0，程序发送了 SQL 语句；当第二个 SqlSession 对象 session2 执行相同的查询时，Cache Hit Ratio 为 0.5，程序没有发出 SQL 语句，这就说明程序直接从二级缓存中获取了数据。

在实际开发中，经常会遇到多个 SqlSession 在同一个 Mapper 中执行操作的情况，例如，SqlSession1 执行查询操作，SqlSession2 执行插入、更新、删除操作，SqlSession3 又执行与 SqlSession1 相同的查询操作。当 SqlSession1 执行查询操作时，程序会将查询结果写入 MyBatis 二级缓存；当 SqlSession2 对数据库执行了插入、更新、删除操作后，MyBatis 会清空二级缓存中的内容，以防止程序误读；当 SqlSession3 执行与 SqlSession1 相同的查询操作时，MyBatis 会重新访问数据库。

下面编写一个测试方法来演示上述二级缓存的清空。在测试类 MyBatisTest 中，编写测试方法 findBookByIdTest4 ()，具体代码如下：

```
1  @Test
2  public void findBookByIdTest4() {
3      // 1.通过工具类生成SqlSession对象
4      SqlSession session1 = MyBatisUtils.getSession();
5      SqlSession session2 = MyBatisUtils.getSession();
6      SqlSession session3 = MyBatisUtils.getSession();
7      // 2.使用session1查询id为1的图书信息
8      Book book1 = session1.selectOne("com.itheima.mapper."
9              + "BookMapper.findBookById", 1);
10     // 3.输出查询结果信息
11     System.out.println(book1.toString());
12     // 4.关闭SqlSession
13     session1.close();
14     Book book2 = new Book();
15     book2.setId(2);
16     book2.setBookName("Java Web程序开发进阶");
17     book2.setPrice(45.0);
18     // 5.使用session2更新id为2的图书信息
19     session2.update("com.itheima.mapper."
20             + "BookMapper.updateBook", book2);
21     session2.commit();
22     session2.close();
23     // 6.使用session3查询id为1的图书信息
24     Book book3 = session3.selectOne("com.itheima.mapper."
25             + "BookMapper.findBookById", 1);
26     // 7.输出查询结果信息
27     System.out.println(book3.toString());
28     // 8.关闭SqlSession
29     session3.close();
30 }
```

在上述代码中，第 4~6 行代码通过 MyBatisUtils 工具类获取 3 个 SqlSession 对象；第 8~13 行代码，首先通过第 1 个 SqlSession 对象 session1 调用 selectOne()方法查询 id 为 1 的图书信息，然后对查询结果进行输出，最后关闭 SqlSession；第 19～22 行代码使用第 2 个 SqlSession 对象 session2 调用 update()方法更新 id 为 2 的图书的信息；第 24～29 行代码，首先通过第 3 个 SqlSession 对象 session3 调用 selectOne()方法再次获取 id 为 1 的图书信息，然后对查询结果进行输出，最后关闭 SqlSession。

执行 MyBatisTest 测试类的 findBookByIdTest4()方法，控制台的输出结果如图 4-19 所示。

```
"D:\Program Files\Java\jdk1.8.0_201\bin\java.exe" ...
2021-07-23 15:25:06,867 [main] DEBUG [com.itheima.mapper.BookMapper] - Cache Hit Ratio [com.itheima.mapper.BookMapper]: 0.0
2021-07-23 15:25:07,101 [main] DEBUG [com.itheima.mapper.BookMapper.findBookById] - ==>  Preparing: SELECT * from tb_book where id=?
2021-07-23 15:25:07,145 [main] DEBUG [com.itheima.mapper.BookMapper.findBookById] - ==> Parameters: 1(Integer)
2021-07-23 15:25:07,171 [main] DEBUG [com.itheima.mapper.BookMapper.findBookById] - <==      Total: 1
Book{id=1, bookName='Java 基础入门, price=45.0, author='传智播客高教产品研发部}
2021-07-23 15:25:07,179 [main] DEBUG [com.itheima.mapper.BookMapper.updateBook] - ==>  Preparing: update tb_book set bookName=?,
 price=? where id=?
2021-07-23 15:25:07,180 [main] DEBUG [com.itheima.mapper.BookMapper.updateBook] - ==> Parameters: Java Web 程序开发进阶(String),
 45.0(Double), 2(Integer)
2021-07-23 15:25:07,181 [main] DEBUG [com.itheima.mapper.BookMapper.updateBook] - <==    Updates: 1
2021-07-23 15:25:07,182 [main] DEBUG [com.itheima.mapper.BookMapper] - Cache Hit Ratio [com.itheima.mapper.BookMapper]: 0.0
2021-07-23 15:25:07,188 [main] DEBUG [com.itheima.mapper.BookMapper.findBookById] - ==>  Preparing: SELECT * from tb_book where id=?
2021-07-23 15:25:07,188 [main] DEBUG [com.itheima.mapper.BookMapper.findBookById] - ==> Parameters: 1(Integer)
2021-07-23 15:25:07,190 [main] DEBUG [com.itheima.mapper.BookMapper.findBookById] - <==      Total: 1
Book{id=1, bookName='Java 基础入门, price=45.0, author='传智播客高教产品研发部}
```

图4-19　findBookByIdTest4()方法执行结果

由图 4-19 可知，控制台输出了执行 SQL 语句的日志信息和查询结果。通过分析 SQL 语句日志信息可以发现，当第 1 个 SqlSession 对象 session1 执行查询操作时，Cache Hit Ratio（缓存命中率）为 0，程序发送了 SQL 语句给数据库；在第 2 个 SqlSession 对象 session2 对数据库执行更新操作后，第 3 个 SqlSession 对象 session3 执行与 session1 相同的查询，Cache Hit Ratio（缓存命中率）也为 0，程序也发送 SQL 语句给数据库。这就说明，程序在执行更新操作后，MyBatis 会清空二级缓存中的数据，再次执行查询操作时，程序依然会从数据库进行查询。

多学一招：Cache Hit Ratio（缓存命中率）

终端用户访问缓存时，如果在缓存中查找到了要被访问的数据，就称为命中。如果缓存中没有查找到要被访问的数据，就是没有命中。当多次执行查询操作时，缓存命中次数与总的查询次数（缓存命中次数+缓存没有命中次数）的比，就称为缓存命中率，即缓存命中率=缓存命中次数/总的查询次数。当 MyBatis 开启二级缓存后，第一次查询数据时，由于数据还没有进入缓存，所以需要在数据库中查询而不是在缓存中查询，此时，缓存命中率为 0。第一次查询过后，MyBatis 会将查询到的数据写入缓存中，当第二次再查询相同的数据时，MyBatis 会直接从缓存中获取这条数据，缓存将命中，此时的缓存命中率为 0.5（1/2）。当第三次查询相同的数据，则缓存命中率为 0.66666（2/3），以此类推。

4.6　案例：商品的类别

现有一个商品表 product 和一个商品类别表 category，其中，商品类别表 category 和商品表 product 是一对多的关系。商品表 product 和商品表 category 分别如表 4-3 和表 4-4 所示。

表 4-3　商品表（product）

商品编号（id）	商品名称（goodsname）	商品单价（price）	商品类别（typeid）
1	电视机	5000	1
2	冰箱	4000	2
3	空调	3000	2
4	洗衣机	2000	2

表 4-4　商品类别表（category）

商品类别编号（id）	商品类别名称（typename）
1	黑色家电
2	白色家电

本案例具体要求如下：根据表 4–3 和表 4–4 在数据库分别创建一个商品表 product 和一个商品类别表 category，并通过 MyBatis 查询商品类别为白色家电的商品的所有信息。

4.7　本章小结

本章首先对开发中涉及的数据表之间，以及对象之间的关联关系做了简要介绍，并由此引出了 MyBatis 框架中对关联关系的处理；然后通过案例对 MyBatis 框架处理实体对象之间的 3 种关联关系进行了详细讲解；最后讲解了 MyBatis 的缓存机制，包括一级缓存和二级缓存。通过学习本章的内容，读者可以了解数据表之间及对象之间的 3 种关联关系，熟悉 MyBatis 的缓存机制，并能够在 MyBatis 框架中熟练运用 3 种关联关系进行查询，熟练配置 MyBatis 缓存，从而提高项目的开发效率。

【思考题】

1. 请简述<collection>子元素的常用属性及其作用。
2. 请简述 MyBatis 关联查询映射的两种处理方式。

第 5 章

MyBatis的注解开发

学习目标

★ 掌握基于注解的单表增删改查

★ 熟悉基于注解的一对一关联查询

★ 熟悉基于注解的一对多关联查询

★ 熟悉基于注解的多对多关联查询

拓展阅读

前面几章介绍了 MyBatis 的基本用法、动态 SQL、关联映射和缓存机制等知识，所有的配置都是基于 XML 文件完成的，但在实际开发中，大量的 XML 配置文件的编写是非常烦琐的，为此，MyBatis 提供了更加简便的基于注解的配置方式。本章将对 MyBatis 的注解开发进行详细讲解。

5.1 基于注解的单表增删改查

除了 XML 的映射方式，MyBatis 还支持通过注解实现 POJO 对象和数据表之间的关联映射。使用注解时，一般将 SQL 语句直接写在接口上。与 XML 的映射方式相比，基于注解的映射方式相对简单且不会增加系统的开销。MyBatis 提供了@Select、@Insert、@Update、@Delete 和@Param 等用于增删改查，以及传递参数的常用注解。本节将对这些注解进行详细讲解。

5.1.1 @Select 注解

@Select 注解用于映射查询语句，其作用等同于 XML 配置文件中的<select>元素。下面通过一个案例演示@Select 注解的使用，该案例要求根据员工的 id 查找员工信息，案例具体实现步骤如下。

（1）在 mybatis 数据库中创建名称为 tb_worker 的数据表，同时预先插入三条测试数据。具体的 SQL 语句如下：

```
USE mybatis;
# 创建一个名称为tb_worker的表
CREATE TABLE  tb_worker(
    id INT PRIMARY KEY AUTO_INCREMENT,
    name VARCHAR(32),
    age INT,
    sex VARCHAR(8),
    worker_id INT UNIQUE
);
```

```
# 插入 3 条数据
INSERT INTO tb_worker(name,age,sex,worker_id)VALUES(
'张三',32,'女',1001);
INSERT INTO tb_worker(name,age,sex,worker_id)VALUES(
'李四',29,'男',1002);
INSERT INTO tb_worker(name,age,sex,worker_id)VALUES(
'王五',26,'男',1003);
```

完成上述操作后，tb_worker 表中的数据如图 5-1 所示。

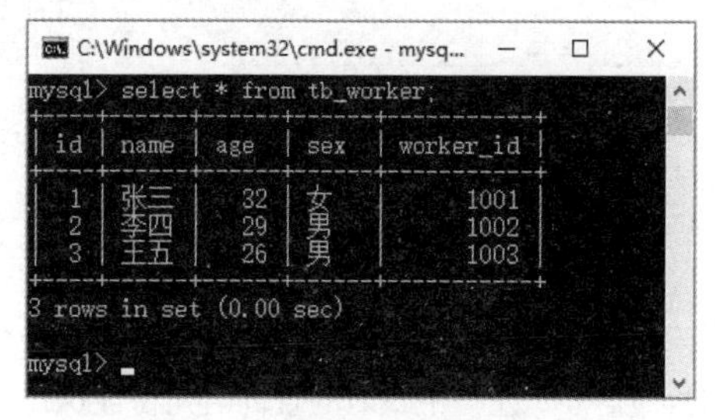

图5-1 tb_worker表中的数据（1）

（2）在项目的 com.itheima.pojo 包下创建持久化类 Worker，在 Worker 类中定义员工 id、员工姓名、年龄、性别、工号等属性，以及属性对应的 getter/setter 方法。Worker 类具体代码如文件 5-1 所示。

文件 5-1 Worker.java

```
1  package com.itheima.pojo;
2  /**
3   * 员工持久化类
4   */
5  public class Worker {
6      private Integer id;          // 员工 id
7      private String name;         // 员工姓名
8      private Integer age;         // 年龄
9      private String sex;          // 性别
10     private String worker_id;    // 工号
11     public Integer getId() {
12         return id;
13     }
14     public void setId(Integer id) {
15         this.id = id;
16     }
17     public String getName() {
18         return name;
19     }
20     public void setName(String name) {
21         this.name = name;
22     }
23     public Integer getAge() {
24         return age;
25     }
26     public void setAge(Integer age) {
27         this.age = age;
28     }
29     public String getSex() {
30         return sex;
31     }
32     public void setSex(String sex) {
33         this.sex = sex;
34     }
35     public String getWorker_id() {
36         return worker_id;
37     }
38     public void setWorker_id(String worker_id) {
39         this.worker_id = worker_id;
40     }
41     @Override
42     public String toString() {
43        return "Worker{" + "id=" + id + ", name=" + name +
44          ", age=" + age + ", sex=" + sex + ", worker_id=" + worker_id + '}';
45     }
46 }
```

（3）在项目的 src/main/java 目录下创建 com.itheima.dao 包，并在 com.itheima.dao 包下创建 WorkerMapper 接口，用于编写@Select 注解映射的 select 查询方法。WorkerMapper 接口具体代码如文件 5-2 所示。

文件 5-2 WorkerMapper.java

```
1  package com.itheima.dao;
2  import com.itheima.pojo.Worker;
3  import org.apache.ibatis.annotations.Select;
4  public interface WorkerMapper {
5      @Select("select * from tb_worker where id = #{id}")
6      Worker selectWorker(int id);
7  }
```

在文件 5-2 中，@Select 注解的参数是一个查询语句，当程序调用@Select 注解标注的 selectWorker()方法时，@Select 注解中映射的查询语句将被执行。

（4）在核心配置文件 mybatis-config.xml 中的<mappers>元素下引入 WorkerMapper 接口，将 WorkerMapper.java 接口加载到核心配置文件中，具体代码如下：

```
<mapper class="com.itheima.dao.WorkerMapper"/>
```

（5）为了验证上述配置，在测试类 MyBatisTest 中编写测试方法 findWorkerByIdTest()，具体代码如下：

```
1  @Test
2  public void findWorkerByIdTest() {
3      // 1.通过工具类获取 SqlSession 对象
4      SqlSession session = MyBatisUtils.getSession();
5      WorkerMapper mapper = session.getMapper(WorkerMapper.class);
6      // 2.使用 WorkerMapper 对象查询 id 为 1 的员工信息
7      Worker worker = mapper.selectWorker(1);
8      System.out.println(worker.toString());
9     // 3.关闭 SqlSession
10     session.close();
11 }
```

在上述代码中，第 4 行代码通过 MyBatisUtils 工具类获取 SqlSession 对象；第 5～7 行代码通过 SqlSession 对象调用 getMapper()方法获取 WorkerMapper 类对象，并使用 mapper 对象调用 WorkerMapper 接口的 selectWorker()方法，查询 id 为 1 的员工的信息；第 8 行代码使用输出语句输出查询结果信息；第 10 行代码关闭 SqlSession，释放资源。

执行 MyBatisTest 测试类的 findWorkerById Test()方法后，控制台的输出结果如图 5-2 所示。

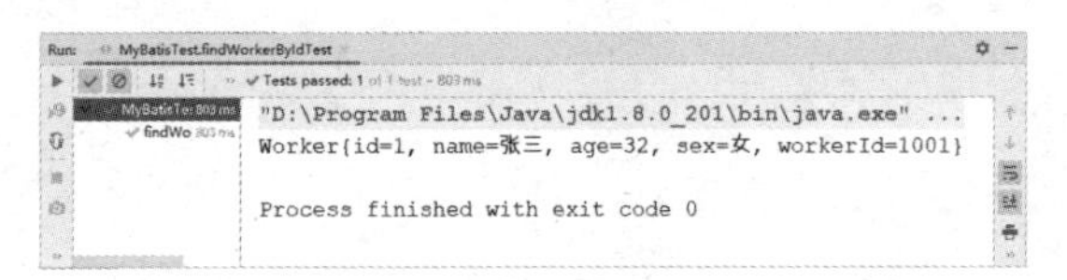

图5-2 findWorkerByIdTest()方法执行结果

5.1.2 @Insert 注解

@Insert 注解用于映射插入语句，其作用等同于 XML 配置文件中的<insert>元素。下面通过一个案例演示@Insert 注解的使用，该案例要求实现员工信息的插入，案例具体实现步骤如下。

（1）在 WorkerMapper 接口中添加向 tb_worker 数据表插入数据的方法 insertWorker()，并在方法上添加@Insert 注解，具体代码如下：

```
@Insert("insert into tb_worker(name,age,sex,worker_id)"
    +"values(#{name},#{age},#{sex},#{worker_id})")
int insertWorker(Worker worker);
```

在上述代码中，@Insert 注解的参数是一条插入语句，当程序调用@Insert 注解标注的 insertWorker()方法时，@Insert 注解中映射的插入语句将被执行。

（2）为了验证上述配置，在测试类 MyBatisTest 中编写测试方法 insertWorkerTest()，具体代码如下：

```
1  @Test
2  public void insertWorkerTest() {
3      // 1.通过工具类生成 SqlSession 对象
4      SqlSession session = MyBatisUtils.getSession();
5      Worker worker = new Worker();
6      worker.setId(4);
7      worker.setName("赵六");
8      worker.setAge(36);
9      worker.setSex("女");
10     worker.setWorker_id("1004");
```

```
11     WorkerMapper mapper = session.getMapper(WorkerMapper.class);
12     // 2.插入员工信息
13     int result = mapper.insertWorker(worker);
14     if(result>0){
15         System.out.println("成功插入"+result+"条数据");
16     }else {
17         System.out.println("插入数据失败");
18     }
19     System.out.println(worker.toString());
20     session.commit();
21     // 3.关闭SqlSession
22     session.close();
23 }
```

在上述代码中，第 4 行代码通过 MyBatisUtils 工具类获取 SqlSession 对象；第 11～13 行代码通过 SqlSession 对象调用 getMapper()方法获取 WorkerMapper 类对象，并使用 WorkerMapper 类对象调用 WorkerMapper 接口的 insertWorker()方法插入数据；第 14～18 行代码判断插入数据是否成功；第 19 行代码使用输出语句输出插入的员工信息；第 22 行代码关闭 SqlSession，释放资源。

执行 MyBatisTest 测试类的 insertWorkerTest()方法后，控制台的输出结果如图 5-3 所示。

完成上述操作后，数据库 tb_worker 表中的数据如图 5-4 所示。

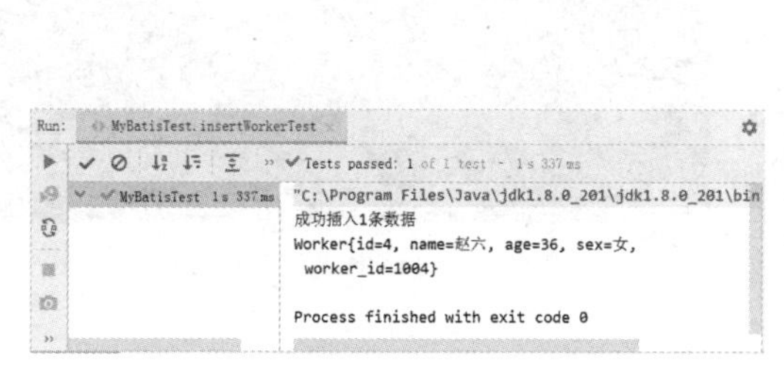

图5-3　insertWorkerTest ()方法执行结果

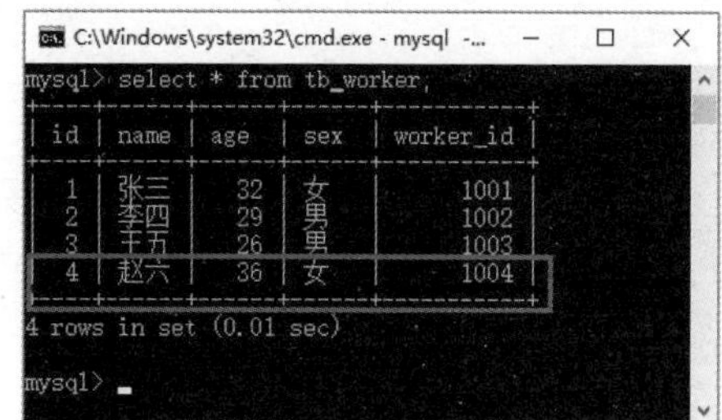

图5-4　tb_worker表中的数据（2）

5.1.3　@Update 注解

@Update 注解用于映射更新语句，其作用等同于 XML 配置文件中的<update>元素。下面通过一个案例演示@Update 注解的使用，该案例要求实现员工信息的修改，案例具体实现步骤如下。

（1）在 WorkerMapper 接口中添加更新 tb_worker 表中数据的方法，并在方法上添加@Update 注解，具体代码如下：

```
@Update("update tb_worker set name = #{name},age = #{age} "
        +"where id = #{id}")
int updateWorker(Worker worker);
```

在上述代码中，@Update 注解的参数是一条更新语句，当程序调用@Update 注解标注的 updateWorker()方法时，@Update 注解中映射的更新语句将被执行。

（2）为了验证上述配置，在测试类 MyBatisTest 中编写测试方法 updateWorkerTest()，具体代码如下：

```
1  @Test
2  public void updateWorkerTest() {
3      // 1.通过工具类生成SqlSession对象
4      SqlSession session = MyBatisUtils.getSession();
5      Worker worker = new Worker();
6      worker.setId(4);
7      worker.setName("李华");
8      worker.setAge(28);
9      WorkerMapper mapper = session.getMapper(WorkerMapper.class);
10     // 2.更新员工信息
11     int result = mapper.updateWorker(worker);
12     if(result>0){
13         System.out.println("成功更新"+result+"条数据");
```

```
14     }else {
15        System.out.println("更新数据失败");
16     }
17     System.out.println(worker.toString());
18     session.commit();
19     // 3.关闭 SqlSession
20     session.close();
21 }
```

在上述代码中，第 4 行代码通过 MyBatisUtils 工具类获取 SqlSession 对象；第 9～11 行代码通过 SqlSession 对象调用 getMapper()方法获取 WorkerMapper 类对象，并使用 WorkerMapper 类对象调用 WorkerMapper 接口的 updateWorker()方法更新员工的信息；第 12～16 行代码判断数据更新是否成功；第 17 行代码使用输出语句输出更新的员工信息；第 20 行代码关闭 SqlSession，释放资源。

执行 MyBatisTest 测试类的 updateWorkerTest()方法后，控制台的输出结果如图 5-5 所示。

完成上述操作后，数据库 tb_worker 表中的数据如图 5-6 所示。

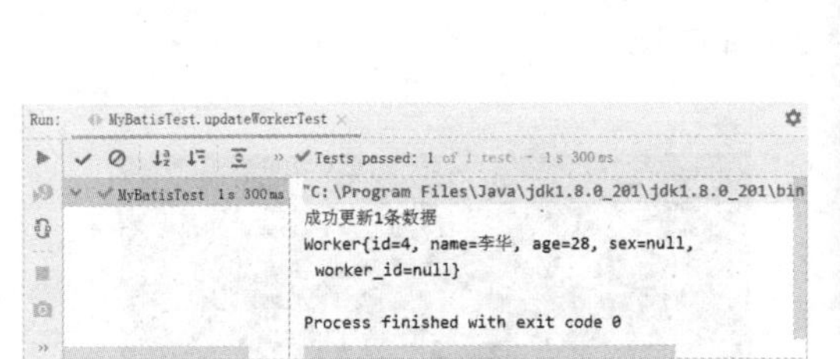

图5-5 updateWorkerTest ()方法执行结果

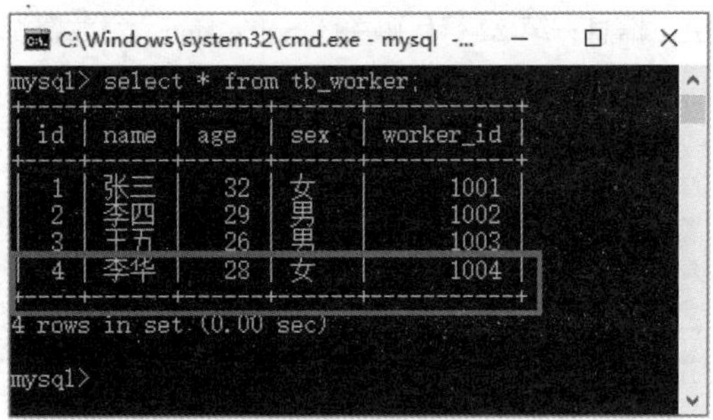

图5-6 tb_worker表中的数据（3）

5.1.4 @Delete 注解

@Delete 注解用于映射删除语句，其作用等同于 XML 配置文件中的<delete>元素。下面通过一个案例演示@Delete 注解的使用，该案例要求实现员工信息的删除，案例具体实现步骤如下。

（1）在 WorkerMapper 接口中添加删除数据库中数据的方法，并在方法上添加@Delete 注解，具体代码如下：

```
@Delete("delete from tb_worker where id = #{id}")
int deleteWorker(int id);
```

在上述代码中，@Delete 注解的参数是一条删除语句，当程序调用@Delete 注解标注的 deleteWorker()方法时，@Delete 注解中映射的删除语句将被执行。

（2）为了验证上述配置，在测试类 MyBatisTest 中编写测试方法 deleteWorkerTest()，具体代码如下：

```
1  @Test
2  public void deleteWorkerTest() {
3     // 1.通过工具类生成 SqlSession 对象
4     SqlSession session = MyBatisUtils.getSession();
5     WorkerMapper mapper = session.getMapper(WorkerMapper.class);
6     // 2.删除员工信息
7     int result = mapper.deleteWorker(4);
8     if(result>0){
9        System.out.println("成功删除"+result+"条数据");
10    }else {
11       System.out.println("删除数据失败");
12    }
13    session.commit();
14    // 3.关闭 SqlSession
15    session.close();
16 }
```

在上述代码中，第 4 行代码通过 MyBatisUtils 工具类获取 SqlSession 对象；第 5～7 行代码通过 SqlSession

对象调用getMapper()方法获取WorkerMapper类对象，并使用WorkerMapper类对象调用WorkerMapper接口的deleteteWorker()方法删除了员工信息；第8～12行代码判断更新数据是否成功；第15行代码关闭SqlSession，释放资源。

执行MyBatisTest测试类的deleteWorkerTest()方法后，控制台的输出结果如图5-7所示。

完成上述操作后，数据库tb_worker表中的数据如图5-8所示。

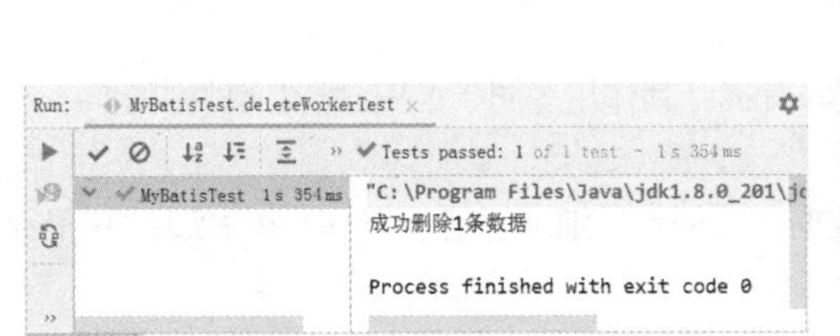

图5-7　deleteWorkerTest ()方法的执行结果

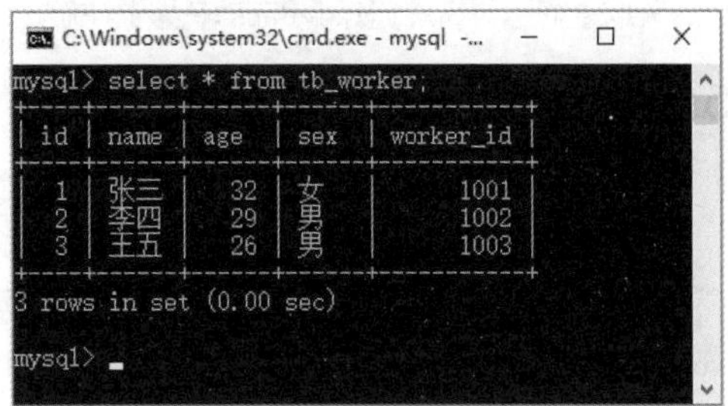
C:\Windows\system32\cmd.exe - mysql

```
mysql> select * from tb_worker;
+----+------+-----+-----+-----------+
| id | name | age | sex | worker_id |
+----+------+-----+-----+-----------+
|  1 | 张三 |  32 | 女  |      1001 |
|  2 | 李四 |  29 | 男  |      1002 |
|  3 | 王五 |  26 | 男  |      1003 |
+----+------+-----+-----+-----------+
3 rows in set (0.00 sec)

mysql>
```

图5-8　tb_worker表中的数据（4）

5.1.5　@Param注解

@Param注解的功能是指定SQL语句中的参数，通常用于SQL语句中参数比较多的情况。下面通过一个案例演示@Param注解的使用，该案例要求根据员工的id和姓名查询员工信息，案例具体实现步骤如下。

（1）在WorkerMapper接口中添加多条件查询的方法，具体代码如下：

```
@Select("select * from tb_worker where id = #{param01} and name = #{param02}")
Worker selectWorkerByIdAndName(@Param("param01") int id,@Param("param02") String name);
```

在上述代码中，使用@Param注解分别将id和name两个参数命名为param01和param02，id和name这两个参数命名需要与@Select注解中的“#{ }”中的名称一一对应，@Param注解用于将参数id和name的值映射到#{ param01}和#{ param02}中。

（2）为了验证上述配置，在测试类MyBatisTest中编写测试方法selectWorkerByIdAndNameTest()，具体代码如下：

```
1  @Test
2  public void selectWorkerByIdAndNameTest() {
3      // 1.通过工具类生成SqlSession对象
4      SqlSession session = MyBatisUtils.getSession();
5      WorkerMapper mapper = session.getMapper(WorkerMapper.class);
6      // 2.查询id为3、姓名为王五的员工信息
7      Worker worker = mapper.selectWorkerByIdAndName(3,"王五");
8      System.out.println(worker.toString());
9      session.close();
10 }
```

在上述代码中，第4行代码通过MyBatisUtils工具类获取SqlSession对象；第5～7行代码通过SqlSession对象调用getMapper()方法获取WorkerMapper类对象，并使用WorkerMapper类对象调用WorkerMapper接口的selectWorkerByIdAndName()方法查询id为3、姓名为王五的员工信息；第8行代码使用输出语句输出查询结果信息；第9行代码关闭SqlSession，释放资源。

执行MyBatisTest测试类的selectWorkerByIdAndNameTest()方法后，控制台的输出结果如图5-9所示。

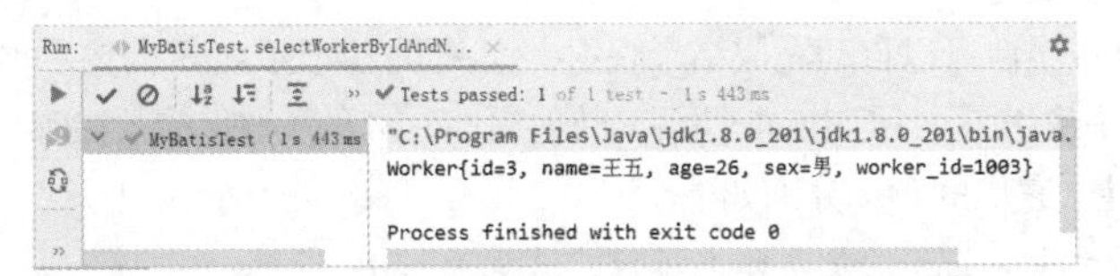

图5-9　selectWorkerByIdAndNameTest()方法执行结果

5.2　基于注解的关联查询

使用 MyBatis 的注解配置，除了可以实现单表的增删改查操作外，还可以实现多表的关联查询，包括一对一查询、一对多查询和多对多查询。MyBatis 提供了@Results、@Result、@One 和@Many 等注解来实现多表之间的关联查询。本节将对 MyBatis 中基于注解的关联查询进行详细讲解。

5.2.1　一对一查询

MyBatis 中使用@One 注解实现数据表的一对一关联查询，其作用等同于 XML 配置文件中的<assocation>元素。

下面以 4.2 节中使用的 tb_idcard 和 tb_person 数据表为例，详细讲解基于@One 注解实现 tb_idcard 和 tb_person 数据表之间的一对一关联查询，具体步骤如下。

（1）本案例使用 4.2 节中的 IdCard 类和 Person 类作为持久类。

（2）在项目的 com.itheima.dao 包下创建 IdCardMapper 接口，在该接口中编写 selectIdCardById()方法，通过 id 查询人员对应的身份证信息。IdCardMapper 接口具体代码如文件 5-3 所示。

文件 5-3　IdCardMapper.java

```
1  package com.itheima.dao;
2  import com.itheima.pojo.IdCard;
3  import org.apache.ibatis.annotations.Select;
4  public interface IdCardMapper {
5      @Select("select * from tb_idcard where id=#{id}")
6      IdCard selectIdCardById(int id);
7  }
```

在文件 5-3 中，@Select 注解的参数是一个查询语句，当程序调用@Select 注解标注的 selectIdCardById ()方法时，@Select 注解中映射的查询语句将被执行。

在项目的 com.itheima.dao 包下创建 PersonMapper 接口，在该接口中编写 selectPersonById()方法，通过 id 查询人员信息。PersonMapper 接口具体代码如文件 5-4 所示。

文件 5-4　PersonMapper.java

```
1  package com.itheima.dao;
2  import com.itheima.pojo.Person;
3  import org.apache.ibatis.annotations.One;
4  import org.apache.ibatis.annotations.Result;
5  import org.apache.ibatis.annotations.Results;
6  import org.apache.ibatis.annotations.Select;
7  public interface PersonMapper {
8      @Select("select * from tb_person where id=#{id}")
9      @Results({@Result(column = "card_id",property = "card",
10             one = @One(select =
11                       "com.itheima.dao.IdCardMapper.selectIdCardById"))})
12     Person selectPersonById(int id);
13 }
```

在文件 5-4 中，第 8 行代码使用@Select 注解映射根据 id 查询 Person 对象的 SQL 语句，当程序调用@Select 注解标注的 selectPersonById ()方法时，@Select 注解中映射的查询语句将被执行；第 9～11 行代码使用@Results 注解映射查询结果，在@Results 注解中，可以包含多个@Result 注解，一个@Result 注解完成实体类中一个属性和数据表中一个字段的映射。

Person 对象中的基本属性可以自动完成结果映射，而关联的属性 card 需要手动完成映射。因此，第 9 行代码在@Results 注解中使用了一个@Result 注解来映射属性 card 的关联结果。在@Result 注解中，有 column、property 和 one 三个属性，它们的含义分别如下。

- property 属性用于指定关联的是实体类属性，这里为 card。

- column 属性用于指定关联的数据库表中的字段，这里为 card_id。
- one 属性用于指定数据表之间属于哪种关联关系，@One 注解表明数据表 tb_idcard 和 tb_person 之间是一对一的关联关系。

在@One 注解中，select 属性用于指定关联属性 card 的值是通过执行 com.itheima.dao 包中 IdCardMapper 接口定义的 selectIdCardById()方法获得的。

（3）在核心配置文件 mybatis-config.xml 中的<mappers>元素下引入 IdCardMapper 和 PersonMapper 接口，具体引入代码如下：

```
<mapper class="com.itheima.dao.IdCardMapper"/>
<mapper class="com.itheima.dao.PersonMapper"/>
```

（4）为了验证上述配置，在测试类 MyBatisTest 中编写测试方法 selectPersonByIdTest()，具体代码如下：

```
1  @Test
2  public void selectPersonByIdTest() {
3      // 1.通过工具类生成SqlSession对象
4      SqlSession session = MyBatisUtils.getSession();
5      PersonMapper mapper = session.getMapper(PersonMapper.class);
6      // 2.查询id为1的人员信息
7      Person person = mapper.selectPersonById(2);
8      System.out.println(person.toString());
9      // 3.关闭SqlSession
10     session.close();
11 }
```

在上述代码中，第 4 行代码通过 MyBatisUtils 工具类获取 SqlSession 对象；第 5～7 行代码通过 SqlSession 对象调用 getMapper()方法获取 PersonMapper 类对象，并使用 mapper 对象调用 PersonMapper 接口的 selectPersonById()方法查询 id 为 2 的人员信息；第 8 行代码使用输出语句输出查询结果信息；第 10 行代码关闭 SqlSession，释放资源。

执行 MyBatisTest 测试类的 selectPersonByIdTest()方法后，控制台的输出结果如图 5-10 所示。

由图 5-10 可知，控制台输出了 id 为 2 的人员信息和人员的身份证信息。这表明程序在查询出 Person 对象信息的同时，其关联的 IdCard 对象的信息也被查询出来了。

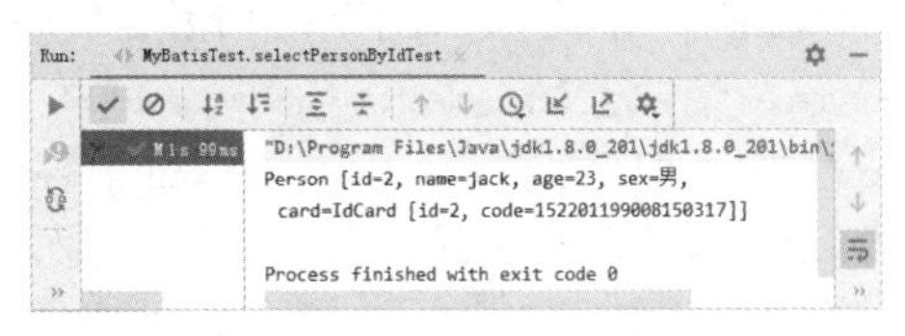

图5-10 selectPersonByIdTest()方法执行结果

5.2.2 一对多查询

MyBatis 使用@Many 注解实现数据表的一对多关联查询，@Many 注解的作用等同于 XML 配置文件中的<collection>元素。

下面以 4.3 节中的 tb_user 和 tb_orders 数据表为例，详细讲解基于@Many 注解配置实现 tb_user 和 tb_orders 数据表之间的一对多关联查询，具体步骤如下。

（1）本案例使用 4.3 节中的 Users 类和 Orders 类作为持久类。

（2）在项目的 com.itheima.dao 包下创建 OrdersMapper 接口，在该接口中编写 selectOrdersByUserId()方法，通过 user_id 查询用户对应的订单信息。OrdersMapper 接口具体代码如文件 5-5 所示。

文件 5-5 OrdersMapper.java

```
1  package com.itheima.dao;
2  import com.itheima.pojo.Orders;
3  import org.apache.ibatis.annotations.*;
4  import java.util.List;
5  public interface OrdersMapper {
6      @Select("select * from tb_orders where user_id=#{id} ")
7      @Results({@Result(id = true,column = "id",property = "id"),
8              @Result(column = "number",property = "number")
9      })
```

```
10      List<Orders> selectOrdersByUserId(int user_id);
11  }
```

在文件 5-5 中，第 6 行代码使用@Select 注解映射根据 user_id 查询 Orders 对象的 SQL 语句，当程序调用@Select 注解标注的 selectOrdersByUserId()方法时，@Select 注解中映射的查询语句将被执行；第 7～9 行代码使用@Results 注解映射查询结果，在@Results 注解中，使用@Result 注解完成 Orders 实体类中属性和数据表中字段的映射。

在项目的 com.itheima.dao 包下创建 UsersMapper 接口，在该接口中编写 selectUserById()方法，通过 id 查询用户信息。UsersMapper 接口具体代码如文件 5-6 所示。

文件 5-6　UsersMapper.java

```
1   package com.itheima.dao;
2   import com.itheima.pojo.Users;
3   import org.apache.ibatis.annotations.*;
4   public interface UsersMapper {
5       @Select("select * from tb_user where id=#{id} ")
6       @Results({@Result(id = true,column = "id",property = "id"),
7               @Result(column = "username",property = "username"),
8               @Result(column = "address",property = "address"),
9               @Result(column = "id",property = "ordersList",
10                      many = @Many(select =
11                          "com.itheima.dao.OrdersMapper.selectOrdersByUserId"))})
12      Users selectUserById(int id);
13  }
```

在文件 5-6 中，第 5 行代码使用@Select 注解映射根据 id 查询 Users 对象的 SQL 语句，当程序调用@Select 注解标注的 selectUserById()方法时，@Select 注解中映射的查询语句将被执行；第 6～11 行代码使用@Results 注解映射查询结果，在@Results 注解中，使用 4 个@Result 注解完成 Users 实体类中属性和数据表中字段的映射。其中，第 10 行和第 11 行代码通过@Many 注解表明数据表 tb_user 和 tb_orders 之间是一对多的关联关系。在@Many 注解中，select 属性用于指定关联属性 ordersList 的值，是通过执行 com.itheima.dao 包中 OrdersMapper 接口定义的 selectOrdersByUserId()方法获得的。

（3）在核心配置文件 mybatis-config.xml 中的<mappers>元素下引入 UsersMapper 和 OrdersMapper 接口，将这两个接口加载到核心配置文件中，具体代码如下：

```
<mapper class="com.itheima.dao.UsersMapper"/>
<mapper class="com.itheima.dao.OrdersMapper"/>
```

（4）为了验证上述配置，在测试类 MyBatisTest 中编写测试方法 selectUserByIdTest()，具体代码如下：

```
1   @Test
2   public void selectUserByIdTest() {
3       // 1.通过工具类生成SqlSession对象
4       SqlSession session = MyBatisUtils.getSession();
5       UsersMapper mapper = session.getMapper(UsersMapper.class);
6       // 2.查询id为1的人的信息
7       Users users = mapper.selectUserById(1);
8       System.out.println(users.toString());
9       session.close();
10  }
```

在上述代码中，第 4 行代码通过 MyBatisUtils 工具类获取 SqlSession 对象；第 5～7 行代码通过 SqlSession 对象调用 getMapper()方法获取 UsersMapper 类对象，并使用 mapper 对象调用 UsersMapper 接口的 selectUserById()方法查询 id 为 1 的用户信息；第 8 行代码使用输出语句输出查询结果信息；第 9 行代码关闭 SqlSession，释放资源。

执行 MyBatisTest 测试类的 selectUserByIdTest()方法后，控制台的输出结果如图 5-11 所示。

由图 5-11 可知，控制台输出了 id 为 1 的用户信息和用户订单信息。这表明在查询出 Users 对象信息的同时，其关联的 Orders 对象的信息也被查询出来了。

```
Run:  MyBatisTest.selectUserByIdTest
MyBatisTest 1s 432ms  "C:\Program Files\Java\jdk1.8.0_201\jdk1.8.0_201\bin\java.exe" ...
User [id=1, username=小明, address=北京,
 ordersList=[Orders{id=1, number='1000011', productList=null},
 Orders{id=2, number='1000012', productList=null}]]

Process finished with exit code 0
```

图5-11　selectUserByIdTest()方法执行结果

5.2.3 多对多查询

在数据库中，表与表之间的多对多关联关系通常使用一个中间表来维护，以 4.4 节中使用的订单表 tb_orders 和商品表 tb_product 为例，这两个表之间的关联关系使用了一个中间表 tb_ordersitem 来维护，订单表 tb_orders 和商品表 tb_product 都与中间表 tb_ordersitem 形成了一对多关联关系，即中间表 tb_ordersitem 将订单表 tb_orders 和商品表 tb_product 拆分成了两个一对多的关联关系。

下面基于 4.4 节中的 Orders 类、Product 类，以订单表 tb_orders、商品表 tb_product 和中间表 tb_ordersitem 为例，详细讲解 tb_ orders 和 tb_product 数据表之间基于注解的多对多关联查询，具体步骤如下。

（1）在项目的 com.itheima.dao 包下创建 ProductMapper 接口，在该接口编写 selectProductByOrdersId()方法，通过 user_id 查询用户对应的订单信息。ProductMapper 接口具体代码如文件 5-7 所示。

文件 5-7 ProductMapper.java

```
1  package com.itheima.dao;
2  import com.itheima.pojo.Product;
3  import org.apache.ibatis.annotations.Select;
4  import java.util.List;
5  public interface ProductMapper {
6     @Select("select * from tb_product where id in (select product_id from " +
7             "tb_ordersitem where orders_id= #{id})")
8     List<Product> selectProductByOrdersId(int orders_id);
9  }
```

在文件 5-7 中，第 6 行和第 7 行代码使用@Select 注解映射根据 orders_id 查询其关联对象 Product 对象的 SQL 语句，当程序调用@Select 注解标注的 selectProductByOrdersId()方法时，@Select 注解中映射的查询语句将被执行。

在项目的 com.itheima.dao 包下的 OrdersMapper 接口中添加 selectOrdersById()方法，该方法用于通过 id 查询订单信息。selectOrdersById()方法具体代码如下：

```
1     @Select("select * from tb_orders where id=#{id} ")
2     @Results({@Result(id = true,column = "id",property = "id"),
3            @Result(column = "number",property = "number"),
4            @Result(column = "id",property = "productList",
5                   many = @Many(select =
6              "com.itheima.dao.ProductMapper.selectProductByOrdersId"))})
7     Orders selectOrdersById(int id);
```

在上述代码中，第 1 行代码使用@Select 注解映射根据 id 查询 Orders 对象的 SQL 语句，当程序调用@Select 注解标注的 selectOrdersById()方法时，@Select 注解中映射的查询语句将被执行；第 2～6 行代码使用@Results 注解映射查询结果，在@Results 注解中，使用 3 个@Result 注解完成 Orders 实体类中属性和数据表中字段的映射。@Result 注解中的 property 属性用于指定关联属性，column 属性用于指定关联的数据库表中的字段。其中，在第 5 行和第 6 行代码的@Many 注解中，select 属性用于指定关联属性 productList 的值是通过执行 com.itheima.dao 包中 ProductMapper 接口定义的 selectProductByOrdersId()方法获得的。

（2）在核心配置文件 mybatis-config.xml 中的<mappers>元素下引入 ProductMapper 接口，将这个接口加载到核心配置文件中，具体代码如下：

```
<mapper class="com.itheima.dao.ProductMapper"/>
```

（3）为了验证上述配置，在测试类 MyBatisTest 中编写测试方法 selectOrdersByIdTest()，具体代码如下：

```
1  @Test
2  public void selectOrdersByIdTest() {
3     // 1.通过工具类生成 SqlSession 对象
4     SqlSession session = MyBatisUtils.getSession();
5     OrdersMapper mapper = session.getMapper(OrdersMapper.class);
6     // 2.查询 id 为 3 的订单信息
7     Orders orders = mapper.selectOrdersById(3);
8     System.out.println(orders.toString());
9     session.close();
10 }
```

在上述代码中，第 4 行代码通过 MyBatisUtils 工具类获取 SqlSession 对象；第 5～7 行代码通过 SqlSession 对象调用 getMapper()方法获取 OrdersMapper 类对象，并使用 OrdersMapper 类对象调用了 OrdersMapper 接口的 selectOrdersById()方法查询 id 为 3 的订单信息；第 8 行代码使用输出语句输出查询结果信息；第 9 行代码关闭 SqlSession，释放资源。

执行 MyBatisTest 测试类的 selectOrdersByIdTest()方法，控制台的输出结果如图 5-12 所示。

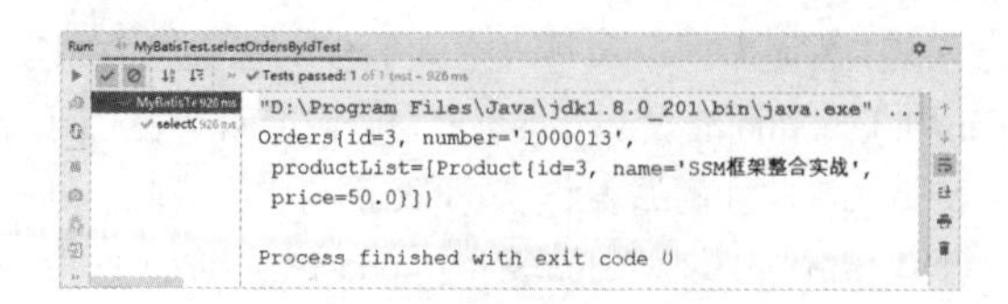

图5-12 selectOrdersByIdTest()方法执行结果

由图 5-12 可知，控制台输出了 id 为 3 的订单信息及订单商品信息。这表明在查询出 Orders 对象信息的同时，其关联的 Product 对象的信息也被查询出来了。

5.3 案例：基于 MyBatis 注解的学生管理程序

现有一个学生表 s_student 和一个班级表 c_class，其中，班级表 c_class 和学生表 s_student 是一对多的关系。学生表 s_student 和班级表 c_class 如表 5-1 和表 5-2 所示。

表 5-1 学生表（s_student）

学生 id（id）	学生姓名（name）	学生年龄（age）	所属班级（cid）
1	张三	18	1
2	李四	18	2
3	王五	19	2
4	赵六	20	1

表 5-2 班级表（c_class）

班级 id（id）	班级名称（classname）
1	一班
2	二班

请使用 MyBatis 注解完成以下要求。

（1）MyBatis 注解实现查询操作。

根据表 5-1 和表 5-2 在数据库分别创建一个学生表 s_student 和一个班级表 c_class，并查询 id 为 2 的学生的信息。

（2）MyBatis 注解实现修改操作。

将 id 为 4 的学生姓名修改为李雷，年龄修改为 21。

（3）MyBatis 注解实现一对多查询。

查询出二班所有学生的信息。

5.4 本章小结

本章主要讲解了 MyBatis 的注解开发。首先讲解了基于注解的单表增删改查常用注解，包括@Select 注解、@Insert 注解、@Update 注解、@Delete 注解、@Param 注解等；然后讲解了基于注解的关联查询，包括一对一查询、一对多查询和多对多查询。通过学习本章的内容，读者可以了解 MyBatis 中常用注解的主要作用，并能够掌握这些注解在实际开发中的应用。在 MyBatis 框架中，这些注解十分重要，熟练掌握它们能极大地提高开发效率。

【思考题】

1. 请简述 MyBatis 的常用注解及其作用。
2. 请简述@Result 注解中的常用属性及其作用。

第 6 章

初识Spring框架

★ 了解 Spring 框架及其优点
★ 了解 Spring 框架的体系结构与 Spring 5 的新特性
★ 熟悉 Spring 框架的下载及目录结构
★ 掌握 Spring 框架入门程序的编写
★ 理解控制反转的概念
★ 掌握依赖注入的概念、类型和应用

Spring 致力于解决 Java EE 应用中的各种问题，对于 Java 开发者来说，熟练使用 Spring 框架是必备技能之一。Spring 具有良好的设计和分层结构，它克服了传统重量级框架臃肿、低效的劣势，极大简化了项目开发中的技术复杂性。本章将对 Spring 框架的基础知识进行详细讲解。

6.1 Spring 介绍

6.1.1 Spring 概述

早期 Java EE 的规范较为复杂，尤其是 Java EE 平台中的 EJB（Enterprise Java Beans，企业 Java Beans）标准在设计中存在缺陷，导致开发过程中的使用非常复杂，代码侵入性强，应用程序的测试和部署也较为困难，所以 Spring 于 2003 年应运而生。

Spring 是由 Rod Johnson 组织和开发的一个分层的 Java SE/EE 一站式（full-stack）轻量级开源框架。它最为核心的理念是控制反转（Inversion of Control，IoC）和面向切面编程（Aspect Oriented Programming，AOP）。其中，IoC 是 Spring 的基础，它支撑着 Spring 对 Java Bean 的管理功能；AOP 是 Spring 的重要特性，AOP 是通过预编译方式和运行期间动态代理实现程序功能，即可以在不修改源代码的情况下，为程序统一添加功能。

Spring 贯穿于表现层、业务逻辑层和持久层，Spring 在每个层的作用如下。

- 在表现层提供了 Spring MVC 框架。
- 在业务逻辑层可以管理事务、记录日志等。
- 在持久层可以整合 MyBatis、Hibernate、JdbcTemplate 等技术。

虽然 Spring 贯穿于表现层、业务逻辑层和持久层，但 Spring 开发者并不想让 Spring 取代那些已有的框架，而是以高度的开放性与它们进行无缝整合。

6.1.2 Spring 框架的优点

Spring 作为 Java EE 的一个全方位应用程序框架，为开发企业级应用提供了健壮、高效的解决方案。它不仅可以应用于 Java 应用的开发，也可以应用于服务器端开发。Spring 之所以得到如此广泛应用，是因为 Spring 框架具有以下几个优点。

1. 非侵入式设计

Spring 是一种非侵入式（non-invasive）框架，所谓非侵入式是指允许应用程序中自由选择和组装 Spring 框架的各个功能模块，并且不要求应用程序的类必须继承或者实现 Spring 框架的某个类或某个接口。由于业务逻辑中没有 Spring 的 API，所以业务逻辑代码也可以从 Spring 框架快速地移植到其他框架。

2. 降低耦合性，方便开发

Spring 就是一个"大工厂"，可以将所有对象的创建和依赖关系的维护工作都交给 Spring 容器管理，从而极大降低了组件之间的耦合性。

3. 支持 AOP 编程

Spring 提供了对 AOP 的支持，AOP 可以将一些通用的任务进行集中处理，例如，安全、事务和日志等，以减少通过传统面向对象编程（Object Oriented Programming，OOP）方法带来的代码冗余。

4. 支持声明式事务

在 Spring 中，可以直接通过 Spring 配置文件管理数据库事务，省去了手动编程的烦琐，提高了开发效率。

5. 方便程序的测试

Spring 提供了对 JUnit 的支持，开发人员可以通过 JUnit 进行单元测试。

6. 方便集成各种优秀框架

Spring 提供了一个广阔的基础平台，其内部提供了对各种框架的直接支持，如 Struts、Hibernate、MyBatis、Quartz 等，这些优秀框架可以与 Spring 无缝集成。

7. 降低 Java EE API 的使用难度

Spring 对 Java EE 开发中的一些 API（如 JDBC、JavaMail 等）进行了封装，大大降低了这些 API 的使用难度。

6.1.3 Spring 的体系结构

Spring 是模块化的，允许使用者只选择适用于自己的模块。下面通过一张图展示 Spring 的体系结构，具体如图 6-1 所示。

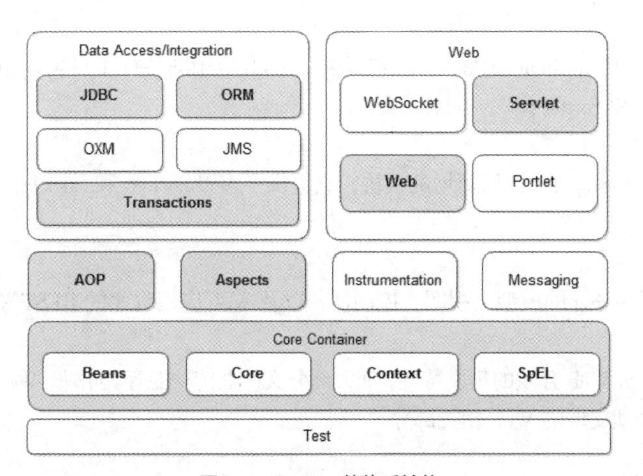

图6-1 Spring 的体系结构

从图 6-1 可以看出，Spring 主要分为八大模块，其中，灰色背景的模块是 Spring 的主要模块，也是本书重点讲解的模块，下面对这些模块进行简单介绍。

1. 核心容器（Core Container）

核心容器模块在 Spring 的功能体系中起着支撑作用，是其他模块的基石。核心容器层主要由 Beans 模块、Core 模块、Context 模块和 SpEL 模块组成，各个模块的介绍如下。

（1）Beans 模块

Beans 模块提供了 BeanFactory 类，是工厂模式的经典实现，Beans 模块的主要作用是创建和管理 Bean 对象。

（2）Core 模块

Core 模块提供了 Spring 框架的基本组成部分，包括 IoC 和依赖注入（Dependence Injection，DI）功能。

（3）Context 模块

Context 模块构建于 Beans 模块和 Core 模块的基础上，它可以通过 ApplicationContext 接口提供上下文信息。

（4）SpEL 模块

SpEL 模块是 Spring 3.0 后新增的模块，提供了对 SpEL（Spring Expression Language）的支持，SpEL 是一个在程序运行时支持操作对象图的表达式语言。

2. 数据访问及集成（Data Access/Integration）

数据访问及集成模块用于访问和操作数据库中的数据，它主要包含 JDBC 模块、ORM 模块、OXM 模块、JMS 模块和 Transactions 模块，下面分别进行介绍。

（1）JDBC 模块

JDBC 模块提供了一个 JDBC 的抽象层，JDBC 模块消除了冗长的 JDBC 编码并能够解析数据库供应商特有的错误代码。

（2）ORM 模块

ORM 模块为主流的对象关系映射 API 提供了集成层，用于集成主流的对象关系映射框架，主流的对象关系映射框架包括 MyBatis、Hibernate 和 JDO 等。

（3）OXM 模块

OXM 模块提供了对 XML 映射的抽象层的支持，如 JAXB、Castor、XML Beans、JiBX 和 XStream。

（4）JMS 模块

JMS 模块主要用于传递消息，包含消息的生产和消费。自 Spring 4.1 版本后，JMS 模块支持与 Spring-message 模块的集成。

（5）Transactions 模块

Transactions 模块的主要功能是事务管理，它支持 Spring 自动处理的声明式事务。

3. Web

Web 模块的实现基于 ApplicationContext，它提供了 Web 应用的各种工具类，包括了 WebSocket 模块、Servlet 模块、Web 模块和 Portlet 模块，具体介绍如下。

（1）WebSocket 模块

WebSocket 模块是 Spring 4.0 以后新增的模块，它提供了 WebSocket 和 SockJS 的实现，以及对 STOMP 的支持。

（2）Servlet 模块

Servlet 模块提供了 Spring 的模型、视图、控制器，以及 Web 应用程序的 REST Web 服务实现。

（3）Web 模块

Web 模块提供了针对 Web 开发的集成特性，如大部分文件上传功能等。此外，Web 模块还包含一个 HTTP 客户端和 Spring 远程处理支持的 Web 相关部分。

（4）Portlet模块

Protlet模块的功能类似于Servlet模块，提供了Portlet环境下的MVC实现。

4. 其他模块

Spring框架的其他模块还有AOP模块、Aspects模块、Instrumentation模块和Test模块，具体介绍如下。

（1）AOP模块

AOP 模块提供了对面向切面编程的支持，程序可以定义方法拦截器和切入点，将代码按照功能进行分离，以降低程序的耦合性。

（2）Aspects模块

Aspects模块提供了与AspectJ集成的支持，AspectJ是一个功能强大且成熟的AOP框架，为面向切面编程提供了多种实现方法。

（3）Instrumentation模块

Instrumentation模块提供了对类工具的支持，并且实现了类加载器，该模块可以在特定的应用服务器中使用。

（4）Messaging模块

Messaging模块是Spring 4.0以后新增的模块，它提供了对消息传递体系结构和协议的支持。

（5）Test模块

Test模块提供了对程序单元测试和集成测试的支持。

6.1.4 Spring 5的新特性

Spring 5是Spring当前最新的版本，与旧版本相比，Spring 5对Spring核心框架进行了修订和更新，增加了很多新特性，如支持响应式编程、支持函数式Web框架等。Spring 5的新特性主要体现在以下几个方面。

1. 更新JDK基线

因为Spring 5代码库运行于JDK 8之上，所以Spring 5对JDK的最低要求是JDK 8，从而可以促进Spring的使用者积极运用Java 8新特性。

2. 修订核心框架

Spring 5利用JDK 8的新特性对自身功能进行了修订，主要包括以下几个方面。

（1）基于JDK 8的反射增强，通过Spring 5提供的方法可以更加高效地对类或类的参数进行访问。

（2）核心的Spring接口提供了基于JDK 8的默认方法构建的选择性声明。

（3）用@Nullable和@NotNull注解来表明可为空的参数及返回值，可以在编译时处理空值而不是在运行时抛出NullPointerExceptions异常。

3. 更新核心容器

Spring 5支持候选组件索引作为类路径扫描的替代方案。从索引读取实体类，会使加载组件索引开销更低，因此，Spring程序的启动时间将会缩减。

4. 支持响应式编程

响应式编程是另外一种编程风格，它专注于构建对事件做出响应的应用程序。Spring 5 包含响应流和Reactor（ReactiveStream的Java实现），响应流和Reactor支撑了Spring自身的功能及相关API。

5. 支持函数式Web框架

Spring 5提供了一个函数式Web框架。该框架使用函数式编程风格来定义端点，它引入了两个基本组件：HandlerFunction 和 RouterFunction。HandlerFunction表示处理接收到的请求并生成响应函数；RouterFunction替代了@RequestMapping注解，用于将接收到的请求转发到处理函数。

6. 支持Kotlin

Spring 5提供了对Kotlin语言的支持。Kotlin是一种支持函数式编程风格的面向对象语言，它运行在JVM之上，可以让代码更具表现力、简洁性和可读性。有了对 Kotlin 的支持，开发人员可以进行深度的函数式

Spring 编程，这拓宽了 Spring 的应用领域。

7. 提升测试功能

Spring 5 完全支持 JUnit 5 Jupiter，因此可以使用 JUnit 5 编写测试代码。除此之外，Spring 5 还提供了在 Spring TestContext Framework 中进行并行测试的扩展。针对响应式编程模型，Spring 5 引入了支持 Spring Web Flux 的 WebTestClient 集成测试。

6.1.5　Spring 的下载及目录结构

Spring 是一个独立的框架，它不需要依赖任何 Web 服务器或容器，既可以在独立的 Java SE 项目中使用，也可以在 Java EE 项目中使用。在使用 Spring 之前需要获取它的 JAR 包，这些 JAR 包可以在 Spring 官网下载。本书编写时 Spring 的最新稳定版本为 5.2.8，因此本书基于该版本展开讲解，建议读者下载相同版本。下载 Spring 的相关 JAR 包可按以下步骤进行。

（1）使用浏览器访问 Spring 的官方网站，访问 org\springframework\spring 路径，就可以看到 Spring 框架各个版本压缩包的下载链接，这里选择 5.2.8.RELEASE 版本，单击 spring-5.2.8.RELEASE-dist.zip 链接下载该文件。

（2）下载完成后，将文件解压得到一个名称为 spring-framework-5.2.8.RELEASE 的文件夹，其目录结构如图 6-2 所示。

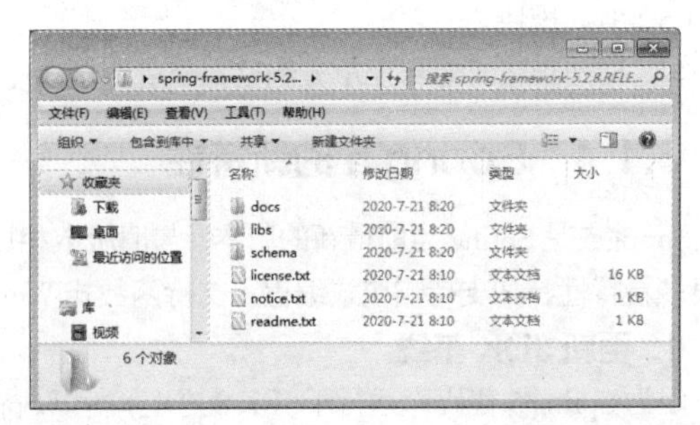

图6-2　spring-framework-5.2.8.RELEASE的文件夹目录结构

图 6-2 所示目录中有 3 个文件夹，各文件夹具体介绍如下。

- docs 文件夹：该文件夹下存放 Spring 的相关文档，包括开发指南、API 参考文档。
- libs 文件夹：该文件夹下存放开发所需的 JAR 包和源码。整个 Spring 框架由 21 个模块组成，libs 目录下 Spring 为每个模块都提供了 3 个压缩包，因此，libs 文件夹下一共有 63 个 JAR 包，打开 libs 文件夹可以看到 63 个 JAR 包文件。这 63 个 JAR 包分为三类，其中，以 RELEASE.jar 结尾的 JAR 包是 Spring 框架的 class 文件；以 RELEASE-javadoc.jar 结尾的 JAR 包是 Spring 框架 API 文档的压缩包；以 RELEASE-sources.jar 结尾的 JAR 包是 Spring 框架源文件的压缩包。
- schema 文件夹：该文件夹下存放 Spring 各种配置文件的 XML Schema 文档。

（3）在使用 Spring 开发时，除了要使用自带的 JAR 包外，Spring 的核心容器还需要依赖 commons.logging 的 JAR 包。该 JAR 包可以通过 commons 的官方网站下载。下载完成后，会得到一个名为 commons-logging-1.2- bin.zit 的压缩包。将压缩包解压到自定义目录后，即可找到 commons.logging 对应的 JAR 包 commons- logging-1.2.jar。

本书使用 Maven 方式管理依赖，上述内容读者只需了解即可。

6.2　Spring 的入门程序

前面学习了 Spring 的基础知识，下面通过一个简单的入门程序演示 Spring 框架的使用，该入门程序要求在控制台打印“张三：欢迎来到 Spring”，具体实现步骤如下。

（1）在 IDEA 中创建名称为 chapter06 的 Maven 项目，然后在 pom.xml 文件中加载需使用到的 Spring 的 4 个基础包，即 spring-core-5.2.8.RELEASE.jar、spring-beans-5.2.8.RELEASE.jar、spring-context-5.2.8.RELEASE.jar 和 spring-expression-5.2.8.RELEASE.jar。除此之外，还需要将 Spring 依赖包 commons-logging-1.2. RELEASE.jar 也加载到项目中。pom.xml 文件具体代码如文件 6-1 所示。

文件 6-1　pom.xml

```
1  <?xml version="1.0" encoding="UTF-8"?>
2  <project xmlns="http://maven.apache.org/POM/4.0.0"
3          xmlns:xsi="http://www.w3.org/2001/XMLSchema-instance"
```

```
4          xsi:schemaLocation="http://maven.apache.org/POM/4.0.0
5          http://maven.apache.org/xsd/maven-4.0.0.xsd">
6      <modelVersion>4.0.0</modelVersion>
7      <groupId>com.itheima</groupId>
8      <artifactId>chapter06</artifactId>
9      <version>1.0-SNAPSHOT</version>
10     <dependencies>
11         <!--Spring 的基础包 Spring-core-->
12         <dependency>
13             <groupId>org.springframework</groupId>
14             <artifactId>spring-core</artifactId>
15             <version>5.2.8.RELEASE</version>
16         </dependency>
17         <!--Spring 的基础包 Spring-beans-->
18         <dependency>
19             <groupId>org.springframework</groupId>
20             <artifactId>spring-beans</artifactId>
21             <version>5.2.8.RELEASE</version>
22         </dependency>
23         <!--Spring 的基础包 Spring-context-->
24         <dependency>
25             <groupId>org.springframework</groupId>
26             <artifactId>spring-context</artifactId>
27             <version>5.2.8.RELEASE</version>
28         </dependency>
29         <!--Spring 的基础包 Spring-expressinon-->
30         <dependency>
31             <groupId>org.springframework</groupId>
32             <artifactId>spring-expression</artifactId>
33             <version>5.2.8.RELEASE</version>
34         </dependency>
35         <!--Spring 的依赖包 commons-logging-->
36         <dependency>
37             <groupId>commons-logging</groupId>
38             <artifactId>commons-logging</artifactId>
39             <version>1.2</version>
40         </dependency>
41     </dependencies>
42 </project>
```

（2）在 chapter06 项目的 src/main/java 目录下中创建 com.itheima 包，并在该包下创建名称为 HelloSpring 的类。在 HelloSpring 类中定义 userName 属性和 show()方法。HelloSpring 类的具体代码如文件 6-2 所示。

文件 6-2　HelloSpring.java

```
1  package com.itheima;
2  public class HelloSpring {
3      private String userName;
4      public void setUserName(String userName){
5          this.userName=userName;
6      }
7      public void show(){
8          System.out.println(userName+":欢迎来到 Spring");
9      }
10 }
```

（3）在 chapter06 项目的 src/main/resources 目录下，新建 applicationContext.xml 文件作为 HelloSpring 类的配置文件，并在 applicationContext.xml 配置文件中创建 id 为 helloSpring 的 Bean。applicationContext.xml 文件具体代码如文件 6-3 所示。

文件 6-3　applicationContext.xml

```
1  <?xml version="1.0" encoding="UTF-8"?>
2  <beans xmlns="http://www.springframework.org/schema/beans"
3         xmlns:xsi="http://www.w3.org/2001/XMLSchema-instance"
4         xsi:schemaLocation="http://www.springframework.org/schema/beans
5        http://www.springframework.org/schema/beans/spring-beans.xsd">
6      <!-- 将指定类配置给 Spring，让 Spring 创建 HelloSpring 对象的实例 -->
```

```
7      <bean id="helloSpring" class="com.itheima.HelloSpring">
8          <!--为userName属性赋值-->
9          <property name="userName" value="张三"></property>
10     </bean>
11 </beans>
```

在文件 6-3 中，第 7～10 行代码通过<bean>元素配置 HelloSpring 类，id 属性用于标识 HelloSpring 类的实例名为 helloSpring，class 属性指定待实例化的全路径类名为 com.itheima.HelloSpring。在第 9 行代码中，<property>元素为类中的属性赋值，name 属性指定 HelloSpring 类中的属性为 userName，value 属性指定 userName 的值为“张三”。

applicationContext.xml 文件包含了很多约束信息，如第 2～5 行代码就是 Spring 的约束配置，初学者如果自己动手去编写，不但浪费时间，还容易出错。其实，在 Spring 的帮助文档中，就可以找到这些约束信息，具体的获取方法如下。

打开图 6-2 中的 docs 文件夹，在 spring-framework-reference 文件夹的 Spring 的参考文件目录下找到 index.html 文件，如图 6-3 所示。

使用浏览器打开 index.html，index.html 文件的打开效果如图 6-4 所示。

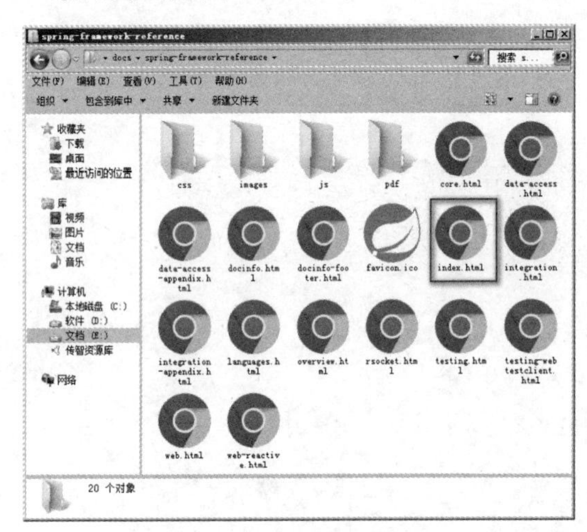

图6-3 Spring的参考文件目录

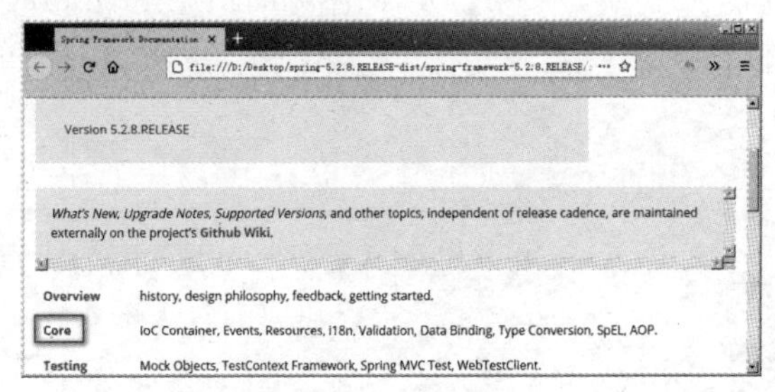

图6-4 index.html文件的打开效果

在图 6-4 中单击“Core”链接进入“Core Technologies”页面，打开“1.The IoC container\1.2.Container overview\1.2.1.Configuration Metadata”目录，可以查看配置文件的约束信息，如图 6-5 所示。

图6-5 配置文件的约束信息

在图 6-5 中，框线标记处的配置信息就是 Spring 配置文件的约束信息。初学者只需将标记处的信息复制到项目的配置文件中使用即可。

（4）在 chapter06 项目的 com.itheima 文件夹下创建测试类 TestHelloSpring，在 main()方法中初始化 Spring 容器并加载 applicationContext.xml 配置文件，通过 Spring 容器获取 HelloSpring 类的 helloSpring 实例，然后调用 HelloSpring 类中的 show()方法在控制台输出信息。TestHelloSpring 类具体代码如文件 6-4 所示。

文件 6-4 TestHelloSpring.java

```
1  package com.itheima;
2  import org.springframework.context.ApplicationContext;
3  import org.springframework.context.support.ClassPathXmlApplicationContext;
4  public class TestHelloSpring {
```

```
5       public static void main(String[] args){
6           //初始化spring容器，加载applicationContext.xml配置
7           ApplicationContext applicationContext=new
8           ClassPathXmlApplicationContext("applicationContext.xml");
9           //通过容器获取配置中helloSpring实例
10          HelloSpring helloSpring=
11          (HelloSpring)applicationContext.getBean("helloSpring");
12          helloSpring.show();//调用方法
13      }
14  }
```

在IDEA中启动测试类TestHelloSpring，控制台的输出结果如图6-6所示。

如图6-6所示，控制台已成功输出了HelloSpring类中show()方法的输出语句，在控制台输出了“张三：欢迎来到Spring”。在main()方法中，并没有通过关键字new创建HelloSpring类的对象，而是通过Spring容器获取实体类对象，这就是Spring IoC容器的实现机制。

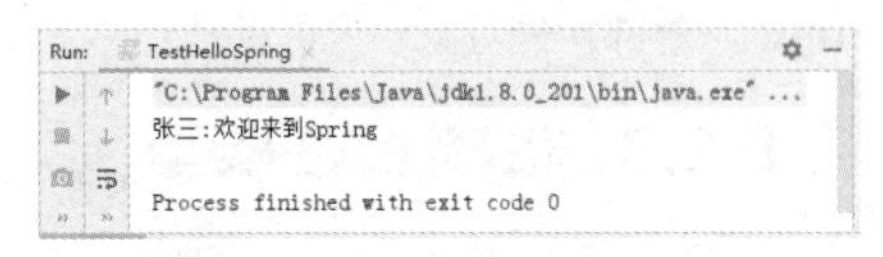

图6-6 文件6-4的运行结果

6.3 控制反转与依赖注入

6.3.1 控制反转的概念

控制反转（IoC）是面向对象编程中的一个设计原则，用于降低程序代码之间的耦合度。

在传统面向对象编程中，获取对象的方式是用关键字“new”主动创建一个对象，也就是说，应用程序掌握着对象的控制权。传统面向对象编程的设计原则如图6-7所示。

由图6-7可知，在传统面向对象编程中，应用程序是主动创建相关的对象，然后再将对象组合使用，这样会导致类与类之间高耦合，并且难以测试。

在使用Spring框架之后，对象的实例不再由调用者来创建，而是由Spring的IoC容器来创建，IoC容器会负责控制程序之间的关系，而不是由调用者的程序代码直接控制。这样，控制权由应用代码转移到了IoC容器，控制权发生了反转，这就是Spring的控制反转。

IoC设计原则是借助于IoC容器实现具有依赖关系对象之间的解耦，各个对象类封装之后，通过IoC容器来关联这些对象类。这样对象类与对象类之间就通过IoC容器进行联系，而对象类与对象类之间没有什么直接联系。IoC设计原则如图6-8所示。

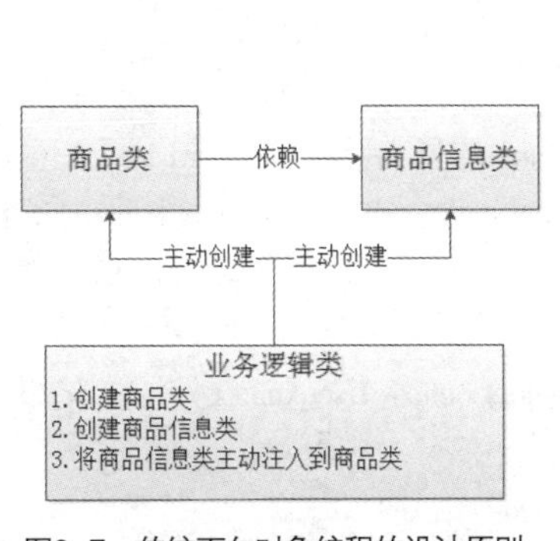

图6-7 传统面向对象编程的设计原则

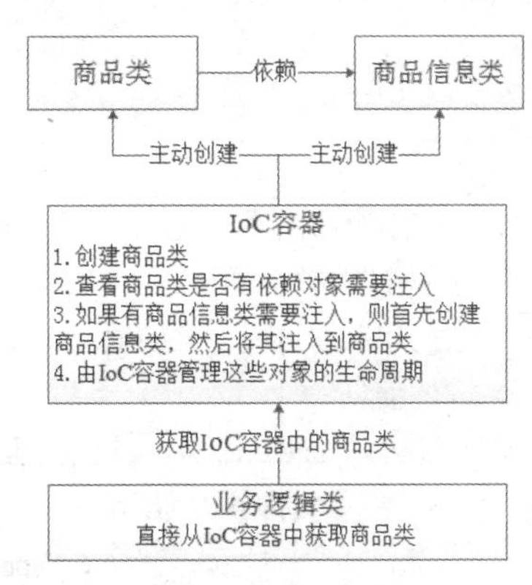

图6-8 IoC设计原则

在图6-8中，应用程序引入IoC容器之后，在客户端类中将不再创建对象类，而是直接从IoC容器中获取所需的对象类。

6.3.2 依赖注入的概念

依赖注入（DI）是指 IoC 容器在运行期间动态地将某种依赖资源注入到对象中。例如，将对象 B 注入（赋值）给对象 A 的成员变量。依赖注入的基本思想是，明确地定义组件接口，独立开发各个组件，然后根据组件的依赖关系组装运行。

依赖注入（DI）和控制反转（IoC）是从不同角度来描述了同一件事情。依赖注入是从应用程序的角度描述，即应用程序依赖 IoC 容器创建并注入它所需要的外部资源；而控制反转是从 IoC 容器的角度描述，即 IoC 容器控制应用程序，由 IoC 容器反向地向应用程序注入应用程序所需要的外部资源。这里所说的外部资源可以是外部实例对象，也可以是外部文件对象等。

6.3.3 依赖注入的类型

依赖注入指的是使用 Spring 框架创建对象时，动态地将其所依赖的对象注入到 Bean 组件中。依赖注入通常有两种实现方式，一种是构造方法注入，另一种是属性 setter 方法注入。这两种实现方式的具体介绍如下。

1. 构造方法注入

构造方法注入是指 Spring 容器调用构造方法注入被依赖的实例，构造方法可以是有参的或者是无参的。Spring 在读取配置信息后，会通过反射方式调用实例的构造方法，如果是有参构造方法，可以先在构造方法中传入所需的参数值，然后创建类对象。

下面通过案例演示构造方法注入的实现，具体步骤如下。

（1）编写用户类

在项目 chapter06 的 com.itheima 包下新建 User1 类，在 User1 类中定义 id、name 和 password 这 3 个属性。User1 类的具体代码如文件 6-5 所示。

文件 6-5 User1.java

```
1  package com.itheima;
2  public class User1 {
3    private int id;
4    private String name;
5    private String password;
6    //有参构造方法
7    public User1(int id, String name, String password){
8       this.id=id;
9       this.name=name;
10      this.password=password;
11   }
12   public String toString(){
13      return "id="+id+",name="+name+",password="+password;
14   }
15 }
```

在文件 6-5 中，第 3～5 行代码定义了 id 成员变量、name 成员变量和 password 成员变量；第 7～11 行代码定义了 User1()的构造方法；第 12～14 行代码定义了 toString()方法，当 Spring 通过构造方法注入相应的值后，toString()方法可以获取这些注入的值。

（2）配置 Bean 的信息

在 chapter06 项目的 src/main/resources 目录下创建 applicationContext-User.xml 文件，在该文件中添加 User1 类的配置信息，具体代码如文件 6-6 所示。

文件 6-6 applicationContext-User.xml

```
1  <?xml version="1.0" encoding="UTF-8"?>
2  <beans xmlns="http://www.springframework.org/schema/beans"
3        xmlns:xsi="http://www.w3.org/2001/XMLSchema-instance"
4        xsi:schemaLocation="http://www.springframework.org/schema/beans
5       http://www.springframework.org/schema/beans/spring-beans.xsd">
6     <bean id="user1" class="com.itheima.User1">
```

```
7         <constructor-arg name="id" value="1"></constructor-arg>
8         <constructor-arg name="name" value="张三"></constructor-arg>
9         <constructor-arg name="password" value="123"></constructor-arg>
10     </bean>
11 </beans>
```

在文件6-6中，第7~9行代码中的<constructor-arg>元素用于给User1类构造方法的参数注入值，Spring通过User1类的构造方法获取<constructor-arg>元素定义的值，最终这些值会被赋值给Spring创建的User1对象。

需要注意的是，一个<constructor-arg>元素表示构造方法的一个参数，且定义时不区分顺序，只需要通过<constructor-arg>元素的name属性指定参数即可。<constructor-arg>元素还提供了type属性用于指定参数的类型，避免了字符串和基本数据类型的混淆。

（3）编写测试类

在项目chapter06的com.itheima包下创建测试类TestUser1，具体代码如文件6-7所示。

文件6-7 TestUser1.java

```
1  package com.itheima;
2  import org.springframework.context.ApplicationContext;
3  import org.springframework.context.support.ClassPathXmlApplicationContext;
4  public class TestUser1 {
5      public static void main(String[] args)throws Exception{
6          //加载applicationContext.xml配置
7          ApplicationContext applicationContext=new
8          ClassPathXmlApplicationContext("applicationContext-User.xml");
9          //获取配置中的User1实例
10         User1 user1=applicationContext.getBean("user1", User1.class);
11         System.out.println(user1);
12     }
13 }
```

运行文件6-7中的main()方法，运行结果如图6-9所示。

如图6-9所示，控制台输出了User1实例的信息，其中成员变量的值与配置文件中<constructor-arg>元素的value值相同，由此可知，Spring实现了构造方法注入。

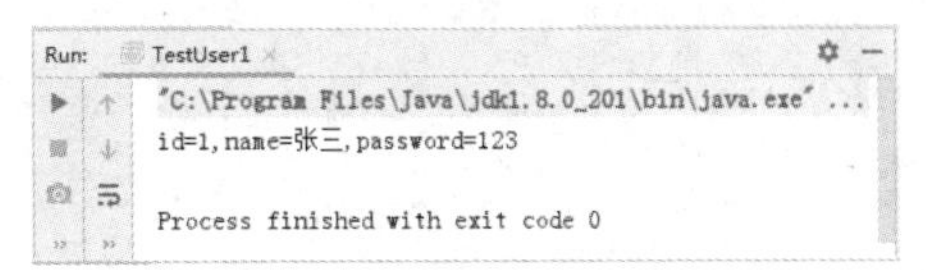

图6-9 文件6-7的运行结果

2. 属性setter方法注入

属性setter方法注入是Spring最主流的注入方法，这种注入方法简单、直观，它是在被注入的类中声明一个setter方法，通过setter方法的参数注入对应的值。

下面通过一个案例演示属性setter方法注入的实现，具体步骤如下。

（1）编写用户对象类

在项目chapter06的com.itheima包下新建User2类，在User2类中定义id、name和password这3个属性。User2类的具体代码如文件6-8所示。

文件6-8 User2.java

```
1  package com.itheima;
2  public class User2 {
3      private int id;
4      private String name;
5      private String password;
6      public void setId(int id){
7          this.id=id;
8      }
9      public void setName(String name){
10         this.name=name;
11     }
12     public void setPassword(String password){
13         this.password=password;
14     }
15     public String toString(){
```

```
16         return "id="+id+",name="+name+",password="+password;
17     }
18 }
```

在文件 6-8 中，第 3～5 行代码定义了 id 成员变量、name 成员变量和 password 成员变量；第 6～17 行代码定义了 setter 方法和 toString()方法。当 Spring 通过属性注入相应的值后，通过 toString()方法可以获取这些注入的值。

（2）获取 Bean 的配置信息

在 chapter06 项目的 src/main/resources 目录下创建 applicationContext-User2.xml 文件，并在该文件的<bean>元素中添加 User2 类的配置信息，具体代码如文件 6-9 所示。

文件 6-9　applicationContext-User2.xml

```
1  <?xml version="1.0" encoding="UTF-8"?>
2  <beans xmlns="http://www.springframework.org/schema/beans"
3         xmlns:xsi="http://www.w3.org/2001/XMLSchema-instance"
4         xsi:schemaLocation="http://www.springframework.org/schema/beans
5        http://www.springframework.org/schema/beans/spring-beans.xsd">
6  <bean id="user2" class="com.itheima.User2">
7      <property name="id" value="2"></property>
8      <property name="name" value="李四"></property>
9      <property name="password" value="456"></property>
10 </bean>
11 </beans>
```

在文件 6-9 中，<property>元素的 name 属性指定该类的成员变量名称，vlaue 属性提供对应的成员变量注入值。

（3）编写测试类

在项目 chapter06 的 com.itheima 包下创建测试类 TestUser2，具体代码如文件 6-10 所示。

文件 6-10　TestUser2.java

```
1  package com.itheima;
2  import org.springframework.context.ApplicationContext;
3  import org.springframework.context.support.ClassPathXmlApplicationContext;
4  public class TestUser2 {
5      public static void main(String[] args)throws Exception {
6          //加载 applicationContext.xml 配置
7          ApplicationContext applicationContext = new
8          ClassPathXmlApplicationContext("applicationContext-User2.xml");
9          //获取配置中的 User2 实例
10         User2 user2 = applicationContext.getBean("user2", User2.class);
11         System.out.println(user2);
12     }
13 }
```

运行文件 6-10，运行结果如图 6-10 所示。

如图 6-10 所示，控制台输出了 User2 实例的信息，其中成员变量的值与配置文件中<property>元素的 value 值相同。由此可知，Spring 实现了属性 setter 方法注入。

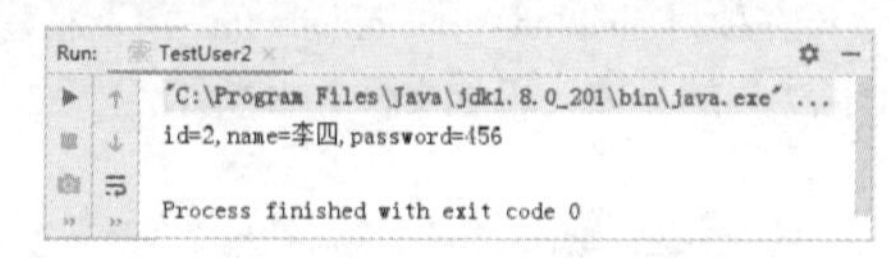

图6-10　文件6-10的运行结果

6.3.4　依赖注入的应用

在了解了两种注入方式后，下面以属性 setter 方法注入为例，实现一个简单的登录验证，具体实现步骤如下。

1. 编写 DAO 层

在项目 chapter06 的 com.itheima 包下新建 dao 包，在 dao 包下创建接口 UserDao，在 UserDao 接口中添加 login()方法，用于实现登录功能。UserDao 接口具体代码如文件 6-11 所示。

文件 6-11　UserDao.java

```
1  package com.itheima.dao;
2  public interface UserDao {
3     public boolean login(String name,String password);
4  }
```

在 com.itheima.dao 包下创建 impl 包，在 impl 包下创建 UserDao 接口的实现类 UserDaoImpl，在 UserDaoImpl 类中实现 login()方法。UserDaoImpl 类具体代码如文件 6–12 所示。

文件 6-12　UserDaoImpl.java

```
1  package com.itheima.dao.impl;
2  import com.itheima.dao.UserDao;
3  public class UserDaoImpl implements UserDao {
4     @Override
5     public boolean login(String name, String password) {
6        if (name.equals("张三")&&password.equals("123")){
7           return true;
8        }
9        return false;
10    }
11 }
```

本案例并没有使用到数据库，在文件 6–12 中，第 6 行代码判断用户名是否为“张三”且密码是否为“123”，若均是则登录信息验证成功。

2. 编写 Service 层

在项目 chapter06 的 com.itheima 包下新建 service 包，在 service 包下创建接口 UserService，在接口中添加 login()方法。UserService 作为业务逻辑层接口的具体代码如文件 6–13 所示。

文件 6-13　UserService.java

```
1  package com.itheima.service;
2  public interface UserService {
3     public boolean login(String name,String password);
4  }
```

在 com.itheima.service 包下创建 impl 包，在 impl 包下创建 UserService 接口的实现类 UserServiceImpl，在 UserServiceImpl 类中实现 login()方法。UserServiceImpl 类具体代码如文件 6–14 所示。

文件 6-14　UserServiceImpl.java

```
1  package com.itheima.service.impl;
2  import com.itheima.dao.UserDao;
3  import com.itheima.service.UserService;
4  public class UserServiceImpl implements UserService {
5     UserDao userDao;
6     public void setUserDao(UserDao userDao){
7        this.userDao=userDao;
8     }
9     @Override
10    public boolean login(String name, String password) {
11       return userDao.login(name,password);
12    }
13 }
```

在文件 6–14 中，没有采用传统的关键字 new 方式获取数据访问层 UserDaoImpl 类的实例，而是使用 UserDao 接口声明对象 userDao，并为其添加 setter 方法，用于依赖注入。UserDaoImpl 类的实例化和对象 userDao 的注入将在 applicationContext.xml 配置文件中完成。

3. 编写 applicationContext.xml 配置文件

在文件 6–3 的第 10 行和第 11 行代码中间添加两个<bean>元素，分别用于配置 UserDaoImpl 类和 UserService-Impl 类的实例及相关属性，具体代码如下：

```
<bean id="userDao" class="com.itheima.dao.impl.UserDaoImpl"></bean>
<bean id="userService" class="com.itheima.service.impl.UserServiceImpl">
   <property name="userDao" ref="userDao"></property>
</bean>
```

在上述代码中，首先通过一个<bean>元素创建 UserDaoImpl 类的实例，再使用另一个<bean>元素创建 UserServiceImpl 类的实例时，使用了<property>元素，该元素是<bean>元素的子元素，用于调用 Bean 实例中的相关 setter 方法完成属性值的赋值，从而实现依赖关系的注入。<property>元素中的 name 属性指定 Bean 实例中的相应属性的名称，这里将 name 属性设置为 userDao，表示 UserServiceImpl 类中的 userDao 属性需要注入值。Name 属性的值可以通过 ref 属性或者 value 属性指定。当使用 ref 属性时，表示对 Spring IoC 容器中某个 Bean 实例的引用。这里引用了前一个<bean>元素中创建的 UserDaoImpl 类的实例 userDao，并将该实例赋值给 UserServiceImpl 类中的 userDao 属性，从而实现了依赖关系的注入。

4. 编写测试类

在 com.itheima 包中新建测试类 TestSpring，具体代码如文件 6-15 所示。

文件 6-15 TestSpring.java

```
1  package com.itheima;
2  import com.itheima.service.UserService;
3  import org.springframework.context.ApplicationContext;
4  import org.springframework.context.support.ClassPathXmlApplicationContext;
5  public class TestSpring {
6      public static void main(String[] args){
7          //加载 applicationContext.xml 配置
8          ApplicationContext applicationContext=new
9          ClassPathXmlApplicationContext("applicationContext.xml");
10         //获取配置中的 UserService 实例
11         UserService userService=(UserService)
12         applicationContext.getBean("userService");
13         boolean flag =userService.login("张三","123");
14         if (flag){
15             System.out.println("登录成功");
16         }else {
17             System.out.println("登录失败");
18     }
19     }
20 }
```

在文件 6-15 中，第 8 行和第 9 行代码通过 ClassPathXmlApplicationContext 类加载 Spring 配置文件 application-Context.xml；第 11 行和第 12 行代码从配置文件中获取 UserService 类的实例；第 13 行代码调用 login()方法。

运行文件 6-15 的 main()方法，控制台效果如图 6-11 所示。

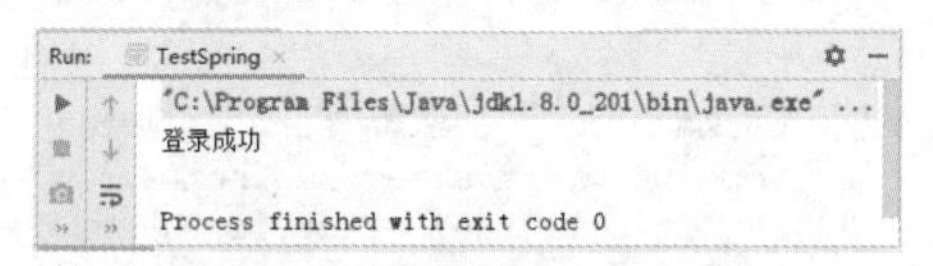

图6-11 文件6-15的运行结果

6.4 本章小结

本章主要讲解了 Spring 框架的基础知识，首先介绍了 Spring 框架基础知识，包括 Spring 概述、Spring 框架的优点、Spring 框架的体系结构、Spring 5 的新特性和 Spring 下载及目录结构；然后编写了 Spring 的入门程序；最后讲解了控制反转与依赖注入，包括控制反转的概念、依赖注入的概念、依赖注入的类型和依赖注入的应用。通过学习本章的内容，读者可以对 Spring 框架有个大致的了解，从而为框架开发打下坚实的基础。

【思考题】

1. 请简述 Spring 框架的优点。
2. 请简述控制反转的概念和依赖注入的概念。

第 7 章

Spring中的Bean的管理

学习目标

★ 了解 Spring IoC 容器的原理
★ 掌握 Bean 标签及其属性的使用
★ 熟悉 Bean 的实例化
★ 掌握 Bean 的作用域
★ 掌握 Bean 的装配方式
★ 熟悉 Bean 的生命周期

拓展阅读

第 6 章详细讲解了控制反转和依赖注入，控制反转和依赖注入作为 Spring 核心机制，改变了传统编程习惯，对组件的实例化不再由应用程序完成，转而交由 Spring 容器完成，从而对组件之间的依赖关系进行了解耦。控制反转和依赖注入都是通过 Bean 实现的，Bean 是注册到 Spring 容器中的 Java 类。Bean 由 Spring 进行管理，本章将对 Bean 的管理进行详细讲解。

7.1 Spring IoC 容器

Spring 框架的主要功能是通过 Spring 容器实现的，Spring 容器可以管理人们开发的各种 Bean。Spring 提供了相应 API 来管理 Bean，在 Spring 容器的 API 中，最常用的是 BeanFactory 和 ApplicationContext 这两个接口。本节将对 BeanFactory 和 ApplicationContext 接口进行详细讲解。

7.1.1 BeanFactory 接口

BeanFactory 是 Spring 容器最基本的接口，它的实现机制采用的是 Java 经典的工厂模式。BeanFactory 接口提供了创建和管理 Bean 的方法，BeanFactory 接口的常用方法如表 7-1 所示。

表 7-1 BeanFactory 接口的常用方法

方法名称	描述
getBean（String name）	根据参数名称获取 Bean
getBean（String name,Class<T> type）	根据参数名称、参数类型获取 Bean
<T>T getBean（Class<T> requiredType）	根据参数类型获取 Bean
Object getBean（String name,Object... args）	根据参数名称获取 Bean

续表

方法名称	描述
isTypeMatch（String name,Resolvable Typetype）	判断是否有与参数名称、参数类型匹配的 Bean
Class <?>getType（String name）	根据参数名称获取类型
String[ ] getAliases（String name）	根据实例的名称获取实例的别名数组
boolean containsBean（String name）	根据 Bean 的名称判断 Spring 容器是否含有指定的 Bean

表 7-1 列举了 BeanFactory 接口的常用方法，在开发中调用这些方法就可以完成对 Bean 的操作。

Spring 提供了几个 BeanFactory 接口的实现类，其中最常用的是 XmlBeanFactory，它可以读取 XML 文件并根据 XML 文件中的配置信息生成 BeanFactory 接口的实例，BeanFactory 接口的实例用于管理 Bean。XmlBeanFactory 类读取 XML 文件生成 BeanFactory 接口实例的具体语法格式如下：

```
BeanFactory beanFactory=new XmlBeanFactory
        (new FileSystemResource("D:/bean.xml"));
```

7.1.2 ApplicationContext 接口

ApplicationContext 接口建立在 BeanFactory 接口的基础之上，它丰富了 BeanFactory 接口的特性，例如，添加了对国际化、资源访问、事件传播等方面的支持。

ApplicationContext 接口可以为单例的 Bean 实行预初始化，并根据<property>元素执行 setter 方法，单例的 Bean 可以直接使用，提升了程序获取 Bean 实例的性能。

为了便于开发，Spring 提供了几个常用的 ApplicationContext 接口实现类，具体如表 7-2 所示。

表 7-2 常用的 ApplicationContext 接口实现类

类名称	描述
ClassPathXmlApplicationContext	从类路径加载配置文件，实例化 ApplicationContext 接口
FileSystemXmlApplicationContext	从文件系统加载配置文件，实例化 ApplicationContext 接口
AnnotationConfigApplicationContext	从注解中加载配置文件，实例化 ApplicationContext 接口
WebApplicationContext	在 Web 应用中使用，从相对于 Web 根目录的路径中加载配置文件，实例化 ApplicationContext 接口
ConfigurableWebApplicationContext	扩展了 WebApplicationContext 类，可以通过读取 XML 配置文件的方式实例化 WebApplicationContext 类

7.2 Bean 的配置

Spring 容器支持 XML 和 Properties 两种格式的配置文件，在实际开发中，最常用的是 XML 格式的配置文件。XML 是标准的数据传输和存储格式，便于查看和操作数据。在 Spring 中，XML 配置文件的根元素是<beans>，<beans>元素包含<bean>子元素，每个<bean>子元素可以定义一个 Bean，可通过<bean>元素将 Bean 注册到 Spring 容器中。

<bean>元素提供了多个属性，其常用属性如表 7-3 所示。

表 7-3 <bean>元素中的常用属性

属性	描述
id	id 属性是<bean>元素的唯一标识符，Spring 容器对 Bean 的配置和管理通过 id 属性完成，装配 Bean 时也需要根据 id 值获取对象
name	name 属性可以为 Bean 指定多个名称，每个名称之间用逗号或分号隔开

续表

属性	描述
class	class 属性可以指定 Bean 的具体实现类，其属性值为对象所属类的全路径
scope	scope 属性用于设定 Bean 实例的作用范围，其属性值有 singleton（单例）、prototype（原型）、request、session 和 global session

<bean>元素同样包含多个子元素，其常用的子元素如表 7-4 所示。

表 7-4 <bean>元素的常用子元素

元素	描述
<constructor-arg>	使用<constructor-arg>元素可以为 Bean 的属性指定值，该元素有以下几个属性。 • index：用于设置构造参数的序号。 • type：用于指定构造参数类型。 • ref：用于指定参数值。 • value：用于指定参数值。 此外，参数值也可以通过 ref 子元素或 value 子元素指定
<property>	<property>元素的作用是调用 Bean 实例中的 setter 方法完成属性赋值，从而完成依赖注入。<property>元素有以下几个属性。 • name：指定 Bean 实例中的属性名。 • ref：用于指定参数值。 • value：用于指定参数值
ref	ref 是<property>、<constructor-arg>等元素的属性，可用于指定 Bean 工厂中某个 Bean 实例的引用
value	value 是<property>、<constructor-arg>等元素的属性，用于直接指定一个常量值
<list>	<list>元素是<property>等元素的子元素，用于指定 Bean 的属性类型为 List 或数组
<set>	<set>元素是<property>等元素的子元素，用于指定 Bean 的属性类型为 set
<map>	<map>元素是<property>等元素的子元素，用于指定 Bean 的属性类型为 Map
<entry>	<entry>元素是<map>元素的子元素，用于设定一个键值对。<entry>元素的 key 属性用于指定字符串类型的键，可用<entry>元素的 ref 或 value 子元素指定<entry>元素的值，也可通过 value-ref 或 value 属性指定<entry>元素的值

在 XML 配置文件中，一个普通的 Bean 通常只需定义 id（或者 name）和 class 两个属性。在 XML 配置文件中定义 Bean 的代码如文件 7-1 所示。

文件 7-1 applicationContext.xml

```
1  <?xml version="1.0" encoding="UTF-8"?>
2  <beans xmlns="http://www.springframework.org/schema/beans"
3        xmlns:xsi="http://www.w3.org/2001/XMLSchema-instance"
4        xsi:schemaLocation="http://www.springframework.org/schema/beans
5      http://www.springframework.org/schema/beans/spring-beans.xsd">
6      <!--使用 id 属性定义 bean1，其对应的实现类为 com.itheima.Bean1-->
7      <bean id="bean1" class="com.itheima.Bean1">
8      </bean>
9      <!--使用 name 属性定义 bean2，其对应的实现类为 com.itheima.Bean2-->
10     <bean name="bean2" class="com.itheima.Bean2"/>
11 </beans>
```

在文件 7-1 中，第 7 行和第 8 行代码使用 id 属性定义了 bean1，并使用 class 属性指定了对应的实现类为 com.itheima.Bean1；第 10 行代码使用 name 属性定义了 bean2，并使用 class 属性指定了对应的实现类为 com.itheima.Bean2。如果在 Bean 中未指定 id 属性和 name 属性，则 Spring 会将 class 属性的值作为 id 使用。

7.3　Bean 的实例化

在面向对象程序中，如要使用某个对象，就需要先实例化这个对象。同样地，在 Spring 中，要想使用容器中的 Bean 对象，也需要实例化 Bean。实例化 Bean 有 3 种方式，分别是构造方法实例化、静态工厂实例化、实例工厂实例化。本节将对这 3 种 Bean 的实例化方式进行详细地讲解。

7.3.1　构造方法实例化

构造方法实例化是指 Spring 容器通过 Bean 对应类中默认的无参构造方法来实例化 Bean。下面通过一个案例演示 Spring 容器如何通过构造方法实例化 Bean。

（1）在 IDEA 中创建一个名称为 chapter07 的 Maven 项目，然后在项目的 pom.xml 文件中配置需使用到的 Spring 的 4 个基础包和 Spring 的依赖包。pom.xml 文件具体如文件 7–2 所示。

文件 7-2　pom.xml

```
1  <?xml version="1.0" encoding="UTF-8"?>
2  <project xmlns="http://maven.apache.org/POM/4.0.0"
3          xmlns:xsi="http://www.w3.org/2001/XMLSchema-instance"
4          xsi:schemaLocation="http://maven.apache.org/POM/4.0.0
5          http://maven.apache.org/xsd/maven-4.0.0.xsd">
6      <modelVersion>4.0.0</modelVersion>
7      <groupId>com.itheima</groupId>
8      <artifactId>chapter07</artifactId>
9      <version>1.0-SNAPSHOT</version>
10     <dependencies>
11         <!-- spring-core 的依赖包 -->
12         <dependency>
13             <groupId>org.springframework</groupId>
14             <artifactId>spring-core</artifactId>
15             <version>5.2.8.RELEASE</version>
16         </dependency>
17          <!-- spring-beans 的依赖包 -->
18         <dependency>
19             <groupId>org.springframework</groupId>
20             <artifactId>spring-beans</artifactId>
21             <version>5.2.8.RELEASE</version>
22         </dependency>
23         <!-- spring-context 的依赖包 -->
24         <dependency>
25             <groupId>org.springframework</groupId>
26             <artifactId>spring-context</artifactId>
27             <version>5.2.8.RELEASE</version>
28         </dependency>
29         <!-- spring-expression 的依赖包 -->
30         <dependency>
31             <groupId>org.springframework</groupId>
32             <artifactId>spring-expression</artifactId>
33             <version>5.2.8.RELEASE</version>
34         </dependency>
35         <!-- commons-logging 的依赖包 -->
36         <dependency>
37             <groupId>commons-logging</groupId>
38             <artifactId>commons-logging</artifactId>
39             <version>1.2</version>
40         </dependency>
41     </dependencies>
42 </project>
```

（2）在 chapter07 项目的 src/main/java 目录下，创建一个名称为 com.itheima 的包，在该包中创建 Bean1 类。Bean1 类的实现如文件 7–3 所示。

文件 7-3　Bean1.java

```
1  package com.itheima;
2  public class Bean1 {
3      public Bean1(){
4          System.out.println("这是Bean1");
5      }
6  }
```

在文件 7-3 中，第 3～5 行代码自定义默认的无参构造方法，调用该构造方法时，会在控制台打印“这是 Bean1”的信息。

（3）在 chapter07 项目的 src/main/resources 目录下新建 applicationBean1.xml 作为 Bean1 类的配置文件，在该配置文件中定义一个 id 为 bean1 的 Bean，并通过 class 属性指定其对应的实现类为 Bean1。applicationBean1.xml 文件具体如文件 7-4 所示。

文件 7-4　applicationBean1.xml

```
1  <?xml version="1.0" encoding="UTF-8"?>
2  <beans xmlns="http://www.springframework.org/schema/beans"
3       xmlns:xsi="http://www.w3.org/2001/XMLSchema-instance"
4       xsi:schemaLocation="http://www.springframework.org/schema/beans
5     http://www.springframework.org/schema/beans/spring-beans.xsd">
6     <bean id="bean1" class="com.itheima.Bean1"></bean>
7  </beans>
```

（4）在 chapter07 项目的 com.itheima 包中创建测试类 Bean1Test，在 main()方法中通过加载 applicationBean1.xml 配置文件初始化 Spring 容器，再通过 Spring 容器生成 Bean1 类的实例 bean1，用于测试构造方法是否能实例化 Bean1。Bean1Test 类具体代码如文件 7-5 所示。

文件 7-5　Bean1Test.java

```
1  package com.itheima;
2  import org.springframework.context.ApplicationContext;
3  import org.springframework.context.support.ClassPathXmlApplicationContext;
4  public class Bean1Test {
5      public static void main(String[] args){
6          //加载applicationBean1.xml配置
7          ApplicationContext applicationContext=new
8               ClassPathXmlApplicationContext("applicationBean1.xml");
9          //通过容器获取配置中Bean1的实例
10         Bean1 bean=(Bean1) applicationContext.getBean("bean1");
11         System.out.print(bean);
12     }
13 }
```

在 IDEA 中启动 Bean1Test 类，控制台的输出结果如图 7-1 所示。

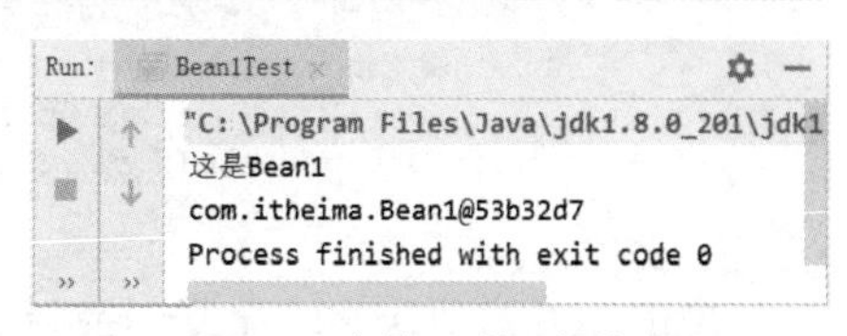

图7-1　文件7-5的运行结果

由图 7-1 可知，控制台已成功输出了“这是 Bean1”，表明 Spring 容器成功调用 Bean1 类的默认构造方法完成了 Bean1 的实例化。

7.3.2　静态工厂实例化

使用静态工厂方式实例化 Bean 时，要求开发者定义一个静态工厂类，用静态工厂类中的方法创建 Bean 的实例，此时，Bean 配置文件中的 class 属性指定的不再是 Bean 实例的实现类，而是静态工厂类。此外，还需要使用<bean>元素的 factory-method 属性指定所定义的静态工厂方法。

下面通过一个案例演示如何使用静态工厂方式实例化 Bean。

（1）在 chapter07 项目的 com.itheima 包中创建 Bean2 类，该类与 Bean1 类一样，只定义一个构造方法，无须额外添加任何方法。Bean2 类具体代码如文件 7-6 所示。

文件 7-6　Bean2.java

```
1  package com.itheima;
```

```
2  public class Bean2 {
3      public Bean2(){
4          System.out.println("这是Bean2");
5      }
6  }
```

（2）在 com.itheima 包中，创建一个 MyBean2Factory 类，在该类中定义一个静态方法 createBean()，用于创建 Bean 的实例。createBean()方法返回 Bean2 实例。MyBean2Factory 类具体代码如文件 7-7 所示。

文件 7-7　MyBean2Factory.java

```
1  package com.itheima;
2  public class MyBean2Factory {
3      //使用MyBean2Factory类的工厂创建Bean2实例
4      public static Bean2 createBean(){
5        return new Bean2();
6      }
7  }
```

（3）在 chapter07 项目的 src/main/resources 目录下新建 applicationBean2.xml 文件，作为 MyBean2Factory 类的配置文件。applicationBean2.xml 具体代码如文件 7-8 所示。

文件 7-8　applicationBean2.xml

```
1  <?xml version="1.0" encoding="UTF-8"?>
2  <beans xmlns="http://www.springframework.org/schema/beans"
3         xmlns:xsi="http://www.w3.org/2001/XMLSchema-instance"
4         xsi:schemaLocation="http://www.springframework.org/schema/beans
5      http://www.springframework.org/schema/beans/spring-beans-4.3.xsd">
6  <bean id="bean2"
7        class="com.itheima.MyBean2Factory"
8        factory-method="createBean"/>
9  </beans>
```

在文件 7-8 中，第 6～8 行代码定义了一个 id 为 bean2 的 Bean，并通过 class 属性指定其对应的实现类为 MyBean2Factory，通过 factory-method 属性指定静态工厂方法为 createBean()。

（4）在 com.itheima 包中，创建一个测试类 Bean2Test，用于测试使用静态工厂方式是否能实例化 Bean。Bean2Test 类具体代码如文件 7-9 所示。

文件 7-9　Bean2Test.java

```
1  package com.itheima;
2  import org.springframework.context.ApplicationContext;
3  import org.springframework.context.support.ClassPathXmlApplicationContext;
4  public class Bean2Test {
5      public static void main(String[] args) {
6          // ApplicationContext在加载配置文件时，对Bean进行实例化
7          ApplicationContext applicationContext =
8                  new ClassPathXmlApplicationContext("applicationBean2.xml");
9          System.out.println(applicationContext.getBean("bean2"));
10     }
11 }
```

在 IDEA 中启动 Bean2Test 类，控制台的输出结果如图 7-2 所示。

由图 7-2 所示，控制台已成功输出了“这是 Bean2”，表明 Spring 容器成功使用静态工厂方法实例化了 Bean2。

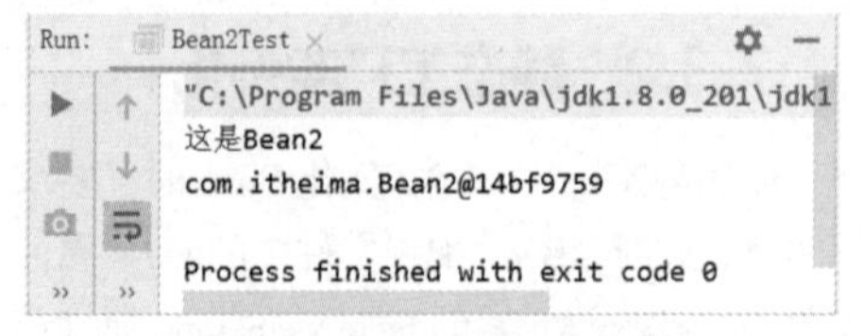

图7-2　文件7-9的运行结果

7.3.3　实例工厂实例化

实例工厂实例化 Bean 就是直接创建 Bean 实例。在 XML 配置文件中，不使用 class 属性直接指向 Bean 实例所属的类，而是通过 factory-bean 属性指向为 Bean 配置的实例工厂，并且使用 factory-method 属性指定要调用的实例工厂中的方法。

下面通过一个案例演示如何使用实例工厂方式实例化 Bean。

（1）在 chapter07 项目的 com.itheima 包中创建 Bean3 类，该类与 Bean1 一样，无须添加任何方法。Bean3 类具体代码如文件 7-10 所示。

文件 7-10　Bean3.java

```
1  package com.itheima;
2  public class Bean3 {
3      public Bean3(){
4          System.out.println("这是Bean3");
5      }
6  }
```

（2）在 com.itheima 包中，创建一个 MyBean3Factory 类，在该类中定义无参构造方法，并定义 createBean() 方法用于创建 Bean3 对象。MyBean3Factory 类的具体代码如文件 7-11 所示。

文件 7-11　MyBean3Factory.java

```
1  package com.itheima;
2  public class MyBean3Factory {
3     public MyBean3Factory() {
4          System.out.println("bean3 工厂实例化中");
5      }
6      //创建Bean3 实例的方法
7      public Bean3 createBean(){
8          return new Bean3();
9      }
10 }
```

（3）在 chapter07 项目的 src/main/resources 目录下新建 applicationBean3.xml 文件，作为 MyBean3Factory 类的配置文件。applicationBean3.xml 具体代码如文件 7-12 所示。

文件 7-12　applicationBean3.xml

```
1  <?xml version="1.0" encoding="UTF-8"?>
2  <beans xmlns="http://www.springframework.org/schema/beans"
3         xmlns:xsi="http://www.w3.org/2001/XMLSchema-instance"
4         xsi:schemaLocation="http://www.springframework.org/schema/beans
5      http://www.springframework.org/schema/beans/spring-beans-4.3.xsd">
6      <!-- 配置工厂 -->
7      <bean id="myBean3Factory"
8            class="com.itheima.MyBean3Factory" />
9      <!-- 使用factory-bean属性指向配置的实例工厂，
10           使用factory-method属性确定使用工厂中的哪个方法-->
11     <bean id="bean3" factory-bean="myBean3Factory"
12           factory-method="createBean" />
13 </beans>
```

在文件 7-12 中，第 7 行和第 8 行代码配置了一个 Bean 工厂；第 11 行和第 12 行代码定义了一个 id 为 bean3 的 Bean，并使用 factory-bean 属性指定为 Bean 配置的实例工厂，该属性值就是 Bean 工厂的 id，使用 factory-method 属性指定要调用的实例工厂中的方法。

（4）在 com.itheima 包中，创建一个测试类 Bean3Test，用于测试使用实例化工厂方式是否能实例化 Bean。Bean3Test 类具体代码如文件 7-13 所示。

文件 7-13　Bean3Test.java

```
1  package com.itheima;
2  import org.springframework.context.ApplicationContext;
3  import org.springframework.context.support.ClassPathXmlApplicationContext;
4  public class Bean3Test {
5      public static void main(String[] args) {
6          // ApplicationContext在加载配置文件时，对Bean进行实例化
7          ApplicationContext applicationContext =
8                  new ClassPathXmlApplicationContext("applicationBean3.xml");
9          System.out.println(applicationContext.getBean("bean3"));
10     }
11 }
```

在 IDEA 中启动 BeanTest3 类，控制台的输出结果如图 7-3 所示。

由图 7-3 可知，使用实例工厂的方式，同样成功实例化了 Bean3。

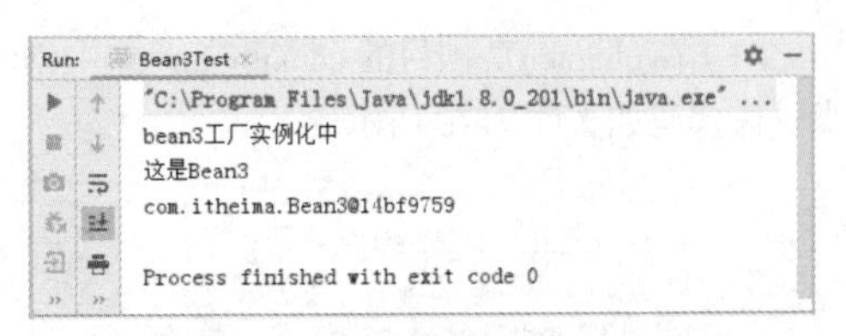

图7-3 文件7-13的运行结果

7.4 Bean 的作用域

Spring 容器创建一个 Bean 实例时，还可以为该 Bean 指定作用域，Bean 的作用域是指 Bean 实例的有效范围。Spring 容器为 Bean 指定了 5 种作用域，具体如表 7-5 所示。

表 7-5 Spring 支持的 5 种作用域

作用域名称	描述
singleton	单例模式。在单例模式下，Spring 容器中只会存在一个共享的 Bean 实例，所有对 Bean 的请求，只要请求的 id（或 name）与 Bean 的定义相匹配，就会返回 Bean 的同一个实例
prototype	原型模式。每次从容器中请求 Bean 时，都会产生一个新的实例
request	每一个 HTTP 请求都会有自己的 Bean 实例，该作用域只能在基于 Web 的 Spring ApplicationContext 中使用
session	每一个 HttpSession 请求都会有自己的 Bean 实例，该作用域只能在基于 Web 的 Spring ApplicationContext 中使用
global session	限定一个 Bean 的作用域为 Web 应用（HttpSession）的生命周期，只有在 Web 应用中使用 Spring 时，该作用域才有效

表 7-5 列举了 Spring 支持的 5 种作用域，其中，singleton 和 prototype 是两种最为常用的作用域。

7.4.1 singleton 作用域

singleton 是 Spring 容器默认的作用域，当 Bean 的作用域为 singleton 时，Spring 容器只为 Bean 创建一个实例，该实例可以重复使用。Spring 容器管理着 Bean 的生命周期，包括 Bean 的创建、初始化、销毁。因为创建和销毁 Bean 实例会带来一定的系统开销，所以 singleton 作用域可以避免反复创建和销毁实例造成的资源消耗。

下面将通过案例的方式演示 Spring 容器中 singleton 作用域的使用。

（1）修改文件 7-4，将 id 为 bean1 的作用域设置为 singleton，修改后的代码如文件 7-14 所示。

文件 7-14 applicationBean1.xml

```
1  <?xml version="1.0" encoding="UTF-8"?>
2  <beans xmlns="http://www.springframework.org/schema/beans"
3        xmlns:xsi="http://www.w3.org/2001/XMLSchema-instance"
4        xsi:schemaLocation="http://www.springframework.org/schema/beans
5       http://www.springframework.org/schema/beans/spring-beans.xsd">
6     <bean id="bean1" class="com.itheima.Bean1" scope="singleton"></bean>
7  </beans>
```

在文件 7-14 中，第 6 行代码在 bean 元素中添加了 scope 属性并设置其值为 singleton，表示 Bean 作用域范围为 singleton。

（2）在 chapter07 项目的 com.itheima 包中创建测试类 ScopeTest，在 main()方法中通过加载 application Bean1.xml 配置文件初始化 Spring 容器，通过 Spring 容器获取 Bean1 类的两个实例，判断两个实例是否为同一个。ScopeTest 类具体代码如文件 7-15 所示。

文件 7-15 ScopeTest.java

```
1  package com.itheima;
2  import org.springframework.context.ApplicationContext;
3  import org.springframework.context.support.ClassPathXmlApplicationContext;
4  public class ScopeTest{
```

```
5      public static void main(String[] args){
6          ApplicationContext applicationContext=new
7                ClassPathXmlApplicationContext("applicationBean1.xml");
8          Bean1 bean1_1=(Bean1) applicationContext.getBean("bean1");
9          Bean1 bean1_2=(Bean1) applicationContext.getBean("bean1");
10         System.out.print(bean1_1==bean1_2);
11     }
12 }
```

在 IDEA 中启动 ScopeTest 类，运行结果如图 7-4 所示。

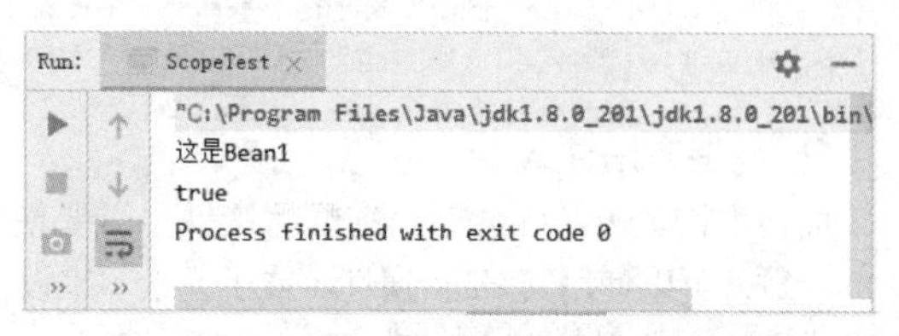

图7-4 文件7-15的运行结果

由图 7-4 可知，控制台只输出了一次“这是 Bean1”，并且在判断bean1_1与bean1_2是否相等时，控制台输出了“true”，表明 bean1_1 与 bean1_2 是同一个实例。由此可知，对于 singleton 作用域的 Bean，程序每次请求 Bean 都会返回同一个实例。

7.4.2 prototype 作用域

当 Bean 的作用域为 prototype 时，每次对 Bean 请求时都会创建一个新的 Bean 实例，Spring 容器只负责创建 Bean 实例而不再管理其生命周期。

下面通过案例演示 prototype 作用域的使用，在 7.4.1 节的基础上修改配置文件 7-14，将 id 为 bean1 的作用域设置为 prototype，修改后的代码如文件 7-16 所示。

文件 7-16 applicationBean1.xml

```
1  <?xml version="1.0" encoding="UTF-8"?>
2  <beans xmlns="http://www.springframework.org/schema/beans"
3         xmlns:xsi="http://www.w3.org/2001/XMLSchema-instance"
4         xsi:schemaLocation="http://www.springframework.org/schema/beans
5        http://www.springframework.org/schema/beans/spring-beans.xsd">
6      <bean id="bean1" class="com.itheima.Bean1" scope="prototype"></bean>
7  </beans>
```

在文件 7-16 中，第 6 行代码将<bean>元素的 scope 属性值修改为 prototype，表示 Bean 作用域为原型模式。

再次启动 ScopeTest 类，控制台的输出结果如图 7-5 所示。

由图 7-5 可知，控制台输出了两次“这是 Bean1”，并且 bean1_1 与 bean1_2 两个实例的比较结果为“false”，表示通过 Spring 容器获取 Bean1 类的两个实例不是同一个实例。由此可知，对于 prototype 作用域的 Bean，程序每次请求 Bean 都会返回一个新的实例。

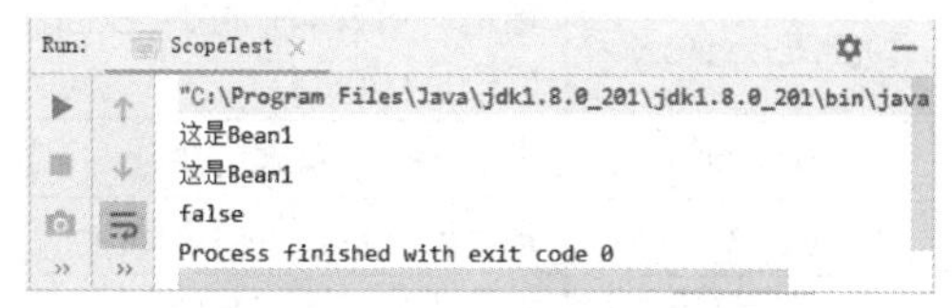

图7-5 文件7-16的运行结果

7.5 Bean 的装配方式

Bean 的装配就是 Bean 依赖注入。Spring 容器提供了 3 种常用的 Bean 装配方式，分别是基于 XML 的装配、基于注解的装配和自动装配。本节将对这 3 种装配方式进行详细讲解。

7.5.1 基于 XML 的装配

基于 XML 的装配就是读取 XML 配置文件中的信息完成依赖注入，Spring 容器提供了两种基于 XML 的装配方式，即属性 setter 方法注入和构造方法注入。下面分别对这两种装配方式进行介绍。

1. 属性 setter 方法注入

在 Spring 实例化 Bean 的过程中，Spring 首先会调用 Bean 的默认构造方法来实例化 Bean 对象，然后通过反射的方式调用 setter 方法来注入属性值。因此，属性 setter 方法注入要求 Bean 必须满足以下两点要求。

- Bean 类必须提供一个默认的无参构造方法。

- Bean 类必须为需要注入的属性提供对应的 setter 方法。

在 6.3.3 节中就是使用 XML 的方式装配 Bean，这里不再做详细讲解。需要注意的是，在 Spring 容器的配置文件中，使用属性 setter 方法注入时，需要使用<bean>元素的子元素<property>来为每个属性注入值，具体代码如下：

```
<bean id="user2" class="com.itheima.User2">
    <property name="id" value="2"></property>
    <property name="name" value="李四"></property>
    <property name="password" value="456"></property>
</bean>
```

2. 构造方法注入

而使用构造方法注入时，在配置文件里需要使用<bean>元素的子元素<constructor-arg>来定义构造方法的参数，可以使用其 value 属性（或子元素）来设置该参数的值，具体代码如下：

```
<bean id="user1" class="com.itheima.User1">
   <constructor-arg name="id" value="1"></constructor-arg>
   <constructor-arg name="name" value="张三"></constructor-arg>
   <constructor-arg name="password" value="123"></constructor-arg>
</bean>
```

在 6.3.3 节中已使用 XML 的方式详细讲解了 Spring 容器在程序中如何实现 Bean 的装配，此处不再赘述。

7.5.2 基于注解的装配

在 Spring 中，使用 XML 配置文件可以实现 Bean 的装配工作，但在实际开发中如果 Bean 的数量较多，会导致 XML 配置文件过于臃肿，给后期维护和升级带来一定的困难。为解决此问题，Spring 提供了注解，通过注解也可以实现 Bean 的装配。

Spring 支持的注解有很多，常用的注解如表 7-6 所示。

表 7-6 Spring 常用的注解

注解	描述
@Component	指定一个普通的 Bean，可以作用在任何层次
@Controller	指定一个控制器组件Bean，用于将控制层的类标识为Spring中的Bean，功能上等同于@Component
@Service	指定一个业务逻辑组件 Bean，用于将业务逻辑层的类标识为 Spring 中的 Bean，功能上等同于@Component
@Repository	指定一个数据访问组件 Bean，用于将数据访问层的类标识为 Spring 中的 Bean，功能上等同于@Component
@Scope	指定 Bean 实例的作用域
@Value	指定 Bean 实例的注入值
@Autowired	指定要自动装配的对象
@Resource	指定要注入的对象
@Qualifier	指定要自动装配的对象名称，通常与@Autowired 联合使用
@PostConstruct	指定 Bean 实例完成初始化后调用的方法
@PreDestroy	指定 Bean 实例销毁前调用的方法

表 7-6 列举的注解是 Spring 常用的注解，需要注意的是，虽然@Controller、@Service 和@Repository 注解的功能与@Component 注解的功能相同，但为了使被标注的类本身的用途更加清晰，建议在实际开发中使用@Controller、@Service 和@Repository 注解分别对控制器组件 Bean、业务逻辑组件 Bean 和数据访问组件 Bean 进行标注。

下面通过一个案例演示如何使用注解来装配 Bean，具体实现步骤如下。

（1）导入依赖

在项目 chapter07 的 pom.xml 文件中导入 spring-aop-5.2.8.RELEASE.jar 依赖包，导入代码如下：

```
<dependency>
    <groupId>org.springframework</groupId>
    <artifactId>spring-aop</artifactId>
    <version>5.2.8.RELEASE</version>
</dependency>
```

（2）创建 XML 配置文件

在 chapter07 项目的 src/main/resources 目录下创建 applicationContext.xml，在该文件中引入 Context 约束并启动 Bean 的自动扫描功能。applicationContext.xml 文件具体代码如文件 7-17 所示。

文件 7-17 applicationContext.xml

```
1  <?xml version="1.0" encoding="UTF-8"?>
2  <beans xmlns="http://www.springframework.org/schema/beans"
3        xmlns:xsi="http://www.w3.org/2001/XMLSchema-instance"
4        xmlns:context="http://www.springframework.org/schema/context"
5        xsi:schemaLocation="http://www.springframework.org/schema/beans
6       http://www.springframework.org/schema/beans/spring-beans.xsd
7       http://www.springframework.org/schema/context
8    http://www.springframework.org/schema/context/spring-context.xsd">
9      <!-- 使用 context 命名空间 ,在配置文件中开启相应的注解处理器 -->
10     <context:component-scan base-package="com.itheima" />
11 </beans>
```

在文件 7-17 中，第 4 行、第 7 行和第 8 行代码用于引入 Context 约束；第 10 行代码用于开启 Spring 中 Bean 的自动扫描功能。

（3）定义实体类

在项目 chapter07 的 com.itheima 包下新建 entity 包，在 entity 包下创建 User 实体类。User 实体类具体代码如文件 7-18 所示。

文件 7-18 User.java

```
1  package com.itheima.entity;
2  import org.springframework.beans.factory.annotation.Value;
3  import org.springframework.context.annotation.Scope;
4  import org.springframework.stereotype.Component;
5  @Component("user")
6  @Scope("singleton")
7  public class User {
8      @Value("1")
9      private int id;
10     @Value("张三")
11     private String name;
12     @Value("123")
13     private String password;
14     public int getId() {
15         return id;
16     }
17     public void setId(int id) {
18         this.id = id;
19     }
20     public String getName() {
21         return name;
22     }
23     public void setName(String name) {
24         this.name = name;
25     }
26     public String getPassword() {
27         return password;
28     }
29     public void setPassword(String password) {
30         this.password = password;
31     }
```

```
32     public String toString(){
33         return "id="+id+",name="+name+",password="+password;
34     }
35 }
```

在文件 7-18 中，第 5 行代码使用@Component 注解将 User 类注册为 Spring 容器中的 Bean；第 6 行代码使用@Scope 注解指定 User 类的作用域为单例模式；第 8～12 行代码中的@Value 注解分别为 User 类的 id、name 和 password 属性注入值。

（4）定义 DAO 层

在 chapter07 项目的 com.itheima 包下创建 dao 包，在 dao 包下创建 UserDao 接口作为数据访问层接口，并在 UserDao 接口中声明 save()方法，用于查询 User 实体的对象信息。UserDao 接口具体代码如文件 7-19 所示。

文件 7-19　UserDao.java

```
1  package com.itheima.dao;
2  public interface UserDao {
3      public void save();
4  }
```

（5）实现 DAO 层

在 chapter07 项目的 com.itheima.dao 包下创建 UserDaoImpl 作为 UserDao 的实现类，并在 UserDaoImpl 类中实现 UserDao 接口中的 save()方法。UserDaoImpl 类具体代码如文件 7-20 所示。

文件 7-20　UserDaoImpl.java

```
1  package com.itheima.dao;
2  import com.itheima.entity.User;
3  import org.springframework.context.ApplicationContext;
4  import org.springframework.context.support.ClassPathXmlApplicationContext;
5  import org.springframework.stereotype.Repository;
6  //使用@Repository 注解将 UserDaoImpl 类标识为 Spring 中的 Bean
7  @Repository("userDao")
8  public class UserDaoImpl implements UserDao {
9      public void save(){
10         ApplicationContext applicationContext=new
11              ClassPathXmlApplicationContext("applicationContext.xml");
12         User user=(User) applicationContext.getBean("user");
13         System.out.println(user);
14         System.out.println("执行 UserDaoImpl.save()");
15     }
16 }
```

在文件 7-20 中，第 7 行代码使用@Repository 注解将 UserDaoImpl 类标识为 Spring 中的 Bean；第 10 行和第 11 行代码加载 applicationContext.xml 配置文件；第 12 行代码将 User 实例化；第 13 行和第 14 行代码打印实例化后的 user 和提示信息。

（6）定义 Service 层

在 chapter07 项目的 com.itheima 包下新建 service 包，在 service 包下创建 UserService 接口作为业务逻辑层接口，并在 UserService 接口中定义 save()方法。UserService 接口具体代码如文件 7-21 所示。

文件 7-21　UserService.java

```
1  package com.itheima.service;
2  public interface UserService {
3      public void save();
4  }
```

（7）实现 Service 层

在 chapter07 项目的 com.itheima.service 包下创建 UserServiceImpl 作为 UserService 的实现类，并在 UserServiceImpl 类中实现 UserService 接口中的 save()方法。UserServiceImpl 类具体代码如文件 7-22 所示。

文件 7-22　UserServiceImpl.java

```
1  package com.itheima.service;
2  import com.itheima.dao.UserDao;
```

```
3  import org.springframework.stereotype.Service;
4  import javax.annotation.Resource;
5  //使用@Service 注解将 UserServiceImpl 类标识为 Sring 中的 Bean
6  @Service("userService")
7  public class UserServiceImpl implements UserService {
8        //使用@Resource 注解注入 UserDao
9        @Resource(name="userDao")
10       private UserDao userDao;
11       public void save(){
12          this.userDao.save();
13          System.out.println("执行 UserServiceImpl.save()");
14       }
15 }
```

在文件 7–22 中，第 6 行代码使用@Service 注解将 UserServiceImpl 类标识为 Spring 中的 Bean；第 9 行代码使用@Resource 注解注入 UserDao；第 11～14 行代码为实现后的 save()方法。

（8）定义 Controller 层

在 chapter07 项目的 com.itheima 的包下新建 controller 包，在该包下创建 UserController 类作为控制层。UserController 类具体代码如文件 7–23 所示。

文件 7-23　UserController.java

```
1  package com.itheima.controller;
2  import com.itheima.service.UserService;
3  import org.springframework.stereotype.Controller;
4  import javax.annotation.Resource;
5  //使用 Controller 注解将 UserController 类标识为 Spring 中的 Bean
6  @Controller
7  public class UserController {
8     //使用@Resource 注解注入 UserService
9     @Resource(name="userService")
10    private UserService userService;
11    public void save(){
12       this.userService.save();
13       System.out.println("执行 UserController.save()");
14    }
15 }
```

在文件 7–23 中，第 6 行代码使用@Controller 注解将 UserController 类标识为 Spring 中的 Bean；第 9 行代码使用@Resource 注解注入 UserService；第 11～14 行代码为实现后的 save()方法。

（9）定义测试类

在 chapter07 项目的 com.itheima 的包下创建测试类 AnnotationTest，在该类中编写测试代码，通过 Spring 容器加载配置文件并获取 UserController 实例，然后调用实例中的 save()方法。AnnotationTest 类具体代码如文件 7–24 所示。

文件 7-24　AnnotationTest.java

```
1  package com.itheima;
2  import com.itheima.controller.UserController;
3  import org.springframework.context.ApplicationContext;
4  import org.springframework.context.support.ClassPathXmlApplicationContext;
5  public class AnnotationTest {
6     public static void main(String[] args){
7        ApplicationContext applicationContext=new
8            ClassPathXmlApplicationContext("applicationContext.xml");
9        UserController usercontroller=(UserController)
10           applicationContext.getBean("userController");
11       usercontroller.save();
12    }
13 }
```

在 IDEA 中启动 AnnotationTest 类，控制台的输出结果如图 7–6 所示。

由图 7–6 可知，Spring 容器已经成功获取了 UserController 实例，并通过调用实例中的方法执行了各层中的输出语句，这就说明 Spring 容器基于注解完成了 Bean 的装配。

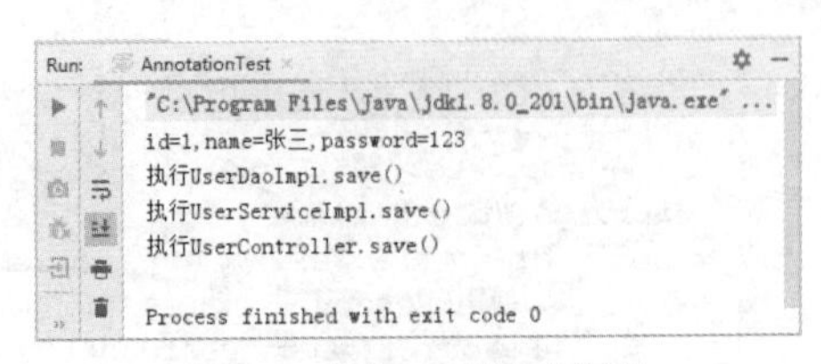

图7-6 文件7-24的运行结果

7.5.3 自动装配

除了使用XML和注解装配Bean外，还有一种常用的装配方式，即Bean自动装配。Spring的<bean>元素中包含一个autowire属性，可以通过设置autowire属性的值实现Bean的自动装配。

autowire属性的值如表7-7所示。

表7-7 autowire属性的值

属性值	描述
default	由<bean>的上级元素<beans>的default-autowire属性值确定。例如，<beans default-autowire="byName">，则<bean>元素中的autowire属性对应的属性值就为byName
byName	根据<bean>元素id属性的值自动装配
byType	根据<bean>元素的数据类型（Type）自动装配，如果一个Bean的数据类型兼容另一个Bean中的数据类型，则自动装配
constructor	根据构造函数参数的数据类型进行byType模式的自动装配
no	默认值，不使用自动装配，Bean依赖必须通过<ref>元素或ref属性定义

下面通过修改6.3.4节中案例，来演示Bean的自动装配。修改6.3.4节中的applicationContext.xml文件，修改后的代码如下：

```
<bean id="userDao" class="com.itheima.dao.impl.UserDaoImpl"></bean>
<bean id="userService" class="com.itheima.service.impl.UserServiceImpl"
      autowire="byName">
</bean>
```

上述配置文件在<bean>元素中增加了autowire属性，属性值设置为byName，此时Spring会自动寻找类名与<bean>元素中定义的id值相同的类，并将该类与<bean>元素class属性值指定的类进行匹配。也就是说，Spring会自动寻找类名为UserService的类，并将UserService类与UserserviceImpl类进行匹配。

重新运行6.3.4节的案例，控制台效果如图7-7所示。

由图7-7可知，程序输出“登录成功”提示信息，说明使用自动装配的方式同样可以完成Bean的装配。

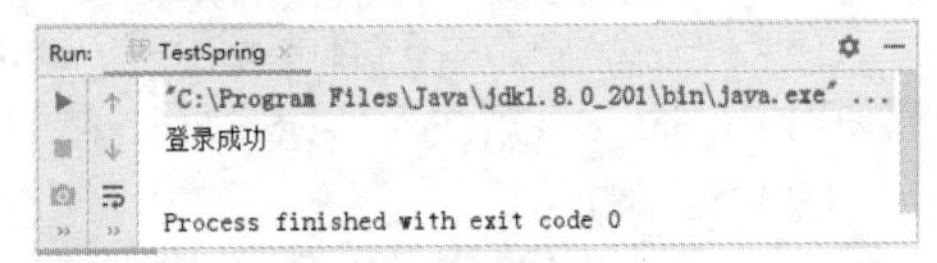

图7-7 控制台运行结果

7.6 Bean的生命周期

Bean的生命周期是指Bean实例被创建、初始化和销毁的过程。在Bean的两种作用域singleton和prototype中，Spring容器对Bean的生命周期的管理是不同的。在singleton作用域中，Spring容器可以管理Bean的生命周期，控制着Bean的创建、初始化和销毁；在prototype作用域中，Spring容器只负责创建Bean实例，不会管理其生命周期。

在Bean的生命周期中，有两个时间节点尤为重要，这两个时间节点分别是Bean实例初始化后和Bean实例销毁前，在这两个时间节点通常需要完成一些指定操作。因此，常常需要对这两个节点进行监控。监控这两个节点的方式有两种，一种是使用XML配置文件，另一种是使用注解。因为注解用法简洁，所以接下来通过使用注解的方式来讲解如何对Bean对象的初始化节点和销毁节点进行监控。

Spring容器提供了@PostConstruct用于监控Bean对象初始化节点，提供了@PreDestroy用于监控Bean对象销毁节点。@PostConstruct和@PreDestroy的含义在表7-6中已经说明。下面通过一个案例演示这两个注解的使用，具体步骤如下。

（1）在chapter07项目的com.itheima包下创建Student类，在类中定义id和name字段，并使用@PostConstruct

指定初始化方法，使用@PreDestroy 指定 Bean 销毁前的方法。Student 类具体代码如文件 7-25 所示。

文件 7-25 Student.java

```
1  package com.itheima;
2  import org.springframework.beans.factory.annotation.Value;
3  import org.springframework.stereotype.Component;
4  import javax.annotation.PostConstruct;
5  import javax.annotation.PreDestroy;
6  @Component("student")
7  public class Student {
8     @Value("1")
9     private String id;
10    @Value("张三")
11    private String name;
12    public String getId() {
13       return id;
14    }
15    public void setId(String id) {
16       this.id = id;
17    }
18    public String getName() {
19       return name;
20    }
21    public void setName(String name) {
22       this.name = name;
23    }
24    //使用@PostConstruct 标注 Bean 对象初始化节点的监控方法
25    @PostConstruct
26    public void init(){
27       System.out.println("Bean 的初始化完成，调用 init()方法");
28    }
29    //使用@PreDestroy 标注 Bean 对象销毁前节点的监控方法
30    @PreDestroy
31    public void destroy(){
32       System.out.println("Bean 销毁前调用 destroy()方法");
33    }
34    public String toString(){
35       return "id="+id+",name="+name;
36    }
37 }
```

在文件 7-25 中，第 25～28 行代码使用@PostConstruct 标注 init()方法为 Bean 初始化方法，也就是说，当 Student 对象完成初始化后，Spring 容器将会调用 init()方法；第 30～33 行代码使用@PreDestroy 标注 Bean 对象销毁前节点的监控方法，同理，当 Student 类销毁前会调用 destroy()方法。

（2）在 chapter07 项目的 src/main/resources 目录下创建 applicationStudent.xml，在该文件中引入 Context 约束并启动 Bean 的自动扫描功能。applicationStudent.xml 具体代码如文件 7-26 所示。

文件 7-26 applicationStudent.xml

```
1  <?xml version="1.0" encoding="UTF-8"?>
2  <beans xmlns="http://www.springframework.org/schema/beans"
3        xmlns:xsi="http://www.w3.org/2001/XMLSchema-instance"
4        xmlns:context="http://www.springframework.org/schema/context"
5        xsi:schemaLocation="http://www.springframework.org/schema/beans
6       http://www.springframework.org/schema/beans/spring-beans.xsd
7       http://www.springframework.org/schema/context
8    http://www.springframework.org/schema/context/spring-context.xsd">
9     <!-- 使用 context 命名空间,在配置文件中开启相应的注解处理器 -->
10    <context:component-scan base-package="com.itheima" />
11 </beans>
```

（3）在 chapter07 项目的 com.itheima 包下创建测试类 StudentTest，在该类中编写测试代码，通过 Spring 容器加载配置文件并获取 Student 实例。StudentTest 类具体代码如文件 7-27 所示。

文件 7-27 StudentTest.java

```
1  package com.itheima;
2  import org.springframework.context.ApplicationContext;
3  import org.springframework.context.support.AbstractApplicationContext;
4  import
5     org.springframework.context.support.ClassPathXmlApplicationContext;
6  public class StudentTest {
7     public static void main(String[] args){
8     ApplicationContext applicationContext=new
9           ClassPathXmlApplicationContext("applicationStudent.xml");
10    Student student=(Student)applicationContext.getBean("student");
11    System.out.println(student);
12    //销毁Spring容器中的所有Bean
13    AbstractApplicationContext ac=(AbstractApplicationContext)
14          applicationContext;
15    ac.registerShutdownHook();
16 }
17 }
```

在文件 7-27 中，第 13～15 行代码调用 AbstractApplicationContext 类的 registerShutdownHook()方法销毁 Spring 容器中的所有 Bean。

（4）在 IDEA 中启动 StudentTest 类，控制台的输出结果如图 7-8 所示。

由图 7-8 可知，控制台中输出了“Bean 的初始化完成，调用 init( )方法”的信息，说明程序自动调用了 init()方法；输出了“Bean 销毁前调用 destroy( )方法”的信息，说明程序自动调用了 destroy()方法。

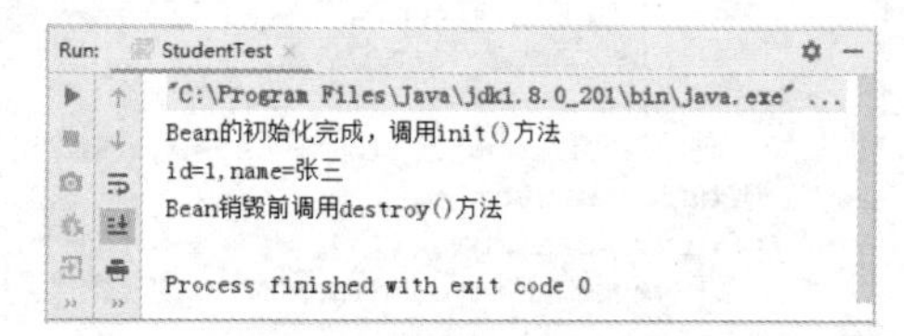

图7-8 文件7-27的运行结果

7.7 本章小结

本章主要讲解了 Spring 对 Bean 的管理。首先介绍了 Spring IoC 容器，包括 BeanFactory 接口和 ApplicationContext 接口；其次讲解了 Bean 的两种配置方式，包括属性 setter 方法注入和构造方法注入；接着讲解了 Bean 的 3 种实例化方法，包括构造方法实例化、静态工厂实例化和实例工厂实例化；然后讲解了 Bean 的作用域，包括 singleton 作用域和 prototype 作用域；最后讲解了 Bean 的 3 种装配方式，包括基于 XML 的装配、基于注解的装配和自动装配，并讲解了 Bean 的生命周期。通过学习本章的内容，读者可以对 Spring 中 Bean 的管理有基本的了解，为以后框架开发奠定基础。

【思考题】

1. 请简述 XML 配置文件的根元素<beans>中的常用元素及作用。
2. 请简述 Bean 的几种装配方式的基本用法。

第 8 章

Spring AOP

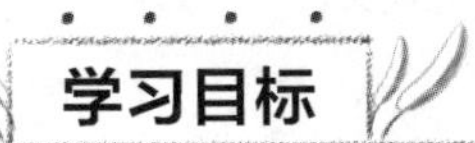

★ 了解 Spring AOP 的概念及其术语
★ 熟悉 Spring AOP 的 JDK 动态代理
★ 熟悉 Spring AOP 的 CGLib 动态代理
★ 掌握基于 XML 的 AOP 实现
★ 掌握基于注解的 AOP 实现

Spring 的 AOP 模块是 Spring 框架体系中十分重要的内容，该模块一般适用于具有横切逻辑的场景，如访问控制、事务管理和性能监控等。本章将对 Spring AOP 的相关知识进行详细讲解。

8.1 Spring AOP 介绍

8.1.1 Spring AOP 概述

AOP 与 OOP 不同，AOP 主张将程序中相同的业务逻辑进行横向隔离，并将重复的业务逻辑抽取到一个独立的模块中，以达到提高程序可重用性和开发效率的目的。

在传统的业务处理代码中，通常都会进行事务处理、日志记录等操作。虽然使用 OOP 可以通过组合或者继承的方式来实现代码的重用，但如果要实现某个功能（如日志记录），同样的代码仍然会分散到各个方法中。如果想要关闭某个功能，或者对其进行修改，就必须修改所有的相关方法。这不但增加了开发人员的工作量，而且增加了代码的出错率。例如，订单系统中有添加订单信息、更新订单信息和删除订单信息 3 个方法，这 3 个方法中都包含事务管理业务代码。订单系统的逻辑如图 8-1 所示。

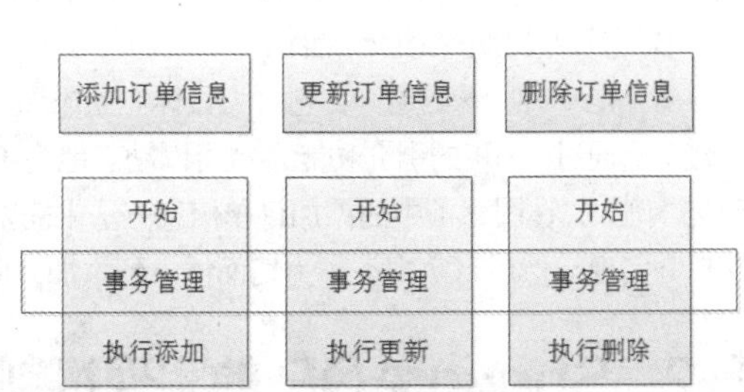

图8-1 订单系统的逻辑

由图 8-1 可知，添加订单信息、更新订单信息、删除订单信息的方法体中都包含事务管理业务逻辑，这就带来了一定数量的重复代码并使程序的维护成本增加。AOP 可以为此类问题提供完美的解决方案，它可以将事务管理业务逻辑从这 3 个方法体中抽取到一个可重用的模块，进而降低横向业务逻辑之间的耦合，减少重复代码。

AOP 的使用使开发人员在编写业务逻辑时可以专心于核心业务，而不用过多地关注其他业务逻辑的实现，这不但提高了开发效率，而且增强了代码的可维护性。

8.1.2 Spring AOP 术语

AOP 并不是一个新的概念，在 Java 语言中，早就出现了类似的机制。Java 平台的 EJB 规范、Servlet 规范和 Struts 2 框架中存在的拦截器机制，实际上与 AOP 的实现机制非常相似。AOP 是在这些概念基础上发展起来的，为重复的业务逻辑提供了更通用的解决方案。

AOP 中涉及很多术语，如切面、连接点、切入点、通知/增强处理、目标对象、织入、代理和引介等，下面将对 AOP 的常用术语进行简单介绍。

1. 切面（Aspect）

切面是指关注点（指类中重复的代码）形成的类，通常是指封装的、用于横向插入系统的功能类（如事务管理、日志记录等）。在实际开发中，该类被 Spring 容器识别为切面，需要在配置文件中通过<bean>元素指定。

2. 连接点（Joinpoint）

连接点是程序执行过程中某个特定的节点，例如，某方法调用时或处理异常时。在 Spring AOP 中，一个连接点通常是一个方法的执行。

3. 切入点（Pointcut）

当某个连接点满足预先指定的条件时，AOP 就能够定位到这个连接点，在连接点处插入切面，该连接点也就变成了切入点。例如，在图 8-1 中，添加订单信息方法、更新订单信息方法、删除订单信息方法都满足操作订单相关的规则，需要插入事务管理切面，AOP 会根据规则定位到这些连接点，将事务管理切面横向插入。

4. 通知/增强处理（Advice）

通知/增强处理就是插入的切面程序代码。可以将通知/增强处理理解为切面中的方法，它是切面的具体实现。

5. 目标对象（Target）

目标对象是指被插入切面的方法，例如，图 8-1 中插入事务管理切面的添加订单信息方法就是一个目标对象。

6. 织入（Weaving）

将切面代码插入到目标对象上，从而生成代理对象的过程。

7. 代理（Proxy）

将通知应用到目标对象之后，程序动态创建的通知对象，就称为代理。

8. 引介（Introduction）

引介是一种特殊的通知，它可为目标对象添加一些属性和方法。这样，即使一个业务类原本没有实现某一个接口，通过 AOP 的引介功能，也可以动态地为该业务类添加接口的实现逻辑，让业务类成为这个接口的实现类。例如，在图 8-1 中的添加订单信息方法中需要添加一个信息审核功能，此时可以定义一个信息审核功能接口并实现，然后将实现类作为切面插入到添加订单信息方法中使用，信息审核功能接口的实现类就是引介。

8.2 Spring AOP 的实现机制

Spring AOP 实现时需要创建一个代理对象，根据代理对象的创建方式，可以将 AOP 实现机制分为两种，一种是 JDK 动态代理，另一种是 CGLib 动态代理。本节将针对这两种实现方式进行详细讲解。

8.2.1 JDK 动态代理

默认情况下，Spring AOP 使用 JDK 动态代理，JDK 动态代理是通过 java.lang.reflect.Proxy 类实现的，可以调用 Proxy 类的 newProxyInstance()方法创建代理对象。JDK 动态代理可以实现无侵入式的代码扩展，并且可以在不修改源代码的情况下增强某些方法。

下面通过一个案例演示 Spring 中 JDK 动态代理的实现过程，具体实现步骤如下。

（1）在 IDEA 中创建一个名称为 chapter08 的 Maven 项目，然后在项目的 pom.xml 文件中加载需使用到的 Spring 基础包和 Spring 的依赖包。

（2）在项目的 src/main/java 目录下，创建一个 com.itheima.demo01 包，在该包下创建接口 UserDao，在 UserDao 接口中编写添加和删除的方法。UserDao 接口具体代码如文件 8-1 所示。

文件 8-1　UserDao.java

```
1  package com.itheima.demo01;
2  public interface UserDao {
3     public void addUser();
4     public void deleteUser();
5  }
```

（3）在 com.itheima.demo01 包中，创建 UserDao 接口的实现类 UserDaoImpl，分别实现接口中的方法。UserDaoImpl 类具体代码如文件 8-2 所示。

文件 8-2　UserDaoImpl.java

```
1  package com.itheima.demo01;
2  // 目标类
3  public class UserDaoImpl implements UserDao {
4       public void addUser() {
5            System.out.println("添加用户");
6       }
7       public void deleteUser() {
8            System.out.println("删除用户");
9       }
10 }
```

需要注意的是，本案例将实现类 UserDaoImpl 作为目标类，对其中的方法进行增强处理。

（4）在 com.itheima.demo01 包下创建切面类 MyAspect，在该类中定义一个模拟权限检查的方法和一个模拟日志记录的方法，这两个方法就是切面中的通知。MyAspect 切面类具体代码如文件 8-3 所示。

文件 8-3　MyAspect.java

```
1  package com.itheima.demo01;
2  //切面类：存在多个通知Advice（增强的方法）
3  public class MyAspect {
4     public void check_Permissions(){
5        System.out.println("模拟检查权限...");
6     }
7     public void log(){
8        System.out.println("模拟记录日志...");
9     }
10 }
```

（5）在 com.itheima.demo01 包下创建代理类 MyProxy，该类需要实现 InvocationHandler 接口设置代理类的调用处理程序。在代理类中，通过 newProxyInstance()生成代理方法。MyProxy 类具体代码如文件 8-4 所示。

文件 8-4　MyProxy.java

```
1  package com.itheima.demo01;
2  import java.lang.reflect.InvocationHandler;
3  import java.lang.reflect.Method;
4  import java.lang.reflect.Proxy;
5  /**
6   * JDK 代理类
7   */
8  public class MyProxy implements InvocationHandler {
```

```
 9     //声明目标类接口
10     private UserDao userDao;
11     //创建代理方法
12     public  Object createProxy(UserDao userDao) {
13         this.userDao = userDao;
14         // 1.类加载器
15         ClassLoader classLoader = MyProxy.class.getClassLoader();
16         // 2.被代理对象实现的所有接口
17         Class[] classes = userDao.getClass().getInterfaces();
18         // 3.使用代理类进行增强，返回的是代理对象
19         return  Proxy.newProxyInstance(classLoader,classes,this);
20     }
21     /*
22      * 所有动态代理类的方法调用，都会交由invoke()方法去处理
23      * proxy 被代理的对象
24      * method 将要被执行的方法信息（反射）
25      * args 执行方法时需要的参数
26      */
27     public Object invoke(Object proxy, Method method, Object[] args)
28             throws Throwable {
29         // 创建切面对象
30         MyAspect myAspect = new MyAspect();
31         // 前增强
32         myAspect.check_Permissions();
33         // 在目标类上调用方法，并传入参数
34         Object obj = method.invoke(userDao, args);
35         // 后增强
36         myAspect.log();
37         return obj;
38     }
39 }
```

在文件 8-4 中，第 8 行代码创建 InvocationHandler 接口的实现类 MyProxy；第 12～20 行代码定义了代理方法 createProxy()，在 creatProxy()方法中，调用 Proxy 类的 newProxyInstance()方法创建代理对象。newProxyInstance()方法包含 3 个参数，具体介绍如下。

- 第 1 个参数是 classLoader，表示当前类的类加载器。
- 第 2 个参数是 classes，表示被代理对象实现的所有接口。
- 第 3 个参数是 this，表示代理类 JdkProxy 本身。

第 27～38 行代码实现了 InvocationHandler 接口中的 invoke()方法，动态代理类调用的所有方法都会交由 invoke()方法处理。在 invoke()方法中，在第 34 行代码的目标类 UserDao 执行前，第 32 行代码会执行切面类中的 check_Permissions()方法；目标类方法执行后，第 36 行代码会执行切面类中的 log()方法。

（6）在 com.itheima.demo01 包中，创建测试类 JDKTest。在该类中的 main()方法中创建代理对象 jdkProxy 和目标对象 userDao，然后从代理对象 jdkProxy 中获得对目标对象 userDao 增强后的对象 userDao1，最后调用 userDao1 对象中的添加和删除方法。JDKTest 类具体代码如文件 8-5 所示。

文件 8-5　JDKTest.java

```
 1 package com.itheima.demo01;
 2 public class JDKTest {
 3     public static void main(String[] args) {
 4         // 创建代理对象
 5         MyProxy jdkProxy = new MyProxy();
 6         // 创建目标对象
 7         UserDao userDao = new UserDaoImpl();
 8         // 从代理对象中获取增强后的目标对象
 9         UserDao userDao1 = (UserDao) jdkProxy.createProxy(userDao);
10         // 执行方法
11         userDao1.addUser();
12         userDao1.deleteUser();
13     }
14 }
```

在 IDEA 中启动 JDKTest 类，控制台的输出结果如图 8-2 所示。

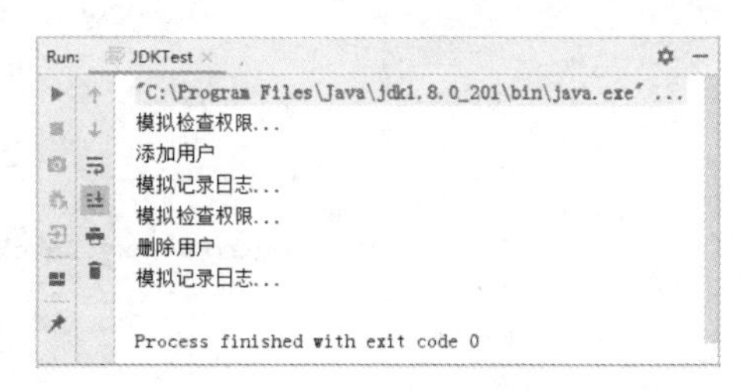

图8-2 文件8-5的运行结果

由图 8-2 可知，目标对象 userDao 中的添加用户和删除用户的方法被成功调用，并且在调用前后分别增加了检查权限和记录日志的功能。这种实现了接口的代理方式，就是 Spring 中的 JDK 动态代理。

8.2.2 CGLib 动态代理

JDK 动态代理存在缺陷，它只能为接口创建代理对象，当需要为类创建代理对象时，就需要使用 CGLib（Code Generation Library）动态代理，CGLib 动态代理不要求目标类实现接口，它采用底层的字节码技术，通过继承的方式动态创建代理对象。Spring 的核心包已经集成了 CGLib 所需要的包，所以开发中不需要另外导入 JAR 包。

下面通过一个案例演示 CGLib 动态代理的实现过程，具体步骤如下。

（1）在 chapter08 项目的 src/main/java 目录下创建一个 com.itheima.demo02 包，在该包下创建目标类 UserDao，在该类中编写添加用户和删除用户的方法。UserDao 类具体代码如文件 8-6 所示。

文件 8-6 UserDao.java

```
1  package com.itheima.demo02;
2  //目标类
3  public class UserDao {
4      public void addUser(){
5          System.out.println("添加用户");
6      }
7      public void deleteUser(){
8          System.out.println("删除用户");
9      }
10 }
```

（2）在 com.itheima.demo02 包下创建代理类 CglibProxy，该代理类需要实现 MethodInterceptor 接口用于设置代理类的调用处理程序，并实现接口中的 intercept()方法。CglibProxy 类具体代码如文件 8-7 所示。

文件 8-7 CglibProxy.java

```
1  package com.itheima.demo02;
2  import java.lang.reflect.Method;
3  import com.itheima.demo01.MyAspect;
4  import org.springframework.cglib.proxy.Enhancer;
5  import org.springframework.cglib.proxy.MethodInterceptor;
6  import org.springframework.cglib.proxy.MethodProxy;
7  // 代理类
8  public class CglibProxy implements MethodInterceptor {
9      // 代理方法
10     public  Object createProxy(Object target) {
11         // 创建一个动态类对象
12         Enhancer enhancer = new Enhancer();
13         // 确定需要增强的类，设置其父类
14         enhancer.setSuperclass(target.getClass());
15         // 添加回调函数
16         enhancer.setCallback(this);
17         // 返回创建的代理类
18         return enhancer.create();
19     }
20     /**
21      * proxy CGlib 根据指定父类生成的代理对象
22      * method 拦截的方法
23      * args 拦截方法的参数数组
24      * methodProxy 方法的代理对象，用于执行父类的方法
25      */
26     public Object intercept(Object proxy, Method method, Object[] args,
```

```
27                         MethodProxy methodProxy) throws Throwable {
28        // 创建切面类对象
29        MyAspect myAspect = new MyAspect();
30        // 前增强
31        myAspect.check_Permissions();
32        // 目标方法执行
33        Object obj = methodProxy.invokeSuper(proxy, args);
34        // 后增强
35        myAspect.log();
36        return obj;
37    }
38 }
```

在文件 8-7 中，第 10～19 行代码是定义的代理方法。在该方法中，第 12 行代码创建了一个动态类 Enhancer 的对象 enhancer，Enhancer 是 CGLib 的核心类；第 14 行代码调用 Enhancer 类的 setSuperclass()方法设置目标对象；第 16 行代码调用 setCallback()方法添加回调函数，其中，参数 this 代表的是代理类 CglibProxy 本身；第 18 行代码通过 return 语句将创建的代理类对象返回。

第 26～37 行代码的 intercept()方法会在程序执行目标方法时被调用，intercept()方法运行时会执行切面类中的增强方法。

（3）在 com.itheima.demo02 包中创建测试类 CglibTest，在 main()方法中首先创建代理对象 cglibProxy 和目标对象 userDao，然后从代理对象 cglibProxy 中获得增强后的目标对象 userDao1，最后调用 userDao1 对象的添加和删除方法。CglibTest 类具体代码如文件 8-8 所示。

文件 8-8 CglibTest.java

```
1  package com.itheima.demo02;
2  // 测试类
3  public class CglibTest {
4      public static void main(String[] args) {
5          // 创建代理对象
6          CglibProxy cglibProxy = new CglibProxy();
7          // 创建目标对象
8          UserDao userDao = new UserDao();
9          // 获取增强后的目标对象
10         UserDao userDao1 = (UserDao)cglibProxy.createProxy(userDao);
11         // 执行方法
12         userDao1.addUser();
13         userDao1.deleteUser();
14     }
15 }
```

在 IDEA 中启动 CglibTest 类，控制台的输出结果如图 8-3 所示。

由图 8-3 可知，目标类 UserDao 中的方法被成功调用并进行了增强。这种没有实现接口的目标类的代理方式，就是 CGLib 动态代理。

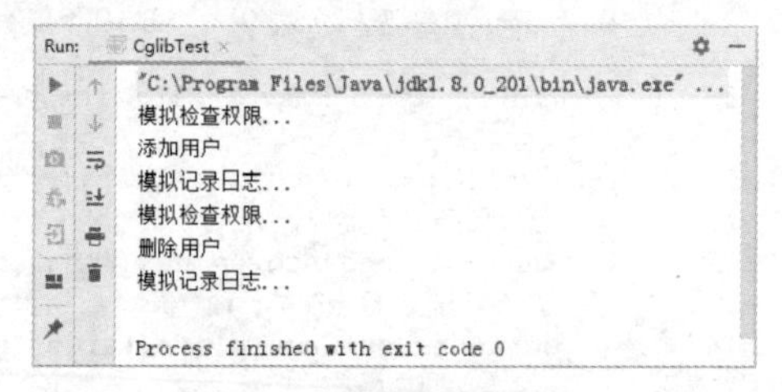

图8-3 文件8-8的运行结果

8.3 基于 XML 的 AOP 实现

8.2 节介绍了 Spring AOP 的实现机制，下面讲解 Spring AOP 的实现方法。Spring AOP 的常用实现方法有两种，分别是基于 XML 文件的实现和基于注解的实现，下面首先对基于 XML 的 Spring AOP 实现做详细讲解。

因为 Spring AOP 中的代理对象由 IoC 容器自动生成，所以开发者无须过多关注代理对象生成的过程，只需选择连接点、创建切面、定义切点并在 XML 文件中添加配置信息即可。

Spring 提供了一系列配置 Spring AOP 的 XML 元素，具体如表 8-1 所示。

表 8-1　配置 Spring AOP 的 XML 元素

元素	描述
<aop:config>	Spring AOP 配置的根元素
<aop:aspect>	配置切面
<aop:advisor>	配置通知器
<aop:pointcut>	配置切入点
<aop:before>	配置前置通知，在目标方法执行前实施增强，可以应用于权限管理等功能
<aop:after>	配置后置通知，在目标方法执行后实施增强，可以应用于关闭流、上传文件、删除临时文件等功能
<aop:around>	配置环绕通知，在目标方法执行前后实施增强，可以应用于日志、事务管理等功能
<aop:after-returning>	配置返回通知，在目标方法成功执行之后调用通知
<aop:after-throwing>	配置异常通知，在方法抛出异常后实施增强，可以应用于处理异常记录日志等功能

表 8-1 列举了 XML 文件配置 Spring AOP 的相关元素，为了使读者更好地掌握配置 Spring AOP 的 XML 元素，下面对表 8-1 中的元素进行详细讲解。

1. 配置切面

在 Spring 的配置文件中，配置切面使用的是<aop:aspect>元素，该元素会将一个已定义好的 Spring Bean 转换成切面 Bean，因此，在使用<aop:aspect>元素之前，要在配置文件中先定义一个普通的 Spring Bean。Spring Bean 定义完成后，通过<aop:aspect>元素的 ref 属性即可引用该 Bean。

配置<aop:aspect>元素时，通常会指定 id 和 ref 这两个属性，其具体描述如表 8-2 所示。

表 8-2　<aop:aspect>元素的 id 属性和 ref 属性

属性名称	描述
id	用于定义该切面的唯一标识
ref	用于引用普通的 Spring Bean

2. 配置切入点

在 Spring 的配置文件中，切入点是通过<aop:pointcut>元素来定义的。当<aop:pointcut>元素作为<aop:config>元素的子元素定义时，表示该切入点是全局切入点，它可被多个切面共享；当<aop:pointcut>元素作为<aop:aspect>元素的子元素时，表示该切入点只对当前切面有效。

在定义<aop:pointcut>元素时，通常会指定 id 和 expression 这两个属性，其具体描述如表 8-3 所示。

表 8-3　<aop:pointcut>元素的 id 属性和 expression 属性

属性名称	描述
id	用于指定切入点的唯一标识
expression	用于指定切入点关联的切入点表达式

Spring AOP 切入点表达式的基本格式如下：

```
execution(modifiers-pattern?ret-type-pattern declaring-type-pattern?
name-pattern(param-pattern) throws-pattern?)
```

在上述格式中，execution 表达式各部分参数说明如下。

- modifiers-pattern：表示定义的目标方法的访问修饰符，如 public、private 等。
- ret-type-pattern：表示定义的目标方法的返回值类型，如 void、String 等。
- declaring-type-pattern：表示定义的目标方法的类路径，如 com.itheima.jdk.UserDaoImpl。
- name-pattern：表示具体需要被代理的目标方法，如 add()方法。
- param-pattern：表示需要被代理的目标方法包含的参数，本章示例中目标方法参数都为空。

- throws-pattern：表示需要被代理的目标方法抛出的异常类型。

其中，带有问号（？）的部分，如 modifiers-pattern、declaring-type-pattern 和 throws-pattern 表示可选配置项，而其他部分是必备配置项。

要想了解更多切入点表达式的配置信息，读者可以参考 Spring 官方文档的切入点声明（Declaring a pointcut）部分。

3. 配置通知

在 Spring 的配置文件中，使用<aop:aspect>元素配置了 5 种常用通知，如表 8-1 所示，5 种通知分别为前置通知、后置通知、环绕通知、返回通知和异常通知，<aop:aspect>元素的常用属性如表 8-4 所示。

表 8-4 <aop:aspect>元素的常用属性

属性	描述
pointcut	该属性用于指定一个切入点表达式，Spring 将在匹配该表达式的连接点时织入该通知
pointcut-ref	该属性指定一个已经存在的切入点名称，如配置代码中的 myPointCut。通常只需要使用 pointcut 和 pointcut-ref 这两个属性中的一个即可
method	该属性指定一个方法名，指定将切面 Bean 中的该方法转换为增强处理
throwing	该属性只对<after-throwing>元素有效，用于指定一个形参名，异常通知方法可以通过该形参访问目标方法所抛出的异常
returning	该属性只对<after-returning>元素有效，用于指定一个形参名，后置通知方法可以通过该形参访问目标方法的返回值

了解了如何在 XML 中配置切面、切入点和通知后，下面通过一个案例演示如何在 Spring 中使用 XML 实现 Spring AOP，具体实现步骤如下。

（1）在 chapter08 项目的 pom.xml 文件中导入 AspectJ 框架相关 JAR 包的依赖，在 pom.xml 中添加的代码如下：

```
<!-- aspectjrt 包的依赖 -->
<dependency>
    <groupId>org.aspectj</groupId>
    <artifactId>aspectjrt</artifactId>
    <version>1.9.1</version>
</dependency>
<!-- aspectjweaver 包的依赖 -->
<dependency>
    <groupId>org.aspectj</groupId>
    <artifactId>aspectjweaver</artifactId>
    <version>1.9.6</version>
</dependency>
```

（2）在 chapter08 项目的 src/main/java 目录下创建一个 com.itheima.demo03 包，在该包下创建接口 UserDao，并在该接口中编写添加、删除、修改和查询的方法。UserDao 接口具体代码如文件 8-9 所示。

文件 8-9 UserDao.java

```
1  package com.itheima.demo03;
2  public interface UserDao {
3      public void insert();
4      public void delete();
5      public void update();
6      public void select();
7  }
```

（3）在 com.itheima.demo03 包下创建 UserDao 接口的实现类 UserDaoImpl，实现 UserDao 接口中的方法。UserDaoImpl 类具体代码如文件 8-10 所示。

文件 8-10 UserDaoImpl.java

```
1  package com.itheima.demo03;
2  public class UserDaoImpl implements UserDao{
3      public void insert() {
```

```
4         System.out.println("添加用户信息");
5      }
6      public void delete() {
7         System.out.println("删除用户信息");
8      }
9      public void update() {
10        System.out.println("更新用户信息");
11     }
12     public void select() {
13        System.out.println("查询用户信息");
14     }
15 }
```

（4）在 com.itheima.demo03 包下创建 XmlAdvice 类，用于定义通知。XmlAdvice 类具体代码如文件 8-11 所示。

文件 8-11 XmlAdvice.java

```
1  package com.itheima.demo03;
2  import org.aspectj.lang.JoinPoint;
3  import org.aspectj.lang.ProceedingJoinPoint;
4  public class XmlAdvice {
5     //前置通知
6     public void before(JoinPoint joinPoint){
7        System.out.print("这是前置通知!");
8        System.out.print("目标类是："+joinPoint.getTarget());
9        System.out.println("，被织入增强处理的目标方法为："+
10                          joinPoint.getSignature().getName());
11    }
12    //返回通知
13    public void afterReturning(JoinPoint joinPoint){
14       System.out.print("这是返回通知（方法不出现异常时调用）!");
15       System.out.println("被织入增强处理的目标方法为："+
16                         joinPoint.getSignature().getName());
17    }
18    /**
19     * 环绕通知
20     * ProceedingJoinPoint 是 JoinPoint 子接口，表示可以执行目标方法
21     * 1.必须是 Object 类型的返回值
22     * 2.必须接收一个参数，类型为 ProceedingJoinPoint
23     * 3.必须 throws Throwable
24     */
25    public Object around(ProceedingJoinPoint point)throws Throwable{
26       System.out.println("这是环绕通知之前的部分!");
27       //调用目标方法
28       Object object=point.proceed();
29       System.out.println("这是环绕通知之后的部分!");
30       return object;
31    }
32    //异常通知
33    public void afterException(){
34       System.out.println("异常通知!");
35    }
36    //后置通知
37    public void after(){
38       System.out.println("这是后置通知!");
39    }
40 }
```

在文件 8-11 中，分别定义了 5 种不同类型的通知，在第 6～17 行代码的前置通知和返回通知中使用了 JoinPoint 接口实例作为参数来获得目标对象的类名和目标方法名；第 25～31 行代码使用 ProceedingJoinPoint 接口实例作为参数来获得目标对象的目标方法参数。

需要注意的是，环绕通知必须接收一个类型为 ProceedingJoinPoint 的参数，返回值也必须是 Object 类型，且必须抛出异常。

（5）在 chapter08 项目的 src/main/resources 目录下创建 applicationContext.xml 文件，在该文件中引入 AOP 命名空间，使用<bean>元素添加 Spring AOP 的配置信息。applicationContext.xml 具体代码如文件 8-12 所示。

文件 8-12　applicationContext.xml

```
1  <?xml version="1.0" encoding="UTF-8"?>
2  <beans xmlns="http://www.springframework.org/schema/beans"
3        xmlns:xsi="http://www.w3.org/2001/XMLSchema-instance"
4        xmlns:aop="http://www.springframework.org/schema/aop"
5        xsi:schemaLocation="http://www.springframework.org/schema/beans
6       http://www.springframework.org/schema/beans/spring-beans.xsd
7       http://www.springframework.org/schema/aop
8       http://www.springframework.org/schema/aop/spring-aop.xsd">
9      <!-- 注册 Bean -->
10     <bean name="userDao" class="com.itheima.demo03.UserDaoImpl"/>
11     <bean name="xmlAdvice" class="com.itheima.demo03.XmlAdvice"/>
12     <!-- 配置 Spring AOP-->
13     <aop:config>
14         <!-- 指定切入点 -->
15         <aop:pointcut id="pointcut" expression="execution(*
16              com.itheima.demo03.UserDaoImpl.*(..))"/>
17         <!-- 指定切面 -->
18         <aop:aspect ref ="xmlAdvice">
19             <!-- 指定前置通知 -->
20             <aop:before method="before" pointcut-ref="pointcut"/>
21             <!-- 指定返回通知 -->
22             <aop:after-returning method="afterReturning"
23                  pointcut-ref="pointcut"/>
24             <!-- 指定环绕通知 -->
25             <aop:around method="around" pointcut-ref="pointcut"/>
26             <!-- 指定异常通知 -->
27             <aop:after-throwing method="afterException"
28                  pointcut-ref="pointcut"/>
29             <!-- 指定后置通知 -->
30             <aop:after method="after" pointcut-ref="pointcut"/>
31         </aop:aspect>
32     </aop:config>
33 </beans>
```

在文件 8-12 中，第 15 行和第 16 行代码使用<aop:pointcut>元素指定了一个 id 为 pointcut 的切入点；第 18～31 行代码使用<aop:aspect>元素指定了一个切面。在<aop:aspect>元素中第 20 行代码使用<aop:before>元素指定了前置通知；第 22 行和第 23 行代码使用<aop:after-returning>元素指定了返回通知；第 25 行代码使用<aop:around>元素指定了环绕通知；第 27 行和第 28 行代码使用<aop：after-throwing>元素指定了异常通知；第 30 行代码使用<aop:after>元素指定了后置通知。

（6）在 com.itheima.demo03 包中创建测试类 TestXml，具体代码如文件 8-13 所示。

文件 8-13　TestXml.java

```
1  package com.itheima.demo03;
2  import org.springframework.context.ApplicationContext;
3  import
4     org.springframework.context.support.ClassPathXmlApplicationContext;
5  public class TestXml{
6     public static void main(String[] args){
7        ApplicationContext context=new
8             ClassPathXmlApplicationContext("applicationContext.xml");
9        UserDao userDao=context.getBean("userDao",UserDao.class);
10       userDao.delete();
11       System.out.println();
12       userDao.insert();
13       System.out.println();
14       userDao.select();
15       System.out.println();
16       userDao.update();
17    }
18 }
```

在 IDEA 中启动 TestXml 类，控制台的输出结果如图 8-4 所示。

图8-4 文件8-13的运行结果

由图 8-4 可知，程序执行了 XmlAdvice 类中的增强方法，表明 Spring AOP 实现了对目标对象的方法增强。

8.4 基于注解的 AOP 实现

8.3 节中讲解了基于 XML 的 AOP 实现，但基于 XML 的 AOP 实现需要在 Spring 文件中配置大量的代码信息，不利于代码阅读和维护。为了解决此问题，Spring AOP 允许使用基于注解的方式实现 AOP，这样做可以简化 Spring 配置文件中的臃肿代码。为实现 AOP，Spring AOP 提供了一系列的注解，如表 8-5 所示。

表 8-5 Spring AOP 提供的一系列注解

注解名称	描述
@Aspect	配置切面
@Pointcut	配置切入点
@Before	配置前置通知
@After	配置后置通知
@Around	配置环绕通知
@AfterReturning	配置返回通知
@AfterThrowing	配置异常通知

下面通过一个案例演示基于注解的 AOP 的实现，具体步骤如下。

（1）在 chapter08 项目的 src/main/java 目录下创建一个 com.itheima.demo04 包，在该包下创建 AnnoAdvice 类，用于定义通知。AnnoAdvice 类具体代码如文件 8-14 所示。

文件 8-14 AnnoAdvice.java

```
1  package com.itheima.demo04;
2  import org.aspectj.lang.JoinPoint;
3  import org.aspectj.lang.ProceedingJoinPoint;
```

```
4  import org.aspectj.lang.annotation.*;
5  @Aspect
6  public class AnnoAdvice {
7      //切点
8      @Pointcut("execution( * com.itheima.demo03.UserDaoImpl.*(..))")
9      public void poincut(){
10     }
11     //前置通知
12     @Before("poincut()")
13     public void before(JoinPoint joinPoint){
14         System.out.print("这是前置通知！");
15         System.out.print("目标类是："+joinPoint.getTarget());
16         System.out.println(",被织入增强处理的目标方法为："+
17                            joinPoint.getSignature().getName());
18     }
19     //返回通知
20     @AfterReturning("poincut()")
21     public void afterReturning(JoinPoint joinPoint){
22         System.out.print("这是返回通知!");
23         System.out.println("被织入增强处理的目标方法为："+
24                            joinPoint.getSignature().getName());
25     }
26     //环绕通知
27     @Around("poincut()")
28     public Object around(ProceedingJoinPoint point) throws Throwable{
29         System.out.println("这是环绕通知之前的部分！");
30         //调用目标方法
31         Object object = point.proceed();
32         System.out.println("这是环绕通知之后的部分！");
33         return object;
34     }
35     //异常通知
36     @AfterThrowing("poincut()")
37     public void afterException(){
38         System.out.println("异常通知");
39     }
40     //后置通知
41     @After("poincut()")
42     public void after(){
43         System.out.println("这是后置通知！");
44     }
45 }
```

在文件 8-14 中，第 5 行代码使用@Aspect 注解定义了 AnnoAdvice 类为切面类；第 8 行代码使用@Poincut 注解来配置切入点表达式；第 12 行代码使用@Before 注解来配置前置通知方法；第 20 行代码使用@AfterReturning 注解来配置返回通知方法；第 27 行代码使用@Around 注解来配置环绕通知方法；第 36 行代码使用@AfterThrowing 注解来配置异常通知方法；第 41 行代码使用@After 注解来配置后置通知方法。

（2）在 chapter08 项目的 src/main/resources 目录下创建 applicationContext-Anno.xml 文件，在该文件中引入 AOP 命名空间，使用<bean>元素添加 Spring AOP 的配置信息。applicationContext-Anno.xml 具体代码如文件 8-15 所示。

文件 8-15 applicationContext-Anno.xml

```
1  <?xml version="1.0" encoding="UTF-8"?>
2  <beans xmlns="http://www.springframework.org/schema/beans"
3         xmlns:xsi="http://www.w3.org/2001/XMLSchema-instance"
4         xmlns:aop="http://www.springframework.org/schema/aop"
5         xsi:schemaLocation="http://www.springframework.org/schema/beans
6        http://www.springframework.org/schema/beans/spring-beans.xsd
7        http://www.springframework.org/schema/aop
8        http://www.springframework.org/schema/aop/spring-aop.xsd">
9      <!-- 注册 Bean -->
10     <bean name="userDao" class="com.itheima.demo03.UserDaoImpl"/>
11     <bean name="AnnoAdvice" class="com.itheima.demo04.AnnoAdvice"/>
```

```
12     <!-- 开启@aspectj 的自动代理支持 -->
13     <aop:aspectj-autoproxy/>
14 </beans>
```

在文件 8-15 中，第 10 行和第 11 行代码将 UserDaoImpl 类和 AnnoAdvice 类注册为 Spring 容器中的 Bean；第 13 行代码用于开启@aspectj 的自动代理支持。

（3）在 com.itheima.demo04 包中创建测试类 TestAnnotation，具体代码如文件 8-16 所示。

文件 8-16 TestAnnotation.java

```
1  package com.itheima.demo04;
2  import com.itheima.demo03.UserDao;
3  import org.springframework.context.ApplicationContext;
4  import org.springframework.context.support.ClassPathXmlApplicationContext;
5  public class TestAnnotation {
6      public static void main(String[] args){
7          ApplicationContext context = new
8          ClassPathXmlApplicationContext("applicationContext-Anno.xml");
9          UserDao userDao = context.getBean("userDao",UserDao.class);
10         userDao.delete();
11         System.out.println();
12         userDao.insert();
13         System.out.println();
14         userDao.select();
15         System.out.println();
16         userDao.update();
17     }
18 }
```

在 IDEA 中启动 TestAnnotation 类，控制台的输出结果如图 8-5 所示。

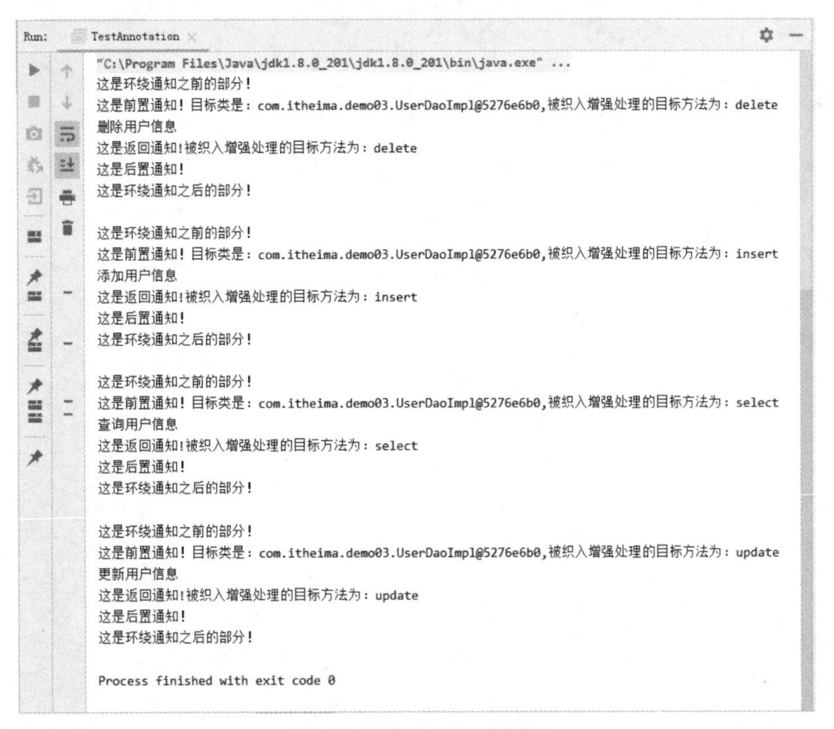

图8-5 文件8-16的运行结果

由图 8-5 可知，程序执行了 AnnoAdvice 类中的增强方法，由此可见，采用注解方式实现了与 XML 配置文件方式同样的效果。

8.5 本章小结

本章主要讲解了 Spring 中的 AOP。首先介绍了 Spring AOP，包括 Spring AOP 的概述和 Spring AOP 的术语；然后讲解了 Spring AOP 的实现机制，包括 JDK 动态代理和 CGLib 动态代理；接着讲解了基于 XML 的 AOP 实现，并使用案例演示了基于 XML 文件的 AOP 实现；最后讲解了基于注解的 AOP 实现。通过学习本章的内容，读者可以对 Spring AOP 有基本的了解，为框架开发奠定了基础。

【思考题】

1. 请列举 Spring AOP 的术语并解释。
2. 请列举 AOP 实现中 Spring 提供的注解并解释其作用。

第 9 章

Spring的数据库编程

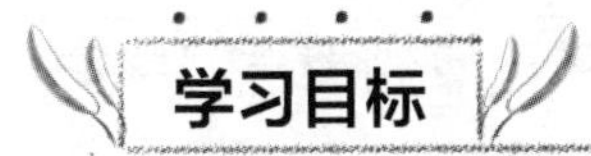

★ 了解JdbcTemplate类的作用
★ 熟悉Spring JDBC的配置
★ 熟悉JdbcTemplate的增删改查操作
★ 熟悉Spring事务管理
★ 掌握基于XML方式的声明式事务
★ 熟悉基于注解方式的声明式事务

数据库用于处理持久化业务产生的数据，应用程序在运行过程中经常要操作数据库。一般情况下，数据库的操作由持久层来实现。Spring作为扩展性较强的一站式开发框架，它提供了JDBC模块，Spring JDBC可以管理数据库连接资源，简化传统JDBC的操作，进而提升程序数据库操作的效率。本章将对Spring JDBC相关知识进行详细讲解。

9.1 Spring JDBC

传统的JDBC在操作数据库时，需要先打开数据库连接，执行SQL语句，然后封装结果，最后关闭数据库连接等资源。频繁的数据库操作会产生大量重复代码，造成代码冗余，Spring的JDBC模块负责数据库资源管理和错误处理，大大简化了开发人员对数据库的操作，使开发人员可以从烦琐的数据库操作中解脱出来，从而将更多的精力投入编写业务逻辑中。本节将针对Spring JDBC的相关内容进行讲解。

9.1.1 JdbcTemplate概述

针对数据库操作，Spring框架提供了JdbcTemplate类，JdbcTemplate是一个模板类，Spring JDBC中的更高层次的抽象类均在JdbcTemplate模板类的基础上创建。

JdbcTemplate类的继承关系十分简单，它继承自抽象类JdbcAccessor，同时实现了JdbcOperations接口。抽象类JdbcAccessor为其子类提供了一些访问数据库时使用的公共属性，具体如下。

- DataSource。DataSource主要功能是获取数据库连接。在具体的数据操作中，DataSource还可以提供对数据库连接的缓冲池和分布式事务的支持。

- SQLExceptionTranslator。SQLExceptionTranslator 是一个接口，全称为 org.springframework.jdbc.support.SQLExceptionTranslator。SQLExceptionTranslator 接口负责对 SQLException 异常进行转译工作。通过必要的设置或者调用 SQLExceptionTranslator 接口中的方法，JdbcTemplate 可以将 SQLException 的转译工作委托给 SQLExceptionTranslator 的实现类来完成。

9.1.2 Spring JDBC 的配置

Spring JDBC 模块主要由 4 个包组成，分别是 core（核心包）、dataSource（数据源包）、object（对象包）和 support（支持包），这 4 个包的具体说明如表 9-1 所示。

表 9-1 Spring JDBC 中的主要包及其说明

包名	说明
core	核心包，包含了 JDBC 的核心功能，包括 JdbcTemplate 类、SimpleJdbcInsert 类、SimpleJdbcCall 类和 NamedParameterJdbcTemplate 类
dataSource	数据源包，包含访问数据源的实用工具类，它有多种数据源的实现，可以在 Java EE 容器外部测试 JDBC 代码
object	对象包，以面向对象的方式访问数据库，它可以执行查询、修改和更新操作并将返回结果作为业务对象，并且可在数据表的列和业务对象的属性之间映射查询结果
support	支持包，包含了 core 和 object 包的支持类，如提供异常转换功能的 SQLException 类

从表 9-1 可知，Spring 对数据库的操作都封装在了 core、dataSource、object 和 support 这 4 个包中，想要使用 Spring JDBC，就需要对这些包进行配置。在 Spring 中，JDBC 的配置是在配置文件 applicationContext.xml 中完成的，其具体配置如下：

```
<?xml version="1.0" encoding="UTF-8"?>
<beans xmlns="http://www.springframework.org/schema/beans"
    xmlns:xsi="http://www.w3.org/2001/XMLSchema-instance"
    xsi:schemaLocation="http://www.springframework.org/schema/beans
    http://www.springframework.org/schema/beans/spring-beans.xsd">
    <!-- 1.配置数据源 -->
    <bean id="dataSource" class=
       "org.springframework.jdbc.datasource.DriverManagerDataSource">
       <!-- 数据库驱动 -->
       <property name="driverClassName" value="com.mysql.cj.jdbc.Driver"/>
       <!-- 连接数据库的 url -->
       <property name="url"
         value="jdbc:mysql://localhost/spring?useUnicode=true&amp;
                             characterEncoding=utf-8&amp;serverTimezone=Asia/Shanghai"/>
       <!-- 连接数据库的用户名 -->
       <property name="username" value="root"/>
       <!-- 连接数据库的密码 -->
       <property name="password" value="root"/>
    </bean>
    <!-- 2.配置 JDBC 模板 -->
    <bean id="JdbcTemplate"
          class="org.springframework.jdbc.core.JdbcTemplate">
       <!-- 默认必须使用数据源 -->
       <property name="dataSource" ref="dataSource"/>
    </bean>
    <!-- 3.配置注入类 -->
    <bean id="xxx" class="Xxx">
         <property name="JdbcTemplate" ref="JdbcTemplate"/>
    </bean>
    ...
</beans>
```

在上述代码中，定义了 3 个 Bean，分别是 dataSource、JdbcTemplate 和注入类的 Bean。其中，dataSource 对应的 org.springframework.jdbc.datasource.DriverManagerDataSource 类用于配置数据源；JdbcTemplate 对应的 org.

springframework.jdbc.core.JdbcTemplate 类中定义了 JdbcTemplate 的相关配置。

上述代码中 dataSource 配置中有 4 个属性，这 4 个属性是 JDBC 连接数据库所必须的，它们的含义如表 9–2 所示。

表 9-2 dataSource 中 4 个属性的含义

属性名	含义
driverClassName	所使用的驱动名称，对应驱动 JAR 包中的 Driver 类
url	连接数据库的 URL
username	访问数据库的用户名
password	访问数据库的密码

表 9–2 中的 4 个属性需要根据数据库类型或者系统配置设置相应的属性值。例如，如果数据库类型不同，需要更改驱动名称；如果数据库不在本地，则需要将地址中的 localhost 替换成相应的主机 IP；默认情况下，数据库端口号可以省略（MySQL 数据库的默认端口号是 3306），但如果修改过 MySQL 数据库的端口号，则需要加上修改后的端口号。此外，连接数据库的用户名和密码需要与数据库创建时设置的用户名和密码保持一致。本章创建的数据库，其用户名和密码都是 root。

配置 JdbcTemplate 时，需要将 dataSource 注入 JdbcTemplate 中，而其他需要使用 JdbcTemplate 的 Bean，也需要将 JdbcTemplate 注入该 Bean 中（通常注入到 Dao 类中，在 Dao 类中进行与数据库的相关操作）。

9.2 JdbcTemplate 的常用方法

JdbcTemplate 类提供了大量的更新和查询数据库的方法，可以使用这些方法来操作数据库。本节将对 JdbcTemplate 类中一些常用方法进行详细讲解。

9.2.1 execute()方法

execute()方法用于执行 SQL 语句，其语法格式如下：

```
jdTemplate.execute("SQL 语句");
```

下面以创建数据表的 SQL 语句为例，来演示此方法的使用，具体步骤如下。

（1）创建数据库

在 MySQL 中，创建一个名称为 spring 的数据库，创建方式如图 9–1 所示。

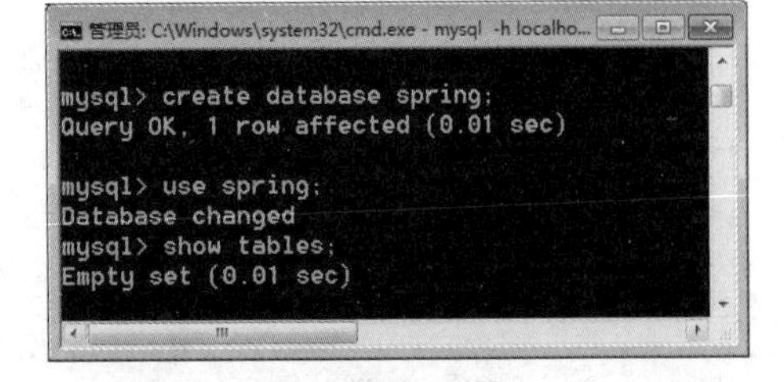

图9–1 创建spring数据库

在图 9–1 中，首先使用 SQL 语句创建了数据库 spring，然后选择使用 spring。为了便于后续验证数据表是通过 execute()方法执行创建的，这里使用 show tables 语句查看数据库中的表，其结果显示为空。

（2）创建项目并引入依赖

在 IDEA 中创建一个名称为 chapter09 的 Maven 项目，然后在 pom.xml 文件中加载使用到的 Spring 基础包、Spring 依赖包、MySQL 数据库的驱动 JAR 包、Spring JDBC 的 JAR 包和 Spring 事务处理的 JAR 包。pom.xml 文件的具体代码如文件 9–1 所示。

文件 9-1 pom.xml

```
1  <?xml version="1.0" encoding="UTF-8"?>
2  <project xmlns="http://maven.apache.org/POM/4.0.0"
3          xmlns:xsi="http://www.w3.org/2001/XMLSchema-instance"
4          xsi:schemaLocation="http://maven.apache.org/POM/4.0.0
5          http://maven.apache.org/xsd/maven-4.0.0.xsd">
```

```
 6     <modelVersion>4.0.0</modelVersion>
 7     <groupId>com.itheima</groupId>
 8     <artifactId>chapter09</artifactId>
 9     <version>1.0-SNAPSHOT</version>
10     <dependencies>
11         <dependency>
12             <groupId>org.springframework</groupId>
13             <artifactId>spring-core</artifactId>
14             <version>5.2.8.RELEASE</version>
15         </dependency>
16         <dependency>
17             <groupId>org.springframework</groupId>
18             <artifactId>spring-beans</artifactId>
19             <version>5.2.8.RELEASE</version>
20         </dependency>
21         <dependency>
22             <groupId>org.springframework</groupId>
23             <artifactId>spring-aop</artifactId>
24             <version>5.2.8.RELEASE</version>
25         </dependency>
26         <dependency>
27             <groupId>org.springframework</groupId>
28             <artifactId>spring-context</artifactId>
29             <version>5.2.8.RELEASE</version>
30         </dependency>
31         <dependency>
32             <groupId>org.springframework</groupId>
33             <artifactId>spring-expression</artifactId>
34             <version>5.2.8.RELEASE</version>
35         </dependency>
36         <dependency>
37             <groupId>commons-logging</groupId>
38             <artifactId>commons-logging</artifactId>
39             <version>1.2</version>
40         </dependency>
41         <!-- jdbc 包 -->
42         <dependency>
43             <groupId>org.springframework</groupId>
44             <artifactId>spring-jdbc</artifactId>
45             <version>5.2.10.RELEASE</version>
46         </dependency>
47         <!-- spring-tx 包 -->
48         <dependency>
49             <groupId>org.springframework</groupId>
50             <artifactId>spring-tx</artifactId>
51             <version>5.2.10.RELEASE</version>
52         </dependency>
53         <!-- MySQL 数据库驱动 -->
54         <dependency>
55             <groupId>mysql</groupId>
56             <artifactId>mysql-connector-java</artifactId>
57             <version>8.0.11</version>
58             <scope>runtime</scope>
59         </dependency>
60     </dependencies>
61 </project>
```

（3）编写配置文件

在 chapter09 项目的 src/main/resources 目录下，创建配置文件 applicationContext.xml，在该文件中配置 id 为 dataSource 的数据源 Bean 和 id 为 jdbcTemplate 的 JDBC 模板 Bean，并将数据源注入 JDBC 模板中。applicationContext.xml 配置代码如文件 9-2 所示。

文件 9-2　applicationContext.xml

```
1 <?xml version="1.0" encoding="UTF-8"?>
2 <beans xmlns="http://www.springframework.org/schema/beans"
```

```
3      xmlns:xsi="http://www.w3.org/2001/XMLSchema-instance"
4      xsi:schemaLocation="http://www.springframework.org/schema/beans
5      http://www.springframework.org/schema/beans/spring-beans.xsd">
6      <!-- 1 配置数据源 -->
7      <bean id="dataSource" class=
8     "org.springframework.jdbc.datasource.DriverManagerDataSource">
9          <!--数据库驱动 -->
10         <property name="driverClassName" value="com.mysql.cj.jdbc.Driver" />
11         <!--连接数据库的 url -->
12         <property name="url"
13                 value="jdbc:mysql://localhost/spring?useUnicode=true&amp;
14                 characterEncoding=utf-8&amp;serverTimezone=Asia/Shanghai"/>
15         <!--连接数据库的用户名 -->
16         <property name="username" value="root" />
17         <!--连接数据库的密码 -->
18         <property name="password" value="root" />
19     </bean>
20     <!-- 2 配置 JDBC 模板 -->
21     <bean id="jdbcTemplate"
22            class="org.springframework.jdbc.core.JdbcTemplate">
23         <!-- 默认必须使用数据源 -->
24         <property name="dataSource" ref="dataSource" />
25     </bean>
26 </beans>
```

（4）编写测试类

在 src/main/java 目录下创建一个 com.itheima 包，在该包中创建测试类 TestJdbcTemplate，在该类的 main() 方法中通过 Spring 容器获取在配置文件中定义的 JdbcTemplate 实例，然后调用 JdbcTemplate 实例的 execute() 方法执行创建数据表的 SQL 语句。TestJdbcTemplate 类的具体实现如文件 9-3 所示。

文件 9-3　TestJdbcTemplate.java

```
1  package com.itheima;
2  import org.springframework.context.ApplicationContext;
3  import org.springframework.context.support.ClassPathXmlApplicationContext;
4  import org.springframework.jdbc.core.JdbcTemplate;
5  public class TestJdbcTemplate {
6      /**
7       * 调用 execute() 方法建表
8       */
9      public static void main(String[] args) {
10         // 初始化 spring 容器，加载 applicationContext.xml 配置
11         ApplicationContext applicationContext = new
12             ClassPathXmlApplicationContext("applicationContext.xml");
13         // 通过容器获取 JdbcTemplate 的实例
14         JdbcTemplate jdTemplate =
15                 (JdbcTemplate) applicationContext.getBean("jdbcTemplate");
16         // 使用 execute() 方法执行 SQL 语句，创建用户账户管理表 account
17         jdTemplate.execute("create table account(" +
18                 "id int primary key auto_increment," +
19                 "username varchar(50)," +
20                 "balance double)");
21         System.out.println("账户表 account 创建成功！");
22     }
23 }
```

在 IDEA 中启动 TestJdbcTemplate 类，再次查询 spring 数据库，结果如图 9-2 所示。

```
mysql> show tables;
Empty set (0.01 sec)

mysql> show tables;
+-------------------+
| Tables_in_spring  |
+-------------------+
| account           |
+-------------------+
1 row in set (0.00 sec)

mysql>
```

图9-2　查询spring数据库

从图 9-2 可以看出，spring 数据库中新增了数据表 account，表明程序使用 execute() 方法执行的 SQL 语句已成功创建了数据表 account。

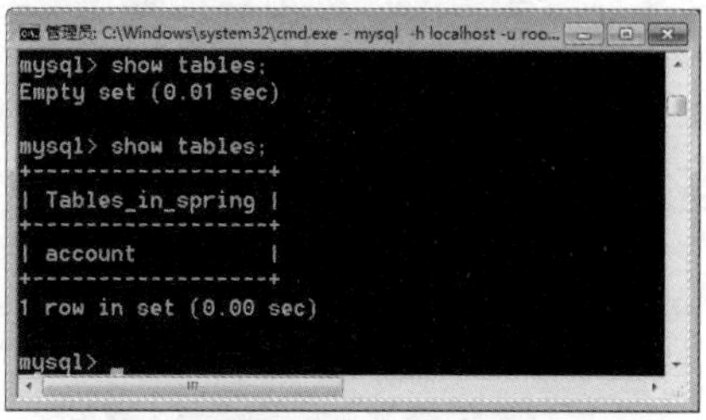

9.2.2 update()方法

update()方法可以完成插入、更新和删除数据的操作。JdbcTemplate 类提供了一系列 update()方法的重载，常用的 update()方法如表 9-3 所示。

表 9-3 JdbcTemplate 类中常用的 update()方法

方法	说明
int update(String sql)	该方法是最简单的update()方法重载形式，它直接执行传入的 SQL 语句，并返回受影响的行数
int update(PreparedStatementCreator psc)	该方法执行参数 psc 返回的语句，然后返回受影响的行数
int update(String sql, PreparedStatementSetter pss)	该方法通过参数 pss 设置 SQL 语句中的参数，并返回受影响的行数
int update(String sql,Object... args)	该方法可以为 SQL 语句设置多个参数，这些参数保存在参数 args 中，使用 Object...设置 SQL 语句中的参数，要求参数不能为 NULL，并返回受影响的行数

下面通过一个案例演示如何使用 update()方法对数据表 account 进行添加、更新、删除操作。案例具体实现步骤如下所示。

（1）编写实体类

在 chapter09 项目的 com.itheima 包中，创建 Account 类，在该类中定义 id、username 和 balance 属性，分别表示账户 id、用户名和账户余额，以及其对应的 getter/setter 方法。Account 类具体实现如文件 9-4 所示。

文件 9-4 Account.java

```
1  package com.itheima;
2  public class Account {
3      private Integer id;           // 账户 id
4      private String username;      // 用户名
5      private Double balance;       // 账户余额
6      public Integer getId() {
7          return id;
8      }
9      public void setId(Integer id) {
10         this.id = id;
11     }
12     public String getUsername() {
13         return username;
14     }
15     public void setUsername(String username) {
16         this.username = username;
17     }
18     public Double getBalance() {
19         return balance;
20     }
21     public void setBalance(Double balance) {
22         this.balance = balance;
23     }
24     public String toString() {
25         return "Account [id=" + id + ", "
26                 + "username=" + username +
27                 ", balance=" + balance + "]";
28     }
29 }
```

（2）编写 Dao 层接口

在 com.itheima 包中，创建接口 AccountDao，并在接口中定义添加、更新和删除账户的方法。AccountDao 接口定义如文件 9-5 所示。

文件 9-5　AccountDao.java

```
1  package com.itheima;
2  public interface AccountDao {
3       // 添加
4       public int addAccount(Account account);
5       // 更新
6       public int updateAccount(Account account);
7       // 删除
8       public int deleteAccount(int id);
9  }
```

（3）实现 Dao 层接口

在 com.itheima 包中，创建 AccountDao 接口的实现类 AccountDaoImpl，并在类中实现添加、更新和删除账户的方法。AccountDaoImpl 类的具体实现如文件 9-6 所示。

文件 9-6　AccountDaoImpl.java

```
1  package com.itheima;
2  import org.springframework.jdbc.core.JdbcTemplate;
3  public class AccountDaoImpl implements AccountDao {
4       // 定义 JdbcTemplate 属性及其 setter 方法
5       private JdbcTemplate jdbcTemplate;
6       public void setJdbcTemplate(JdbcTemplate jdbcTemplate) {
7            this.jdbcTemplate = jdbcTemplate;
8       }
9     // 添加账户
10      public int addAccount(Account account) {
11           // 定义 SQL
12           String sql = "insert into account(username,balance) value(?,?)";
13           // 定义数组来存放 SQL 语句中的参数
14           Object[] obj = new Object[] {
15                         account.getUsername(),
16                         account.getBalance()
17         };
18           // 执行添加操作，返回的是受 SQL 语句影响的记录条数
19           int num = this.jdbcTemplate.update(sql, obj);
20           return num;
21      }
22      // 更新账户
23      public int updateAccount(Account account) {
24           // 定义 SQL
25           String sql = "update account set username=?,balance=? where id = ?";
26           // 定义数组来存放 SQL 语句中的参数
27           Object[] params = new Object[] {
28                              account.getUsername(),
29                              account.getBalance(),
30                              account.getId()
31          };
32           // 执行更新操作，返回的是受 SQL 语句影响的记录条数
33           int num = this.jdbcTemplate.update(sql, params);
34           return num;
35      }
36      // 删除账户
37      public int deleteAccount(int id) {
38           // 定义 SQL
39           String sql = "delete  from account where id = ? ";
40           // 执行删除操作，返回的是受 SQL 语句影响的记录条数
41           int num = this.jdbcTemplate.update(sql, id);
42           return num;
43      }
44 }
```

在文件 9-6 中，第 10～21 行代码定义添加操作；第 23～35 行代码定义更新操作；第 37～43 行代码定义删除操作。从上述 3 种操作的代码可以看出，添加、更新和删除操作的实现步骤类似，只是定义的 SQL 语句有所不同。

（4）编写配置文件

在 applicationContext.xml 中，定义一个 id 为 accountDao 的 Bean，用于将 jdbcTemplate 注入 accountDao 实例中，其代码如下：

```
<!--定义 id 为 accountDao 的 Bean-->
<bean id="accountDao" class="com.itheima.AccountDaoImpl">
    <!-- 将 jdbcTemplate 注入 accountDao 实例中 -->
    <property name="jdbcTemplate" ref="jdbcTemplate" />
</bean>
```

（5）测试添加功能

在 com.itheima 包中创建测试类 TestAddAccount，该类主要用于添加用户账户信息，其代码如文件 9-7 所示。

文件 9-7 TestAddAccount.java

```
1  package com.itheima;
2  import org.springframework.context.ApplicationContext;
3  import org.springframework.context.support.ClassPathXmlApplicationContext;
4  public class TestAddAccount {
5      public static void main(String[] args) {
6          // 加载配置文件
7          ApplicationContext applicationContext =new
8              ClassPathXmlApplicationContext("applicationContext.xml");
9          // 获取 AccountDao 实例
10         AccountDao accountDao =
11                 (AccountDao) applicationContext.getBean("accountDao");
12         // 创建 Account 对象，并向 Account 对象中添加数据
13         Account account = new Account();
14         account.setUsername("tom");
15         account.setBalance(1000.00);
16         // 执行 addAccount()方法，并获取返回结果
17         int num = accountDao.addAccount(account);
18         if (num > 0) {
19             System.out.println("成功插入了" + num + "条数据！");
20         } else {
21             System.out.println("插入操作执行失败！");
22         }
23     }
24 }
```

在文件 9-7 中，第 17 行代码调用了 AccountDao 对象的 addAccount()方法向数据表 account 中添加一条数据；第 18～22 行代码通过返回的受影响的行数来判断数据是否插入成功。

在 IDEA 中启动 TestAddAccount 类，控制台的输出结果如图 9-3 所示。

此时再次查询 spring 数据库中的 account 表，其结果如图 9-4 所示。

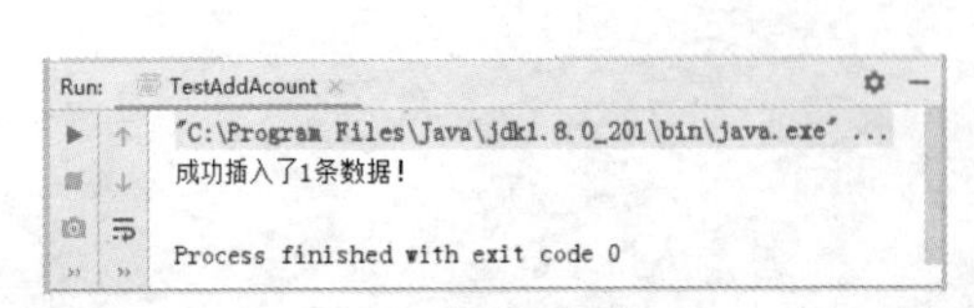

图9-3 文件9-7的运行结果

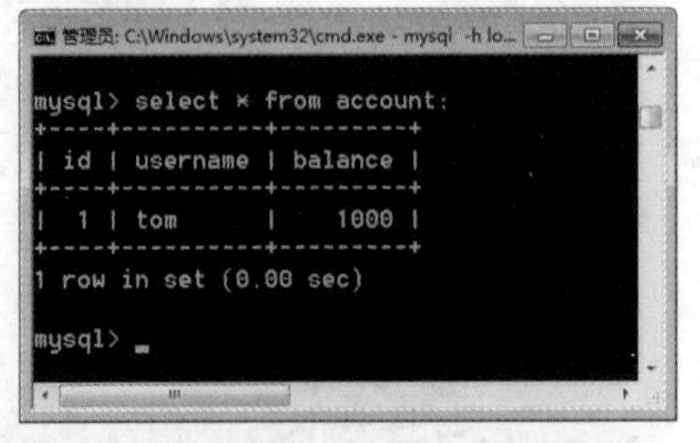

图9-4 spring数据库中的account表（1）

从图 9-4 可以看出，account 表中新增了一条数据，说明使用 JdbcTemplate 的 update()方法已成功向数据

表 account 中插入了一条数据。

（6）测试更新操作

执行完插入操作后，下面调用 JdbcTemplate 类的 update()方法执行更新操作。在 com.itheima 包中创建测试类 TestUpdateAccount，用于更新用户账户信息，其代码如文件 9-8 所示。

文件 9-8　TestUpdateAccount.java

```
1  package com.itheima;
2  import org.springframework.context.ApplicationContext;
3  import org.springframework.context.support.ClassPathXmlApplicationContext;
4  public class TestUpdateAccount {
5      public static void main(String[] args) {
6          // 加载配置文件
7          ApplicationContext applicationContext =new
8              ClassPathXmlApplicationContext("applicationContext.xml");
9          // 获取 AccountDao 实例
10         AccountDao accountDao =
11                 (AccountDao) applicationContext.getBean("accountDao");
12         // 创建 Account 对象，并向 Account 对象中添加数据
13         Account account = new Account();
14         account.setId(1);
15         account.setUsername("tom");
16         account.setBalance(2000.00);
17         // 执行 updateAccount()方法，并获取返回结果
18         int num = accountDao.updateAccount(account);
19         if (num > 0) {
20             System.out.println("成功修改了" + num + "条数据！");
21         } else {
22             System.out.println("修改操作执行失败！");
23         }
24     }
25 }
```

在文件 9-8 中，第 14 行代码增加了 id 属性值的设置；第 16 行代码将余额修改为 2000.00；第 18 行代码调用了 AccountDao 对象中的 updateAccount()方法执行对数据表的更新操作。

在 IDEA 中启动 TestUpdateAccount 类，控制台的输出结果如图 9-5 所示。

此时再次查询 spring 数据库中的 account 表，其结果如图 9-6 所示。

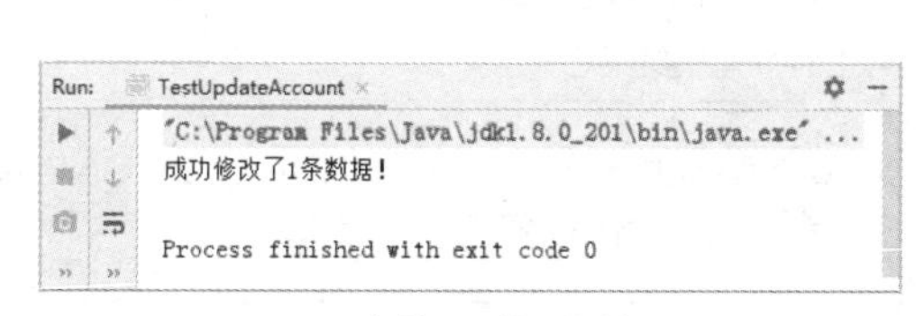

图9-5　文件9-8的运行结果

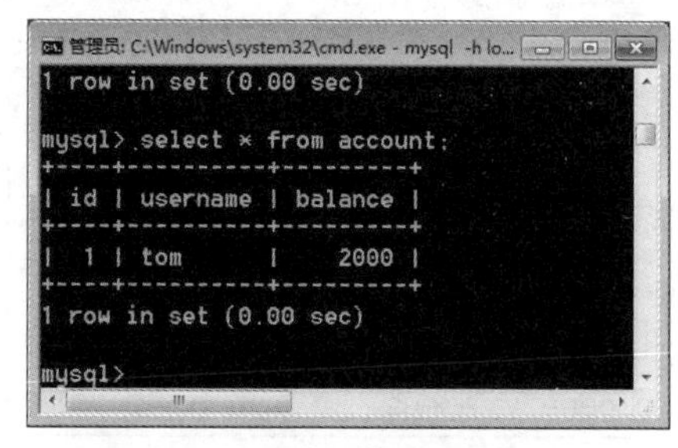

图9-6　spring数据库中的account表（2）

从图 9-6 可以看出，account 表中 id 为 1 的 balance 字段数值被修改为 2000，由此可知调用 JdbcTemplate 的 update()方法已成功更新了 account 表中 id 为 1 的账户余额信息。

（7）测试删除操作

执行完更新操作后，最后调用 JdbcTemplate 类的 update()方法执行删除操作。在 com.itheima 包中创建测试类 TestDeleteAccount，该类主要用于删除用户账户信息，其代码如文件 9-9 所示。

文件 9-9　TestDeleteAccount.java

```
1  package com.itheima;
2  import org.springframework.context.ApplicationContext;
3  import org.springframework.context.support.ClassPathXmlApplicationContext;
4  public class TestDeleteAccount {
```

```
5     public static void main(String[] args) {
6         // 加载配置文件
7         ApplicationContext applicationContext =new
8             ClassPathXmlApplicationContext("applicationContext.xml");
9         // 获取 AccountDao 实例
10        AccountDao accountDao =
11                (AccountDao) applicationContext.getBean("accountDao");
12        // 执行 deleteAccount()方法，并获取返回结果
13        int num = accountDao.deleteAccount(1);
14        if (num > 0) {
15            System.out.println("成功删除了" + num + "条数据！");
16        } else {
17            System.out.println("删除操作执行失败！");
18        }
19    }
20 }
```

在文件 9-9 中，第 13 行代码调用 AccountDao 对象中的 deleteAccount()方法删除 account 表中 id 为 1 的数据。

在 IDEA 中启动 TestDeleteAccount 类，控制台的输出结果如图 9-7 所示。

此时再次查询 spring 数据库中的 account 表，其结果如图 9-8 所示。

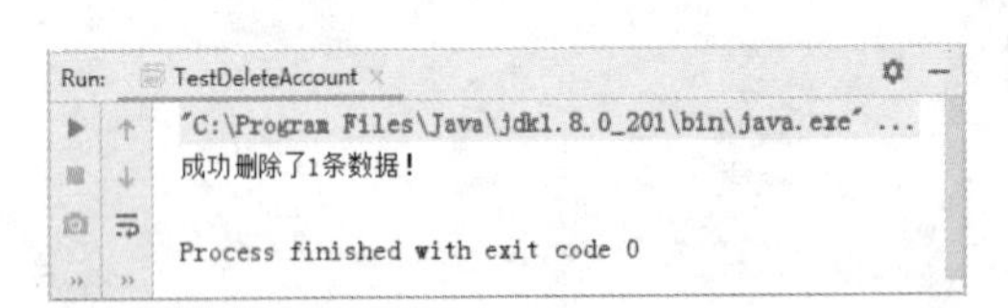

图9-7 文件9-9的运行结果

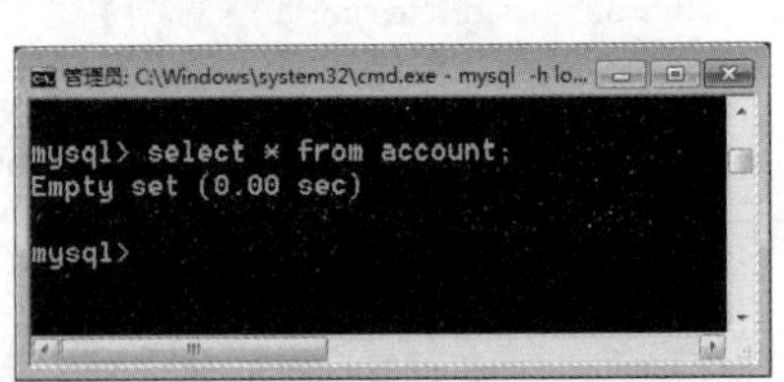

图9-8 spring数据库中的account表（3）

从图 9-8 可以看出，account 表为空，表明程序调用 JdbcTemplate 的 update()方法成功删除了 id 为 1 的数据。

9.2.3 query()方法

JdbcTemplate 类中还提供了一系列 query()方法用于处理数据库表的各种查询操作，如表 9-4 所示。

表 9-4 JdbcTemplate 类常用的 query()方法

方法	说明
List query(String sql, RowMapper rowMapper)	执行 String 类型参数提供的 SQL 语句，并通过参数 rowMapper 返回一个 List 类型的结果
List query（String sql, PreparedStatementSetter pss, RowMapper rowMapper）	根据 String 类型参数提供的 SQL 语句创建 PreparedStatement 对象，通过参数 rowMapper 将结果返回到 List 中
List query（String sql, Object[] args, RowMapper rowMapper）	使用 Object[ ]的值来设置 SQL 语句中的参数值，RowMapper 是个回调方法，直接返回 List 类型的数据
<T> T queryForObject(String sql, RowMapper rowMapper<T>, Object... args)	将 args 参数绑定到 SQL 语句中，并通过参数 rowMapper 返回单行记录
<T> List<T> queryForList（String sql,Object[ ] args, class<T> elementType）	该方法可以返回多行数据的结果，但必须返回列表，args 参数是 SQL 语句中的参数，elementType 参数返回的是 List 数据类型

了解了 JdbcTemplate 类常用的 query()方法后，下面通过一个具体的案例演示 query()方法的使用，具体步骤如下。

（1）插入数据

向数据表 account 中插入几条数据，具体如下：

```
USE `spring`;
DROP TABLE IF EXISTS `account`;
CREATE TABLE `account` (
  `id` int(11) NOT NULL AUTO_INCREMENT,
  `username` varchar(50) DEFAULT NULL,
  `balance` double DEFAULT NULL,
  PRIMARY KEY (`id`)
) ENGINE=InnoDB DEFAULT CHARSET=utf8;
insert into `account`(`id`,`username`,`balance`) values
 (1,'zhangsan',100),(3,'lisi',500),(4,'wangwu',300);
```

插入数据后，account 表中的数据如图 9-9 所示。

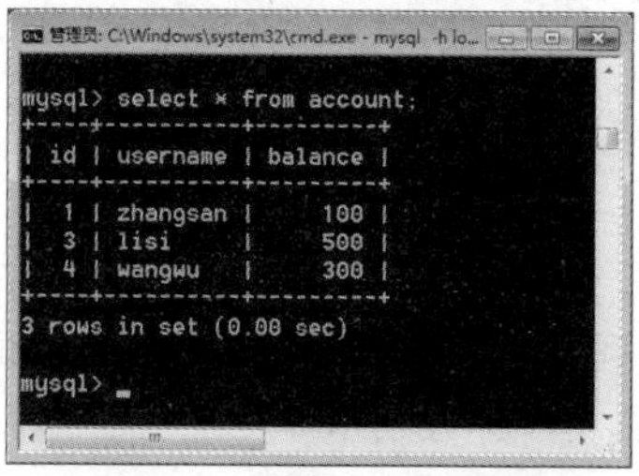

```
mysql> select * from account;
+----+----------+---------+
| id | username | balance |
+----+----------+---------+
|  1 | zhangsan |     100 |
|  3 | lisi     |     500 |
|  4 | wangwu   |     300 |
+----+----------+---------+
3 rows in set (0.00 sec)

mysql> _
```

图9-9　account表中插入的数据

（2）编写查询方法

在文件 9-5 的 AccountDao 接口中，声明 findAccountById()方法，通过 id 查询单个账户信息；声明 findAllAccount()方法，用于查询所有账户信息，代码如下：

```
// 通过 id 查询
public Account findAccountById(int id);
// 查询所有账户
public List<Account> findAllAccount();
```

（3）实现查询方法

在文件 9-6 的 AccountDaoImpl 类中，实现 AccountDao 接口中的 findAccountById()方法和 findAllAccount()方法，并调用 query()方法分别进行查询。两个方法的实现代码如下：

```
// 通过 id 查询单个账户信息
public Account findAccountById(int id) {
    //定义 SQL 语句
    String sql = "select * from account where id = ?";
    // 创建一个新的 BeanPropertyRowMapper 对象
    RowMapper<Account> rowMapper = new BeanPropertyRowMapper<Account>(Account.class);
    // 将 id 绑定到 SQL 语句中，并通过 RowMapper 返回单行记录
    return this.jdbcTemplate.queryForObject(sql, rowMapper, id);
}
//查询所有账户信息
public List<Account> findAllAccount() {
    // 定义 SQL 语句
    String sql = "select * from account";
    // 创建一个新的 BeanPropertyRowMapper 对象
    RowMapper<Account> rowMapper = new BeanPropertyRowMapper<Account>(Account.class);
    // 执行静态的 SQL 查询，并通过 RowMapper 返回结果
    return this.jdbcTemplate.query(sql, rowMapper);
}
```

在上面两个方法中，BeanPropertyRowMapper 是 RowMapper 接口的实现类，它可以自动将数据表中的数据映射到用户自定义的类中（前提是用户自定义类中的字段要与数据表中的字段相对应）。创建完 BeanPropertyRowMapper 对象后，在 findAccountById()方法中通过调用 queryForObject()方法返回单行记录，而在 findAllAccount()方法中通过调用 query()方法返回一个结果集合。

（4）测试条件查询

在 com.itheima 包中创建测试类 FindAccountByIdTest，用于测试条件查询。FindAccountByIdTest 类具体代码如文件 9-10 所示。

文件 9-10　FindAccountByIdTest.java

```
1  package com.itheima;
2  import org.springframework.context.ApplicationContext;
3  import org.springframework.context.support.ClassPathXmlApplicationContext;
4  public class FindAccountByIdTest {
```

```
5      public static void main(String[] args) {
6          // 加载配置文件
7          ApplicationContext applicationContext =new
8              ClassPathXmlApplicationContext("applicationContext.xml");
9          // 获取 AccountDao 实例
10         AccountDao accountDao =
11                 (AccountDao) applicationContext.getBean("accountDao");
12         // 执行 findAccountById()方法
13         Account account = accountDao.findAccountById(1);
14         System.out.println(account);
15     }
16 }
```

在文件 9-10 中，第 13 行代码通过执行 findAccountById()方法获取了 id 为 1 的账户信息，并通过输出语句输出。

在 IDEA 中启动 FindAccountByIdTest 类，控制台的输出结果如图 9-10 所示。

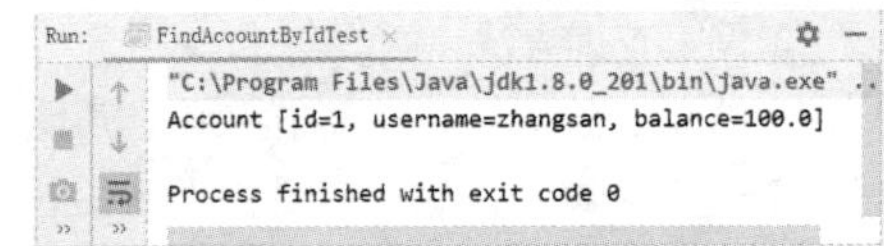

图9-10　文件9-10的运行结果

（5）测试查询所有用户信息

在 com.itheima 包中创建测试类 FindAllAccountTest，用于查询所有用户账户信息。FindAllAccountTest 类具体代码如文件 9-11 所示。

文件 9-11　FindAllAccountTest.java

```
1  package com.itheima;
2  import org.springframework.context.ApplicationContext;
3  import org.springframework.context.support.ClassPathXmlApplicationContext;
4  import java.util.List;
5  public class FindAllAccountTest {
6      public static void main(String[] args) {
7          // 加载配置文件
8          ApplicationContext applicationContext =new
9              ClassPathXmlApplicationContext("applicationContext.xml");
10         // 获取 AccountDao 实例
11         AccountDao accountDao =
12                 (AccountDao) applicationContext.getBean("accountDao");
13         // 执行 findAllAccount()方法,获取 Account 对象的集合
14         List<Account> account = accountDao.findAllAccount();
15         // 循环输出集合中的对象
16         for (Account act : account) {
17             System.out.println(act);
18         }
19     }
20 }
```

文件 9-11 中，第 14 行代码通过 AccountDao 对象调用 findAllAccount()方法查询所有用户账户信息集合；第 16～18 行代码通过 for 循环输出查询结果。

在 IDEA 中启动 FindAllAccountTest 类，控制台的输出结果如图 9-11 所示。

从图 9-11 可以看出，数据表 account 中的 3 条记录都被查询出来了。

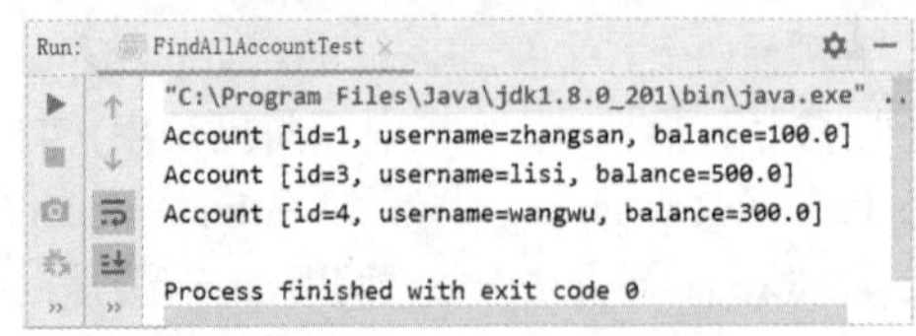

图9-11　文件9-11的运行结果

9.3　Spring 事务管理概述

在实际开发中，操作数据库时还会涉及事务管理问题，为此 Spring 提供了专门用于事务处理的 API。Spring 的事务管理简化了传统的事务管理流程，并且在一定程度上减少了开发人员的工作量。本节将对 Spring 的事务管理功能进行详细讲解。

9.3.1　事务管理的核心接口

Spring 包含一个名称为 spring-tx-5.2.8.RELEASE 的 JAR 包，该 JAR 包是 Spring 提供的用于事务管理的依赖包。spring-tx-5.2.8.RELEASE 依赖包提供了 3 个接口实现事务管理，这 3 个接口具体如下所示。

- PlatformTransactionManager 接口：用于根据属性管理事务。
- TransactionDefinition 接口：用于定义事务的属性。
- TransactionStatus 接口：用于界定事务的状态。

下面对这 3 个接口的作用分别进行讲解。

1. PlatformTransactionManager

PlatformTransactionManager 接口主要用于管理事务，该接口中提供了 3 个管理事务的方法，具体如表 9-5 所示。

表 9-5　PlatformTransactionManager 接口管理事务的方法

方法	说明
TransactionStatus getTransaction(TransactionDefinition definition)	用于获取事务状态信息
void commit(TransactionStatus status)	用于提交事务
void rollback(TransactionStatus status)	用于回滚事务

表 9-5 列举了 PlatformTransactionManager 接口提供的方法，在实际应用中，Spring 事务管理实际是由具体的持久化技术完成的，而 PlatformTransactionManager 接口只提供统一的抽象方法。为了应对不同持久化技术的差异性，Spring 为它们提供了具体的实现类。例如，Spring 为 Spring JDBC 和 MyBatis 等依赖于 DataSource 的持久化技术提供了实现类 DataSourceTransactionManager，如此一来，Spring JDBC 或 MyBatis 等持久化技术的事务管理可以由 DataSourceTransactionManager 类实现，而且 Spring 可以通过 PlatformTransactionManager 接口对这些实现类进行统一管理。

2. TransactionDefinition

TransactionDefinition 接口中定义了事务描述相关的常量，其中包括事务的隔离级别、事务的传播行为、事务的超时时间和是否为只读事务。下面对这几种常量做详细讲解。

（1）事务的隔离级别

事务的隔离级别是指事务之间的隔离程度，TransactionDefinition 接口中定义了 5 种隔离级别，具体如表 9-6 所示。

表 9-6　TransactionDefinition 接口中定义的隔离级别

隔离级别	说明
ISOLATION_DEFAULT	采用当前数据库默认的事务隔离级别
ISOLATION_READ_UNCOMMITTED	读未提交。允许另外一个事务读取到当前未提交的数据，隔离级别最低，可能会导致脏读、幻读或不可重复读
ISOLATION_READ_COMMITTED	读已提交。被一个事务修改的数据提交后才能被另一个事务读取，可以避免脏读，无法避免幻读，而且不可重复读
ISOLATION_ REPEATABLE_READ	允许重复读，可以避免脏读，资源消耗上升。这是 MySQL 数据库的默认隔离级别
REPEATABLE_SERIALIZABLE	事务串行执行，也就是按照时间顺序执行多个事务，不存在并发问题，最可靠，但性能与效率最低

表 9-6 列举了 TransactionDefinition 接口定义的 5 种隔离级别，除了 ISOLATION_DEFAULT 是 TransactionDefinition 接口特有的隔离级别外，其余 4 个分别与 java.sql.Connection 接口定义的隔离级别相对应。

（2）事务的传播行为

事务的传播行为是指处于不同事务中的方法在相互调用时，方法执行期间的事务的维护情况。例如，当一个事务的方法 B 调用另一个事务的方法 A 时，可以规定 A 方法继续在 B 方法所属的现有事务中运行，也可以规定 A 方法开启一个新事务，在新事务中运行时 B 方法所属的现有事务先挂起，等 A 方法的新事务执行完毕后再恢复。TransactionDefinition 接口中定义的 7 种事务传播行为，具体如表 9-7 所示。

表 9-7 TransactionDefinition 接口中定义的 7 种事务传播行为

事务传播行为	说明
PROPAGATION_REQUIRED	默认的事务传播行为。如果当前存在一个事务，则加入该事务；如果当前没有事务，则创建一个新的事务
PROPAGATION_SUPPORTS	如果当前存在一个事务，则加入该事务；如果当前没有事务，则以非事务方式执行
PROPAGATION_MANDATORY	当前必须存在一个事务，如果没有，就抛出异常
PROPAGATION_REQUIRES_NEW	创建一个新的事务，如果当前已存在一个事务，将已存在的事务挂起
PROPAGATION_NOT_SUPPORTED	不支持事务，在没有事务的情况下执行，如果当前已存在一个事务，则将已存在的事务挂起
PROPAGATION_NEVER	永远不支持当前事务，如果当前已存在一个事务，则抛出异常
PROPAGATION_NESTED	如果当前存在事务，则在当前事务的一个子事务中执行

表 9-7 中列举了 TransactionDefinition 接口中定义的事务传播行为，Spring 中事务对传播行为依赖较大，开发人员可根据实际需要进行选择。

（3）事务的超时时间

事务的超时时间是指事务执行的时间界限，超过这个时间界限，事务将会回滚。TransactionDefinition 接口提供了 TIMEOUT_DEFAULT 常量定义事务的超时时间。

（4）是否为只读事务

当事务为只读时，该事务不修改任何数据，只读事务有助于提升性能，如果在只读事务中修改数据，会引发异常。

TransactionDefinition 接口中除了提供事务的隔离级别、事务的传播行为、事务的超时时间和是否为只读事务的常量外，还提供了一系列方法来获取事务的属性。TransactionDefinition 接口常用的方法如表 9-8 所示。

表 9-8 TransactionDefinition 接口常用的方法

方法	说明
int getPropagationBehavior()	返回事务的传播行为
int getIsolationLevel()	返回事务的隔离层次
int getTimeout()	返回事务的超时属性
boolean isReadOnly()	判断事务是否为只读
String getName()	返回定义的事务名称

表 9-8 中列举了 TransactionDefinition 接口提供的方法，在程序中可通过调用 TransactionDefinition 接口的这些方法获取当前事务的属性。

3. TransactionStatus

TransactionStatus 接口主要用于界定事务的状态，通常情况下，编程式事务中使用该接口较多。TransactionStatus 接口提供了一系列返回事务状态信息的方法，具体如表 9-9 所示。

表 9-9 TransactionStatus 接口的方法

方法	说明
boolean isNewTransaction()	判断当前事务是否为新事务
boolean hasSavepoint()	判断当前事务是否创建了一个保存点
boolean isRollbackOnly()	判断当前事务是否被标记为 rollback-only
void setRollbackOnly()	将当前事务标记为 rollback-only
boolean isCompleted()	判断当前事务是否已经完成（提交或回滚）
void flush()	刷新底层的修改到数据库

表 9-9 中列举了 TransactionStatus 接口提供的方法，事务管理器可以通过该接口提供的方法获取事务运行的状态信息，此外，事务管理器可以通过 setRollbackOnly()方法间接回滚事务。

9.3.2 事务管理的方式

Spring 中的事务管理分为两种方式，一种是传统的编程式事务管理，另一种是声明式事务管理。

- 编程式事务管理：通过编写代码实现的事务管理，包括定义事务的开始、正常执行后的事务提交和异常时的事务回滚。
- 声明式事务管理：通过 AOP 技术实现的事务管理，其主要思想是将事务管理作为一个“切面”代码单独编写，然后通过 AOP 技术将事务管理的“切面”代码植入到业务目标类中。

声明式事务管理最大的优点在于开发人员无须通过编程的方式来管理事务，只需在配置文件中进行相关的事务规则声明，就可以将事务规则应用到业务逻辑中。这使得开发人员可以更加专注于核心业务逻辑代码的编写，在一定程度上减少了工作量，提高了开发效率，所以在实际开发中推荐使用声明式事务管理。

9.4 声明式事务管理

在日常生活中人们会经常使用网银转账，当执行转账操作后，转出金额的账户要减去相应的金额，转入金额的账户要增加相应的金额。通常情况下，后台程序中减去和增加这两次操作会构成一个事务，事务可以保证数据安全性、一致性，因此在很多项目系统中事务管理都非常重要。通常会使用 Spring 的声明式事务管理，Spring 的声明式事务管理可以通过两种方式来实现：一种是基于 XML 的方式，另一种是基于注解的方式。本节将对这两种声明式事务管理方式进行详细讲解。

9.4.1 基于 XML 方式的声明式事务

基于 XML 方式的声明式事务管理是通过在配置文件中配置事务规则的相关声明来实现的。在使用 XML 文件配置声明式事务管理时，首先要引入 tx 命名空间，在引入 tx 命名空间之后，可以使用<tx:advice>元素来配置事务管理的通知，进而通过 Spring AOP 实现事务管理。

配置<tx:advice>元素时，通常需要指定 id 和 transaction-manager 属性，其中，id 属性是配置文件中的唯一标识，transaction-manager 属性用于指定事务管理器。除此之外，<tx:advice>元素还包含子元素<tx:attributes>，<tx:attributes>元素可配置多个<tx:method>子元素，<tx:method>子元素主要用于配置事务的属性。

<tx:method>元素的常用属性如表 9-10 所示。

表 9-10 <tx:method>元素的常用属性

属性	说明
name	用于指定方法名的匹配模式。该属性为必选属性，它指定了与事务属性相关的方法名
propagation	用于指定事务的传播行为。其属性值就是表 9-7 中的值

续表

属性	说明
isolation	用于指定事务的隔离级别
read-only	用于指定事务是否只读
timeout	用于指定事务的超时时间
rollback-for	用于指定触发事务回滚的异常类
no-rollback-for	用于指定不触发事务回滚的异常类

表 9-10 列举了<tx:method>元素的常用属性，下面通过一个案例演示如何通过 XML 方式实现 Spring 的声明式事务管理。本案例以 9.2 节的项目代码和数据表为基础，编写一个模拟银行转账的程序，要求在转账时通过 Spring 对事务进行控制。案例具体实现步骤如下。

（1）导入依赖

在 chapter09 项目的 pom.xml 文件中加入 aspectjweaver 依赖包和 aopalliance 依赖包作为实现切面所需的依赖包，具体代码如下：

```
<!-- aspectjweaver 依赖 -->
<dependency>
    <groupId>org.aspectj</groupId>
    <artifactId>aspectjweaver</artifactId>
    <version>1.9.6</version>
    <scope>runtime</scope>
</dependency>
<!-- aopalliance 依赖包 -->
<dependency>
    <groupId>aopalliance</groupId>
    <artifactId>aopalliance</artifactId>
    <version>1.0</version>
 </dependency>
```

（2）定义 Dao 层方法

在 com.itheima 包的 AccountDao 接口中声明转账方法 transfer()，其代码如下：

```
// 转账
public void transfer(String outUser,String inUser,Double money);
```

（3）实现 Dao 层方法

在 com.itheima 包的 AccountDaoImpl 实现类中实现 AccountDao 接口中的 transfer()方法，其代码如下：

```
/**
 * 转账
 * inUser：收款人
 * outUser：汇款人
 * money：收款金额
*/
public void transfer(String outUser, String inUser, Double money) {
    // 收款时，收款用户的余额=现有余额+所汇金额
    this.jdbcTemplate.update("update account set balance = balance +? "
          + "where username = ?",money, inUser);
    // 模拟系统运行时的突发问题
    int i = 1/0;
    // 汇款时，汇款用户的余额=现有余额-所汇金额
    this.jdbcTemplate.update("update account set balance = balance-? "
          + "where username = ?",money, outUser);
}
```

在上述代码中，两次调用 update()方法对 account 表中的数据执行收款和汇款的更新操作。在两个操作之间，添加了一行代码“int i = 1/0;”用于模拟系统运行时的突发问题，让转账操作失败。

（4）修改配置文件

修改 chapter09 项目的配置文件 applicationContext.xml，添加命名空间等相关配置代码，修改后的代码如文件 9-12 所示。

文件 9-12　applicationContext.xml

```
1  <?xml version="1.0" encoding="UTF-8"?>
2  <beans xmlns="http://www.springframework.org/schema/beans"
3         xmlns:xsi="http://www.w3.org/2001/XMLSchema-instance"
4         xmlns:aop="http://www.springframework.org/schema/aop"
5         xmlns:tx="http://www.springframework.org/schema/tx"
6         xsi:schemaLocation="http://www.springframework.org/schema/beans
7      http://www.springframework.org/schema/beans/spring-beans.xsd
8      http://www.springframework.org/schema/tx
9      http://www.springframework.org/schema/tx/spring-tx.xsd
10     http://www.springframework.org/schema/aop
11     http://www.springframework.org/schema/aop/spring-aop.xsd">
12     <!-- 1.配置数据源 -->
13     <bean id="dataSource" class=
14       "org.springframework.jdbc.datasource.DriverManagerDataSource">
15         <!--数据库驱动 -->
16         <property name="driverClassName" value="com.mysql.cj.jdbc.Driver" />
17         <!--连接数据库的 url -->
18         <property name="url"
19            value="jdbc:mysql://localhost/spring?useUnicode=true&amp;
20            characterEncoding=utf-8&amp;serverTimezone=Asia/Shanghai" />
21         <!--连接数据库的用户名 -->
22         <property name="username" value="root" />
23         <!--连接数据库的密码 -->
24         <property name="password" value="root" />
25     </bean>
26     <!-- 2.配置 JDBC 模板 -->
27     <bean id="jdbcTemplate"
28           class="org.springframework.jdbc.core.JdbcTemplate">
29         <!-- 默认必须使用数据源 -->
30         <property name="dataSource" ref="dataSource" />
31     </bean>
32     <!--3.定义 id 为 accountDao 的 Bean-->
33     <bean id="accountDao" class="com.itheima.AccountDaoImpl">
34         <!-- 将 jdbcTemplate 注入到 accountDao 实例中 -->
35         <property name="jdbcTemplate" ref="jdbcTemplate" />
36     </bean>
37     <!-- 4.事务管理器，依赖于数据源 -->
38     <bean id="transactionManager" class=
39      "org.springframework.jdbc.datasource.DataSourceTransactionManager">
40         <property name="dataSource" ref="dataSource" />
41     </bean>
42 </beans>
```

在文件 9-12 中，第 4～6 行代码分别启动 Spring 配置文件的 aop 命名空间、tx 命名空间和 context 命名空间；第 38～41 行代码定义 id 为 transactionManager 的事务管理器。

（5）测试系统

在 chapter09 项目的 com.itheima 包中创建测试类 TransactionTest，具体代码如文件 9-13 所示。

文件 9-13　TransactionTest.java

```
1  package com.itheima;
2  import org.springframework.context.ApplicationContext;
3  import org.springframework.context.support.ClassPathXmlApplicationContext;
4  public class TransactionTest {
5      public static void main(String[] args) {
6          ApplicationContext applicationContext =
7              new ClassPathXmlApplicationContext("applicationContext.xml");
8          // 获取 AccountDao 实例
```

```
9         AccountDao accountDao =
10                (AccountDao)applicationContext.getBean("accountDao");
11        // 调用实例中的转账方法
12        accountDao.transfer("lisi", "zhangsan", 100.0);
13        // 输出提示信息
14        System.out.println("转账成功！");
15    }
16 }
```

在文件 9-13 中，第 9 行和第 10 行代码用于获取 AccountDao 实例；第 12 行代码调用 AccountDao 实例中的转账方法，由 lisi 向 zhangsan 的账户中转入 100 元。

在执行转账操作前，先查看 account 表中的数据，如图 9-12 所示。

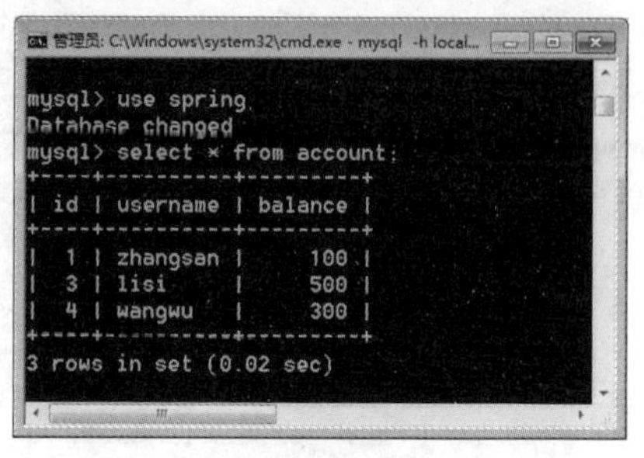

图9-12 account表中的数据（1）

从图 9-12 中可以看出，此时 lisi 的账户余额是 500，而 zhangsan 的账户余额是 100。执行文件 9-13 中的测试方法，控制台的显示结果如图 9-13 所示。

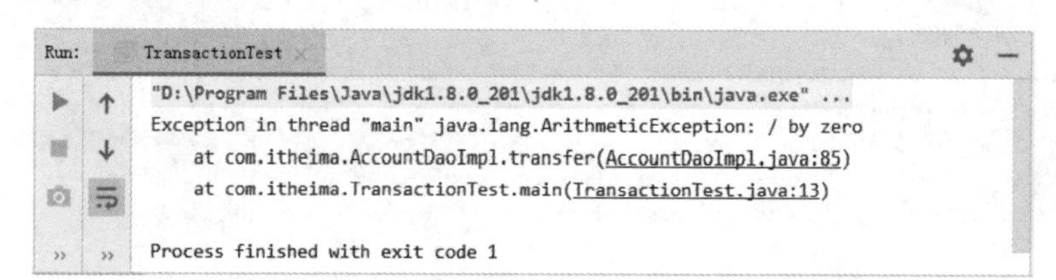

图9-13 文件9-13的运行结果（1）

从图 9-13 可以看到，控制台中报出了“/by zero”的算术异常信息。此时再次查询数据表 account，如图 9-14 所示。

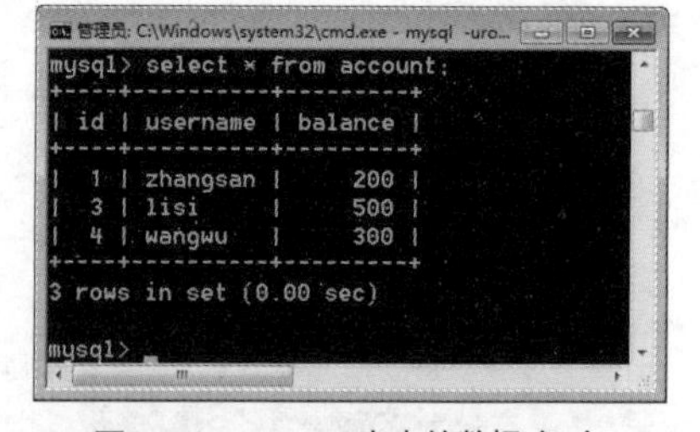

图9-14 account表中的数据（2）

由图 9-14 可知，zhangsan 的账户余额增加了 100，而 lisi 的账户却没有任何变化，这样的情况显然是不合理的。由于没有添加事务管理，使得系统无法保证数据的安全性与一致性，下面使用事务管理解决该问题。

（6）使用事务管理测试系统

在文件 9-12 中添加事务管理的配置，具体代码如下：

```
<!-- 5.编写通知：对事务进行增强(通知)，需要编写切入点和具体执行事务的细节 -->
<tx:advice id="txAdvice" transaction-manager="transactionManager">
    <tx:attributes>
        <!-- name：*表示任意方法名称 -->
        <tx:method name="*" propagation="REQUIRED"
                isolation="DEFAULT" read-only="false" />
    </tx:attributes>
</tx:advice>
<!-- 6.编写 AOP，让 Spring 自动为目标生成代理，需要使用 AspectJ 的表达式 -->
<aop:config>
    <!-- 切入点 -->
    <aop:pointcut expression="execution(* com.itheima.*.*(..))"
            id="txPointCut" />
    <!-- 切面：将切入点与通知整合 -->
    <aop:advisor advice-ref="txAdvice" pointcut-ref="txPointCut" />
</aop:config>
```

第 5 步代码通过编写的通知来声明事务；第 6 步代码通过声明 AOP 的方式让 Spring 自动生成通知。

从图 9-14 中可以看出，此时 lisi 的账户余额是 500，而 zhangsan 的账户余额是 200。执行文件 9-13 中的测试方法，控制台的显示结果如图 9-15 所示。

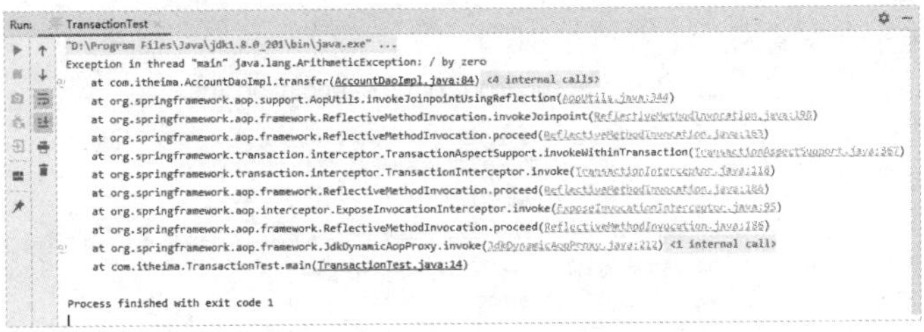

图9-15　文件9-13的运行结果（2）

从图 9-15 可以看到，控制台中报出了“/by zero”的算术异常信息。此时再次查询数据表 account，效果如图 9-16 所示。

```
mysql> select * from account;
+----+----------+---------+
| id | username | balance |
+----+----------+---------+
|  1 | zhangsan |     200 |
|  3 | lisi     |     500 |
|  4 | wangwu   |     300 |
+----+----------+---------+
3 rows in set (0.00 sec)

mysql>
```

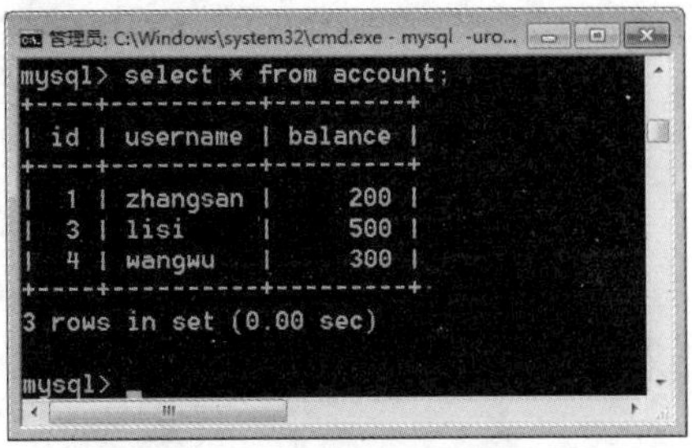

图9-16　account表中的数据（3）

从图 9-16 可以看到，account 表中 lisi 的账户余额与 zhangsan 的账户余额都没有任何变化，说明事务管理已经生效。

9.4.2　基于注解方式的声明式事务

9.4.1 节中讲解了基于 XML 方式的声明式事务，但基于 XML 的 AOP 实现存在缺点，即需要在 Spring 配置文件中配置大量的信息，造成代码冗余。为了解决此问题，可以使用基于注解的方式实现 AOP，这样做可以简化 Spring 配置文件中的代码。Spring 提供了@Transactional 注解实现事务管理，@Transactional 注解和 XML 文件中<tx:advice>元素具有相同的功能。

@Transactional 注解提供了一系列属性用于配置事务，具体如表 9-11 所示。

表 9-11　@Transactional 注解的属性

属性	说明
value	用于指定使用的事务管理器
propagation	用于指定事务的传播行为
isolation	用于指定事务的隔离级别
timeout	用于指定事务的超时时间
readonly	用于指定事务是否为只读
rollbackFor	用于指定导致事务回滚的异常类数组
rollbackForClassName	用于指定导致事务回滚的异常类数组名称
noRollbackFor	用于指定不会导致事务回滚的异常类数组
noRollbackForClassName	用于指定不会导致事务回滚的异常类数组名称

表 9-11 列举了@Transactional 注解的属性，@Transactional 注解可以标注在接口、接口方法、类或类方法上，当标注在类上时，该类的所有 public 方法都将具有同样类型的事务属性；当标注在类中的方法上时，如果该类也标注了@Transactional，那么类中方法的注解将会屏蔽类的注解。在实际应用中，@Transactional 注解通常应用在业务实现类上，其中，value、propagation 和 isolation 这 3 个属性的应用范围较广，开发人员可根据实际需要选择使用。

当使用@Transactional 注解时，还需在 Spring 的 XML 文件中通过<tx:annotation-driven>元素配置事务注解驱动，<tx:annotation-driven>元素中有一个常用属性 transaction-manager，该属性用于指定事务管理器。

为了让读者更加牢固地掌握@Transactional 注解的使用，下面对 9.4.1 节的案例进行修改，以注解方式来实现项目中的事务管理，具体实现步骤如下。

（1）创建配置文件

在 chapter09 项目的 src/main/resources 目录下，创建配置文件 applicationContext-annotation.xml，在该文件

中声明事务管理器等配置信息，如文件 9-14 所示。

文件 9-14 applicationContext-annotation.xml

```
1  <?xml version="1.0" encoding="UTF-8"?>
2  <beans xmlns="http://www.springframework.org/schema/beans"
3      xmlns:xsi="http://www.w3.org/2001/XMLSchema-instance"
4      xmlns:aop="http://www.springframework.org/schema/aop"
5      xmlns:tx="http://www.springframework.org/schema/tx"
6      xmlns:context="http://www.springframework.org/schema/context"
7      xsi:schemaLocation="http://www.springframework.org/schema/beans
8      http://www.springframework.org/schema/beans/spring-beans.xsd
9      http://www.springframework.org/schema/tx
10     http://www.springframework.org/schema/tx/spring-tx.xsd
11     http://www.springframework.org/schema/context
12     http://www.springframework.org/schema/context/spring-context.xsd
13     http://www.springframework.org/schema/aop
14     http://www.springframework.org/schema/aop/spring-aop.xsd">
15     <!-- 1.配置数据源 -->
16     <bean id="dataSource"
17     class="org.springframework.jdbc.datasource.DriverManagerDataSource">
18           <!--数据库驱动 -->
19           <property name="driverClassName" value="com.mysql.cj.jdbc.Driver" />
20           <!--连接数据库的url -->
21           <property name="url"
22                value="jdbc:mysql://localhost/spring?useUnicode=true&amp;
23                characterEncoding=utf-8&amp;serverTimezone=Asia/Shanghai" />
24           <!--连接数据库的用户名 -->
25           <property name="username" value="root" />
26           <!--连接数据库的密码 -->
27           <property name="password" value="root" />
28      </bean>
29      <!-- 2.配置 JDBC 模板 -->
30      <bean id="jdbcTemplate"
31           class="org.springframework.jdbc.core.JdbcTemplate">
32           <!-- 默认必须使用数据源 -->
33           <property name="dataSource" ref="dataSource" />
34      </bean>
35      <!--3.定义 id 为 accountDao 的 Bean -->
36      <bean id="accountDao" class="com.itheima.AccountDaoImpl">
37           <!-- 将 jdbcTemplate 注入到 AccountDao 实例中 -->
38           <property name="jdbcTemplate" ref="jdbcTemplate" />
39      </bean>
40      <!-- 4.事务管理器，依赖于数据源 -->
41      <bean id="transactionManager" class=
42     "org.springframework.jdbc.datasource.DataSourceTransactionManager">
43           <property name="dataSource" ref="dataSource" />
44      </bean>
45      <!-- 5.注册事务管理器驱动 -->
46      <tx:annotation-driven transaction-manager="transactionManager"/>
47 </beans>
```

与基于 XML 方式的配置文件相比，文件 9-14 通过注册事务管理器驱动，替换了文件 9-12 中的第 5 步编写通知和第 6 步编写 AOP 的操作，这样大大减少了配置文件中的代码量。

需要注意的是，如果案例中使用了注解开发，则需要在配置文件中开启注解处理器，指定扫描哪些包下的注解。文件 9-14 没有开启注解处理器是因为在配置文件中已经配置了 AccountDaoImpl 类的 Bean，而 @Transactional 注解就配置在该 Bean 中，可以直接生效。

（2）修改 Dao 层实现类

在 AccountDaoImpl 类的 transfer()方法前添加事务注解@Transactional，添加后的代码如下：

```
@Transactional(propagation = Propagation.REQUIRED,
        isolation = Isolation.DEFAULT, readOnly = false)
public void transfer(String outUser, String inUser, Double money) {
   // 收款时，收款用户的余额=现有余额+所汇金额
   this.jdbcTemplate.update("update account set balance = balance +? "
         + "where username = ?",money, inUser);
```

```
    // 模拟系统运行时的突发问题
    int i = 1/0;
    // 汇款时，汇款用户的余额=现有余额-所汇金额
    this.jdbcTemplate.update("update account set balance = balance-? "
            + "where username = ?",money, outUser);
}
```

上述方法已经添加了@Transactional 注解，并且使用该注解的参数配置了事务详情，各个参数之间用英文逗号“,”进行分隔。

（3）编写测试类

在 chapter09 项目的 com.itheima 包中创建测试类 AnnotationTest。AnnotationTest 类的具体代码如文件 9-15 所示。

文件 9-15 AnnotationTest.java

```
1  package com.itheima;
2  import org.springframework.context.ApplicationContext;
3  import
4    org.springframework.context.support.ClassPathXmlApplicationContext;
5  public class AnnotationTest {
6      public static void main(String[] args) {
7          ApplicationContext applicationContext =new
8      ClassPathXmlApplicationContext("applicationContext-annotation.xml");
9          // 获取 AccountDao 实例
10         AccountDao accountDao =
11                 (AccountDao)applicationContext.getBean("accountDao");
12         // 调用实例中的转账方法
13         accountDao.transfer("lisi", "zhangsan", 100.0);
14         // 输出提示信息
15         System.out.println("转账成功！");
16     }
17 }
```

从上述代码可以看出，与 XML 方式的测试方法相比，该方法只是对配置文件的名称进行了修改。程序执行后，会出现与使用 XML 方式同样的执行结果，这里不再做重复演示，读者可自行测试。

9.5 案例：实现用户登录

通过所学的 Spring 数据库编程知识，实现学生管理系统的登录功能。本案例要求学生在控制台输入用户名和密码，如果用户名和密码正确，则显示用户所属班级；如果登录失败则显示登录失败。

项目运行成功后，控制台效果如图 9-17 所示。

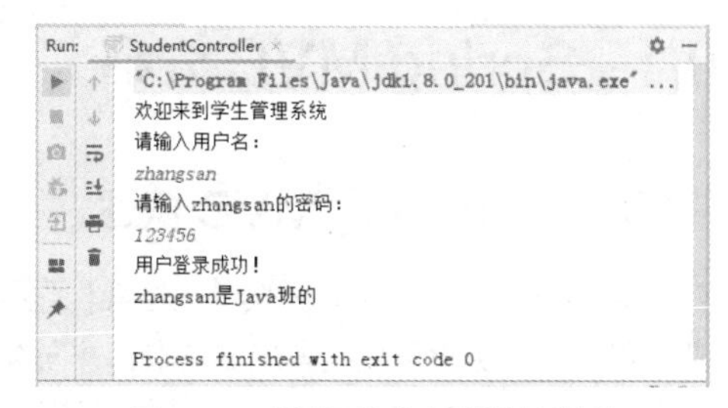

图9-17 项目运行成功后控制台效果

9.6 本章小结

本章主要讲解了 Spring 的数据库编程。首先介绍了 Spring JDBC，包括 JdbcTemplate 概述和 Spring JDBC 的配置；然后讲解了 JdbcTemplate 的增删改查操作，包括 execute()方法、update()方法和 query()方法；接着是 Spring 事务管理概述，包括事务管理的核心接口和事务管理的方式；最后讲解了两种实现声明式事务管理的方式，即基于 XML 方式的声明式事务和基于注解方式的声明式事务。通过学习本章的内容，读者可以对 Spring 的数据库编程有一定的了解，为框架中数据库开发奠定了基础。

【思考题】

1. 请简述抽象类 JdbcAccessor 提供的一些访问数据库时使用的公共属性。
2. 请简述 Spring JDBC 是如何进行配置的。

第10章

初识Spring MVC框架

学习目标

★ 了解 Spring MVC 及其特点

★ 掌握 Spring MVC 入门程序的编写

★ 熟悉 Spring MVC 的工作原理及执行流程

在 Java Web 中，讲解了 JSP Model2 架构模型，JSP Model2 架构模型采用 JSP+Servlet+JavaBean 技术实现了页面显示、流程控制和业务逻辑的分离。但是，JSP Model2 架构模型将页面显示、流程控制等通用逻辑以硬编码的方式实现，每次进行新的 Web 应用程序开发时，都需要重新编写 Servlet 控制器的 URL 分析代码，以及流程控制等 Web 层通用逻辑代码。为了解决 JSP Model2 架构模型在实践中存在的问题，一些基于 JSP Model2 架构基础发展起来的 Web MVC 应用框架应运而生。其中，Spring MVC 框架就是目前主流的 Web MVC 应用框架之一，本章将开启 Spring MVC 框架的学习之路。

10.1 Spring MVC 介绍

10.1.1 Spring MVC 概述

在 Java EE 开发中，系统经典的三层架构包括表现层、业务层和持久层。三层架构中，每一层各司其职，表现层（Web 层）负责接收客户端请求，并向客户端响应结果；业务层（Service 层）负责业务逻辑处理，与项目需求息息相关；持久层（DAO 层）负责与数据库交互，对数据库的数据进行增删改查。

Spring MVC 是基于 Servlet API 构建的原始 Web 框架，属于 Spring 中的一个模块，正式名称是 Spring Web MVC，通常被称为 Spring MVC。Spring MVC 提供了对 MVC 模式的全面支持，它可以将表现层进行解耦，同时，Spring MVC 是基于请求-响应处理模型的请求驱动框架，简化了表现层的实现。Spring MVC 在三层架构中的位置如图 10-1 所示。

从图 10-1 中可以看出，Spring MVC 作用于三层架构中的表现层，用于接收客户端的请求并进行响应。Spring MVC 中包含了控制器和视图，控制器接收到客户端的请求后对请求数据进行解析和封装，接着将请求交给业务层处理。业务层会对请求进行处理，最后将处理结果返回给表现层。表现层接收到业务层的处理结果后，再由视图对处理结果进行渲染，渲染完成后响应给客户端。

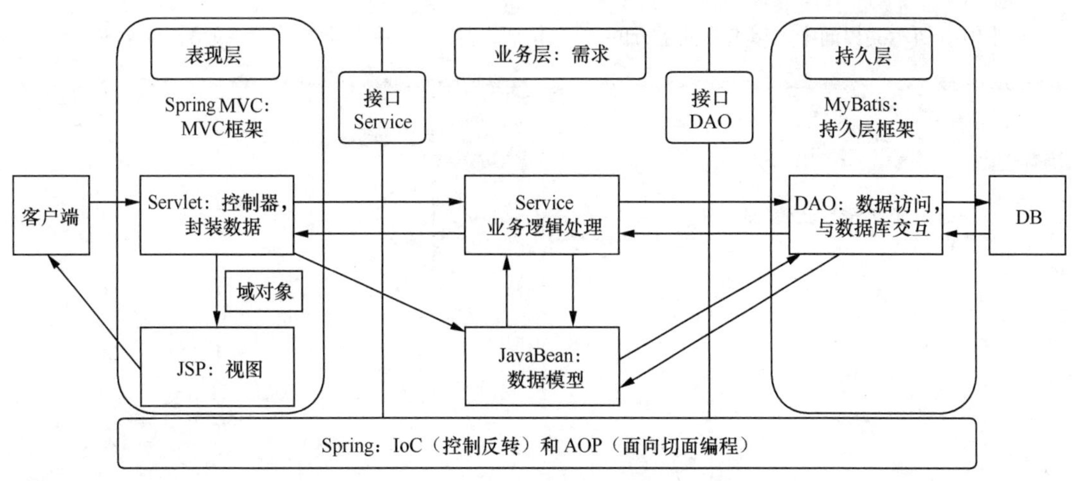

图10-1　Spring MVC在三层架构中的位置

10.1.2　Spring MVC 特点

Spring MVC 能够成为目前主流的 MVC 框架之一，主要得益于它的以下几个特点。

- Spring MVC 是 Spring 框架的后续产品，可以方便地使用 Spring 框架所提供的其他功能。
- Spring MVC 使用简单，很容易设计出干净简洁的 Web 层。
- Spring MVC 支持各种请求资源的映射策略。
- Spring MVC 具有非常灵活的数据验证、格式化和数据绑定机制，能使用任何对象进行数据绑定，不必实现特定框架的 API。
- Spring MVC 支持国际化，可以根据用户区域显示多国语言。
- Spring MVC 支持多种视图技术，支持 JSP、Velocity 和 FreeMarker 等视图技术。
- Spring MVC 灵活性强，易扩展。

除上述几个特点外，Spring MVC 还有很多其他特点，由于篇幅有限，这里不再一一列举。在接下来的学习中，读者会逐渐体会到 Spring MVC 的这些特点。

10.2　Spring MVC 入门程序

了解完 Spring MVC 的概念及其特点后，下面将通过一个简单的入门程序演示 Spring MVC 的使用。该程序要求在浏览器发起请求，由 Spring MVC 接收请求并响应，具体实现步骤如下。

1. 创建项目

在 IDEA 中，创建一个名称为 chapter10 的 Maven Web 项目。如果默认创建的 Maven 项目中没有自动生成 webapp 文件夹，可以在 IDEA 中进行设置，具体的设置操作如下。

选择 IDEA 工具栏中的“File”→“Project Structure”选项，弹出“Project Structure”对话框，如图 10-2 所示。

在图 10-2 所示的“Project Structure”对话框中，选择左侧菜单中的“Modules”选项，进入 Modules 设置界面，如图 10-3 所示。

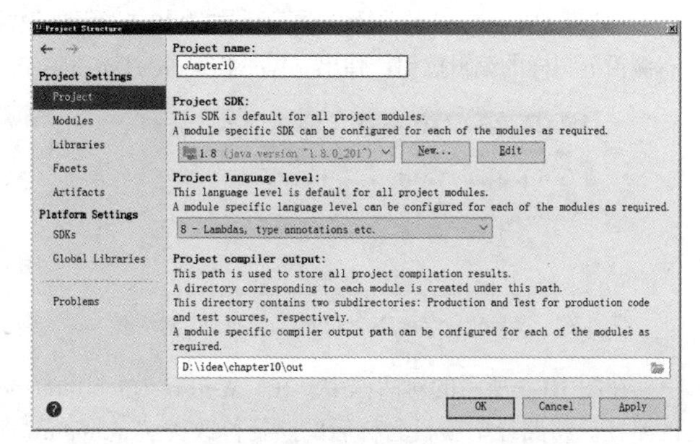

图10-2　“Project Structure”对话框

在图 10–3 所示的界面中，单击界面上方的“+”按钮，弹出“Add”下拉菜单，如图 10–4 所示。

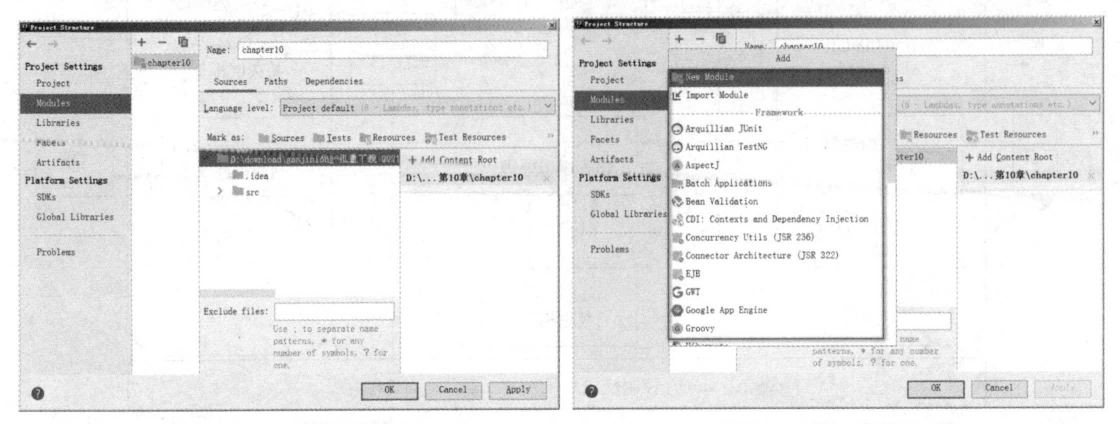

图10–3　Modules设置界面　　　　图10–4　“Add”下拉菜单

在图 10–4 所示的下拉菜单中，选择“Web”选项进入 Web 设置界面，如图 10–5 所示。

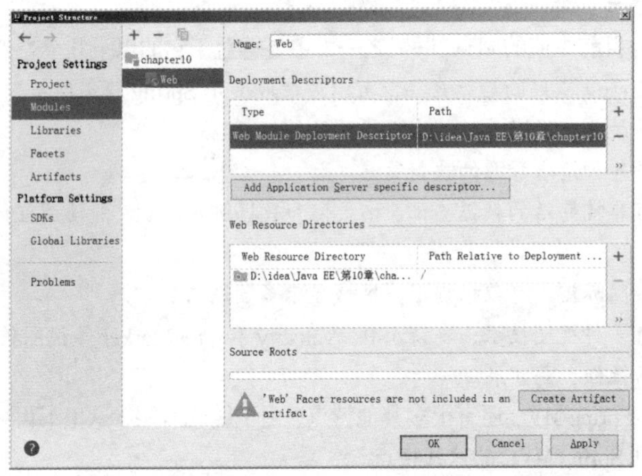

图10–5　Web设置界面

在图 10–5 所示的界面中，单击“Deployment Descriptors”右侧铅笔图样的编辑按钮，弹出“Deployment Descriptor Location”对话框，如图 10–6 所示。

在图 10–6 所示的对话框中，在“Web Module Deployment Descriptor（web.xml）:”输入框中可以设置项目 web.xml 文件的路径。将路径中项目名称后的路径修改为“src\main\webapp\WEB–INF\web.xml”，然后单击“OK”按钮完成 web.xml 的路径设置，返回如图 10–5 所示的设置界面。在图 10–5 中单击“Web Resource Directories”右侧铅笔图样的编辑按钮，弹出“Web Resource Directory Path”对话框，如图 10–7 所示。

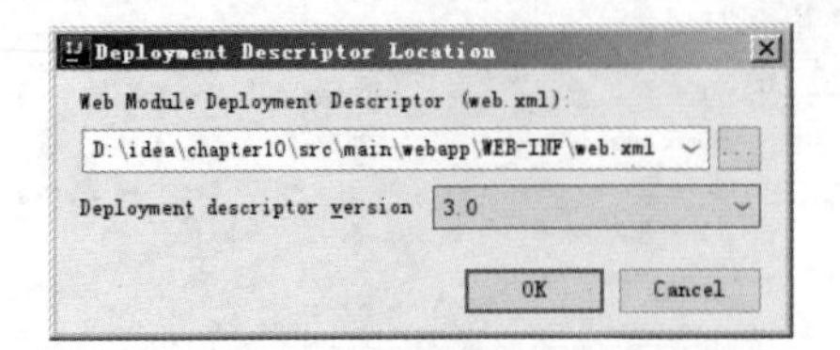

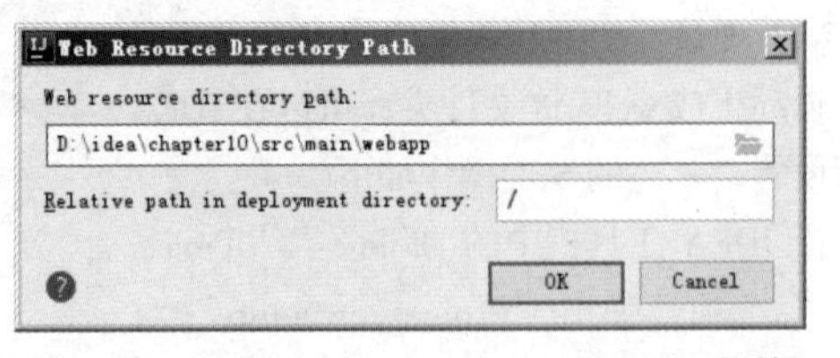

图10–6　“Deployment Descriptor Location”对话框　　　　图10–7　“Web Resource Directory Path”对话框

在图 10–7 所示的对话框中，在“Web resource directory path:”输入框中可以设置项目 webapp 文件夹的路径。将路径中项目名称后的路径修改为“src\main\webapp”，然后单击“OK”按钮完成项目 webapp 文件夹路径的设置。此时，系统返回如图 10–5 所示的设置界面，在图 10–5 中单击右下角的“OK”按钮。

至此，项目 webapp 文件夹相关的设置完成。

项目 chapter10 创建完成后，项目的目录结构如图 10-8 所示。

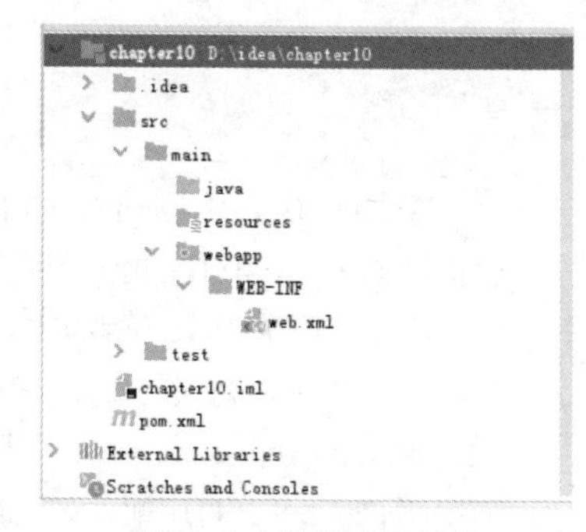

图10-8　项目的目录结构

2. 引入 Maven 依赖

项目创建完成后，为保障项目的正常运行，需要导入项目所需的依赖到项目的 pom.xml 文件中。本项目需要使用 Spring MVC 和 JSP，因此需要导入的依赖包括 Spring 核心包的依赖、Spring MVC 的依赖和 JSP 的依赖。Spring MVC 底层需要 Servlet 的支撑，因此还需导入 Servlet 的依赖。pom.xml 具体内容如文件 10-1 所示。

文件 10-1　pom.xml

```
1  <?xml version="1.0" encoding="UTF-8"?>
2  <project xmlns="http://maven.apache.org/POM/4.0.0"
3           xmlns:xsi="http://www.w3.org/2001/XMLSchema-instance"
4           xsi:schemaLocation="http://maven.apache.org/POM/4.0.0
5           http://maven.apache.org/xsd/maven-4.0.0.xsd">
6      <modelVersion>4.0.0</modelVersion>
7      <groupId>com.itheima</groupId>
8      <artifactId>chapter10</artifactId>
9      <version>1.0-SNAPSHOT</version>
10     <packaging>war</packaging>
11     <properties>
12       <project.build.sourceEncoding>UTF-8</project.build.sourceEncoding>
13       <maven.compiler.source>1.7</maven.compiler.source>
14       <maven.compiler.target>1.7</maven.compiler.target>
15     </properties>
16     <dependencies>
17         <!--Spring 核心类-->
18         <dependency>
19             <groupId>org.springframework</groupId>
20             <artifactId>spring-context</artifactId>
21             <version>5.2.8.RELEASE</version>
22         </dependency>
23         <!--Spring MVC-->
24         <dependency>
25             <groupId>org.springframework</groupId>
26             <artifactId>spring-webmvc</artifactId>
27             <version>5.2.8.RELEASE</version>
28         </dependency>
29         <!-- servlet -->
30         <dependency>
31             <groupId>javax.servlet</groupId>
32             <artifactId>javax.servlet-api</artifactId>
33             <version>3.1.0</version>
34             <scope>provided</scope>
35         </dependency>
36         <!--JSP-->
37         <dependency>
38             <groupId>javax.servlet.jsp</groupId>
39             <artifactId>jsp-api</artifactId>
40             <version>2.1</version>
41             <scope>provided</scope>
42         </dependency>
43     </dependencies>
44     <!--构建-->
45     <build>
46         <!--设置插件-->
47         <plugins>
48             <!--具体的插件配置-->
49             <plugin>
50                 <groupId>org.apache.tomcat.maven</groupId>
51                 <artifactId>tomcat7-maven-plugin</artifactId>
52                 <configuration>
53                     <port>8080</port>
54                     <path>/chapter10</path>
55                 </configuration>
56             </plugin>
```

```
57        </plugins>
58    </build>
59 </project>
```

在文件 10-1 中，第 18～35 行代码导入了 Spring 核心类依赖、Spring MVC 的依赖和 Servlet 的依赖，这些依赖提供了 Spring MVC 的运行环境；第 37～42 行代码中导入了 JSP 的依赖，用于接收客户端请求的响应结果。

需要启动项目时，读者可以将项目部署到本地的 Tomcat 中，也可以通过 Maven 的 Tomcat 插件完成项目的启动。第 49～56 行代码在<plugins>元素内配置了 Maven 的 Tomcat 插件。配置该插件后，可以通过 Maven 指令运行 Maven Web 项目，而无须将项目部署到本地 Tomcat 中。要想在 IDEA 中使用插件运行 Maven 项目，除了需要在 pom.xml 文件中配置对应的插件外，还需要在 IDEA 中进行项目运行的相关配置。具体配置步骤如下。

选择 IDEA 工具栏中的“Run”→“Edit Configurations...”选项，弹出“Run/Debug Configurations”对话框，如图 10-9 所示。

在图 10-9 所示的对话框中，单击左上角的“+”按钮，弹出“Add New Configurations”菜单列表，如图 10-10 所示。

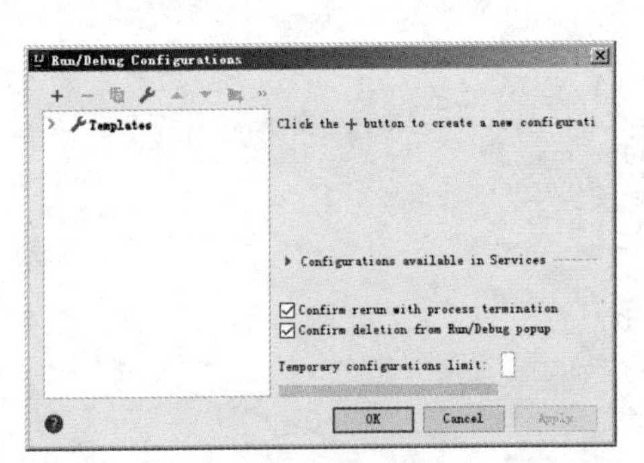

图10-9 “Run/Debug Configurations”对话框

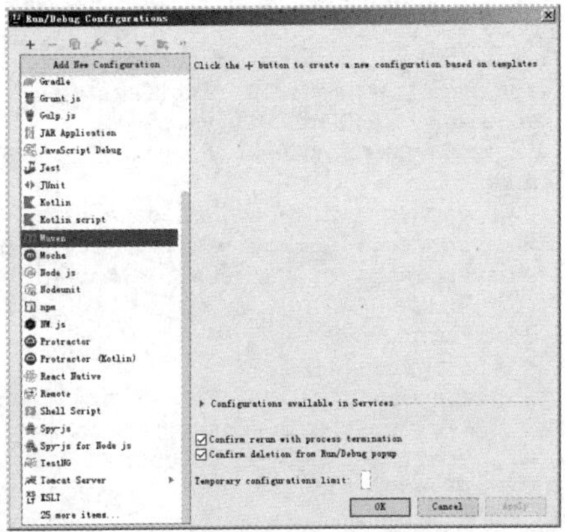

图10-10 “Add New Configurations”菜单列表

在图 10-10 所示的菜单列表中，选择“Maven”选项，进入 Maven 指令的配置界面，如图 10-11 所示。

在图 10-11 中，“Working directory”配置的是 Maven 指令运行所对应的项目路径，在“Working directory”输入框中输入 chapter10 项目在本地的路径即可。“Command line”配置的是对项目执行什么 Maven 指令，在此暂时只需让项目在 Tomcat 中运行，因此在“Command line”输入框中输入“tomcat7:run”即可，单击“OK”按钮完成配置。

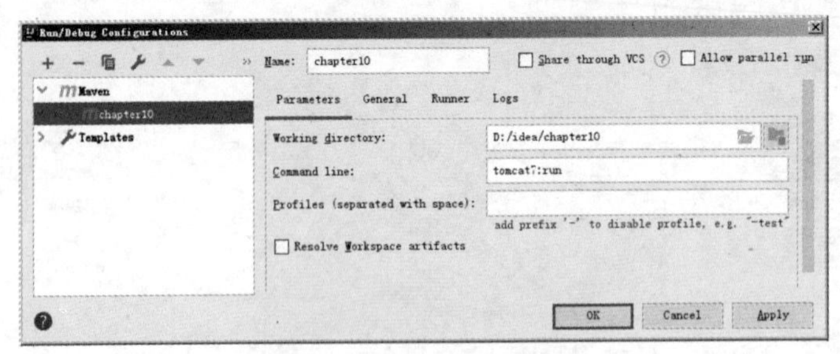

图10-11 Maven指令的配置界面

3. 配置前端控制器

Spring MVC 通过前端控制器拦截客户端的请求并进行转发，因此在使用 Spring MVC 时，配置前端控制器是必不可少的一步。Spring MVC 的前端控制器也是一个 Servlet，可以在项目的 web.xml 文件中进行配置，web.xml 文件的具体配置如文件 10-2 所示。

文件 10-2　web.xml

```
1  <?xml version="1.0" encoding="UTF-8"?>
2  <web-app xmlns="http://java.sun.com/xml/ns/javaee"
3       xmlns:xsi="http://www.w3.org/2001/XMLSchema-instance"
4       xsi:schemaLocation="http://java.sun.com/xml/ns/javaee
5        http://java.sun.com/xml/ns/javaee/web-app_3_0.xsd"  version="3.0">
6  <!-- 配置 Spring MVC 的前端控制器 -->
7    <servlet>
8      <servlet-name>DispatcherServlet</servlet-name>
9      <servlet-class>
10         org.springframework.web.servlet.DispatcherServlet
11     </servlet-class>
12       <!-- 配置初始化参数，用于读取 Spring MVC 的配置文件 -->
13     <init-param>
14       <param-name>contextConfigLocation</param-name>
15       <param-value>classpath:spring-mvc.xml</param-value>
16     </init-param>
17     <!-- 应用加载时创建-->
18     <load-on-startup>1</load-on-startup>
19   </servlet>
20   <servlet-mapping>
21     <servlet-name>DispatcherServlet</servlet-name>
22     <url-pattern>/</url-pattern>
23   </servlet-mapping>
24 </web-app>
```

在文件 10-2 中，第 7～19 行代码配置了 Spring MVC 的前端控制器，并定义名称为 DispatcherServlet。其中，第 18 行代码配置了<servlet>元素的<load-on-startup>子元素，该配置会在项目启动时立即加载 DispatcherServlet。DispatcherServlet 初始化时会加载 classpath 路径下的 spring-mvc.xml 配置文件。第 20～23 行代码配置<servlet-mapping>元素的子元素<url-pattern>内容为"/"，这样在项目运行时，Spring MVC 的前端控制器会拦截所有的请求 URL，并交由 DispatcherServlet 处理。

4. 配置处理器映射信息和视图解析器

在项目的 resources 文件夹下创建 Spring MVC 的配置文件 spring-mvc.xml，用于配置处理器映射信息和视图解析器。spring-mvc.xml 具体配置如文件 10-3 所示。

文件 10-3　spring-mvc.xml

```
1  <?xml version="1.0" encoding="UTF-8"?>
2  <beans xmlns="http://www.springframework.org/schema/beans"
3         xmlns:context="http://www.springframework.org/schema/context"
4         xmlns:xsi="http://www.w3.org/2001/XMLSchema-instance"
5         xsi:schemaLocation="http://www.springframework.org/schema/beans
6      http://www.springframework.org/schema/beans/spring-beans.xsd
7      http://www.springframework.org/schema/context
8      http://www.springframework.org/schema/context/spring-context.xsd">
9      <!-- 配置 Spring MVC 要扫描的包 -->
10      <context:component-scan base-package="com.itheima.controller"/>
11     <!-- 配置视图解析器 -->
12 <bean class=
13 "org.springframework.web.servlet.view.InternalResourceViewResolver">
14         <property name="prefix" value="/WEB-INF/pages/"/>
15         <property name="suffix" value=".jsp"/>
16     </bean>
17 </beans>
```

在文件 10-3 中，第 10 行代码通过配置<context:component-scan>元素来扫描 com.itheima.controller 包，扫描时会将 com.itheima.controller 包下的所有处理器加载到 Spring MVC 中。第 12～16 行代码配置了视图解析器用于解析结果视图，并将结果视图呈现给用户。其中，第 14 行和第 15 行代码中 prefix 和 suffix 的 value 值分别代表查找视图页面的前缀和后缀，最终视图的地址如下：视图页面的前缀+逻辑视图名+视图页面的后缀，其中逻辑视图名需要在访问的处理器中指定。

5. 创建处理器

在项目的 src/main/java 目录下创建一个路径为 com.itheima.controller 的包。在包中创建处理器 FirstController

类，用于处理客户端的请求并指定响应时转跳的页面。FirstController 类具体内容如文件 10-4 所示。

文件 10-4 FirstController.java

```
1  package com.itheima.controller;
2  import org.springframework.stereotype.Controller;
3  import org.springframework.web.bind.annotation.RequestMapping;
4  //设置当前类为处理器类
5  @Controller
6  public class FirstController {
7      //设定当前方法的访问映射地址
8      @RequestMapping("/firstController")
9      //设置当前方法返回值类型为 String，用于指定请求完成后跳转的页面
10     public String sayHello(){
11         System.out.println("访问到 FirstController!");
12         //设定具体跳转的页面
13         return "success";
14     }
15 }
```

在文件 10-4 中，第 5 行代码用于将当前类设置为处理器类，应用程序启动时结合 Spring MVC 配置文件的包扫描配置，将该类注册到 Spring MVC 容器中；第 8 行代码用于设置当前方法的访问映射地址，使用设定的“/firstController”路径作为当前方法的访问地址；第 13 行代码用于设定具体跳转的页面名称，结合 Spring MVC 配置文件，将返回值与视图解析器指定的前缀和后缀进行拼接以确定结果视图的最终路径，同时将结果解析并呈现给用户。

6. 创建视图（View）页面

在项目的 WEB-INF 文件夹下创建名称为 pages 的文件夹，并在 pages 文件夹下创建名称为 success 的 JSP 文件，用于对客户端请求进行处理后的视图进行展示。success.jsp 文件具体内容如文件 10-5 所示。

文件 10-5 success.jsp

```
1  <html>
2  <body>
3  <h2>Spring MVC FirstController!</h2>
4  </body>
5  </html>
```

7. 启动项目并测试应用

至此，项目的全部文件都创建完成，项目的最终目录和文件组成如图 10-12 所示。

本程序使用 Maven 的 Tomcat 插件启动运行项目，前面已经讲解了 Tomcat 插件的配置。可以通过单击 IDEA 菜单栏右上方的运行按钮启动项目，也可以在选中项目后使用快捷键“Shift+F10”启动项目。

项目启动成功后，在浏览器中对处理器进行请求访问，访问地址为 http://localhost:8080/chapter10/firstController，访问后，浏览器跳转到的 success.jsp 页面中。浏览器跳转的页面如图 10-13 所示。

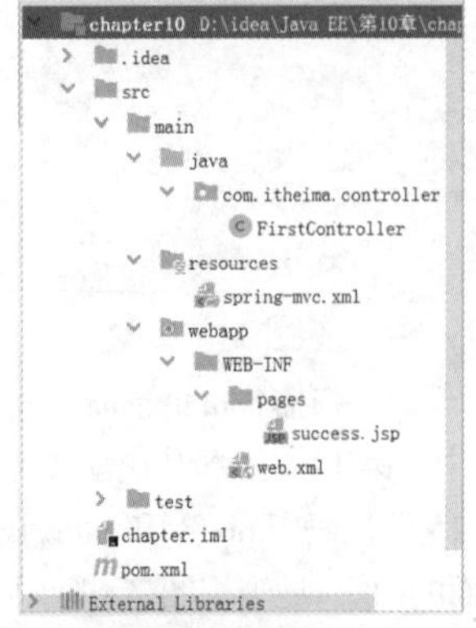

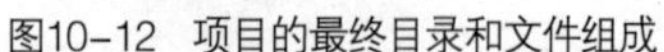

图10-12 项目的最终目录和文件组成

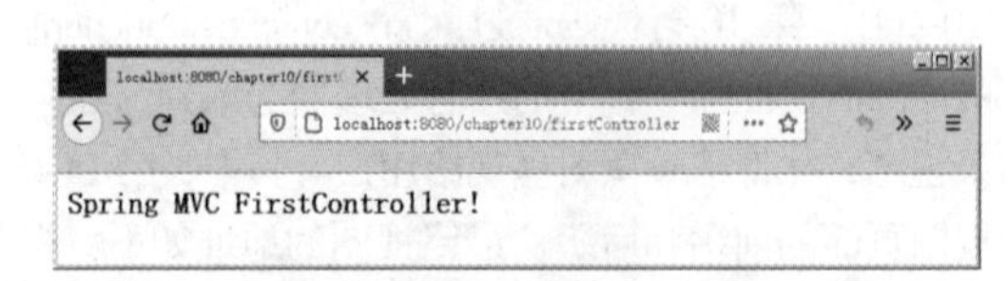

图10-13 浏览器跳转的页面

从控制台的打印信息和浏览器的页面跳转分析可知，处理器已经成功处理用户请求，并将结果解析展示成功，说明 Spring MVC 的入门程序执行成功。

10.3 Spring MVC 工作原理

通过 10.2 节入门程序的学习，相信读者对 Spring MVC 的使用已经有了初步的了解，但是对 Spring MVC 在项目中具体执行流程的细节还不是很了解。在入门程序的实现过程中使用了 Spring MVC 的一些组件，为了让读者更好地理解 Spring MVC 执行流程，在此先对 Spring MVC 的三大组件进行讲解，这三大组件分别是处理器映射器（HandlerMapping）、处理器适配器（HandlerAdapter）和视图解析器（ViewResolver）。各组件的具体作用和含义如下所示。

1. 处理器映射器

处理器映射器可以理解为一个 Map<URL,Handler>，HandlerMapping 负责根据用户请求的 URL 找到 Handler（处理器），Spring MVC 提供了不同的映射器来实现不同的映射方式。

2. 处理器适配器

处理器适配器的作用是根据处理器映射器找到的 Handler 信息，去执行相关的 Handler。不同的处理器映射器映射出来的 Handler 对象是不一样的，不同的映射由不同的适配器来负责解析。

3. 视图解析器

视图解析器进行视图解析时，首先将逻辑视图名解析成物理视图名，即具体的页面地址，再生成 View 视图对象返回。

Spring MVC 的三大组件是 Spring MVC 的执行流程中的重要节点，在学习完 Spring MVC 的三大组件的作用后，接着进一步学习 Spring MVC 的执行流程。Spring MVC 的执行流程如图 10-14 所示。

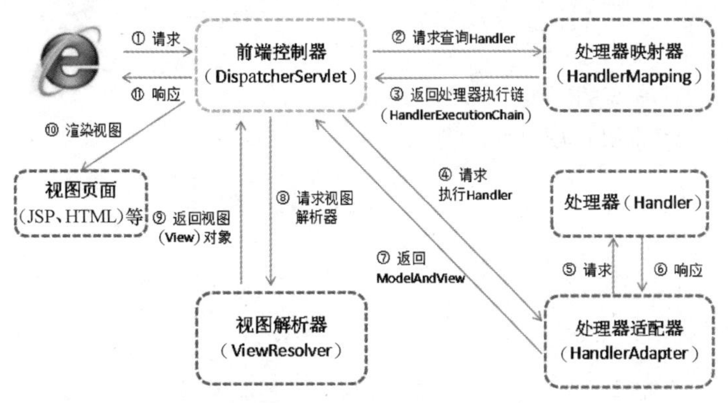

图10-14 Spring MVC的执行流程

下面结合图 10-14 对 Spring MVC 的执行流程进行详细介绍。

（1）用户通过浏览器向服务器发送请求，请求会被 Spring MVC 的前端控制器（DispatcherServlet）拦截。

（2）DispatcherServlet 拦截到请求后，会调用处理器映射器（HandlerMapping）。

（3）处理器映射器根据请求 URL 找到具体的处理器，生成处理器对象及处理器拦截器（如果有则生成）一并返回给 DispatcherServlet。

（4）DispatcherServlet 会通过返回信息选择合适的处理器适配器（HandlerAdapter）。

（5）HandlerAdapter 会调用并执行处理器（Handler），这里的处理器是指程序中编写的 Controller 类，也被称之为后端控制器。

（6）Controller 执行完成后，会返回一个 ModelAndView 对象，该对象中会包含视图名或包含模型和视图名。

（7）HandlerAdapter 将 ModelAndView 对象返回给 DispatcherServlet。

（8）前端控制器请求视图解析器根据逻辑视图名解析真正的视图。

（9）ViewResolver 解析后，会向 DispatcherServlet 中返回具体的视图（View）对象。

（10）DispatcherServlet 对 View 进行渲染（即将模型数据填充至视图中）。

（11）前端控制器向用户响应结果。

在上述执行过程中，DispatcherServlet、HandlerMapping、HandlerAdapter 和 ViewResolver 对象的工作是在框架内部执行的，开发人员只需要配置前端控制器（DispatcherServlet），完成 Controller 中的业务处理并在视图（View）中展示相应信息即可。

小提示：

在老版本的 Spring MVC 中，配置文件内必须要配置处理器映射器、处理器适配器和视图解析器，但在 Spring 4.0 版本后，如果不配置处理器映射器、处理器适配器和视图解析器，框架会加载内部默认的配置完成相应的工作。如果想显式并快捷地配置处理器映射器和处理器适配器，也可以在配置文件中使用 <mvc:annotation-driven> 元素来实现，该元素会自动注册处理器映射器和处理器适配器。

10.4 本章小结

本章主要对 Spring MVC 的基础知识进行了整体介绍。首先对 Spring MVC 框架进行了简单介绍；然后讲解了一个 Spring MVC 入门程序的编写；最后通过入门程序对 Spring MVC 的工作原理进行了详细讲解。通过学习本章的内容，读者能够了解什么是 Spring MVC，以及 Spring MVC 的优点，掌握 Spring MVC 入门程序的编写，并能够熟悉 Spring MVC 框架的工作流程。

【思考题】

1. 请简述 Spring MVC 框架的优点。
2. 请简述 Spring MVC 框架的工作执行流程。

第 11 章

Spring MVC的核心类和注解

学习目标

★ 了解 Spring MVC 核心类的作用

★ 掌握@Controller 注解的使用

★ 掌握@RequestMapping 注解的使用

★ 掌握请求的映射方式

自 JDK 5 推出以来，注解已成为 Java 知识体系不可缺少的一部分。Spring MVC 在 Spring 2.5 之后也新增了基于注解的 Controller 形式。基于注解的 Controller 简化了 XML 文件配置，极大地提高了开发效率。本章将对 Spring MVC 的核心类和注解进行详细地讲解。

11.1 DispatcherServlet

DispatcherServlet 是 Spring MVC 的核心类，其全限定名是 org.springframework.web.servlet.DispatcherServlet。DispatcherServlet 是 Spring MVC 的流程控制中心，也称为 Spring MVC 的前端控制器，它可以拦截客户端的请求。拦截客户端请求之后，DispatcherServlet 会根据具体规则将请求交给其他组件处理。所有请求都要经过 DispatcherServlet 进行转发处理，这样就降低了 Spring MVC 组件之间的耦合性。

DispatcherServlet 本质上是一个 Servlet，可以在 web.xml 文件中完成 DispatcherServlet 的配置和映射。下面新建一个项目，在项目的 web.xml 文件中演示 DispatcherServlet 的配置和映射。

参考第 10 章 Spring MVC 入门程序，在 IDEA 中创建一个名称为 chapter11 的 Maven Web 项目。需要注意的是，如无特殊说明，本章的所有案例都将在 chapter11 项目中开发和运行。项目创建完成之后，在项目 web.xml 文件中配置 DispatcherServlet，具体配置如文件 11-1 所示。

文件 11-1 web.xml

```
1  <!-- 配置 Spring MVC 的前端控制器 -->
2    <servlet>
3      <servlet-name>DispatcherServlet</servlet-name>
4      <servlet-class>
5          org.springframework.web.servlet.DispatcherServlet
6      </servlet-class>
7        <!-- 配置初始化参数，用于读取 Spring MVC 的配置文件 -->
8      <init-param>
9        <param-name>contextConfigLocation</param-name>
```

```
10       <param-value>classpath:spring-mvc.xml</param-value>
11     </init-param>
12     <!-- 应用加载时创建-->
13     <load-on-startup>1</load-on-startup>
14   </servlet>
15   <servlet-mapping>
16     <servlet-name>DispatcherServlet</servlet-name>
17     <url-pattern>/</url-pattern>
18   </servlet-mapping>
```

在文件 11-1 中，第 2～14 行代码配置了 DispatcherServlet。其中，在第 8～11 行代码的<init-param>元素用于指定 DispatcherServlet 初始化参数，参数名为 contextConfigLocation，参数值为指定路径下的文件 spring-mvc.xml。DispatcherServlet 初始化时会读取 spring-mvc.xml 文件中的配置信息完成初始化。

如果 web.xml 没有通过<init-param>元素指定 DispatcherServlet 初始化时要加载的文件，则应用程序会去 WEB-INF 文件夹下寻找并加载默认配置文件。默认配置文件的名称规则如下：

```
[servlet-name]-servlet.xml
```

在上述名称规则中，[servlet-name]是指 web.xml 文件中<servlet-name>元素的值；“-servlet.xml”是配置文件名的固定拼接。因此，如果文件 11-1 中没有指定要加载的配置文件，应用程序会在 WEB-INF 文件夹下寻找并加载名称为 DispatcherServlet-servlet.xml 的配置文件。

在文件 11-1 中，第 13 行代码中的<load-on-startup>元素用于指定 DispatcherServlet 是否在启动时加载。如果<load-on-startup>元素的值为正整数或者 0，表示在项目启动时就加载并初始化这个 Servlet，值越小，Servlet 的优先级越高，就越先被加载；如果<load-on-startup>元素的值为负数或者没有设置，则 Servlet 会在被请求时加载并初始化。

11.2 @Controller 注解

在 Spring MVC 的执行流程中，DispatcherServlet 把用户请求转发给处理器类中的 Handler（处理器），Handler 对用户的请求进行处理。在 Spring MVC 框架中，传统的处理器类需要直接或间接地实现 Controller 接口，这种方式需要在 Spring MVC 配置文件中定义请求和 Controller 的映射关系。当后台需要处理的请求较多时，使用传统的处理器类会比较烦琐且灵活性低。为此，Spring MVC 框架提供了@Controller 注解。使用@Controller 注解时，只需要将@Controller 注解标注在普通 Java 类上，然后通过 Spring 的扫描机制找到标注了该注解的 Java 类，该 Java 类就成为了 Spring MVC 的处理器类。

基于@Controller 注解的处理器类示例代码如下：

```
import org.springframework.stereotype.Controller;
...
@Controller                           //标注@Controller 注解
public class FirstController{
   ...
}
```

为了保证 Spring MVC 能够找到处理器类，需要在 Spring MVC 的配置文件中添加相应的扫描配置信息。首先在配置文件的声明中引入 spring-context 声明，用于支持配置文件中所使用的<context:component-scan>元素；然后使用<context:component-scan>元素指定被 Spring 扫描的类包。Spring MVC 配置文件的类包扫描配置信息如文件 11-2 所示。

文件 11-2 spring-mvc.xml

```
1  <?xml version="1.0" encoding="UTF-8"?>
2  <beans xmlns="http://www.springframework.org/schema/beans"
3        xmlns:context="http://www.springframework.org/schema/context"
4        xmlns:xsi="http://www.w3.org/2001/XMLSchema-instance"
5        xsi:schemaLocation="http://www.springframework.org/schema/beans
6     http://www.springframework.org/schema/beans/spring-beans.xsd
7     http://www.springframework.org/schema/context
8     http://www.springframework.org/schema/context/spring-context.xsd">
```

```
9      <!-- 配置要扫描的类包 -->
10       <context:component-scan base-package="com.itheima.controller"/>
11       <bean class="org.springframework.web.servlet.view.InternalResourceViewResolver">
12        </bean>
13 </beans>
```

在文件 11-2 中，<context:component-scan>元素的 base-package 属性指定了需要扫描的类包为 com.itheima.controller。文件 11-2 被加载时，Spring 会自动扫描 com.itheima.controller 类包及其子包下的 Java 类。如果被扫描的 Java 类中带有@Controller、@Service 等注解，则把这些类注册为 Bean 并存放在 Spring 中。

与传统的处理器类实现方式相比，使用@Controller 注解的方式更加简单灵活。因此，在实际开发中通常使用@Controller 注解来定义处理器类。

11.3 @RequestMapping 注解

使用@Controller 注解可以将普通的类声明成 Spring MVC 的处理器类，但是只使用@Controller 注解的话，Spring MVC 框架并不能确定当前 Web 请求由哪个 Handler 进行处理。为此，Spring MVC 框架还提供了@RequestMapping 注解。@RequestMapping 注解可以为 Handler 提供必要的映射信息，将请求的 URL 映射到具体的处理方法。本节将对@RequestMapping 注解的使用、属性与请求映射方式进行详细讲解。

11.3.1 @RequestMapping 注解的使用

@RequestMapping 注解用于建立请求 URL 和 Handler 之间的映射关系，该注解可以标注在方法上和类上。下面分别对@RequestMapping 注解的这两种使用方式进行介绍。

1. 标注在方法上

当@RequestMapping 注解标注在方法上时，该方法就成了一个可以处理客户端请求的 Handler（处理器），它会在 Spring MVC 接收到对应的 URL 请求时被执行。Handler 在浏览器中对应的访问地址由项目访问路径+处理方法的映射路径共同组成。

下面通过一个案例演示@RequestMapping 注解标注在方法上的使用。

在 chapter11 项目的 src/main/java 目录下创建类包 com.itheima.controller，并在类包下创建 FirstController 类。FirstController 类中创建 sayHello()方法，用于处理客户端请求。FirstController 类具体代码如文件 11-3 所示。

文件 11-3　FirstController .java

```
1  package com.itheima.controller;
2  import org.springframework.stereotype.Controller;
3  import org.springframework.web.bind.annotation.RequestMapping;
4  @Controller
5  public class FirstController {
6       @RequestMapping(value="/firstController")
7       public void sayHello(){
8           System.out.println("hello Spring MVC");
9       }
10 }
```

在文件 11-3 中，第 6 行代码@RequestMapping 注解的 value 属性指定了 sayHello()方法的映射路径为“/firstController”。项目 chapter11 启动后，在浏览器中访问地址 http://localhost:8080/chapter11/firstController 时，会执行文件 11-3 中的 sayHello()方法。

启动项目，在浏览器中访问 http://localhost:8080/chapter11/firstController，控制台输出信息如图 11-1 所示。

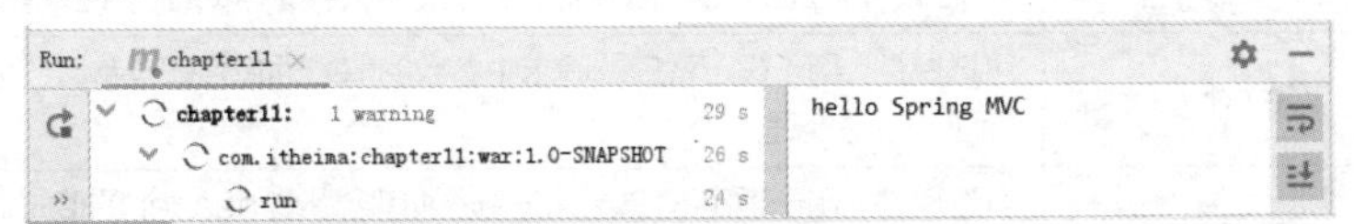

图11-1　控制台输出信息（1）

从图 11-1 所示的控制台输出信息可以看出，sayHello()方法被成功执行，说明@RequestMapping 注解标注在方法上时，成功建立了请求 URL 和处理请求方法之间的关系。

2. 标注在类上

当@RequestMapping 注解标注在类上时，@RequestMapping 的 value 属性值相当于本处理器类的命名空间，即访问该处理器类下的任意处理器都需要带上这个命名空间。当@RequestMapping 标注在类上时，其 value 属性值作为请求 URL 的第一级访问目录。当处理器类和处理器都使用@RequestMapping 注解指定了对应的映射路径时，处理器在浏览器中的访问地址由项目访问路径+处理器类的映射路径+处理器的映射路径共同组成。

下面通过一个案例演示@RequestMapping 注解标注在类上的使用。

修改文件 11-3，在 FirstController 类上标注@RequestMapping 注解，修改后的 FirstController 类如文件 11-4 所示。

文件 11-4　FirstController.java

```
1  import org.springframework.stereotype.Controller;
2  import org.springframework.web.bind.annotation.RequestMapping;
3  @Controller
4  @RequestMapping(value="/springMVC")
5  public class FirstController {
6       @RequestMapping(value="/firstController")
7       public void sayHello(){
8            System.out.println("hello Spring MVC");
9        }
10 }
```

在文件 11-4 中，第 4 行代码@RequestMapping 注解指定了 FirstController 类的映射路径为“/springMVC”；第 6 行代码@RequestMapping 注解指定了 sayHello()方法的映射路径为“/firstController”。项目 chapter11 启动后，在浏览器中访问地址 http://localhost:8080/chapter11/springMVC/firstController 时，sayHello()方法会被执行。

启动项目，在浏览器中访问 http://localhost:8080/chapter11/springMVC/firstController，控制台输出信息如图 11-2 所示。

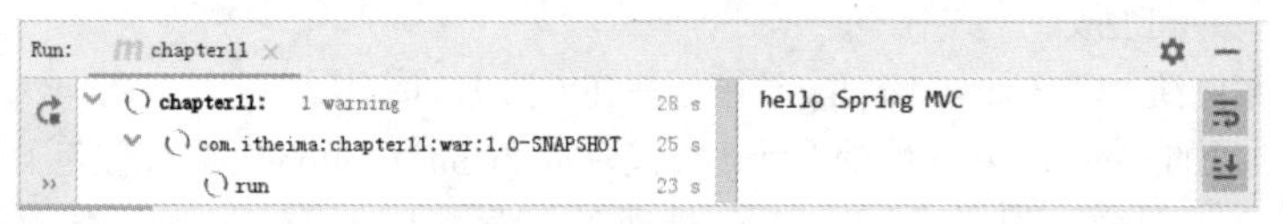

图11-2　控制台输出信息（2）

从图 11-2 所示的控制台输出信息可以看出，sayHello()方法被成功执行，说明@RequestMapping 注解标注在类上时，成功建立了请求 URL 和处理请求类之间的关系。

11.3.2 @RequestMapping 注解的属性

在 11.3.1 节中，使用@RequestMapping 注解的 value 属性映射请求的 URL 访问路径。除了 value 属性外，@RequestMapping 注解还有其他 6 个属性。@RequestMapping 注解的属性如表 11-1 所示。

表 11-1　@RequestMapping 注解的属性

属性名	类型	描述
name	String	可选属性，用于为映射地址指定别名
value	String[]	可选属性，同时也是默认属性，用于指定请求的 URL
method	RequestMethod[]	可选属性，用于指定该方法可以处理哪种类型的请求方式，其请求方式包括 GET、POST、HEAD、OPTIONS、PUT、PATCH、DELETE 和 TRACE
params	String[]	可选属性，用于指定客户端请求中参数的值必须包含哪些参数的值时，才可以通过其标注的方法处理
headers	String[]	可选属性，用于指定客户端请求中必须包含哪些 header 的值时，才可以通过其标注的方法处理

续表

属性名	类型	描述
consumes	String[]	可选属性，用于指定处理请求的提交内容类型（Content-type），如 application/json、text/html 等
produces	String[]	可选属性，用于指定返回的内容类型，仅当 request 请求头中的（Accept）类型中包含该指定类型时才返回

表 11-1 列举了@RequestMapping 注解的属性，所有属性都是可选属性。除 name 属性外，其他属性都可以同时指定多个参数。下面结合示例学习@RequestMapping 注解的常用属性。

1. value 属性

value 属性是@RequestMapping 注解的默认属性。当 value 属性是@RequestMapping 注解显式使用的唯一属性时，可以省略 value 的属性名。例如，下面两种映射路径标注的含义相同。

```
@RequestMapping(value="/firstController")
@RequestMapping("/firstController")
```

使用 value 属性时，可以指定映射单个的请求 URL，也可以将多个请求映射到一个方法上。在 value 属性中添加一个带有请求路径的列表，就可以将这个请求列表中的路径都映射到对应的方法上，如文件 11-5 所示。

文件 11-5 AuthController.java

```
1  package com.itheima.controller;
2  import org.springframework.stereotype.Controller;
3  import org.springframework.web.bind.annotation.RequestMapping;
4  @Controller
5  public class AuthController {
6      //设定当前方法的访问映射地址列表
7      @RequestMapping(value = {"/addUser", "/deleteUser"})
8      public void checkAuth() {
9          System.out.println("增删操作校验");
10     }
11 }
```

在文件 11-5 中，第 7 行代码将两个请求路径存放在英文大括号内，路径之间使用英文逗号进行分隔。此时，checkAuth()方法会映射请求路径“/addUser”和“/deleteUser”。

启动项目，在浏览器中访问地址 http://localhost:8080/chapter11/addUser，控制台输出信息如图 11-3 所示。

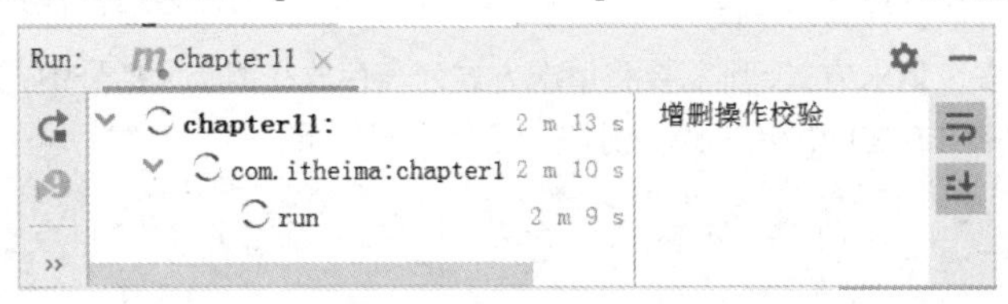

图11-3 控制台输出信息（3）

在浏览器中访问地址 http://localhost:8080/chapter11/deleteUser，控制台输出信息如图 11-4 所示。

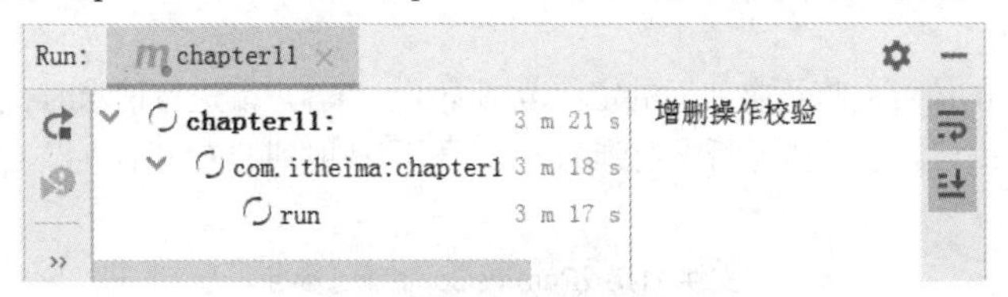

图11-4 控制台输出信息（4）

从图 11-3 和图 11-4 输出的内容分析可知，访问不同的两个路径，但都成功执行了 checkAuth()方法，由此说明实现了多个请求映射到一个方法上。

2. method 属性

method 属性可以对处理器映射的 URL 请求方式进行限定。当请求的 URL 和处理器映射成功，但请求方式和 method 属性指定的属性值不匹配时，处理器并不能正常处理请求。下面通过一个案例演示 method 属性限定 HTTP 请求的方式，具体如文件 11-6 所示。

文件 11-6 MethodController.java

```
1  package com.itheima.controller;
2  import org.springframework.stereotype.Controller;
3  import org.springframework.web.bind.annotation.RequestMapping;
4  import org.springframework.web.bind.annotation.RequestMethod;
5  @Controller
6  @RequestMapping("/method")
7  public class MethodController {
8      //处理请求方式为 GET 的请求
9      @RequestMapping(method = RequestMethod.GET)
10     public void get() {
11         System.out.println("RequestMethod.GET");
12     }
13     //处理请求方式为 DELETE 的请求
14     @RequestMapping(method = RequestMethod.DELETE)
15     public void delete() {
16         System.out.println("RequestMethod.DELETE");
17     }
18     //处理请求方式为 POST 的请求
19     @RequestMapping(method = RequestMethod.POST)
20     public void post() {
21         System.out.println("RequestMethod.POST");
22     }
23     //处理请求方式为 PUT 的请求
24     @RequestMapping(method = RequestMethod.PUT)
25     public void put() {
26         System.out.println("RequestMethod.PUT");
27     }
28 }
```

启动项目后，在客户端依次以 GET 方式、DELETE 方式、POST 方式和 PUT 方式请求访问 http://localhost:8080/chapter11/method 时，程序会分别执行文件 11-6 中的 get()方法、delete()方法、post()方法和 put()方法。控制台输出信息如图 11-5 所示。

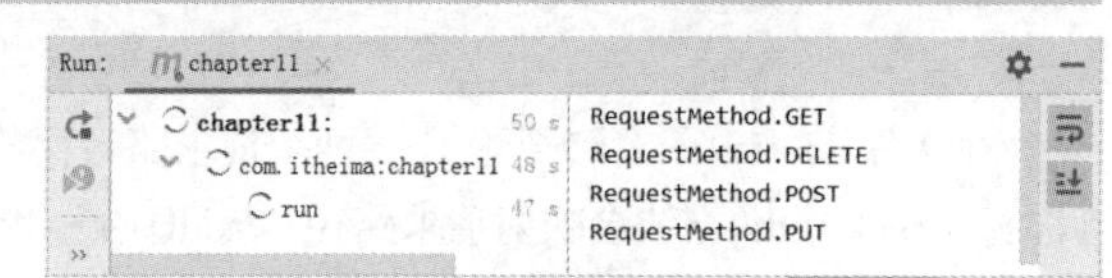

图11-5 控制台输出信息（5）

如果需要同时支持多个请求方式，则需要将请求方式列表存放在英文大括号中，以数组的形式给 method 属性赋值，并且多个请求方式之间用英文逗号分隔，示例代码如下：

```
@RequestMapping(value = "/method",
                method = {RequestMethod.GET,RequestMethod.POST})
public void getAndPost() {
    System.out.println("RequestMethod.GET+RequestMethod.POST");
}
```

如果没有指定 method 属性的值，@RequestMapping 注解会根据客户端的请求方式自动适应。

3. params 属性

params 属性中定义的值可以将请求映射的定位范围缩小。当客户端进行请求时，如果请求参数的值等于 params 属性定义的值，则可以正常执行所映射到的方法，否则映射到的方法不执行。params 属性值的定义方式如文件 11-7 所示。

文件 11-7 ParamsController .java

```
1  package com.itheima.controller;
2  import org.springframework.stereotype.Controller;
3  import org.springframework.web.bind.annotation.RequestMapping;
4  @Controller
5  public class ParamsController {
6      @RequestMapping(value = "/params", params = "id=1")
7      public void findById(String id) {
8          System.out.println("id=" + id);
```

```
9       }
10 }
```

在文件 11-7 中，@RequestMapping 注解的 params 属性指定了 findById()方法参数 id 的值为 1。项目启动后，在浏览器中输入 http://localhost:8080/chapter11/params?id=1，控制台输出信息如图 11-6 所示。

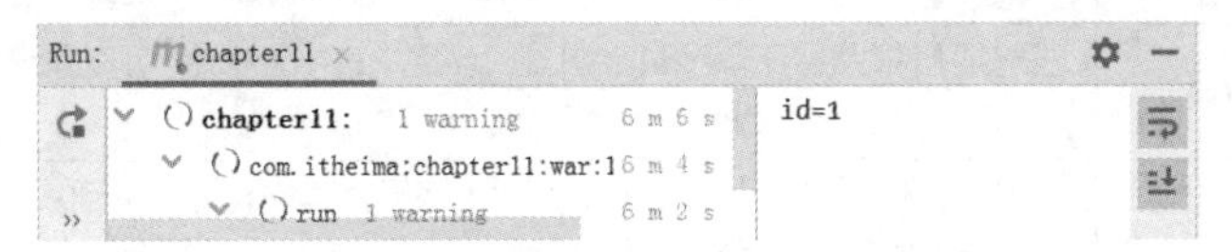

图11-6　控制台输出信息（6）

从图 11-6 所示的控制台输出信息可以看出，findById()方法正常执行了，说明浏览器客户端请求参数中携带的名称为 id 且值为 1 的参数，符合@RequestMapping 注解 params 属性的设定。如客户端请求访问 findById()方法未携带名称为 id 的参数，或所携带参数 id 的值不等于 1，则 findById()方法将不执行。

11.3.3　请求映射方式

基于注解风格的 Spring MVC 通过@RequestMapping 注解指定请求映射的 URL 路径。URL 路径映射常用的方式有基于请求方式的 URL 路径映射、基于 Ant 风格的 URL 路径映射和基于 REST 风格的 URL 路径映射 3 种。下面分别对这 3 种请求映射方式进行详细讲解。

1. 基于请求方式的 URL 路径映射

11.3.2 节中已经学习了可以使用@RequestMapping 注解的 method 属性来限定当前方法匹配哪种类型的请求方式。除了可以使用@RequestMapping 注解来限定客户端的请求方式外，从 Spring 4.3 版本开始，还可以使用组合注解完成客户端请求方式的限定。组合注解简化了常用的 HTTP 请求方式的映射，并且更好地表达了被注解方法的语义。Spring MVC 组合注解如下所示。

- @GetMapping：匹配 GET 方式的请求。
- @PostMapping：匹配 POST 方式的请求。
- @PutMapping：匹配 PUT 方式的请求。
- @DeleteMapping：匹配 DELETE 方式的请求。
- @PatchMapping：匹配 PATCH 方式的请求。

下面以@GetMapping 为例讲解组合注解的用法，@GetMapping 是@RequestMapping(method = RequestMethod.GET)的缩写，使用组合注解替代@RequestMapping 注解可以省略 method 属性，从而简化代码。@GetMapping 用法示例代码如下：

```
@GetMapping(value="/firstController")
public void sayHello(){
    ...
}
```

在上述示例代码中，使用了@GetMapping 注解处理的 GET 请求，效果与使用@RequestMapping 的 method 属性处理 GET 请求方式相同。

2. 基于 Ant 风格的 URL 路径映射

Spring MVC 支持 Ant 风格的 URL 路径映射，所谓 Ant 风格其实就是一种通配符风格，可以在处理器映射路径中使用通配符对访问的 URL 路径进行关联。Ant 风格的通配符有以下 3 种。

- ?：匹配任何单字符。
- *：匹配 0 或者任意数量的字符。
- **：匹配 0 或者多级目录。

基于 Ant 风格的 URL 路径映射中，Ant 风格通配符的路径匹配如表 11-2 所示。

表 11-2 Ant 风格通配符的路径匹配

通配符	URL 路径	通配符匹配说明
?	/ant1?	匹配项目根路径下/ant1[anyone]路径，其中，[anyone]可以是任意单字符，即/ant1 后有且只有 1 个字符，例如，/ant12、/ant1a 可以被/ant1?匹配
*	/ant2/*.do	匹配项目根路径下/ant2/[any].do 路径，其中，[any]可以是任意数量的字符，例如，/ant2/findAll.do、/ant2/.do 可以被/ant2/*.do 匹配
*	/*/ant3	匹配项目根路径下/[onemore]/ant3 路径，其中，[onemore]可以是数量多于 0 个的任意字符，例如，/a/ant3、/findAll/ant3 可以被/*/ant3 匹配，但是字符数量不能为 0，并且目录层数必须一致，例如，//ant3、/findAll/a/ant3 不能被/*/ant3 匹配
**	/**/ant4	匹配项目根路径下/[anypath]/ant4 路径，其中，[anypath]可以是 0 或者多层的目录，例如，/ant4、/a/ant4、/a/b/ant4 可以被/**/ant4
**	/ant5/**	匹配项目根路径下/ant5/[anypath]路径，其中，[anypath]可以是 0 或者多层的目录，例如，/ant5、/ant5/a、/ant5/a/b 可以被/ant5/**匹配

当映射路径中同时使用多个通配符时，可能会发生通配符冲突的情况。当多个通配符冲突时，路径会遵守最长匹配原则（has more characters）去匹配通配符，如果一个请求路径同时满足两个或多个 Ant 风格的映射路径匹配规则，那么请求路径最终会匹配满足规则字符最多的路径。例如，/ant/a/path 同时满足/**/path 和/ant/*/path 匹配规则，但/ant/a/path 最终会匹配“/ant/*/path”路径。

3. 基于 RESTful 风格的 URL 路径映射

除了支持 Ant 风格的 URL 路径映射外，Spring MVC 还支持 RESTful 风格的 URL 路径映射。

REST（Representational State Transfer）是一种网络资源的访问风格，规范了网络资源的访问方式。REST 所访问的网络资源可以是一段文本、一张图片、一首歌曲、一种服务，总之是一个具体的存在。每个网络资源都有一个 URI（Uniform Resource Indentifier，统一资源标识符）指向它，要获取这个资源，访问它的 URI 就可以，因此 URI 即为每一个资源的独一无二的标识符。

RESTful 按照 REST 风格访问网络资源，简单来说，RESTful 就是把请求参数变成请求路径的一种风格。例如，传统风格访问的 URL 格式如下：

```
http://.../findUserById?id=1
```

而采用 RESTful 风格后，其访问的 URL 格式如下：

```
http://.../user/id/1
```

从上述两个请求中可以看出，RESTful 风格中的 URL 将请求参数 id=1 变成了请求路径的一部分，并且将传统风格 URL 中的 findUserById 变成了 user。需要注意的是，RESTful 风格中的 URL 不使用动词形式的路径，例如，findUserById 表示查询用户，是一个动词，而 user 表示用户，为名词。

RESTful 风格在 HTTP 请求中通过 GET、POST、PUT 和 DELETE 这 4 个动词对应 4 种基本请求操作，具体如下所示。

- GET：用于获取资源。
- POST：用于新建资源。
- PUT：用于更新资源。
- DELETE：用于删除资源。

RESTful 风格 4 种请求的约定方式如表 11-3 所示。

表 11-3 RESTful 风格 4 种请求的约定方式

URL 路径	请求方式	说明
http://localhost:8080/chapter11/user/1	HTTP GET	获得参数 1 进行查询 user 操作
http://localhost:8080/chapter11/user/1	HTTP DELETE	获得参数 1 进行删除 user 操作
http://localhost:8080/chapter11/user/1	HTTP PUT	获得参数 1 进行更新 user 操作
http://localhost:8080/chapter11/user	HTTP POST	新增 user 操作

表 11-3 列出 RESTful 风格 4 种请求的约定方式，约定不是规范，约定是可以打破，所以称为 RESTful 风格，而不是 RESTful 规范。使用 RESTful 风格的优势在于路径的书写比较简便，并且通过地址无法得知做的是何种操作，可以隐藏资源的访问行为。如何获取表 11-3 中 URL 路径的参数，将会在第 12 章进行详细讲解，本章只对映射方式进行讲解。

11.4　本章小结

本章主要对 Spring MVC 的核心类及相关注解的使用进行了讲解。首先介绍了 DispatcherServlet 核心类的作用和配置；然后介绍了@Controller 注解的使用；最后讲解了@RequestMapping 注解的相关知识。通过学习本章的内容，读者能够了解 Spring MVC 核心类 DispatcherServlet 的作用，并掌握@Controller 注解和@RequestMapping 注解的使用。

【思考题】

1. 请简述 Controller 注解的使用步骤。
2. 请列举@RequestMapping 注解的属性（至少 3 个）。

第 12 章

Spring MVC数据绑定和响应

学习目标

★ 了解 Spring MVC 中数据绑定的概念

★ 熟悉简单数据类型的绑定

★ 熟悉复杂数据类型的绑定

★ 掌握 Spring MVC 数据绑定的使用

★ 掌握 Spring MVC 的数据响应

★ 掌握不同类型返回值的页面跳转

通过学习第11章，读者已经知道客户端请求和服务器端处理器之间的映射方式。客户端和服务器端通过映射可以完成两者的交互，其中客户端发起请求，服务器端将请求参数的值赋给处理器的形参完成数据的绑定，最终将想要返回给客户端的数据发送给客户端进行响应。Spring MVC 支持多种数据类型的数据绑定，响应方式也比较灵活，本章将对 Spring MVC 框架中的数据绑定和响应进行详细讲解。

12.1 数据绑定

在程序运行时，Spring MVC 接收到客户端的请求后，会根据客户端请求的参数和请求头等数据信息，将参数以特定的方式转换并绑定到处理器的形参中。Spring MVC 中将请求消息数据与处理器的形参建立连接的过程称为 Spring MVC 的数据绑定。

在 Spring MVC 的数据绑定过程中，Spring MVC 框架会通过数据绑定组件（DataBinder）对请求中的参数内容进行类型转换，然后将转换后的值赋给处理器的形参，这样 Spring MVC 就完成了客户端请求参数的获取和绑定。Spring MVC 数据绑定的过程如图 12-1 所示。

图 12-1 中信息处理过程的步骤描述如下。

① Spring MVC 将 ServletRequest 对象传递给 DataBinder。

② 将处理方法的入参对象传递给 DataBinder。

③ DataBinder 调用 ConversionService 组件进行数据类型转换、数据格式化等工作，并将 ServletRequest 对象中的消息填充到参数对象中。

④ 调用 Validator 组件对已经绑定了请求消息数据的参数对象进行数据合法性校验。

⑤ 校验完成后会生成数据绑定结果 BindingResult 对象，Spring MVC 会将 BindingResult 对象中的内容赋

给处理方法的相应参数。

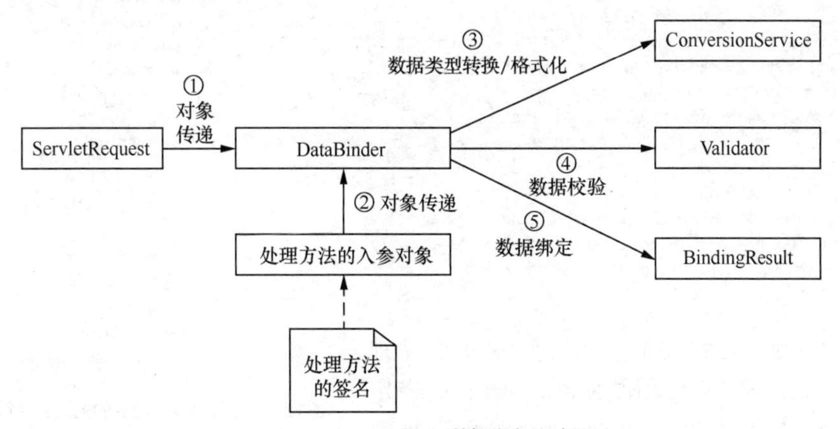

图12-1 Spring MVC数据绑定的过程

Spring MVC 请求参数的绑定是框架自动实现的，根据请求参数类型和参数个数等数据信息的复杂程度，可以将 Spring MVC 中的数据绑定分为简单数据绑定和复杂数据绑定两类，下面将对这两类数据绑定进行详细讲解。

12.2 简单数据绑定

简单数据绑定不是特指哪一种数据类型的绑定，是指请求中的参数不是基于列表或多层级的数据，参数直接和服务器端处理方法的形参或形参的属性进行绑定。Spring MVC 中简单数据绑定一般分为默认类型数据绑定、简单数据类型绑定和 POJO 绑定 3 种；此外，还可以使用自定义类型转换器将特殊的数据转换后进行数据绑定。下面将分别进行讲解。

12.2.1 默认类型数据绑定

Spring MVC 数据绑定的类型中，有一些是 Spring MVC 框架默认支持的数据类型。当使用 Spring MVC 默认支持的数据类型作为处理器的形参类型时，Spring MVC 的参数处理适配器会默认识别这些类型并进行赋值。

Spring MVC 常见的默认类型如下所示。

- HttpServletRequest：获取请求信息。
- HttpServletResponse：处理响应信息。
- HttpSession：获取 session 中存放的对象。
- Model/ModelMap：Model 是一个接口，ModelMap 是一个类，Model 的实现类对象和 ModelMap 对象都可以设置 model 数据，model 数据会填充到 request 域。

下面通过一个案例演示默认类型的数据绑定，该案例要求实现一个 HttpServletRequest 类型的数据绑定，案例具体实现步骤如下所示。

（1）在 IDEA 中，创建一个名称为 chapter12 的 Maven Web 项目，并参照第 10 章 Spring MVC 入门程序的项目搭建，在项目的 pom.xml 中引入 Spring MVC 的相关依赖，并在 Spring MVC 的配置文件 spring-mvc.xml 中完成相关配置。需要注意的是，如无特殊说明，本章的所有案例都将在 chapter12 项目中开发和运行。chapter12 项目的初始目录结构和文件组成如图 12-2 所示。

（2）chapter12 项目的 src/main/java 目录下创建名称为 com.itheima.controller 的类包，在类包中创建处理器类 UserController，在 UserController 类中定义方法 getUserId()，用于获取客户端请求中 userid 参数的值。UserController 类具体代码如文件 12-1 所示。

文件 12-1 UserController.java

```
 1  package com.itheima.controller;
 2  import org.springframework.stereotype.Controller;
 3  import org.springframework.web.bind.annotation.Request
Mapping;
 4  import javax.servlet.http.HttpServletRequest;
 5  @Controller
 6  public class UserController {
 7      @RequestMapping("/getUserId")
 8      public void getUserId(HttpServletRequest request) {
 9          String userid = request.getParameter("userid");
10          System.out.println("userid=" + userid);
11      }
12  }
```

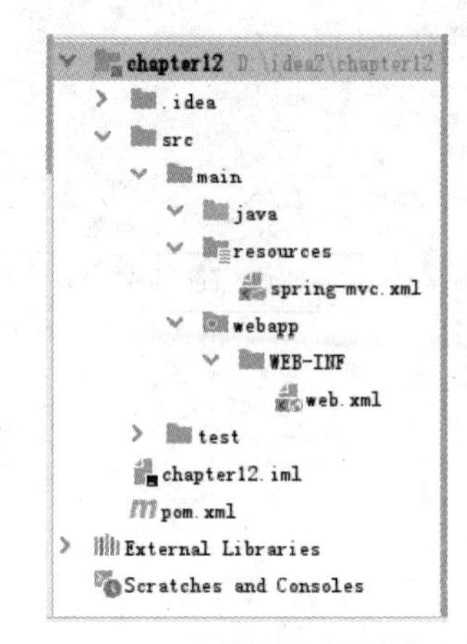

图12-2 chapter12项目的初始目录结构和文件组成

在文件 12-1 中，第 5 行代码使用注解方式定义了处理器类 UserController；第 7 行代码使用@RequestMapping 指定了 getUserId()方法的映射路径为“http://localhost:8080/chapter12/getUserId”；第 8 行代码中的 getUserId()方法定义了 HttpServletRequest 类型的形参 request，客户端的请求信息将会封装到 request 中；第 9 行和第 10 行代码，使用 request 对象获取客户端传递的参数 userid 的值，并打印在控制台。

（3）启动 chapter12 项目，在浏览器中携带参数访问地址 http://localhost:8080/chapter12/getUserId?userid=1。访问后控制台的输出信息如图 12-3 所示。

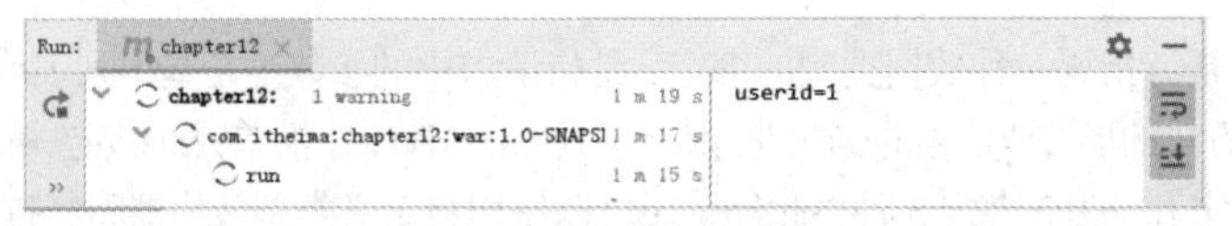

图12-3 控制台输出信息（1）

从图 12-3 所示的输出信息可以看出，程序成功输出 userid 的值。这表明访问地址后执行了getUserId( )方法，并且请求中 userid 参数的信息封装到 getUserId( )方法的 request 形参中，默认的 HttpServletRequest 参数类型完成了数据绑定。

12.2.2 简单数据类型绑定

简单数据类型的绑定就是指 Java 中基本类型（如 Integer、Double、String 等）的数据绑定。在 Spring MVC 中进行简单类型的数据绑定，只需客户端请求参数的名称与处理器的形参名称一致即可，请求参数会自动映射并匹配到处理器的形参完成数据绑定。

下面通过案例演示简单数据类型的数据绑定，该案例要求实现 Integer 类型和 String 类型的数据绑定，案例具体实现步骤如下所示。

（1）修改文件 12-1，在 UserController 类中新增 getUserNameAndId()方法，用于接收客户端请求中的参数。getUserNameAndId()方法的具体代码如下：

```
@RequestMapping("/getUserNameAndId")
public void getUserNameAndId(String username,Integer id){
    System.out.println("username="+username+",id="+id);
}
```

与 getUserId()方法相比，getUserNameAndId()方法中的参数类型从 HttpServletRequest 替换为了 String 和 Integer。

（2）启动 chapter12 项目，在浏览器中访问地址 http://localhost:8080/chapter12/getUserNameAndId?username=Spring&id=1，访问后控制台的输出信息如图 12-4 所示。

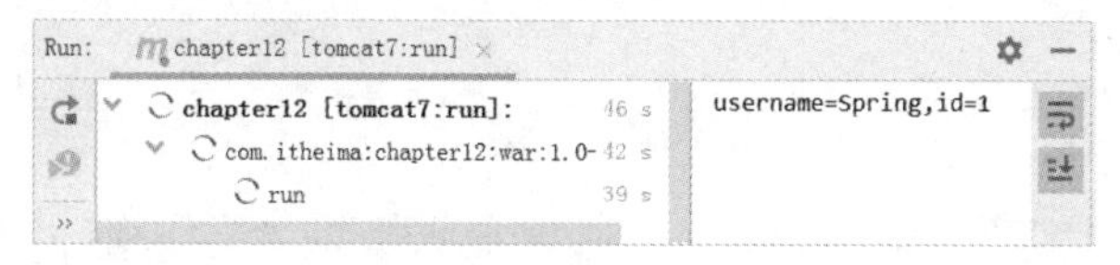

图12-4　控制台输出信息（2）

从图 12-4 所示的输出信息可以看出，控制台输出的 username 值为 Spring，id 值为 1。这表明访问地址后执行了 getUserNameAndId( )方法，并且客户端请求参数 username 和参数 id 的值分别赋给了 getUserNameAndId( )方法的形参 username 和 id，实现了简单数据类型的数据绑定。

需要注意的是，有时候客户端请求中参数名称和处理器的形参名称不一致，这就会导致处理器无法正确绑定并接收到客户端请求中的参数。为此，Spring MVC 提供了@RequestParam 注解来定义参数的别名，完成请求参数名称和处理器的形参名称不一致时的数据绑定。

@RequestParam 注解主要包含 4 个属性，具体如表 12-1 所示。

表 12-1　@RequestParam 注解的属性

属性	说明
value	name 属性的别名，这里指参数的名称，即入参的请求参数名称，如 value="name"表示请求的参数中名称为 name 的参数的值将传入。如果当前@RequestParam 注解只使用 vaule 属性，则可以省略 value 属性名，如@RequestParam("name")
name	绑定的请求参数名称
required	用于指定参数是否必须，默认是 true，表示请求中一定要有相应的参数
defaultValue	形参的默认值，表示如果请求中没有同名参数时的默认值

@RequestParam 注解的使用非常简单，假设浏览器中的请求地址为 http://localhost:8080/chapter12/getUserName?name=Spring，可以在 getUserName()方法中使用@RequestParam 注解标注参数，具体代码如下：

```
@RequestMapping("/getUserName")
public void getUserName(@RequestParam(value="name",
    required = false,defaultValue = "itheima") String username){
    System.out.println("username="+username);
}
```

在上述代码中，@RequestParam 注解的 value 属性为 getUserName()方法中的 username 形参定义了别名 name。此时，客户端请求中名称为 name 的参数就会绑定到 getUserName()方法中的 username 形参上。@RequestParam 注解的 required 属性设定了请求的 name 参数不是必须的，如果访问时没有携带 name 参数，会将 defaultValue 属性设定的值赋给形参 username。

当请求的映射方式是 REST 风格时，上述对简单类型数据绑定的方式就不适用了。为此，Spring MVC 提供了@PathVariable 注解，通过@PathVariable 注解可以将 URL 中占位符参数绑定到处理器的形参中。@PathVariable 注解有以下两个常用属性。

- value：用于指定 URL 中占位符名称。
- required：是否必须提供占位符，默认值为 true。

在文件 12-1 的 UserController 类中新增一个处理方法 getPathVariable( )，在该方法中使用@PathVariable 注解进行数据绑定，具体代码如下：

```
@RequestMapping("/user/{name}")
public void getPathVariable(@PathVariable(value = "name")
  String username){
   System.out.println("username="+username);
}
```

在上述代码中，通过@PathVariable 注解的 value 属性将占位符参数“name”和处理方法的参数 username 进行绑定。

启动 chapter12 项目，在浏览器中访问地址 http://localhost:8080/chapter12/user/Spring，访问后控制台的输

出信息如图 12–5 所示。

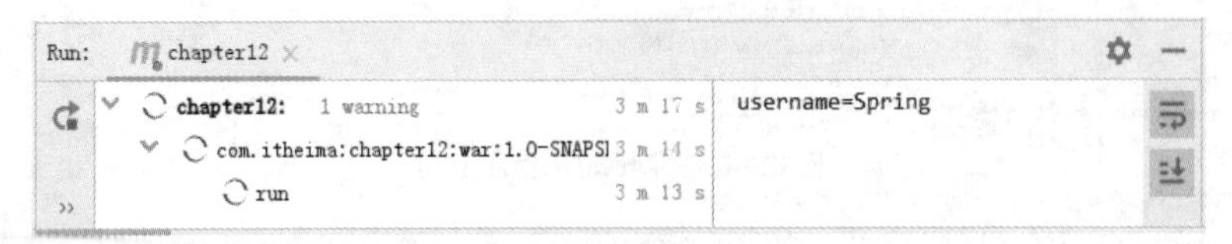

图12–5 控制台输出信息（3）

从图 12–5 所示的输出信息可以看出，控制台输出的 username 的值为 Spring。这表明访问地址后执行了 getPathVariable()方法，@PathVariable 注解成功将请求 URL 中的变量 user 映射到了方法的形参 username 上。如果请求路径中占位符的参数名称和方法形参名称一致，那么@PathVariable 注解的 value 属性可以省略。

12.2.3 POJO 绑定

在使用简单数据类型绑定时，可以很容易地根据具体需求来定义方法中的形参类型和个数，然而在实际应用中，客户端请求可能会传递多个不同类型的参数数据，如果还使用简单数据类型进行绑定，就需要手动编写多个不同类型的参数，这种操作显然比较烦琐。为解决这个问题，可以使用 POJO 类型进行数据绑定。

POJO 类型的数据绑定就是将所有关联的请求参数封装在一个 POJO 中，然后在方法中直接使用该 POJO 作为形参来完成数据绑定。

下面通过一个用户注册案例演示 POJO 绑定，该案例要求表单提交的数据绑定在处理器 User 类型的形参中，案例具体实现步骤如下所示。

（1）在项目的 src/main/java 目录下，创建一个 com.itheima.pojo 包，在该包下创建一个 User 类用于封装用户信息。User 类的具体代码如文件 12–2 所示。

文件 12-2 User.java

```
1  package com.itheima.pojo;
2  public class User {
3     private String username;       //用户名
4     private String password;       //用户密码
5     public String getUsername() {return username;}
6     public void setUsername(String username) { this.username = username; }
7     public String getPassword() { return password;}
8     public void setPassword(String password) {this.password = password; }
9  }
```

（2）在文件 12–1 的 UserController 类中，定义 registerUser( )方法用于接收用户注册信息。registerUser( )方法的具体代码如下：

```
/**
 * 接收表单用户信息
 */
@RequestMapping("/registerUser")
public void registerUser(User user) {
   String username = user.getUsername();
   String password = user.getPassword();
   System.out.println("username="+username+",password="+password);
}
```

上述代码的 registerUser()方法会处理 URL 为 registerUser 的请求，并使用 User 类型的形参对象封装请求中参数的内容。

（3）在 src/main/webapp 目录下，创建 register.jsp 文件，在 register.jsp 中编写用户注册表单。register.jsp 的具体代码如文件 12–3 所示。

文件 12-3 register.jsp

```
1  <%@ page language="java" contentType="text/html; charset=UTF-8"
2      pageEncoding="UTF-8"%>
```

```
3  <html>
4  <head>
5      <meta http-equiv="Content-Type" content="text/html; charset=UTF-8">
6      <title>注册</title>
7  </head>
8  <body>
9  <form action="${pageContext.request.contextPath}/registerUser" method="post">
10     用户名: <input type="text" name="username" /><br />
11     密   码: <input type="password" name="password" /> <br />
12     <input type="submit" value="注册"/>
13 </form>
14 </body>
15 </html>
```

注意：

在进行 POJO 类型数据绑定时，客户端请求的参数名称（本例中指 form 表单内各元素 name 的属性值）必须与要绑定的 POJO 类型中的属性名称保持一致。这样客户端发送请求时，请求数据才会自动绑定到处理器形参 POJO 对象中，否则处理器参数接收的值为 null。

（4）启动 chapter12 项目，在浏览器中访问地址 http://localhost:8080/chapter12/register. jsp。register.jsp 页面显示效果如图 12-6 所示。

（5）在图 12-6 所示页面的表单中，分别填写注册的用户名为“heima”，密码为“123”，然后单击“注册”按钮即可完成注册数据的提交。当单击“注册”按钮后，控制台的输出信息如图 12-7 所示。

图12-6　register.jsp页面显示效果

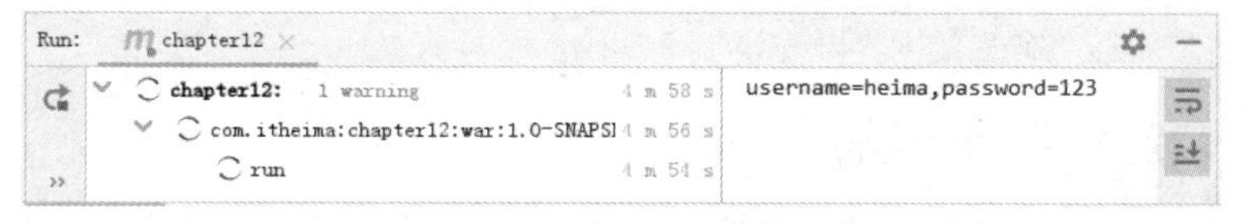

图12-7　单击“注册”按钮后控制台的输出信息

从图 12-7 可以看出，程序成功地输出了用户名和密码。这表明 registerUser()方法获取到了客户端请求中的参数 username 和参数 password 的值，并将 username 和 password 的值分别赋给了 registerUser( )方法中 user 形参的 username 属性和 password 属性，实现了 POJO 类型数据绑定。

多学一招：解决请求参数中的中文乱码问题

在客户端请求中，不可避免地会有中文信息传递，例如，在 register.jsp 中的用户名输入框中输入用户名“黑马”请求时，虽然 registerUser( )方法可以获取到 user 的属性值，但是在控制台中输出的信息却出现了乱码，控制台输出的乱码信息如图 12-8 所示。

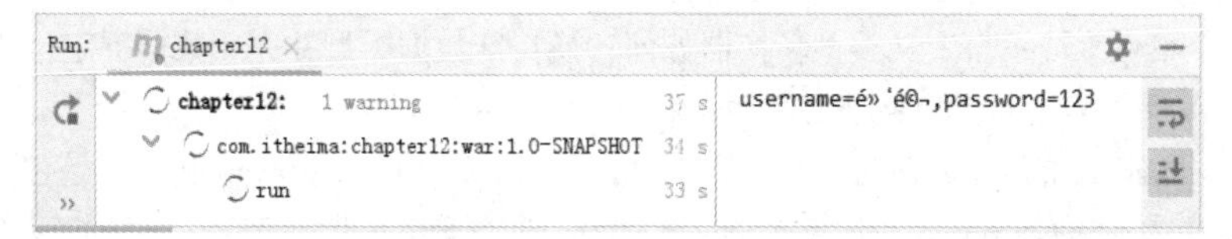

图12-8　控制台输出的乱码信息

为了防止客户端传入的中文数据出现乱码，可以使用 Spring 提供的编码过滤器来统一编码。要使用编码过滤器，只需要在 web.xml 中添加如下代码：

```
<!-- 配置编码过滤器 -->
<filter>
<filter-name>CharacterEncodingFilter</filter-name>
<filter-class>
    org.springframework.web.filter.CharacterEncodingFilter
</filter-class>
<init-param>
```

```
        <param-name>encoding</param-name>
        <param-value>UTF-8</param-value>
</init-param>
</filter>
<filter-mapping>
    <filter-name>CharacterEncodingFilter</filter-name>
<url-pattern>/*</url-pattern>
</filter-mapping>
```

在上述代码中，在<filter>元素中首先使用<fillter-class>元素配置了编码过滤器类 org.springframework.web.filter.CharacterEncodingFilter；然后使用<init-param>元素设置统一的编码为 UTF-8；最后配置<filter-mapping>元素，拦截前端页面中的所有请求，并交由名称为 CharacterEncodingFilter 的编码过滤器类进行处理，将所有的请求信息内容以 UTF-8 的编码格式进行解析。

配置完成后，再次在注册页面中输入中文用户名“黑马”及密码“123”，此时，控制台正确输出中文信息，如图 12-9 所示。

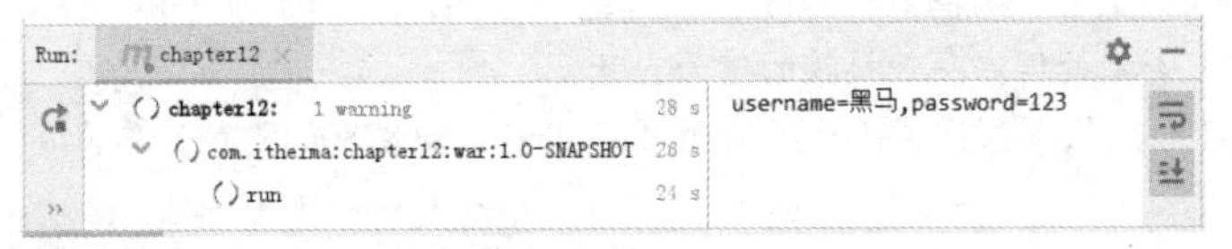

图12-9　控制台正确输出中文信息

从图 12-9 所示的输出信息可以看出，服务器端正确获取中文数据，这说明编码过滤器配置成功。

以上方法可以解决 post 请求乱码问题，当 get 请求中文参数出现乱码时，可以在使用参数之前重新编码，如 String username = new String(user.getUsername().getBytes("ISO8859-1"),"UTF-8");，其中 ISO8859-1 是 Tomcat 默认编码，需要将 Tomcat 编码后的内容再按 UTF-8 编码。

12.2.4　自定义类型转换器

Spring MVC 默认提供了一些常用的类型转换器，这些类型转换器可以将客户端提交的参数自动转换为处理器形参类型的数据。然而默认类型转换器并不能将提交的参数转换为所有的类型，此时就需要开发者自定义类型转换器，来将参数转换为程序所需要的类型。

Spring 框架提供了 org.springframework.core.convert.converter.Converter 接口作为类型转换器，开发者可以通过实现 Converter 接口来自定义类型转换器。Converter 接口的代码如下：

```
public interface Converter<S, T> {
    T convert(S source);
}
```

在上述代码中，泛型参数中的 S 表示源类型，T 表示目标类型，而 convert( )方法将源类型转换为目标类型返回，方法内的具体转换规则可由开发者自行定义。

下面通过一个案例来演示自定义类型转换器如何转换特殊数据类型并完成数据绑定，该案例要求实现 Date 类型的数据绑定，案例具体实现步骤如下所示。

（1）在项目 chapter12 的 src/main/java 目录下，创建一个 com.itheima.convert 包，在该包下创建日期转换类 DateConverter，并在 DateConverter 类中定义 convert()方法，实现 String 类型向 Date 类型的转换。DateConverter 类的具体代码如文件 12-4 所示。

文件 12-4　DateConverter.java

```
1  package com.itheima.convert;
2  import java.text.SimpleDateFormat;
3  import java.util.Date;
4  import org.springframework.core.convert.converter.Converter;
5  /**
6   * 自定义日期转换器
7   */
8  public class DateConverter implements Converter<String, Date> {
```

```
9       // 定义日期格式
10      private String datePattern = "yyyy-MM-dd";
11      @Override
12      public Date convert(String source) {
13         // 格式化日期
14            SimpleDateFormat sdf = new SimpleDateFormat(datePattern);
15            try {
16                 return sdf.parse(source);
17            } catch (Exception e) {
18                 throw new IllegalArgumentException(
19                           "无效的日期格式，请使用这种格式:"+datePattern);
20            }
21      }
22 }
```

在文件 12-4 中，DateConverter 类实现了 Converter 接口，在 convert()方法中使用 SimpleDateFormat 类的对象将传递进来的 String 类型的日期转换为 Date 类型并返回。

（2）为了让 Spring MVC 知道并使用 DateConverter 转换器类，还需要在配置文件 spring-mvc.xml 中配置类型转换器。spring-mvc.xml 具体配置如文件 12-5 所示。

文件 12-5　spring-mvc.xml

```
1  <?xml version="1.0" encoding="UTF-8"?>
2  <beans xmlns="http://www.springframework.org/schema/beans"
3        xmlns:context="http://www.springframework.org/schema/context"
4        xmlns:mvc="http://www.springframework.org/schema/mvc"
5        xmlns:xsi="http://www.w3.org/2001/XMLSchema-instance"
6        xsi:schemaLocation="http://www.springframework.org/schema/beans
7        http://www.springframework.org/schema/beans/spring-beans.xsd
8        http://www.springframework.org/schema/mvc
9        http://www.springframework.org/schema/mvc/spring-mvc.xsd
10       http://www.springframework.org/schema/context
11     http://www.springframework.org/schema/context/spring-context.xsd">
12     <!-- 配置创建 Spring 容器要扫描的包 -->
13     <context:component-scan base-package="com.itheima.controller"/>
14     <!-- 配置视图解析器 -->
15     <bean class=
16 "org.springframework.web.servlet.view.InternalResourceViewResolver">
17         <property name="prefix" value="/WEB-INF/pages/"/>
18         <property name="suffix" value=".jsp"/>
19     </bean>
20     <!-- 配置类型转换器工厂 -->
21     <bean id="converterService" class=
22    "org.springframework.context.support.ConversionServiceFactoryBean">
23         <!-- 给工厂注入一个新的类型转换器 -->
24         <property name="converters">
25             <array>
26                 <!-- 配置自定义类型转换器 -->
27                 <bean class="com.itheima.convert.DateConverter"/>
28             </array>
29         </property>
30     </bean>
31     <!-- 装载转换器 -->
32     <mvc:annotation-driven conversion-service="converterService"/>
33 </beans>
```

在文件 12-5 中，第 13～19 行代码定义了组件扫描器和视图解析器；第 21～30 行代码配置了自定义的类型转换器，并将自定义转换器注册到类型转换器工厂 ConversionServiceFactoryBean 中；第 32 行代码通过<mvc:annotation-driven>标签装载自定义的类型转换服务。

想要将自定义类型转换器注册到程序中，除了可以将自定义转换器配置在类型转换器工厂 Conversion ServiceFactoryBean 之外，也可以将自定义转换器配置在格式化工厂 org.springframework.format.support.Formatting ConversionServiceFactoryBean 中，通过格式化工厂对数据格式化。将配置文件第 22 行代码中的 class="org.spring framework.context.supportConversionServiceFactoryBean"替换为 class="org.springframework.format.support.Formatting

ConversionServiceFactoryBean"，效果是一样的。

（3）在文件 12-1 的 UserController 类中定义方法 getBirthday()，用于绑定客户端请求中的日期数据。getBirthday()方法具体代码如下：

```
/**
* 使用自定义类型数据绑定日期数据
*/
@RequestMapping("/getBirthday")
public void getBirthday(Date birthday) {
System.out.println("birthday="+birthday);
}
```

上述代码的 getBirthday()方法会处理 URL 为 getBirthday 的请求，并使用 Date 类型的形参对象封装请求中参数的内容。

（4）启动 chapter12 项目，在浏览器中访问地址 http://localhost:8080/chapter12/getBirthday?birthday=2020-11-11，访问后控制台的输出信息如图 12-10 所示。

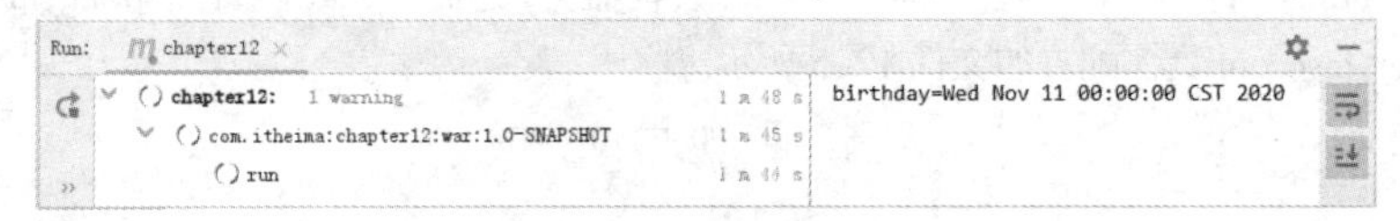

图12-10　控制台输出信息（4）

从图 12-10 所示的输出信息可以看出，程序正确输出了请求传入的日期。这表明 getBirthday()方法获取到了客户端请求中参数 birthday 的值，并将 birthday 的值赋给了 getBirthday( )方法的形参 birthday，实现了 Date 类型的数据绑定。

在上述案例中，日期类型的格式转换是基于 XML 配置自定义转换器实现的。除了 XML 方式外，还可以通过@DateTimeFormat 注解来简化日期类型的格式转换。使用@DateTimeFormat 注解完成日期类型的格式转换无须自定义转换器，也无须在配置文件中定义转换器工厂或格式化工厂，只需将@DateTimeFormat 定义在方法的形参前面或成员变量上方，就可以为当前参数或变量指定类型转换规则。

下面使用@DateTimeFormat 注解修改上述案例，完成 Date 类型的数据绑定，具体实现步骤如下。

（1）修改 UserController 类中 getBirthday()方法，修改后 getBirthday()方法的具体代码如下：

```
/**
 * 使用@DateTimeFormat 注解绑定日期数据
*/
@RequestMapping("/getBirthday")
public void getBirthday(@DateTimeFormat(
    pattern = "yyyy-MM-dd")Date birthday) {
    System.out.println("birthday="+birthday);
}
```

上述代码中通过@DateTimeFormat 注解的 pattern 属性指定了参数 birthday 的转换规则。

（2）删除 spring-mvc.xml 中的转换器工厂，删除后 spring-mvc.xml 保留的元素如下：

```
<!-- 配置创建 Spring 容器要扫描的包 -->
<context:component-scan base-package="com.itheima.controller"/>
<!-- 配置视图解析器 -->
<bean class="org.springframework.web.servlet.view.InternalResourceViewResolver">
    <property name="prefix" value="/WEB-INF/pages/"/>
    <property name="suffix" value=".jsp"/>
</bean>
<mvc:annotation-driven />
```

需要注意的是，注解方式的类型转换依赖注解驱动的支持，配置文件中必须显式定义<mvc:annotation-driven>元素。

（3）启动 chapter12 项目，在浏览器中访问地址 http://localhost:8080/chapter12/getBirthday?birthday=2020-11-11，使用@DateTimeFormat 注解时控制台的输出信息如图 12-11 所示。

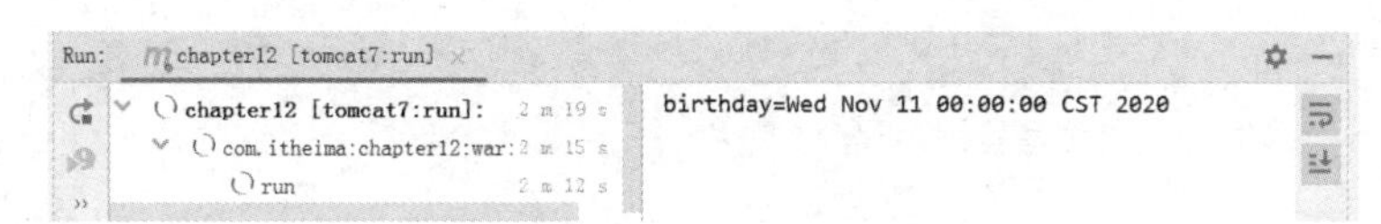

图12–11 使用@DateTimeFormat注解时控制台的输出信息

从图 12–11 所示的输出信息可以看出，程序仍然正确输出了请求传入的日期。这表明使用@DateTimeFormat 注解同样实现了日期数据的绑定。

如果 getBirthday()方法的形参是 User 类型，且 birthday 是 User 类的属性，也可以将形参上的@DateTimeFormat 注解改写在 birthday 属性的上方，数据绑定效果是一样的，具体格式如下：

```
@DateTimeFormat(pattern = "yyyy-MM-dd")
private Date birthday;
```

12.3 复杂数据绑定

学习完简单数据绑定后，读者已经能够解决实际开发中多数的数据绑定问题，但仍可能遇到一些比较复杂的数据绑定，例如，数组的绑定、集合的绑定、复杂 POJO 的绑定和 JSON 数据的绑定，这些类型的数据绑定比简单数据绑定要复杂。本节将对这 4 种数据绑定进行讲解。

12.3.1 数组绑定

在实际开发中，可能会遇到客户端请求需要传递多个同名参数到服务器端的情况，这种情况采用前面讲解的简单数据绑定的方式显然是不合适的。此时，可以使用数组来接收客户端的请求参数，完成数据绑定。

下面通过一个批量提交商品的案例来演示数组的数据绑定，具体实现步骤如下：

（1）在 chapter12 项目的 com.itheima.pojo 包下创建一个商品类 Product，用于封装商品信息。Product 类的具体代码如文件 12–6 所示。

文件 12-6 Product.java

```
1  package com.itheima.pojo;
2  public class Product {
3     private String proId;          //商品 id
4     private String proName;        //商品名称
5     public String getProId() {
6        return proId;
7     }
8     public void setProId(String proId) {
9        this.proId = proId;
10    }
11    public String getProName() {
12       return proName;
13    }
14    public void setProName(String proName) {
15       this.proName = proName;
16    }
17 }
```

（2）在项目的 src/main/webapp 目录下，创建一个提交商品页面 products.jsp，在 products.jsp 中创建一个展示商品列表的表单，表单提交时向服务器端发送商品列表的所有 id。products.jsp 的具体代码如文件 12–7 所示。

文件 12-7 products.jsp

```
1  <%@ page language="java" contentType="text/html; charset=UTF-8"
2   pageEncoding="UTF-8"%>
3  <html>
4  <head>
5     <title>提交商品</title>
6  </head>
7  <body>
8  <form action="${pageContext.request.contextPath }/getProducts"
```

```
9       method="post">
10      <table width="220px" border="1">
11          <tr><td>选择</td><td>商品名称</td></tr>
12          <tr>
13              <td>
14                  <input name="proIds" value="1" type="checkbox">
15              </td>
16              <td>Java 基础教程</td>
17          </tr>
18          <tr>
19              <td>
20                  <input name="proIds" value="2" type="checkbox">
21              </td>
22              <td>JavaWeb 案例</td>
23          </tr>
24          <tr>
25              <td>
26                  <input name="proIds" value="3" type="checkbox">
27              </td>
28              <td>SSM 框架实战</td>
29          </tr>
30      </table>
31      <input type="submit" value="提交商品"/>
32  </form>
33  </body>
34  </html>
```

在文件 12-7 中，第 8 行代码用于设置表单的 action 属性，指定了表单数据所提交到的处理器映射路径；第 14 行代码、第 20 行代码和第 26 行代码分别定义了 3 个 name 属性值相同而 value 属性值不同的复选框控件。

（3）在 com.itheima.controller 包中创建一个商品处理器类 ProductController，在 ProductController 类中定义 getProducts()方法，用于接收表单提交的商品 id。ProductController 类的具体代码如文件 12-8 所示。

文件 12-8 ProductController.java

```
1  package com.itheima.controller;
2  import org.springframework.stereotype.Controller;
3  import org.springframework.web.bind.annotation.RequestMapping;
4  @Controller
5  public class ProductController {
6      /**
7       * 获取商品列表
8       */
9      @RequestMapping("/getProducts")
10     public void getProducts(String[] proIds) {
11         for (String proId : proIds) {
12             System.out.println("获取到了 Id 为"+proId+"的商品");
13         }
14     }
15 }
```

在文件 12-8 中，使用 String 数组对客户端请求中的参数进行绑定。需要注意的是，客户端请求的参数名称需要与 getProducts()方法形参名称 proIds 保持一致。

（4）启动 chapter12 项目，在浏览器中访问提交商品页面 products.jsp，访问地址为 http://localhost:8080/chapter12/products.jsp，products.jsp 显示效果如图 12-12 所示。

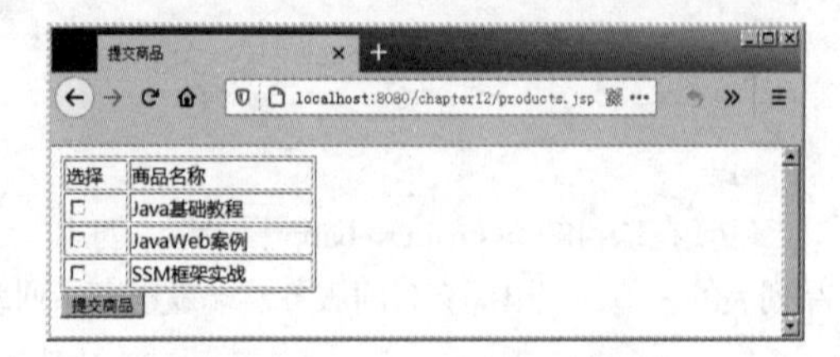

图12-12 products.jsp显示效果

（5）勾选图 12-12 中所示的全部复选框，然后单击“提交商品”按钮，控制台输出信息如图 12-13 所示。

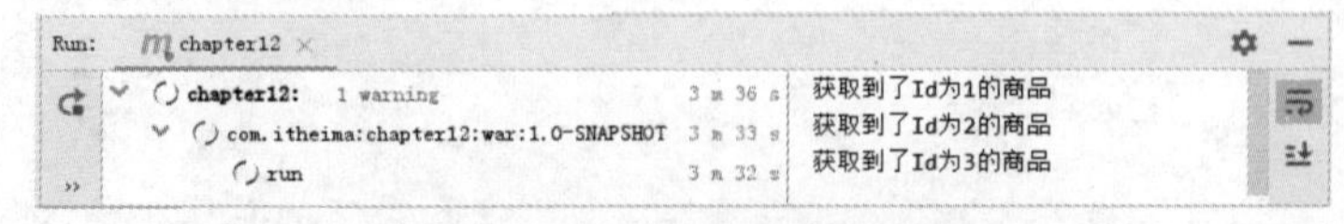

图12-13 提交商品时控制台输出信息

从图 12-13 所示的输出信息可以看出，程序输出了提交的商品，这表明 getProducts()方法获取到了客户端请求中的参数 proIds 的值，并将请求参数中多个同名的 proIds 参数值全部存储在了 getProducts()方法的 proIds 形参中，实现了数组的数据绑定。

12.3.2 集合绑定

在 12.3.1 节批量提交商品的操作中，通过数组来绑定多个同名的请求参数。除了可以使用数组绑定多个参数外，Spring MVC 还可以使用集合进行多参数的绑定。

集合中存储简单类型数据时，数据的绑定规则与数组的绑定规则相似，需要请求参数名称与处理器的形参名称保持一致。不同的是，使用集合绑定时，处理器的形参名称需要使用@RequestParam 注解标注。

下面介绍使用集合数据绑定来批量提交商品的案例，具体实现步骤如下所示。

（1）修改文件 12-8 中 ProductController 类的 getProducts()方法，让 getProducts( )方法使用 List 类型来接收客户端的请求参数。修改后 getProducts( )方法的具体代码如下：

```
/**
* 获取商品列表(使用 List 绑定数据)
 */
@RequestMapping("/getProducts")
public void getProducts(@RequestParam("proIds") List<String> proIds) {
    for (String proId : proIds) {
       System.out.println("获取到了 Id 为"+proId+"的商品");
    }
}
```

上述代码的 getProducts()方法会处理 URL 为 getProducts 的请求，并使用 List 类型的形参对象封装请求参数中名称为 proIds 的参数内容。

（2）启动 chapter12 项目，在浏览器中访问地址 http://localhost:8080/chapter12/products.jsp，勾选 products.jsp 页面表单的所有复选框，然后单击“提交商品”按钮。控制台输出信息如图 12-14 所示。

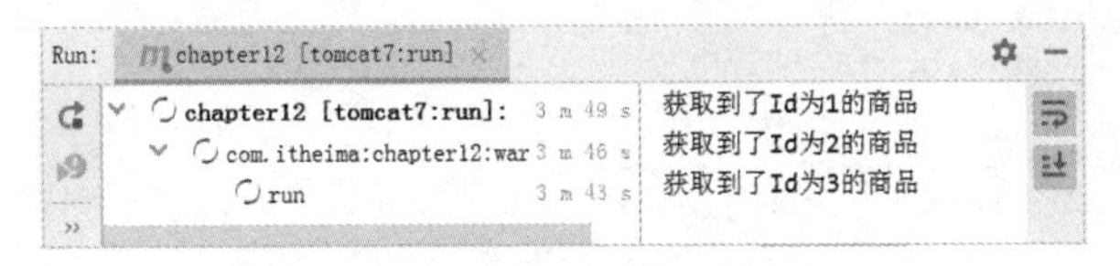

图12-14　绑定集合时控制台输出信息

从图 12-14 所示的输出信息可以看出，程序正确输出了提交的商品信息。这表明 getProducts()方法获取到了客户端请求中的参数 proIds 的值，并将请求参数中多个同名的 proIds 参数值全部存储在了 getProducts()方法的 proIds 形参中，实现了集合的数据绑定。

注意：

如果 getProducts( )方法中不使用@RequestParam 注解，Spring MVC 默认将 List 作为对象处理，赋值前先创建 List 对象，然后将 proIds 作为 List 对象的属性进行处理。由于 List 是接口，无法创建对象，所以会出现无法找到构造方法异常。如果将类型更改为可创建对象的类型（如 ArrayList），可以创建 ArrayList 对象，但 ArrayList 对象依旧没有 proIds 属性，因此无法正常绑定，数据为空。此时需要告知 Spring MVC 的处理器 proIds 是一组数据，而不是一个单一数据。通过@RequestParam 注解将参数打包成参数数组或集合后，Spring MVC 才能识别该数据格式，判定形参类型是否为数组或集合，并按数组或集合对象的形式操作数据。

集合中存储 POJO 类型数据时，Spring MVC 不支持直接使用集合形参进行数据绑定。但是，可以将集合作为对象的属性或者使用 JSON 类型的集合数据来实现数据绑定。

12.3.3 复杂 POJO 绑定

使用简单 POJO 类型已经可以完成多数的数据绑定，但有时客户端请求中传递的参数比较复杂。例如，在用户查询订单时，页面传递的参数可能包括订单编号、用户名等信息，这就包含了订单和用户这两个对象的信息。如果将订单和用户的所有查询条件都封装在一个简单 POJO 中，显然会比较混乱，这时可以考虑使用复杂 POJO 类型的数据绑定。

所谓的复杂 POJO，就是 POJO 属性的类型不仅包含简单数据类型，而且包含对象类型、List 类型和 Map 类型等其他引用类型。下面分别对复杂 POJO 中属性为对象类型的数据绑定、属性为 List 类型的数据绑定和属性为 Map 类型的数据绑定进行讲解。

1. 属性为对象类型的数据绑定

下面通过一个获取用户订单信息的案例，演示复杂 POJO 中属性为对象类型的数据绑定，案例具体实现步骤如下。

（1）在 com.itheima.pojo 包中创建一个订单类 Order，用于封装订单信息。Order 类的具体代码如文件 12-9 所示。

文件 12-9　Order.java

```
1  package com.itheima.pojo;
2  public class Order {
3     private String orderId;              //订单 id
4     public String getOrderId() {
5        return orderId;
6     }
7     public void setOrderId(String orderId) {
8        this.orderId = orderId;
9     }
10 }
```

（2）修改文件 12-2 ，在 User 类中新增 Order 类型的属性 order，并定义相应的 getter 和 setter 方法。修改后 User 类的具体代码如文件 12-10 所示。

文件 12-10　User.java

```
1  package com.itheima.pojo;
2  public class User {
3     private String username;        //用户名
4     private String password;        //用户密码
5     private Order order;            //订单
6     public Order getOrder() {return order;}
7     public void setOrder(Order order) {this.order = order;}
8     public String getUsername() { return username;}
9     public void setUsername(String username) {this.username = username;}
10    public String getPassword() { return password; }
11    public void setPassword(String password) {this.password = password;}
12 }
```

（3）在文件 12-1 的 UserController 类中定义方法 findOrderWithUser()，用于获取客户端请求中的 User 信息。findOrderWithUser()方法的具体代码如下：

```
1  @RequestMapping("/findOrderWithUser")
2  public void findOrderWithUser(User user) {
3       String username = user.getUsername();
4       String orderId = user.getOrder().getOrderId();
5       System.out.println("username="+username+",orderId="+orderId);
6  }
```

在上述代码中，第 2 行代码使用 User 对象接收请求中的参数；第 3～5 行代码将 User 对象接收到的参数取出，并在控制台输出。

（4）在项目的 src/main/webapp 目录下，创建一个订单信息文件 order.jsp，在 order.jsp 文件中创建一个表单，表单中包含用户名和订单编号。表单提交时将用户名和订单编号信息发送到处理器。order.jsp 的具体代码如文件 12-11 所示。

文件 12-11　order.jsp

```
1  <%@ page language="java" contentType="text/html; charset=UTF-8"
2       pageEncoding="UTF-8"%>
3  <html>
4  <head>
```

```
5       <meta http-equiv="Content-Type" content="text/html; charset=UTF-8">
6       <title>订单</title>
7   </head>
8   <body>
9       <form action="${pageContext.request.contextPath }/findOrderWithUser" method="post">
10          所属用户：<input type="text" name="username" /><br />
11          订单编号：<input type="text" name="order.orderId" /><br />
12           <input type="submit" value="查询" />
13      </form>
14  </body>
15  </html>
```

注意：

在复杂 POJO 数据绑定时，如果数据需要绑定到 POJO 属性对象的属性中，客户端请求的参数名（本例中指 form 表单内各元素 name 的属性值）的格式必须为“属性对象名称.属性”，其中，“属性对象名称”要与 POJO 的属性对象名称一致，“属性”要与属性对象所属类的属性一致，如文件 12-11 中的 order.jsp 对应 User 类 order 属性的 orderId 属性。

（5）启动 chapter12 项目，在浏览器中访问订单页面 order.jsp，访问地址为 http://localhost:8080/chapter12/order.jsp，order.jsp 的显示效果如图 12-15 所示。

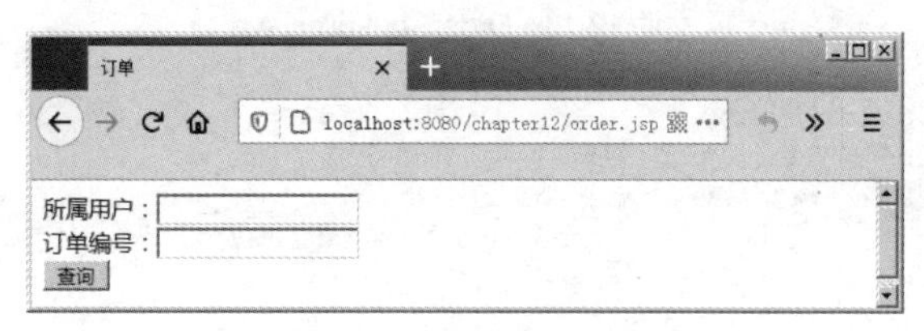

图12-15　order.jsp的显示效果

在图 12-5 所示的表单中，填写所属用户为“黑马”，订单编号为“9527”，单击“查询”按钮，控制台输出信息如图 12-16 所示。

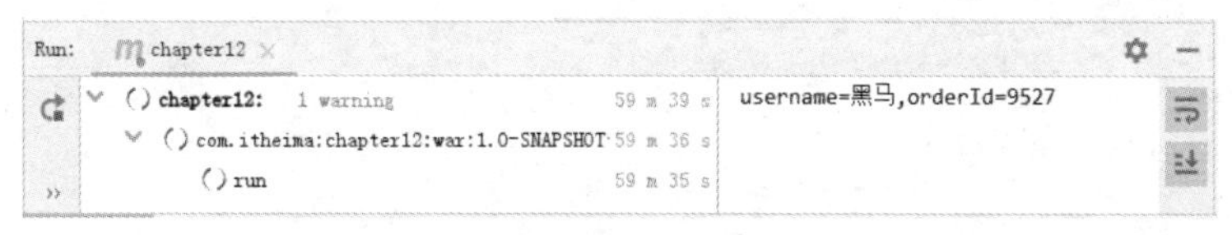

图12-16　单击“查询”按钮后控制台输出信息

从图 12-16 所示的输出信息可以得出，客户端中的请求参数成功绑定到 findOrderWithUser()方法的 user 形参中，完成了复杂 POJO 中属性为对象类型的数据绑定。

2. 属性为 List 类型的数据绑定

一般订单业务中，用户和订单基本都是一对多的映射关系，即用户的订单属性使用集合类型。下面通过一个获取用户订单信息的案例演示复杂 POJO 中属性为 List 类型的数据绑定，案例具体实现步骤如下。

（1）修改文件 12-10，将 User 类中订单属性修改为 List 类型。由于用户一般拥有多个收货地址，在 User 类中新增 List 类型的地址属性。修改后的 User 类具体代码如 12-12 所示。

文件 12-12　User.java

```
1   package com.itheima.pojo;
2   import java.util.List;
3   public class User {
4       private String username;              //用户名
5       private String password;              //用户密码
6       private List<Order> orders;           //用户订单
7       private List<String> address;         //订单地址
8       public String getUsername() {
9           return username;
10      }
```

```
11      public void setUsername(String username) {
12          this.username = username;
13      }
14      public String getPassword() {
15          return password;
16      }
17      public void setPassword(String password) {
18          this.password = password;
19      }
20      public List<Order> getOrders() {
21          return orders;
22      }
23      public void setOrders(List<Order> orders) {
24          this.orders = orders;
25      }
26      public List<String> getAddress() { return address;}
27      public void setAddress(List<String> address) { this.address =
28        address; }
29  }
```

（2）在 com.itheima.controller 包中创建一个订单处理器类 OrderController，在 OrderController 类中定义 showOrders()方法，用于展示用户的订单信息。OrderController 类的具体代码如文件 12–13 所示。

文件 12-13　OrderController.java

```
1   package com.itheima.controller;
2   import com.itheima.pojo.Order;
3   import com.itheima.pojo.User;
4   import org.springframework.stereotype.Controller;
5   import org.springframework.web.bind.annotation.RequestMapping;
6   import java.util.List;
7   @Controller
8   public class OrderController {
9       /**
10       * 获取用户中的订单信息
11       */
12      @RequestMapping("/showOrders")
13      public void showOrders(User user) {
14          List<Order> orders = user.getOrders();
15          List<String> addressList = user.getAddress();
16          System.out.println("订单：");
17          for (int i = 0; i <orders.size() ; i++) {
18              Order order = orders.get(i);
19              String address = addressList.get(i);
20              System.out.println("订单 Id:"+order.getOrderId());
21              System.out.println("订单配送地址："+address);
22          }
23      }
24  }
```

上述代码的 showOrders()方法会处理 URL 为 showOrders 的请求，并使用 User 类型的形参对象封装请求参数的内容。

（3）在项目的 src/main/webapp 目录下，创建一个订单信息文件 orders.jsp，在 orders.jsp 中创建一个表单用于提交用户的订单信息。表单提交时，表单数据分别封装到 User 的订单属性 orders 和地址属性 address 中。orders.jsp 的具体代码如文件 12–14 所示。

文件 12-14　orders.jsp

```
1   <%@ page language="java" contentType="text/html; charset=UTF-8"
2       pageEncoding="UTF-8" %>
3   <html>
4   <head><title>订单信息</title></head>
5   <body>
6   <form action="${pageContext.request.contextPath }/showOrders"
7        method="post">
8      <table width="220px" border="1">
```

```
9          <tr>
10             <td>订单号</td>
11             <td>订单名称</td>
12             <td>配送地址</td>
13         </tr>
14         <tr>
15             <td>
16                 <input name="orders[0].orderId" value="1" type="text">
17             </td>
18             <td>
19      <input name="orders[0].orderName" value="Java 基础教程"
20                 type="text">
21             </td>
22             <td><input name="address" value="北京海淀" type="text"></td>
23         </tr>
24         <tr>
25             <td>
26                 <input name="orders[1].orderId" value="2" type="text">
27             </td>
28             <td>
29      <input name="orders[1].orderName" value="JavaWeb 案例"
30                 type="text">
31             </td>
32             <td><input name="address" value="北京昌平" type="text"></td>
33         </tr>
34         <tr>
35             <td>
36                 <input name="orders[2].orderId" value="3" type="text">
37             </td>
38             <td>
39       <input name="orders[2].orderName" value="SSM 框架实战"
40                 type="text">
41             </td>
42             <td><input name="address" value="北京朝阳" type="text"></td>
43         </tr>
44     </table>
45     <input type="submit" value="订单信息"/>
46 </form>
47 </body>
48 </html>
```

在对复杂 POJO 数据进行绑定时，如果数据绑定到 List 类型的属性，客户端请求的参数名称（本例中指 form 表单内各元素 name 的属性值）编写必须符合以下要求。

① 如果 List 的泛型为简单类型，则客户端参数名称必须与 POJO 类中 List 属性所属类中的属性名称保持一致。例如，文件 12-12 所示的表单提交时，name 为 address 的元素的数据将绑定到 User 类的 address 属性中。

② 如果 List 的泛型参数为对象类型，则客户端参数名称必须与 POJO 类的层次结构名称保持一致，并使用数组格式描述对象在 List 中的位置，即客户端参数名称必须与最终绑定在 List 中的某个对象的某个属性的名称保持一致。例如，文件 12-12 所示的表单提交时，name 为 orders[0].orderId 的元素的数据将绑定到 User 类 orders 属性的第 1 个对象的属性中，第 1 个对象的属性名为 orderId。

（4）启动 chapter12 项目，在浏览器中访问订单信息页面 orders.jsp，访问地址为 http://localhost:8080/chapter12/ orders.jsp，orders.jsp 显示效果如图 12-17 所示。

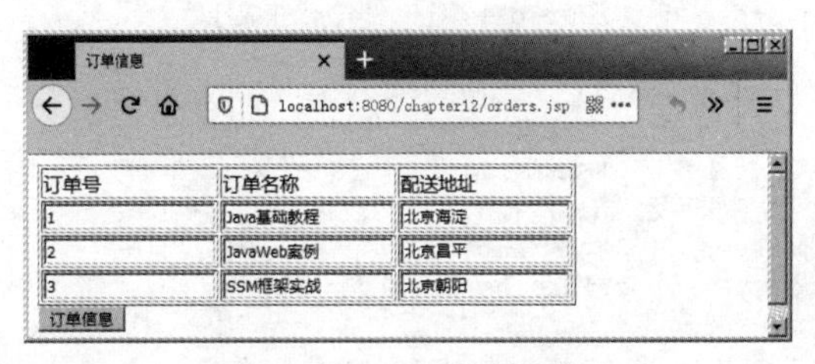

图12-17　orders.jsp显示效果

（5）在图 12-17 所示的页面中，单击左下角的“订单信息”按钮，orders.jsp 表单中的订单信息会发送到服务器端的 showOrders()方法进行处理。控制台输出信息如图 12-18 所示。

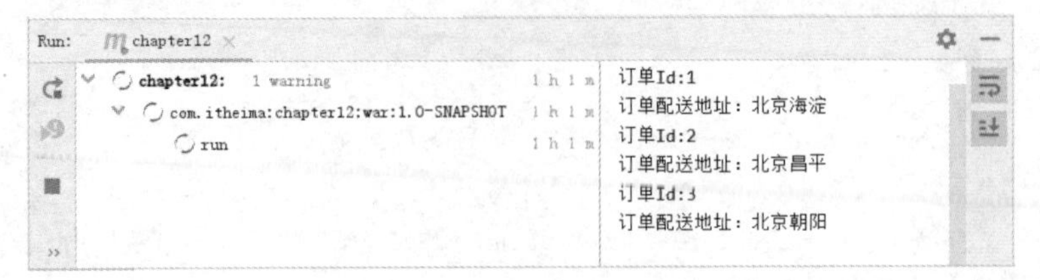

图12-18 单击“订单信息”按钮后控制台输出信息

从图 12-18 所示的输出信息可以得出，客户端中的请求参数成功绑定到了 showOrders()方法的 user 形参中，完成了复杂 POJO 中属性为 List 类型的数据绑定。

3. 属性为 Map 类型的数据绑定

复杂 POJO 数据绑定时，除了可以使用对象类型和 List 类型绑定多个参数的数据外，还可以使用 Map 类型来完成多个参数的数据绑定。下面通过一个获取订单信息的案例，演示复杂 POJO 中属性为 Map 类型的数据绑定，具体实现如下。

（1）修改文件 12-9，在 Order 类中新增 HashMap 类型的属性 productInfo，用于封装订单中的商品信息，其中，productInfo 的键用于存放商品的类别，productInfo 的值用于存放商品类别对应的商品。修改后 Order 类的具体代码如文件 12-15 所示。

文件 12-15 Order.java

```
1  package com.itheima.pojo;
2  import java.util.HashMap;
3  public class Order {
4     private String orderId;                      //订单 id
5     private HashMap<String,Product> productInfo; //商品信息
6     public String getOrderId() {
7        return orderId;
8     }
9     public void setOrderId(String orderId) {
10       this.orderId = orderId;
11    }
12    public HashMap<String, Product> getProductInfo() {
13       return productInfo;
14    }
15    public void setProductInfo(HashMap<String, Product> productInfo) {
16       this.productInfo = productInfo;
17    }
18 }
```

（2）修改文件 12-13，在 OrderController 类中新增 getOrderInfo()方法，用于获取客户端提交的订单信息，并将获取到的订单信息输出到控制台。getOrderInfo()方法的具体代码如下：

```
1   /**
2   * 获取订单信息
3   */
4  @RequestMapping("/orderInfo")
5  public void getOrderInfo(Order order) {
6       String orderId = order.getOrderId();          //获取订单 id
7     //获取商品信息
8       HashMap<String, Product> orderInfo = order.getProductInfo();
9       Set<String> keys = orderInfo.keySet();
10      System.out.println("订单 id:"+orderId);
11      System.out.println("订单商品信息:");
12      for (String key : keys) {
13           Product product = orderInfo.get(key);
14           String proId = product.getProId();
15           String proName = product.getProName();
```

```
16          System.out.println( key+"类~"+"商品id:"+proId+
17  ",商品名称: "+proName);
18      }
19  }
```

在上述代码中，第 5 行代码使用 Order 对象接收请求中的参数；第 10 行代码将 Order 对象接收到的订单 id 在控制台中输出；第 12～17 行代码将 Order 对象接收到的订单中对应的商品信息在控制台中输出。

（3）在项目的 src/main/webapp 目录下，创建一个订单信息页面 order_info.jsp，在 order_info.jsp 中创建一个表单用于提交订单信息。表单提交时，表单数据分别封装到 Order 的 orderId 属性和商品信息属性 productInfo 中。order_info.jsp 的具体代码如文件 12-16 所示。

文件 12-16 order_info.jsp

```
1  <%@ page language="java" contentType="text/html; charset=UTF-8"
2      pageEncoding="UTF-8"%>
3  <html>
4  <head>
5  <meta http-equiv="Content-Type" content="text/html; charset=UTF-8">
6  <title>订单信息</title>
7  </head>
8  <body>
9      <form action="${pageContext.request.contextPath}/orderInfo"
10         method="post">
11         <table border="1">
12             <tr>
13                 <td colspan="2" >
14             订单id:<input type="text" name="orderId" value="1">
15             </td>
16             </tr>
17             <tr>
18                 <td>商品Id</td>
19                 <td>商品名称</td>
20             </tr>
21             <tr>
22                 <td>
23             <input name="productInfo['生鲜'].proId" value="1"
24                 type="text">
25                 </td>
26                 <td>
27         <input name="productInfo['生鲜'].proName"
28             value="三文鱼" type="text">
29                 </td>
30             </tr>
31             <tr>
32                 <td>
33             <input name="productInfo['酒水'].proId" value="2"
34                 type="text">
35                 </td>
36                 <td>
37         <input name="productInfo['酒水'].proName" value="红牛"
38             type="text">
39                 </td>
40             </tr>
41         </table>
42         <input type="submit" value="提交"/>
43     </form>
44 </body>
45 </html>
```

注意：

在对复杂 POJO 数据进行绑定时，如果数据绑定到 Map 类型的属性，客户端请求的参数名称（本例中指 form 表单内各元素 name 的属性值）必须与 POJO 类的层次结构名称保持一致，并使用键值的映射格式描述对象在 Map 中的位置，即客户端参数名称必须与要绑定的 Map 中的具体对象的具体属性的名称保持一致。

例如，文件 12-16 所示的表单提交时，name 为 productInfo['生鲜'].proId 的元素数据将被绑定到 Order 类 productInfo 集合中键为“生鲜”的对象的属性中，且属性名称为 proId。

（4）启动 chapter12 项目，在浏览器中访问订单信息页面 order_info.jsp，访问地址为 http://localhost:8080/chapter12/order_info.jsp，order_info.jsp 显示效果如图 12-19 所示。

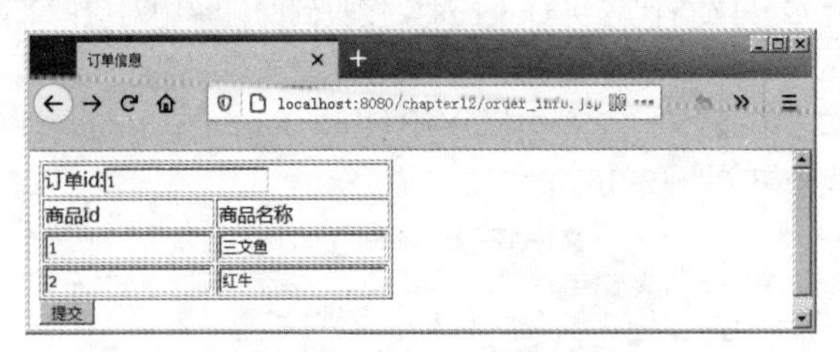

图12-19 order_info.jsp显示效果

（5）在图 12-19 所示的页面中，单击左下角“提交”按钮，order_info.jsp 表单中的订单信息发送给服务器端的 getOrderInfo()方法进行处理，控制台输出信息如图 12-20 所示。

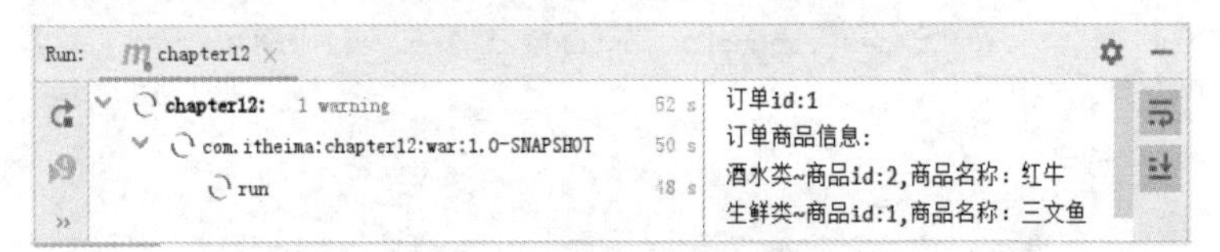

图12-20 单击“提交”按钮后控制台输出信息

由图 12-20 所示的输出信息可以得出，客户端中的请求参数成功绑定到了 getOrderInfo()方法的 order 形参中，完成了复杂 POJO 中属性为 Map 类型的数据绑定。

12.3.4 JSON 数据绑定

JSON 是一种轻量级的数据交换格式，它与 XML 非常相似，都可以用于存储数据，但相对于 XML 来说，JSON 解析速度更快，占用空间更小。因此在实际开发中，客户端请求中发送的数据通常为 JSON 格式。下面将对 Spring MVC 中 JSON 数据绑定进行详细讲解。

针对客户端不同的请求，HttpServletRequest 中数据的 MediaType 也会不同。如果想将 HttpServletRequest 中的数据转换成指定对象，或者将对象转换成指定格式的数据，就需要使用对应的消息转换器来实现。Spring 中提供了一个 HttpMessageConverter 接口作为消息转换器。因为数据的类型有多种，所以 Spring 中提供了多个 HttpMessageConverter 接口的实现类。其中，MappingJackson2HttpMessageConverter 是 HttpMessageConverter 接口的实现类之一，在处理请求时，可以将请求的 JSON 报文绑定到处理器的形参对象，在响应请求时，将处理器的返回值转换成 JSON 报文。

需要注意的是，HttpMessageConverter 消息转换器与之前所学习的 Converter 类型转换器是有区别的。HttpMessageConverter 消息转换器用于将请求消息中的报文数据转换成指定对象，或者将对象转换成指定格式的报文进行响应；Converter 类型转换器用于对象之间的类型转换。

下面通过一个异步提交商品信息案例，演示 Spring MVC 中的 JSON 数据绑定，案例具体实现步骤如下。

（1）在项目的 pom.xml 文件中导入 Jackson 的依赖。使用 MappingJackson2HttpMessageConverter 对 JSON 数据进行转换和绑定，需要导入 Jackson JSON 转换核心包、JSON 转换的数据绑定包和 JSON 转换注解包的相关依赖，具体如下所示。

在 pom.xml 文件中依次导入这 3 个依赖，导入代码如下：

```
<!--Jackson 转换核心包依赖-->
<dependency>
    <groupId>com.fasterxml.jackson.core</groupId>
    <artifactId>jackson-core</artifactId>
```

```
    <version>2.9.2</version>
</dependency>
<!--Jackson 转换的数据绑定包依赖-->
<dependency>
    <groupId>com.fasterxml.jackson.core</groupId>
    <artifactId>jackson-databind</artifactId>
    <version>2.9.2</version>
</dependency>
<!--Jackson JSON 转换注解包-->
<dependency>
    <groupId>com.fasterxml.jackson.core</groupId>
    <artifactId>jackson-annotations</artifactId>
    <version>2.9.0</version>
</dependency>
```

（2）在项目中导入 jQuery 文件。由于本次演示的是异步数据提交，需要使用 jQuery，所以需要将 jQuery 文件导入项目中，以便发送 ajax 请求。在项目的/webapp 文件夹下创建名称为 js 的文件夹，在 js 文件夹中导入 jQuery 文件。jQuery 文件在本书配套资源中已经提供，读者可以从配套资源中获取 jQuery 文件。

（3）在项目的 src/main/webapp 目录下创建一个商品信息页面 product.jsp，在 product.jsp 中创建一个表单用于填写商品信息，表单提交时，表单发送异步请求将表单的商品信息发送到处理器。product.jsp 的具体代码如文件 12-17 所示。

文件 12-17 product.jsp

```
1  <%@ page language="java" contentType="text/html; charset=UTF-8"
2   pageEncoding="UTF-8" %>
3  <html>
4  <head><title>异步提交商品</title>
5     <script type="text/javascript"
6   src="${pageContext.request.contextPath }/js/jquery.min.js"></script>
7  </head>
8  <body>
9  <form id="products">
10    <table  border="1">
11       <tr>
12          <th>商品 id</th><th>商品名称</th><th>提交</th>
13       </tr>
14       <tr>
15          <td>
16             <input name="proId" value="1" id="proId" type="text">
17          </td>
18          <td><input name="proName" value="三文鱼"
19              id="proName"type="text"></td>
20          <td><input type="button" value="提交单个商品"
21               onclick="sumbmitProduct()"></td>
22       </tr>
23       <tr>
24          <td><input name="proId" value="2" id="proId2"
25                      type="text"></td>
26          <td><input name="proName" value="红牛"
27               id="proName2"type="text"></td>
28          <td><input type="button" value="提交多个商品"
29               onclick="submitProducts()"></td>
30       </tr>
31    </table>
32 </form>
33 <script type="text/javascript">
34    function sumbmitProduct() {
35       var proId = $("#proId").val();
36       var proName = $("#proName").val();
37       $.ajax({
38          url: "${pageContext.request.contextPath }/getProduct",
39          type: "post",
40          data: JSON.stringify({proId: proId, proName: proName}),
41          contentType: "application/json;charset=UTF-8",
```

```
42            dataType: "json",
43            success: function (response) {alert(response);}
44        });
45    }
46    function submitProducts() {
47        var pro1={proId:$("#proId").val(),proName:$("#proName").val()}
48        var pro2={proId:$("#proId2").val(),proName:$("#proName2").val()}
49        $.ajax({
50            url: "${pageContext.request.contextPath }/getProductList",
51            type: "post",
52            data: JSON.stringify([pro1,pro2]),
53            contentType: "application/json;charset=UTF-8",
54            dataType: "json",
55            success: function (response) {alert(response);}
56        });
57    }
58 </script>
59 </body>
60 </html>
```

在文件 12-17 中，第 5 行和第 6 行代码引入了 js 文件夹下的 jquery.min.js 文件；第 9～32 行代码创建了一个包含 2 个商品信息的表单；第 34～44 行代码定义了 JavaScript 方法 sumbmitProduct()，该方法被触发时，将单个商品的信息以 JSON 格式异步发送到处理器；第 46～56 行代码定义了 JavaScript 方法 submitProducts()，该方法将表单中 2 个商品的信息以 JSON 格式异步发送到处理器。

（4）修改文件 12-8，在 ProductController 类中新增 getProduct()方法和 getProductList()方法，分别用于获取客户端提交的单个商品信息和多个商品信息。由于客户端发送的是 JSON 格式的数据，此时，在处理器中无法直接使用方法形参接收数据，以及完成数据的自动绑定。对此，可以使用 Spring MVC 提供的@RequestBody 注解。@RequestBody 注解结合 Jackson 提供的 JSON 格式转换器，即可将 JSON 格式数据绑定到方法形参中。在添加@RequestBody 注解时，需要将@RequestBody 注解书写在方法的形参前。

getProduct()方法和 getProductList()方法的具体代码如下：

```
/**
 * 获取单个商品信息
 */
@RequestMapping("/getProduct")
public void getProduct(@RequestBody Product product) {
    String proId = product.getProId();
    String proName = product.getProName();
    System.out.println("获取到了 Id 为"+proId+"名称为"+proName+"的商品");
}
/**
 * 获取多个商品信息
 */
@RequestMapping("/getProductList")
public void getProductList(@RequestBody List<Product> products) {
    for (Product product : products) {
        String proId = product.getProId();
        String proName = product.getProName();
        System.out.println("获取到了 Id 为"+proId+"名称为"+
proName+"的商品");
    }
}
```

（5）在项目的 web.xml 文件中配置的 DispatcherServlet 会拦截所有 URL，导致项目中的静态资源（如 CSS、JSP、JavaScript 等）也被 DispatcherServlet 拦截。如果想放行静态资源，可以在 Spring MVC 的配置文件中进行静态资源配置。Spring MVC 配置文件的具体配置代码如文件 12-18 所示。

文件 12-18 spring-mvc.xml

```
1  <?xml version="1.0" encoding="UTF-8"?>
2  <beans xmlns="http://www.springframework.org/schema/beans"
3        xmlns:context="http://www.springframework.org/schema/context"
4        xmlns:mvc="http://www.springframework.org/schema/mvc"
```

```
5        xmlns:xsi="http://www.w3.org/2001/XMLSchema-instance"
6        xsi:schemaLocation="http://www.springframework.org/schema/beans
7     http://www.springframework.org/schema/beans/spring-beans.xsd
8     http://www.springframework.org/schema/mvc
9     http://www.springframework.org/schema/mvc/spring-mvc.xsd
10    http://www.springframework.org/schema/context
11    http://www.springframework.org/schema/context/spring-context.xsd">
12    <!-- 配置要扫描的包 -->
13    <context:component-scan base-package="com.itheima.controller"/>
14    <!-- 配置视图解析器 -->
15    <bean class="org.springframework.web.servlet.view.InternalResourceViewResolver">
16       <property name="prefix" value="/WEB-INF/pages/"/>
17       <property name="suffix" value=".jsp"/>
18    </bean>
19    <!-- 配置注解驱动 -->
20    <mvc:annotation-driven />
21    <!--配置静态资源的访问映射，此配置中的文件将不被前端控制器拦截 -->
22    <mvc:resources mapping="/js/**" location="/js/" />
23 </beans>
```

在文件 12-18 中，第 12～20 行代码是原来配置的组件扫描器、视图解析器和注解驱动<mvc:annotation-drivern />；第 22 行代码新增了静态资源访问映射<mvc:resources>。<mvc:resources>元素用于配置静态资源的访问路径，配置了静态资源的访问映射后，程序会自动加载配置路径下的静态资源。

<mvc:resources>有两个重要属性 location 和 mapping，这两个属性的说明如表 12-2 所示。

表 12-2 <mvc:resources>元素属性及其说明

属性	说明
location	用于定位需要访问的本地静态资源文件路径，具体到某个文件夹
mapping	匹配静态资源全路径，其中"/**"表示文件夹及其子文件夹下的某个具体文件

（6）启动 chapter12 项目，在浏览器中访问商品信息页面 product.jsp，访问地址为 http://localhost:8080/chapter12/product.jsp，product.jsp 的显示效果如图 12-21 所示。

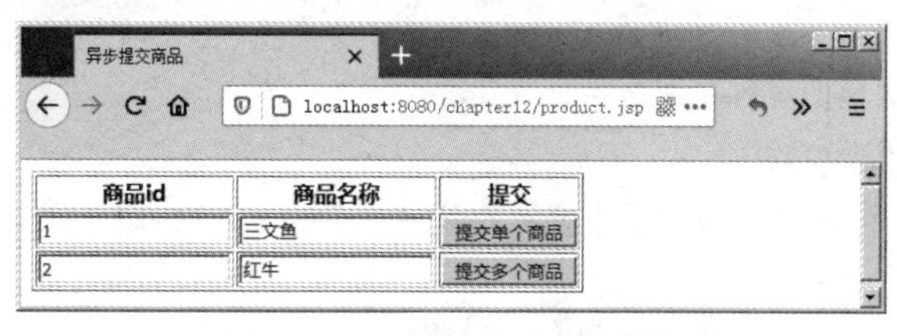

图12-21 product.jsp的显示效果

（7）在图 12-21 所示的页面中，单击右侧"提交单个商品"按钮，product.jsp 表单中的单个商品信息以 JSON 格式异步发送到服务器端 getProduct()方法中。提交单个商品时控制台输出信息如图 12-22 所示。

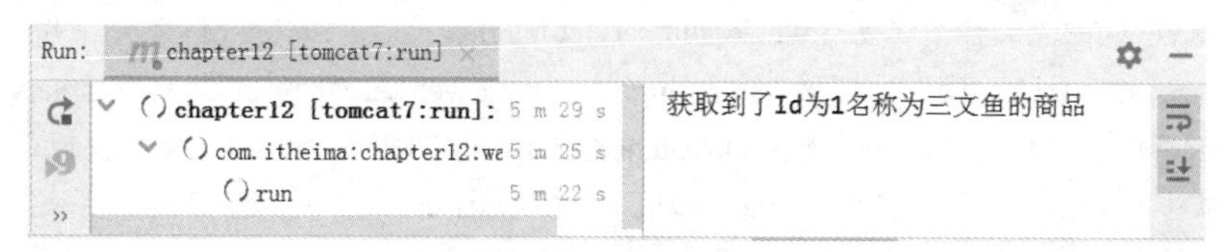

图12-22 提交单个商品时控制台输出信息

从图 12-22 所示的输出信息可以得出，客户端异步提交的 JSON 数据按照形参 product 属性的格式进行关联映射，并赋值给 product 对应的属性，完成了 JSON 数据的绑定。

（8）在图 12-21 所示的页面中，单击"提交多个商品"按钮，product.jsp 表单中的 2 个商品信息以 JSON 格式异步发送到服务器端 getProductList()方法中。提交多个商品时控制台输出信息如图 12-23 所示。

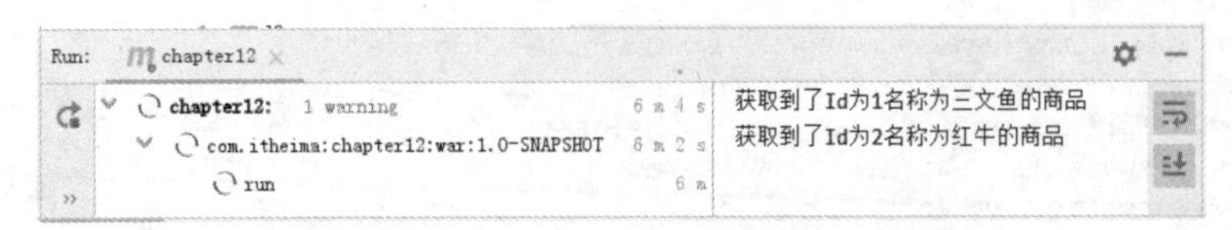

图12-23 提交多个商品时控制台输出信息

从图 12-23 所示的输出信息可以得出，客户端异步提交的 JSON 数据按照形参 products 的存储结构进行关联映射，并赋值给 products 中对象的对应属性，完成了 JSON 数据的绑定。

多学一招：JSON转换器配置和静态资源访问配置

JSON 转换器配置和静态资源访问配置，除了之前讲解的配置方案外，还可以通过其他方式完成，具体如下所示。

1. 使用<bean>元素配置 JSON 转换器

在配置 JSON 转换器时，除了常用的<mvc:annotation-driven>元素，还可以使用<bean>元素进行显示的配置。<bean>元素配置 JSON 转换器的方式具体如下：

```
<!-- <bean>元素配置注解方式的处理器映射器和处理器适配器必须配对使用-->
<!-- 使用<bean>元素配置注解方式的处理器映射器 -->
<bean class="org.springframework.web.servlet.mvc.method
.annotation.RequestMappingHandlerMapping" />
<!-- 使用<bean>元素配置注解方式的处理器适配器 -->
<bean class="org.springframework.web.servlet.mvc.method
.annotation.RequestMappingHandlerAdapter">
    <property name="messageConverters">
        <list>
            <!-- 在注解适配器中配置 JSON 转换器 -->
            <bean  class="org.springframework.http.converter.json
.MappingJackson2HttpMessageConverter"/>
        </list>
    </property>
</bean>
```

从上述示例代码可以看出，使用<bean>元素配置 JSON 转换器时，需要同时配置处理器映射器和处理器适配器，并且 JSON 转换器应配置在适配器中。

2. 静态资源访问的配置方式

除了使用<mvc:resources>元素实现对静态资源的访问外，Spring MVC 还提供了另外 2 种静态资源访问的配置方式，下面分别进行介绍。

（1）使用<mvc:default-servlet-handler>配置静态资源。

在 Spring MVC 的配置文件中，使用<mvc:default-servlet-handler>元素配置静态资源，也可以实现对静态资源的访问。使用<mvc:default-servlet-handler>元素配置静态资源的具体代码如下：

```
    <mvc:default-servlet-handler />
```

在 Spring MVC 的配置文件中配置<mvc:default-servlet-handler />后，Spring MVC 会在 Spring MVC 上下文中定义一个默认的 Servlet 请求处理器 org.springframework.web.servlet.resource.DefaultServletHttpRequestHandler，该处理器像一个检查员，会对进入 DispatcherServlet 的 URL 进行筛查。如果发现是静态资源的请求，就将该请求转由 Web 服务器默认的 Servlet 处理，默认的 Servlet 就会对这些静态资源放行；如果不是静态资源的请求，就由 DispatcherServlet 继续处理。

（2）激活 Tomcat 默认的 Servlet 来处理静态资源访问。

在 web.xml 文件中激活 Tomcat 默认的 Servlet 去处理对应的静态资源，web.xml 配置代码如下：

```
<!--激活 Tomcat 默认的 Servlet，添加需要处理的静态资源-->
<servlet-mapping>
    <servlet-name>default</servlet-name>
    <url-pattern>*.js</url-pattern>
</servlet-mapping>
<servlet-mapping>
    <servlet-name>default</servlet-name>
```

```
    <url-pattern>*.css</url-pattern>
</servlet-mapping>
...
```

在上述代码中，<servlet-mapping>元素可以激活 Tomcat 默认的 Servlet 来处理静态文件。在配置时，可以根据需要继续追加<servlet-mapping>。此种配置方式和第（1）种方式本质上是一样的，都是使用 Web 服务器默认的 Servlet 来处理静态资源文件的访问。

12.4　页面跳转

客户端和服务器端之间的交互大致分为请求和响应。Spring MVC 在接收客户端的请求后，会对请求进行不同方式的响应。Spring MVC 的响应方式可以分为页面跳转和数据回写两种。

Spring MVC 使用页面跳转的方式进行响应时，可以通过方法的返回值指定跳转页面，方法的返回值可以设定为 void 类型、String 类型和 ModelAndView 类型。本节分别对这 3 种类型返回值的页面跳转进行讲解。

12.4.1　返回值为 void 类型的页面跳转

当 Spring MVC 方法的返回值为 void 类型时，方法执行后会跳转到默认的页面。页面的路径默认由方法映射路径和视图解析器中的前缀、后缀拼接成，拼接格式为“前缀+方法映射路径+后缀”。如果 Spring MVC 的配置文件中没有配置视图解析器，则会报 HTTP Status 500 错误。

下面通过一个案例演示返回值为 void 类型的页面跳转，案例具体实现步骤如下。

（1）在项目的 com.itheima.controller 包下创建一个页面跳转类 PageController，在 PageController 类中定义方法 showPageByVoid()，用于测试 Spring MVC 方法返回值为 void 的页面跳转。PageController 类的具体代码如文件 12-19 所示。

文件 12-19　PageController.java

```
1  package com.itheima.controller;
2  import org.springframework.stereotype.Controller;
3  import org.springframework.web.bind.annotation.RequestMapping;
4  @Controller
5  public class PageController {
6      @RequestMapping("/register")
7      public void showPageByVoid(){
8          System.out.println("showPageByVoid running");
9      }
10 }
```

（2）上述代码的 showPageByVoid()方法将会处理 URL 为 register 的请求，showPageByVoid()方法中没有返回值，只有一行打印输出字符串的代码。

（3）在项目的 webapp/WEB-INF 文件夹下创建名称为 pages 的文件夹，将文件 12-3 移动到 pages 文件下。启动 chapter12 项目，在浏览器中访问地址 http://localhost:8080/chapter12/register。访问后，控制台输出信息如图 12-24 所示。

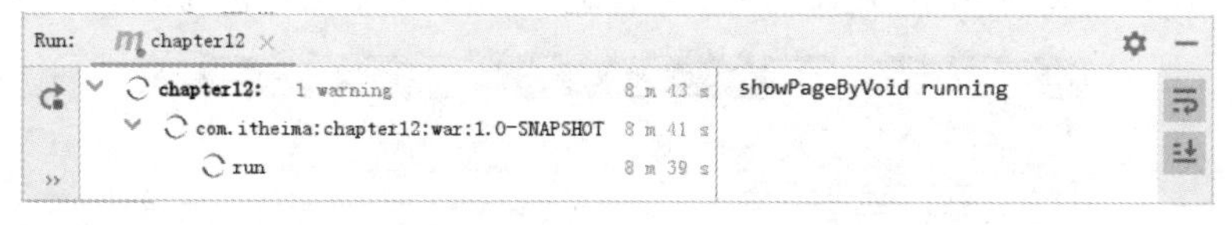

图12-24　控制台输出信息（5）

控制台输出如图 12-24 所示的信息后，浏览器页面进行跳转，跳转的页面如图 12-25 所示。

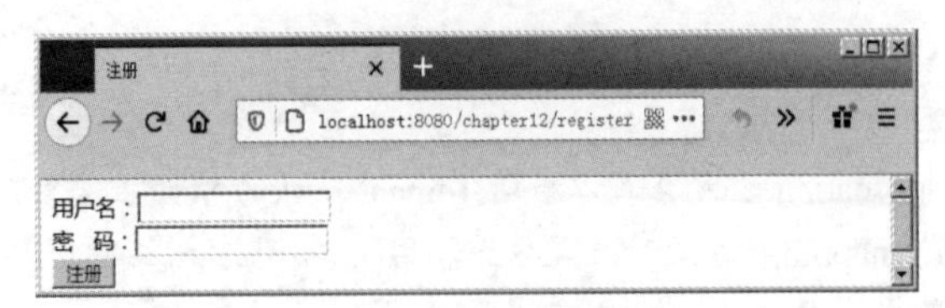

图12-25 访问地址后跳转的页面（1）

由图 12-24 和图 12-25 所示的内容可以得出，访问地址后，执行了 showPageByVoid()方法，并且在方式执行后成功跳转到 WEB-INF 文件夹下的 register.jsp 页面。页面虽然跳转了，但是浏览器地址栏没有变化，原因是 Spring MVC 对请求默认按转发的方式进行响应。

12.4.2 返回值为 String 类型的页面跳转

当 Spring MVC 方法的返回值为 String 类型时，控制器方法执行后，Spring MVC 会根据方法的返回值跳转到对应的资源。如果 Spring MVC 的配置文件中没有视图解析器，处理器执行后，会将请求转发到与方法返回值一致的映射路径。

在进行页面跳转之前，可以根据需求在页面跳转时选择是否携带数据，下面分别对返回值为 String 类型时不携带数据页面跳转和携带数据页面跳转进行讲解。

1. 不携带数据

返回值为 String 类型时，不携带数据页面跳转相对比较简单，接下来通过一个案例演示返回值为 String 类型时，不携带数据的页面跳转。案例具体实现步骤如下。

（1）修改文件 12-19，新增 showPageByString()方法，用于测试返回值为 String 类型的页面跳转，showPageByString()方法的实现代码如下：

```
@RequestMapping("/showPageByString")
public String showPageByString(){
  System.out.println("showPageByString running");
  return "register";
}
```

上述代码的 showPageByString()方法中，将一个字符串输出到控制台后，返回字符串 register，返回的字符串为跳转的页面名称。

（2）启动 chapter12 项目，在浏览器中访问地址 http://localhost:8080/chapter12/showPageByString。访问后，控制台输出信息如图 12-26 所示。

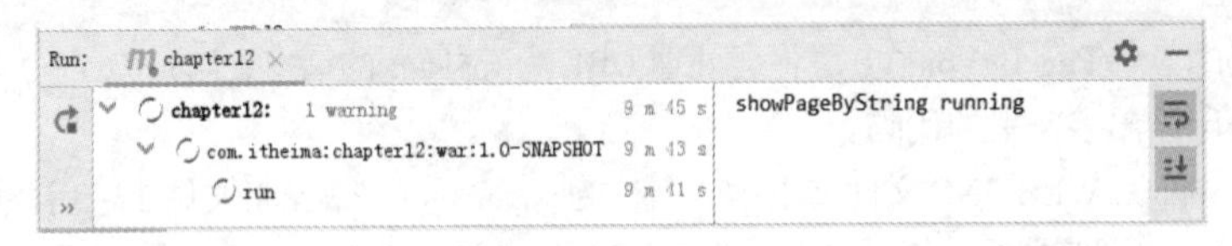

图12-26 控制台输出信息（6）

控制台输出如图 12-26 所示的信息后，浏览器页面进行跳转，跳转的页面如图 12-27 所示。

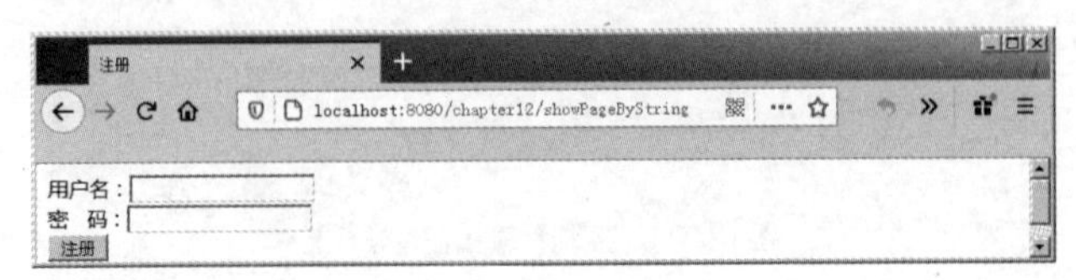

图12-27 访问地址后跳转的页面（2）

由图 12-26 和图 12-27 所示的内容可以看出，访问地址后，执行了 showPageByString()方法，方法执行后成功跳转到 WEB-INF 文件夹下的 register.jsp 页面。如果此时注释掉 Spring MVC 配置文件 spring-mvc.xml 中的视图解析器，在浏览器中访问 showPageByString()方法，请求会转发到映射路径为 register 对应的

showPageByVoid()方法中。

当方法的返回值为普通的字符串时，Spring MVC 在方法执行后会默认以转发的方式响应给客户端。除了这种默认的转发方式，还可以返回指定前缀的字符串，用于设定处理器执行后对请求进行转发还是重定向。设定转发和重定向的字符串格式如下：

```
forward:需要转发到的资源路径
redirect:需要重定向到的资源路径
```

下面通过一个案例演示返回指定前缀的字符串的页面跳转，具体实现步骤如下。

（3）修改文件 12-19，新增 showPageByForward()方法和 showPageByRedirect()方法，分别用于测试方法执行后转发和重定向的页面跳转。showPageByForward()方法和 showPageByRedirect()方法的具体代码如下：

```
@RequestMapping("/showPageByForward")
public String showPageByForward(){
    System.out.println("showPageByForward running");
    return "forward:orders.jsp";
}
@RequestMapping("/showPageByRedirect")
public String showPageByRedirect(){
    System.out.println("showPageByRedirect running");
    return "redirect:http://www.itheima.com";
}
```

上述代码的 showPageByForward()方法中，返回了“forward:”开头的字符串 forward:orders.jsp，表示执行完 showPageByForward()方法后将请求转发到 orders.jsp 页面。上述代码的 showPageByRedirect()方法中，返回了“redirect:”开头的字符串 redirect:http://www.itheima.com，表示执行完 showPageByRedirect()方法后重定向到地址 http://www.itheima.com。

（4）启动 chapter12 项目，在浏览器中访问访问地址 http://localhost:8080/chapter12/showPageByForward。访问后，控制台输出信息如图 12-28 所示。

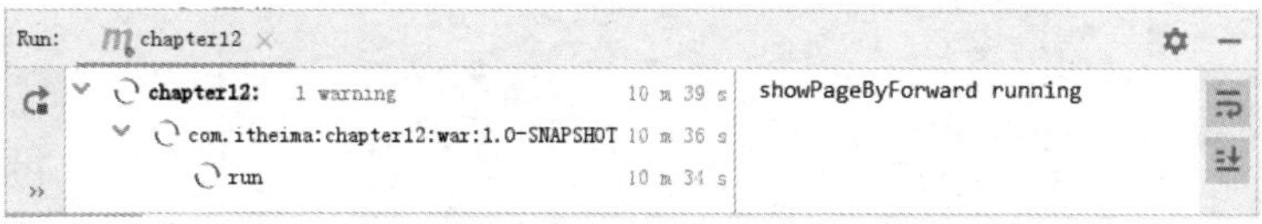

图12-28　控制台输出信息（7）

控制台输出如图 12-28 所示的信息后，浏览器页面进行跳转，跳转的页面如图 12-29 所示。

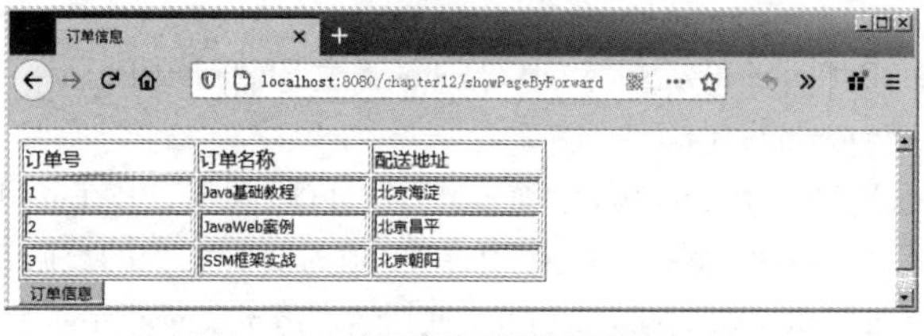

图12-29　访问地址后跳转的页面（3）

由图 12-28 和图 12-29 所示的控制台输出信息、跳转的页面和地址栏信息可以得出，访问地址后，执行了 showPageByForward()方法，方法执行后转发到项目的 orders.jsp 页面。

（5）在浏览器中访问地址 http://localhost:8080/chapter12/showPageByRedirect。访问后，控制台输出信息如图 12-30 所示。

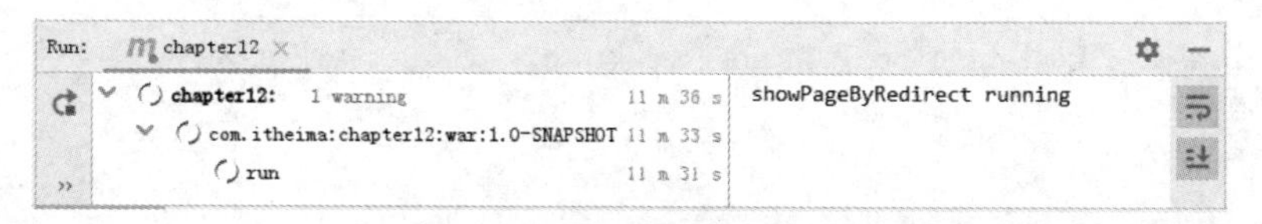

图12-30　控制台输出信息（8）

控制台输出如图 12-30 所示的信息后，浏览器页面进行跳转，跳转的页面如图 12-31 所示。

由图 12-30 和图 12-31 所示的控制台输出信息、跳转的页面和地址栏信息可以看出，访问地址后执行了 showPageByRedirect()方法，方法执行后重定向到黑马程序员的官网。需要注意的是，方法返回的字符串一旦添加了“forward:”或“redirect:”前缀，视图解析器便不再会为方法返回值拼接前缀和后缀了。

图12-31　访问地址后跳转的页面（4）

2. 携带数据

在此之前，本章所有转发的案例都只是直接跳转到页面，并未在转发时携带数据到页面。在实际开发中，在转发时常常需要携带数据。在讲解 Spring MVC 的数据绑定时，展示了 Spring MVC 默认支持的数据类型，在转发时也可以通过这些默认类型的对象完成数据的携带。

下面通过一个案例演示携带数据的页面转发，该案例使用 HttpServletRequest 类型形参和 Model 类型形参进行数据传递，案例具体实现步骤如下。

（1）修改文件 12-19，新增 showPageByRequest()方法和 showPageByModel()方法。其中，showPageByRequest()方法使用 HttpServletRequest 传递数据，showPageByModel()方法使用 Model 传递数据，两个方法都使用字符串指定跳转的页面。

showPageByRequest()方法和 showPageByModel()方法的实现代码如下：

```
@RequestMapping("/showPageByRequest")
public String showPageByRequest(HttpServletRequest request){
    System.out.println("showPageByRequest running");
    request.setAttribute("username","request");
    return "register";
}
@RequestMapping("/showPageByModel")
public String showPageByModel(Model model){
    System.out.println("showPageByModel running");
    model.addAttribute("username","model");
    User user = new User();
    user.setPassword("password");
    model.addAttribute("user",user);
    return "register";
}
```

在上述代码的 showPageByRequest()方法中，形参 request 为 HttpServletReques 类型，在 request 对象中存入名称为 username、值为 request 的数据。

在上述代码的 showPageByModel()方法中，形参 model 为 Model 类型，并在 model 对象中存入两组数据，分别是名称为 username、值为 model 的数据和名称为 user、值为 User 对象的数据。

showPageByRequest()方法和 showPageByModel()方法使用返回值 register 指定了方法执行后跳转页面的逻辑视图名。存入的数据可以在页面中通过 el 表达式“${数据名称}”的方式取出数据的值。

（2）修改文件 12-3，在 register.jsp 的表单中添加 value 属性，用于接收转发传递过来的数据，修改后的文件 12-3 代码具体如下。

```
<%@ page language="java" contentType="text/html;
    charset=UTF-8" pageEncoding="UTF-8"%>
<html>
<head>
    <meta http-equiv="Content-Type" content="text/html; charset=UTF-8">
    <title>注册</title>
</head>
<body>
<form action="${pageContext.request.contextPath }/registerUser" >
     用户名：<input type="text" name="username" value="${username}" /><br />
```

```
    密   码: <input type="text" name="password" value="${user.password}" /><br />
    <input type="submit" value="注册"/>
</form>
</body>
</html>
```

（3）启动 chapter12 项目，在浏览器中访问地址 http://localhost:8080/chapter12/showPageByRequest。访问后，控制台输出信息如图 12-32 所示。

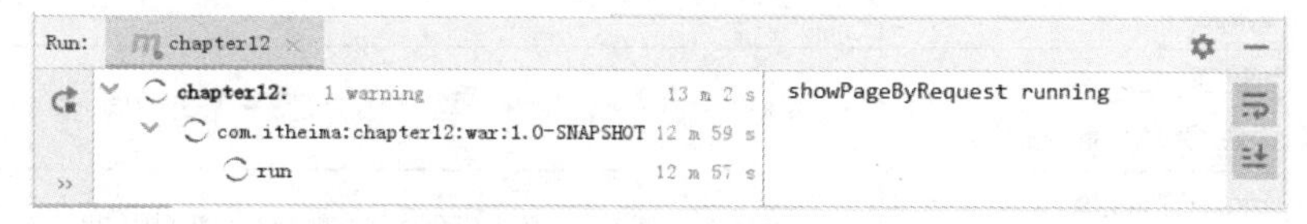

图12-32　控制台输出信息（9）

控制台输出如图 12-32 所示的信息后，浏览器页面进行跳转，跳转的页面如图 12-33 所示。

图12-33　访问地址后跳转的页面（5）

从图 12-32 和图 12-33 所示的控制台输出信息，以及跳转的页面信息可以看出，访问地址后执行了 showPageByRequest()方法，方法执行后 HttpServletRequest 中的 username 转发到 register.jsp 页面中。

（4）在浏览器中访问地址 http://localhost:8080/chapter12/showPageByModel。访问后，控制台输出信息如图 12-34 所示。

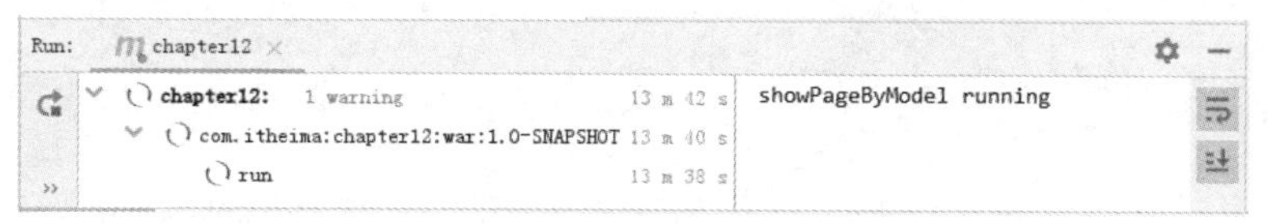

图12-34　控制台输出信息（10）

控制台输出如图 12-34 所示的信息后，浏览器页面进行跳转，跳转的页面如图 12-35 所示。

图12-35　访问地址后跳转的页面（6）

从图 12-34 和图 12-35 所示的控制台输出信息，以及跳转的页面信息可以得出，访问地址后执行了 showPageByModel()方法，方法执行后，Model 中的 username 和 user 对象转发到 register.jsp 页面。

12.4.3　返回值为 ModelAndView 类型的页面跳转

由前面的讲解可知，使用方法的返回值可以设定跳转的逻辑视图名称，使用 Model 等对象实现页面跳转时可以传输数据。除此之外，Spring MVC 还提供了兼顾视图和数据的对象 ModelAndView。ModelAndView 对象包含视图相关内容和模型数据这两个部分。其中，视图相关的内容可以设置逻辑视图的名称，也可以设置具体的 View 实例；模型数据则会在视图渲染过程中被合并到最终的视图输出。

ModelAndView 提供了设置视图和数据模型的方法，如表 12-3 所示。

表 12-3 ModelAndView 设置视图和数据模型的方法

方法声明	功能描述
void setViewName(String viewName)	为 ModelAndView 设置一个视图名称，会覆盖预先存在的视图名称或视图
void setView(View view)	为 ModelAndView 设置一个视图，会覆盖预先存在的视图名称或视图
ModelAndView addObject (Object attributeValue)	向 ModelAndView 的数据模型中添加数据
ModelAndView addObject (String attributeName, Object attributeValue)	向 ModelAndView 的数据模型中添加指定名称的数据
ModelAndView addAllObjects (Map<String, ?> modelMap)	向 ModelAndView 的数据模型中添加 Map 类型的数据

下面通过一个案例演示返回值为 ModelAndView 类型的页面跳转，案例具体实现步骤如下。

（1）修改文件 12-19，新增 showModelAndView()方法，在 showModelAndView()方法中使用 ModelAndView 封装数据和视图，实现页面跳转时传递数据。

showModelAndView()方法的具体代码如下：

```
@RequestMapping("/showModelAndView")
public ModelAndView showModelAndView(){
    //创建 ModelAndView 实例
    ModelAndView modelAndView = new ModelAndView();
    //在 ModelAndView 实例中添加名称为 username 的数据
    modelAndView.addObject("username","heima");
    User user = new User();
    user.setPassword("password2");
    //在 ModelAndView 实例中添加名称为 user 的数据
    modelAndView.addObject("user",user);
    //在 ModelAndView 实例中设置视图的名称
    modelAndView.setViewName("register");
    return modelAndView;
}
```

ModelAndView 对象不能通过形参的方式传入，需要手动创建。在上述代码的 showModelAndView()方法中，调用 ModelAndView 的 addObject()方法添加了名称为 username 的字符串类型数据和名称为 user 的 User 类型数据。调用 ModelAndView 的 setViewName()方法指定了逻辑视图名称为 register，添加的模型数据的值可以在跳转后的页面中以 el 表达式“${数据名称}”的方式取出。

（2）启动 chapter12 项目，在浏览器中访问地址 http://localhost:8080/chapter12/showModelAndView。访问后，浏览器页面进行跳转，跳转的页面如图 12-36 所示。

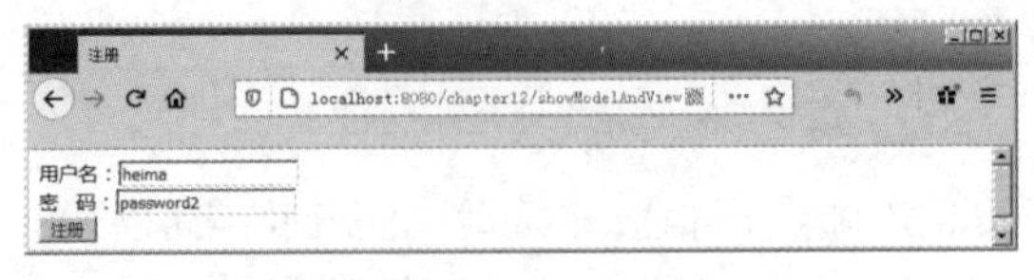

图12-36 访问地址后跳转的页面（7）

从图 12-36 所示的页面可以得出，访问地址后执行了 showModelAndView()方法，方法执行后，添加的模型数据都在 register.jsp 页面成功取出。

12.5 数据回写

默认情况下，Spring MVC 的响应会经过视图解析器完成页面跳转。有时客户端希望服务器端在响应时不要进行页面跳转，只需要回写相关的数据即可。这个时候可以选择在响应时直接将数据写入输出流中，而不经过视图解析器。根据数据格式，可以将回写到输出流的数据分为普通字符串和 JSON 数据。本节将对 Spring

MVC 普通字符串的回写和 JSON 数据的回写进行讲解。

12.5.1　普通字符串的回写

以数据回写的方式响应时，可以使用 Spring MVC 默认支持的类型完成数据的输出。下面通过 HttpServletResponse 输出数据的案例，演示普通字符串的回写，案例具体实现步骤如下。

（1）在项目的 com.itheima.controller 包下创建一个数据回写类 DataController，在 DataController 类中定义 showDataByResponse()方法，用于测试 Spring MVC 中普通字符串的回写。DataController 类的具体代码如文件 12–20 所示。

文件 12-20　DataController.java

```
1  package com.itheima.controller;
2  import org.springframework.stereotype.Controller;
3  import org.springframework.web.bind.annotation.RequestMapping;
4  import javax.servlet.http.HttpServletResponse;
5  import java.io.IOException;
6  @Controller
7  public class DataController {
8      @RequestMapping("showDataByResponse")
9      public void showDataByResponse(HttpServletResponse response)  {
10         try {
11             response.getWriter().print("response");
12         } catch  (IOException e) {
13             e.printStackTrace();
14         }
15     }
16 }
```

在文件 12–20 中，HttpServletResponse 对象通过形参传入，并使用 HttpServletResponse 对象将字符串 response 写入输出流中。

（2）启动 chapter12 项目，在浏览器中访问地址 http://localhost:8080/chapter12/showDataByResponse。访问后，浏览器页面不跳转，页面显示效果如图 12–37 所示。

图12–37　访问地址后页面显示效果（1）

由图 12–37 所示的内容可以得出，访问地址后执行了 showDataByResponse()方法，方法执行后将普通字符串通过 HttpServletResponse 输出到请求页面中，完成了普通字符串的数据回写。

12.5.2　JSON 数据的回写

在实际开发中，对数据回写的需求不会是普通字符串那么简单，更多时候需要回写对象和集合等数据。为此，可以将对象和集合数据转换成 JSON 数据后进行回写。下面分别讲解对象数据和集合数据转换成 JSON 数据后的回写。

1. 对象数据转换成 JSON 数据后的回写

项目中已经导入了 Jackson 的依赖，可以先调用 Jackson 的 JSON 转换的相关方法，将对象或集合转换成 JSON 数据，然后通过 HttpServletResponse 将 JSON 数据写入输出流中完成回写，具体实现步骤如下。

（1）修改文件 12–20，在 DataController 类中新增 showDataByJSON()方法，用于将对象转换成 JSON 数据并写入输出流中完成回写。showDataByJSON()方法的具体代码如下：

```
@RequestMapping("showDataByJSON")
```

```
public void showDataByJSON(HttpServletResponse response)  {
    try {
        ObjectMapper om = new ObjectMapper();
        User user = new User();
        user.setUsername("heima");
        user.setPassword("666");
        String ujson = om.writeValueAsString(user);
        response.getWriter().print(ujson);
    } catch (IOException e) {
        e.printStackTrace();
    }
}
```

上述代码的 showDataByJSON()方法中调用 Jackson 的 writeValueAsString()方法将 User 对象转换成 JSON 数据，并通过 HttpServletResponse 写入输出流。

（2）启动 chapter12 项目，在浏览器中访问地址 http://localhost:8080/chapter12/showDataByJSON。访问后，页面显示效果如图 12-38 所示。

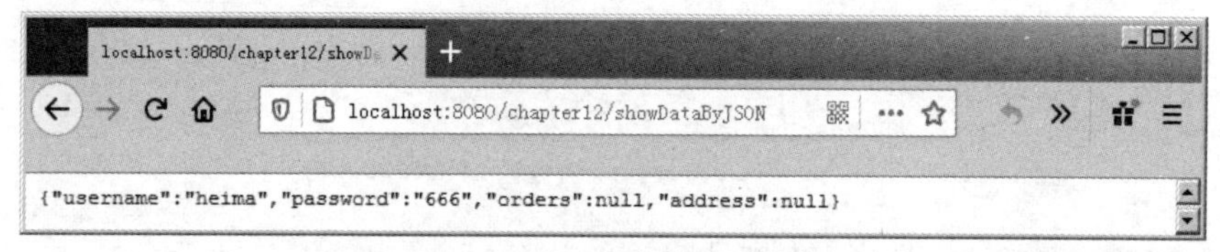

图12-38　访问地址后页面显示效果（2）

由图 12-38 所示的内容可以得出，访问地址后，执行了 showDataByJSON()方法，方法执行后将 User 对象的数据转换成 JSON 格式的数据输出到请求页面中。

如果每次回写对象或者集合等数据都需要手动转换成 JSON 数据，那么操作将非常烦琐。为此，Spring MVC 提供了@ResponseBody 注解，@ResponseBody 注解的作用是将处理器返回的对象通过适当的转换器转换为指定的格式之后，写入 HttpServletResponse 对象的 body 区。@ResponseBody 注解通常用于返回 JSON 数据。

@ResponseBody 注解可以标注在方法和类上，当标注在类上时，表示该类中的所有方法均应用@ResponseBody 注解。

如果需要当前类中的所有方法均应用@ResponseBody 注解，也可以使用@RestController 注解，@RestController 注解相当于@Controller 和@ResponseBody 这两个注解的结合。

若想使用@ResponseBody 注解，项目至少需要符合以下 2 个要求。

- 项目中有转换 JSON 相关的依赖。
- 配置可以转换 JSON 数据的消息类型转换器。

chapter12 项目已经满足上述两个要求，项目的 pom.xml 文件中引入了 Jackson 相关的依赖，可以用于转换 JSON；Spring MVC 的配置文件中配置的<mvc:annotation-driven />元素默认注册了 Java 数据转 JSON 数据的消息转换器。

2. 集合数据转换成 JSON 数据后的回写

下面通过一个案例演示使用@ResponseBody 注解回写 JSON 格式的对象数据和集合数据，案例具体实现步骤如下。

（1）修改文件 12-20，在 DataController 类中新增 getUser()方法，用于返回 JSON 类型的 User 信息；新增 addProducts()方法用于返回 JSON 类型的 Product 列表信息。getUser()方法和 addProducts()方法具体代码如下：

```
@RequestMapping("getUser")
@ResponseBody
public User getUser()  {
    User user = new User();
    user.setUsername("heima2");
    return user;
```

```
}
@RequestMapping("addProducts")
@ResponseBody
public List<Product> addProducts() {
    Product p1 = new Product();
    p1.setProId("p001");
    p1.setProName("红牛");
    Product p2 = new Product();
    p2.setProId("p002");
    p2.setProName("三文鱼");
    ArrayList<Product> products = new ArrayList<>();
    products.add(p1);
    products.add(p2);
    return products;
}
```

上述的 getUser()方法和 addProducts()方法都使用@ResponseBody 注解将返回的对象转换成 JSON 数据返回到客户端。

（2）在项目的 src/main/webapp 目录下，创建一个商品添加页面 product_add.jsp，在 product_add.jsp 中创建一个表格，用于显示用户信息和添加商品信息。product_add.jsp 的具体代码如文件 12-21 所示。

文件 12-21 product_add.jsp

```
1  <%@ page language="java" contentType="text/html; charset=UTF-8"
2   pageEncoding="UTF-8" %>
3  <html>
4  <head>
5       <title>商品添加</title>
6       <script type="text/javascript"
7    src="${pageContext.request.contextPath }/js/jquery.min.js"></script>
8  </head>
9  <body>
10      <table id="products" border="1" width="60%" >
11          <tr align="center"><td>欢迎您：</td><td id="username"></td></tr>
12          <tr align="center">
13              <td colspan="2"  align="center">
14                  <input type="button" value="添加多个商品"
15                     onclick="addProducts()">
16              </td>
17          </tr>
18          <tr align="center"><td>商品 id</td><td>商品名称</td>     </tr>
19      </table>
20 <script type="text/javascript">
21      //显示当前用户名
22      window.onload=function(){
23          var url="${pageContext.request.contextPath }/getUser";
24          $.get(url,function (response) {
25              //将处理器返回的用户信息中的用户名显示在表格中
26              $("#username").text(response.username);
27          })
28      }
29      //添加商品
30      function addProducts() {
31          var url="${pageContext.request.contextPath }/addProducts";
32          $.get(url,function (products) {
33              //将处理器返回的商品列表信息添加到表格中
34              for (var i=0;i<products.length;i++){
35            $("#products").append("<tr><td>"+products[i].proId+"</td>"+
36            "<td>"+products[i].proName+"</td></tr>");
37              }
38          })
39      }
40 </script>
41 </body>
42 </html>
```

在文件 12-21 中，第 20～40 行代码定义了 2 个 JavaScript 方法，其中，第 22～28 行代码定义的方法在页面加载完毕后，自动发送异步请求到服务器端的处理器，处理器的映射路径如第 23 行代码所示，第 26 行代码将处理器返回的数据的 username 属性值显示在 id 为 username 的单元格中；第 30～39 行代码定义了 addProducts()方法，该方法在提交多个商品信息后触发，并发送异步请求到服务器端处理器，处理器的映射路径如第 31 行代码所示，第 34～37 行代码将处理器返回的数据拼接成一个新的<tr>，最后将拼接的<tr>追加到 id 为 products 的表格中。

（3）启动 chapter12 项目，在浏览器中访问商品添加页面 product_add.jsp，访问地址为 http://localhost:8080/chapter12/product_add.jsp。product_add.jsp 页面显示效果如图 12-39 所示。

由图 12-39 所示的内容可以得出，页面加载完毕后，页面异步将用户的信息显示在单元格中，表明成功回写了 User 对象信息对应的 JSON 数据。

（4）单击图 12-39 所示的“添加多个商品”按钮，product_add.jsp 页面显示效果如图 12-40 所示。

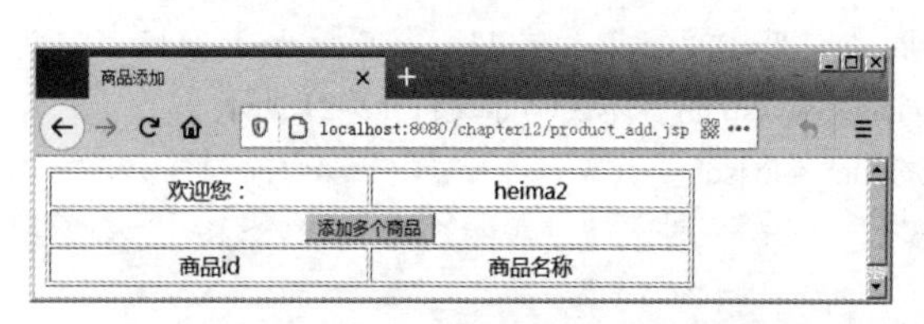

图12-39　product_add.jsp页面显示效果

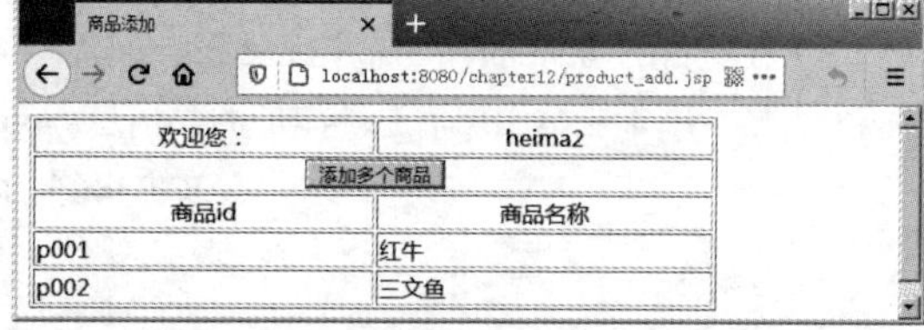

图12-40　单击“添加多个商品”按钮后页面显示效果

由图 12-40 所示的内容可以得出，单击图 12-39 所示的“添加多个商品”按钮，程序成功回写了 List 对应的 JSON 数据。

12.6　本章小结

本章主要对 Spring MVC 中的数据绑定和响应进行了详细讲解。首先对 Spring MVC 的数据绑定过程进行了介绍；其次讲解了简单数据绑定，包括默认数据类型绑定、简单数据类型绑定、POJO 绑定及自定义类型绑定；接着讲解了复杂数据绑定，包括数组绑定、集合绑定、复制 POJO 绑定和 JSON 数据绑定；然后讲解了数据响应和页面跳转，包括返回值为 void 类型的页面跳转、返回值为 String 类型的页面跳转，以及返回值为 ModelAndView 类型的页面跳转；最后讲解了回写数据，包括回写普通字符串和回写 JSON 数据。通过学习本章的内容，读者应该能够熟练掌握 Spring MVC 中几种数据类型的绑定使用，掌握 Spring MVC 的数据响应，为后续的学习打下坚实的基础。

【思考题】

1. 请简述简单数据类型中的@RequestParam 注解及其属性的作用。
2. 请简述复杂 POJO 绑定时的注意事项。
3. 请简述@RequestBody 注解的作用。
4. 请简述包装 POJO 类型绑定时的注意事项。
5. 请简述 3 种不同类型的 Spring MVC 方法返回值的区别。
6. 请简述@ResponseBody 注解的作用。

第 13 章

Spring MVC的高级功能

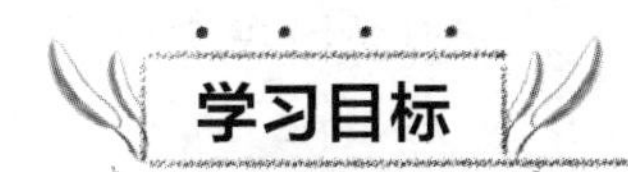

★ 了解异常处理机制

★ 熟悉 Spring MVC 异常的统一处理

★ 了解拦截器的作用，并掌握自定义拦截器的使用

★ 掌握文件上传和文件下载操作

使用 Spring MVC 可以很灵活地完成数据的绑定和响应，极大地简化了 Java Web 的开发。此外，使用 Spring MVC 还可以很便捷地完成项目中的异常处理、自定义拦截器，以及文件上传和下载等高级功能。本章将对 Spring MVC 提供的这些高级功能进行讲解。

13.1 异常处理

在程序的开发过程中，不管是在持久层对数据库的操作，还是在业务层或控制层对数据库的操作，都会不可避免地遇到各种编译异常或运行异常需要处理。如果每个异常都单独进行处理，那么程序将出现大量冗余代码并且代码规范性较差，不易于后续代码的维护。如果将程序所有的异常单独抽取出来统一处理，这样既实现了异常信息的统一处理，又便于程序的维护，极大地降低了代码的冗余。

Spring MVC 可以通过 3 种方式实现异常的统一处理，第一种是使用 Spring MVC 提供的简单异常处理器 SimpleMappingExceptionResolver，实现异常统一处理；第二种是通过实现异常处理器接口 HandlerException Resolver 自定义异常处理器，实现异常统一处理；第三种是使用@ExceptionHandler 注解实现异常统一处理。本节将对这 3 种异常处理方式进行讲解。

13.1.1 简单异常处理器

如果希望对 Spring MVC 中所有异常进行统一处理，可以使用 Spring MVC 提供的异常处理器 Handler ExceptionResolver 实现。HandlerExceptionResolver 是一个接口，为了方便直接对异常进行统一处理，Spring MVC 内部提供了 HandlerExceptionResolver 的实现类 SimpleMappingExceptionResolver。SimpleMappingException Resolver 实现了简单的异常处理，通过 SimpleMappingExceptionResolver 可以将不同类型的异常映射到不同的页面，当发生异常的时候，SimpleMappingExceptionResolver 根据发生的异常类型跳转到指定的页面处理异常信息。SimpleMappingExceptionResolver 也可以为所有的异常指定一个默认的异常处理页面，当应用程序抛出的异常没有对应的映射页面时，使用默认页面处理异常信息。

下面通过一个案例演示 SimpleMappingExceptionResolver 对异常的统一处理，案例具体实现步骤如下所示。

（1）在 IDEA 中创建一个名称为 chapter13 的 Maven Web 项目，并在项目 chapter13 中搭建好 Spring MVC 运行所需的环境。需要注意的是，如无特殊说明，本章的所有案例都将在 chapter13 项目中开发和运行，chapter13 项目的目录结构如图 13-1 所示。

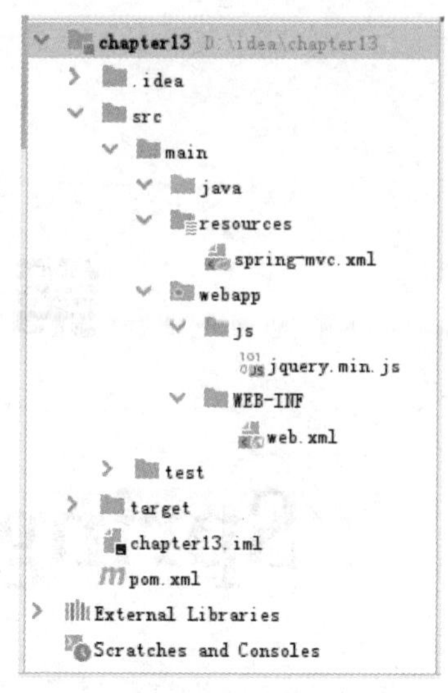

图13-1　chapter13项目的目录结构

（2）src\main\java 目录下，创建一个名称为 com.itheima.controller 的包。在包中创建 ExceptionController 类，在 ExceptionController 类中定义 3 个会抛出不同异常的方法，这 3 个方法分别如下所示。

- showNullPointer()方法：抛出空指针异常。
- showIOException()方法：抛出 IO 异常。
- showArithmetic()方法：抛出算术异常。

ExceptionController 类的具体代码如文件 13-1 所示。

文件 13-1　ExceptionController.java

```
1  package com.itheima.controller;
2  import org.springframework.stereotype.Controller;
3  import org.springframework.web.bind.annotation.RequestMapping;
4  import java.io.FileInputStream;
5  import java.io.IOException;
6  import java.util.ArrayList;
7  @Controller
8  public class ExceptionController {
9      //抛出空指针异常
10     @RequestMapping("/showNullPointer")
11     public void showNullPointer(){
12         ArrayList<Object> list = null;
13         System.out.println(list.get(2));
14     }
15     //抛出 IO 异常
16     @RequestMapping("/showIOException")
17     public void showIOException() throws IOException {
18         FileInputStream in = new FileInputStream("JavaWeb.xml");
19     }
20     //抛出算术异常
21     @RequestMapping("/showArithmetic")
22     public void showArithmetic(){
23         int c=1/0;
24     }
25 }
```

在文件 13-1 中，第 10～14 行代码的 showNullPointer()方法会处理 URL 为 showNullPointer 的请求，方法执行到第 13 行代码时会抛出空指针异常；第 16～19 行代码的 showIOException()方法会处理 URL 为 showIOException 的请求，方法执行到第 18 行代码时会抛出 IO 异常；第 21～24 行代码的 showArithmetic()方法会处理 URL 为 showArithmetic 的请求，方法执行到第 23 行代码时会抛出算术异常。

（3）程序执行文件 13-1 中的任意一个方法时，都会抛出异常。在异常发生时，如果要跳转到指定的处理页面，则需要在 Spring MVC 的配置文件 spring-mvc.xml 中使用 SimpleMappingExceptionResolver 指定异常和异常处理页面的映射关系。

SimpleMappingExceptionResolver 中除了可以配置异常和异常处理页面的映射关系外，还可以定义相应异常的变量名称，在异常处理页面中可以使用异常名称获取对应的异常信息。Spring MVC 配置文件如文件 13-2 所示。

文件 13-2　spring-mvc.xml

```
1  <?xml version="1.0" encoding="UTF-8"?>
```

```
2  <beans xmlns="http://www.springframework.org/schema/beans"
3       xmlns:context="http://www.springframework.org/schema/context"
4       xmlns:mvc="http://www.springframework.org/schema/mvc"
5       xmlns:xsi="http://www.w3.org/2001/XMLSchema-instance"
6       xsi:schemaLocation="http://www.springframework.org/schema/beans
7     http://www.springframework.org/schema/beans/spring-beans.xsd
8     http://www.springframework.org/schema/mvc
9     http://www.springframework.org/schema/mvc/spring-mvc.xsd
10    http://www.springframework.org/schema/context
11    http://www.springframework.org/schema/context/spring-context.xsd">
12    <!-- 配置创建 spring 容器要扫描的包 -->
13    <context:component-scan base-package="com.itheima.controller"/>
14    <!-- 配置注解驱动 -->
15    <mvc:annotation-driven />
16    <!--配置静态资源的访问映射，此配置中的文件将不被前端控制器拦截 -->
17    <mvc:resources mapping="/js/**" location="/js/" />
18    <!-- 注入 SimpleMappingExceptionResolver-->
19    <bean class=
20    "org.springframework.web.servlet.handler.SimpleMappingExceptionResolver">
21       <!--
22          定义需要特殊处理的异常，用类名或完全路径名作为 key，对应的异常页面名作为值，
23          将不同的异常映射到不同的页面上。
24       -->
25       <property name="exceptionMappings">
26          <props>
27             <prop key="java.lang.NullPointerException">
28                   nullPointerExp.jsp</prop>
29            <prop key="IOException">IOExp.jsp</prop>
30         </props>
31       </property>
32       <!-- 为所有的异常定义默认的异常处理页面，value 为默认的异常处理页面 -->
33      <property name="defaultErrorView" value="defaultExp.jsp"></property>
34       <!-- value 定义在异常处理页面中获取异常信息的变量名，默认名为 exception -->
35       <property name="exceptionAttribute" value="exp"></property>
36    </bean>
37 </beans>
```

在文件 13-2 中，第 19～36 行代码通过<bean>元素注入了 SimpleMappingExceptionResolver，用于指定程序异常和异常处理页面的映射，其中程序抛出 NullPointerException 时，会根据第 27 行和第 28 行代码跳转到 null PointerExp.jsp 页面进行异常处理；程序抛出 IOException 时，会根据第 29 行代码跳转到 IOExp.jsp 页面进行异常处理；程序抛出非 NullPointerException 和 IOException 时，会根据第 33 行代码跳转到默认的 defaultExp.jsp 页面进行异常处理；第 35 行代码的 value 属性指定了异常信息的名称，可以通过异常信息名称在异常处理页面中取出对应的异常信息。

（4）在文件 13-2 中，程序已经指定了异常类别对应的异常处理页面，下面在 src/main/webapp 目录下创建这些异常处理页面。在此不对异常处理页面做太多处理，只在页面中展示对应的异常信息。异常处理页面的具体代码如文件 13-3～文件 13-5 所示。

文件 13-3　nullPointerExp.jsp

```
1  <%@ page contentType="text/html;charset=UTF-8" language="java" %>
2  <html>
3  <head> <title>空指针异常处理页面</title></head>
4  <body>
5  空指针异常处理页面-----${exp}
6  </body>
7  </html>
```

文件 13-4　IOExp.jsp

```
1  <%@ page contentType="text/html;charset=UTF-8" language="java" %>
2  <html>
3  <head><title>IO 异常处理页面</title></head>
4  <body>
5  IO 异常处理页面-----${exp}
```

```
6  </body>
7  </html>
```

文件 13-5　defaultExp.jsp

```
1  <%@ page contentType="text/html;charset=UTF-8" language="java" %>
2  <html>
3  <head><title>默认异常处理页面</title></head>
4  <body>
5  默认异常处理页面-----${exp}
6  </body>
7  </html>
```

（5）启动 chapter13 项目，在浏览器中访问地址 http://localhost:8080/chapter13/showNullPointer，程序将执行 showNullPointer()方法，方法执行后页面显示效果如图 13-2 所示。

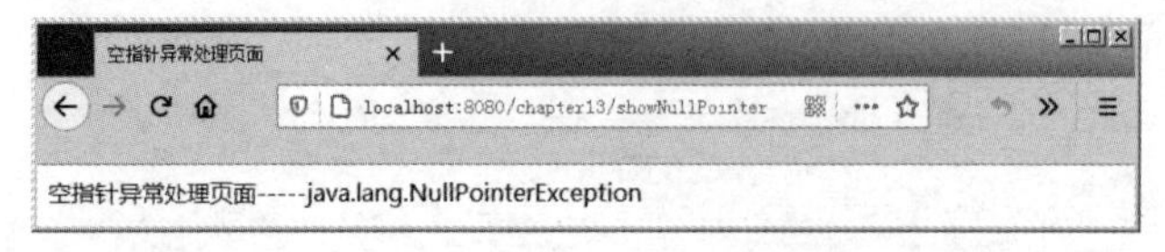

图13-2　showNullPointer()方法执行后页面显示效果

（6）在浏览器中访问地址 http://localhost:8080/chapter13/showIOException，程序将执行 showIOException()方法，方法执行后页面显示效果如图 13-3 所示。

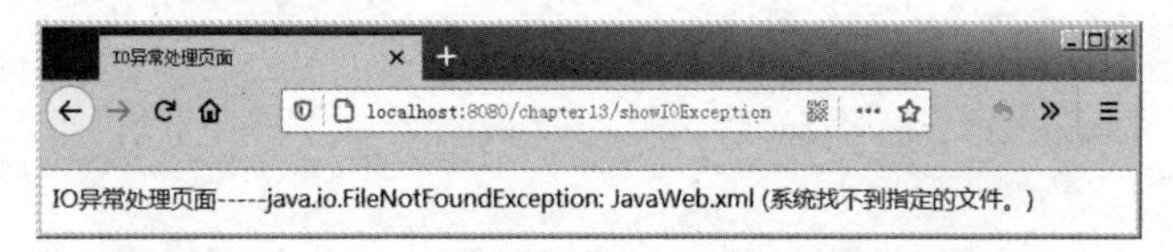

图13-3　showIOException()方法执行后页面显示效果

（7）在浏览器中访问地址 http://localhost:8080/chapter13/showArithmetic，程序将执行 showArithmetic()方法，方法执行后页面显示效果如图 13-4 所示。

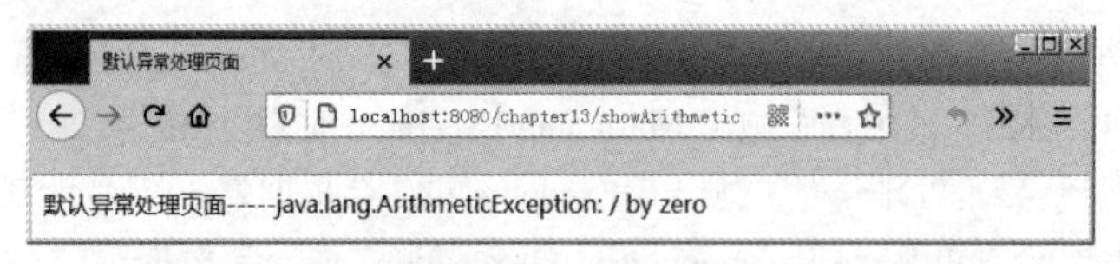

图13-4　showArithmetic()方法执行后页面显示效果

从图 13-2～图 13-4 所示的信息可以看出，程序在抛出异常时，都会跳转到异常类型对应的异常处理页面中。如果抛出的异常没有在 Spring MVC 的配置文件中指定对应的异常处理页面，那么程序会跳转到指定的默认异常处理页面。

13.1.2　自定义异常处理器

除了可以使用 SimpleMappingExceptionResolver 进行异常处理外，还可以自定义异常处理器统一处理异常。可以通过实现 HandlerExceptionResolver 接口，重写异常处理方法 resolveException()来定义自定义异常处理器。当 Handler 执行并且抛出异常时，自定义异常处理器会拦截异常并执行重写的 resolveException()方法，resolveException()方法返回值是 ModelAndView 类型的对象，可以在 ModelAndView 对象中存储异常信息，并跳转到异常处理页面。

下面通过一个案例演示自定义异常处理器如何分类别处理自定义异常和系统自带的异常，案例具体实现步骤如下所示。

（1）在 src/main/java 目录，创建一个路径为 com.itheima.exception 的包，并在包中创建自定义异常类 MyException。MyException 类的具体代码如文件 13-6 所示。

文件 13-6 MyException.java

```
1  package com.itheima.exception;
2  public class MyException extends  Exception{
3      //异常信息
4      private String message;
5      public MyException(String message) {
6          super(message);
7          this.message = message;
8      }
9      @Override
10     public String getMessage() {
11         return message;
12     }
13     public void setMessage(String message) {
14         this.message = message;
15     }
16 }
```

文件 13-6 中创建了 MyException 异常类，异常类中定义了 message 属性来描述异常信息，并在构造方法中通过 super()方法将异常信息传递给父类 Exception 的构造方法。

（2）修改文件 13-1，在 ExceptionController 类中，新增方法 addData()用于抛出自定义异常，addData()方法的具体代码如下：

```
@RequestMapping("/addData")
public void addData() throws MyException {
    throw new MyException("新增数据异常！");
}
```

上述代码的 addData()方法会处理 URL 为 addData 的请求，执行该方法时会抛出自定义异常。

（3）在 com.itheima.controller 包下，创建名称为 MyExceptionHandler 的自定义异常处理器。在 MyException Handler 类中重写 resolveException()方法，用于判断当前异常是自定义异常还是系统自带的异常，根据异常的种类不同，resolveException()方法返回不同的异常信息。使用自定义异常处理器，需要先将自定义异常处理器注册到 Spring MVC 中。在注册自定义异常处理器时，可以使用注解的方式注册，也可以在 Spring MVC 的配置文件中使用<bean>元素注册，本案例使用@Component 注解来注册。MyExceptionHandler 类的具体代码如文件 13-7 所示。

文件 13-7 MyExceptionHandler.java

```
1  package com.itheima.controller;
2  import com.itheima.exception.MyException;
3  import org.springframework.stereotype.Component;
4  import org.springframework.web.servlet.HandlerExceptionResolver;
5  import org.springframework.web.servlet.ModelAndView;
6  import javax.servlet.http.HttpServletRequest;
7  import javax.servlet.http.HttpServletResponse;
8  import java.io.PrintWriter;
9  import java.io.StringWriter;
10 import java.io.Writer;
11 @Component
12 public class MyExceptionHandler implements HandlerExceptionResolver {
13     /**
14      * @param request 当前的 HTTP request
15      * @param response 当前的 HTTP response
16      * @param handler 正在执行的 Handler
17      * @param ex handler 执行时抛出的 exception
18      * @return 返回一个 ModelAndView
19      */
20     public ModelAndView resolveException(HttpServletRequest request,
21             HttpServletResponse response, Object handler, Exception ex) {
22         // 定义异常信息
23         String msg;
24         //如果是自定义异常，将异常信息直接返回
25         if (ex instanceof MyException) {
```

```
26             msg=ex.getMessage();
27         }
28         else {
29             // 如果是系统的异常，从堆栈中获取异常信息
30             Writer out = new StringWriter();
31             PrintWriter s = new PrintWriter(out);
32             ex.printStackTrace(s);
33             //系统真实异常信息，可以以邮件和短信等方式发给相关开发人员
34             String sysMsg = out.toString();
35             //向客户隐藏真实的异常信息，仅发送友好提示信息
36             msg="网络异常！";
37         }
38         // 返回错误页面，给用户友好页面显示错误信息
39         ModelAndView modelAndView = new ModelAndView();
40         modelAndView.addObject("msg", msg);
41         modelAndView.setViewName("error.jsp");
42         return modelAndView;
43     }
44 }
```

文件 13-7 的 resolveException()方法中，Exception 类型的形参对象 ex 会接收执行 Handler 抛出的异常。第 23 行代码定了变量 msg，用于存放响应给客户端的异常信息；第 25 行代码判断 ex 接收到的是否属于自定义异常，如果是直接将异常信息赋值给变量 msg；第 28～37 行代码表示如果 ex 不是自定义异常，则从堆栈中获取真实的异常信息发给开发人员，并将“网络异常！”赋值给 msg 变量；第 39～42 行代码将 msg 的内容通过 error.jsp 页面完成响应。

（4）在 src/main/webapp 目录下，创建一个名称为 error 的 JSP 文件，用作异常处理页面。本案例不对异常处理页面进行过多处理，只将异常信息输出在页面上。error.jsp 的具体代码如文件 13-8 所示。

文件 13-8　error.jsp

```
1  <%@ page contentType="text/html;charset=UTF-8" language="java" %>
2  <html>
3  <head><title>异常处理页面</title></head>
4  <body>
5  ${msg}
6  </body>
7  </html>
```

（5）启动 chapter13 项目，在浏览器中访问地址 http://localhost:8080/chapter13/showNullPointer，程序将执行 showNullPointer()方法，方法执行后页面显示效果如图 13-5 所示。

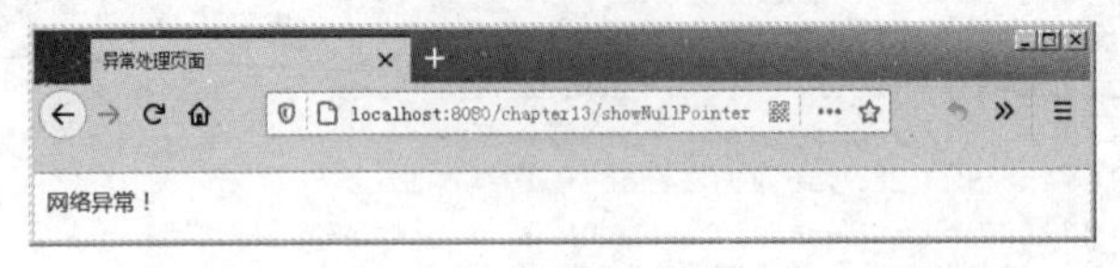

图13-5　执行showNullPointer()方法后页面显示效果

（6）在浏览器中访问地址 http://localhost:8080/chapter13/addData，程序将执行 addData()方法，方法执行后页面显示效果如图 13-6 所示。

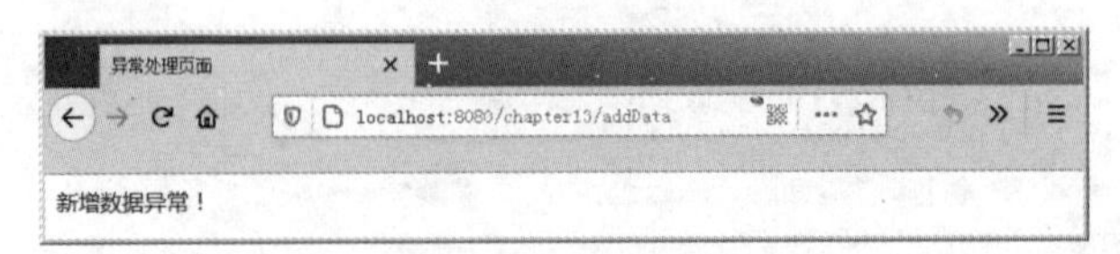

图13-6　执行addData()方法后页面显示效果

从图 13-5 和图 13-6 所示的页面显示效果可以得出，如果 Handler 执行时抛出的是自定义异常，异常处理页面会输出自定义异常的异常信息；如果 Handler 执行时抛出的是系统自带的异常，异常处理页面会统一输出“网络异常！”。异常处理器会对不同类型的异常进行区别处理。

13.1.3　异常处理注解

从 Spring 3.2 开始，Spring 提供了一个新注解@ControllerAdvice，该注解有以下两个作用。

- 注解作用在类上时可以增强 Controller，为 Controller 中被@RequestMapping 注解标注的方法加一些逻辑处理。
- @ControllerAdvice 注解结合方法型注解@ExceptionHandler，可以捕获 Controller 中抛出的指定类型的异常，从而实现不同类型的异常统一处理。

下面通过一个案例演示如何使用注解实现异常的分类处理，具体实现步骤如下所示。

（1）在 com.itheima.controller 包下，创建名称为 ExceptionAdvice 的异常处理器。ExceptionAdvice 类中定义 2 个处理不同异常的方法，其中 doMyException()方法用于处理 Handler 执行时抛出的自定义异常，doOtherException()方法用于处理 Handler 执行时抛出的系统异常。ExceptionAdvice 类的具体代码如文件 13-9 所示。

文件 13-9　ExceptionAdvice.java

```
1  package com.itheima.controller;
2  import com.itheima.exception.MyException;
3  import org.springframework.web.bind.annotation.ControllerAdvice;
4  import org.springframework.web.bind.annotation.ExceptionHandler;
5  import org.springframework.web.servlet.ModelAndView;
6  import java.io.IOException;
7  @ControllerAdvice
8  public class ExceptionAdvice {
9      //处理 MyException 类型的异常
10     @ExceptionHandler(MyException.class)
11     public ModelAndView doMyException(MyException ex) throws IOException {
12         ModelAndView modelAndView = new ModelAndView();
13         modelAndView.addObject("msg", ex.getMessage());
14         modelAndView.setViewName("error.jsp");
15         return modelAndView;
16     }
17     //处理 Exception 类型的异常
18     @ExceptionHandler(Exception.class)
19     public ModelAndView doOtherException(Exception ex) throws IOException {
20         ModelAndView modelAndView = new ModelAndView();
21         modelAndView.addObject("msg", "网络异常！");
22         modelAndView.setViewName("error.jsp");
23         return modelAndView;
24     }
25 }
```

在文件 13-9 中，@ExceptionHandler 的作用在于声明异常的处理类型，当 Handler 抛出对应异常之后，当前方法会对这些异常进行捕获。例如，第 10 行代码声明了 doMyException()方法捕捉的异常为 MyException 类型，第 18 行代码声明了 doOtherException()方法捕捉的异常为 Exception 类型。异常处理方法捕捉到对应的异常后，将处理异常的页面信息和视图名称存入 ModelAndView 对象中并返回。

（2）启动 chapter13 项目，在浏览器中访问地址 http://localhost:8080/chapter13/showNullPointer，程序将执行 showNullPointer()方法，方法执行后页面显示效果如图 13-7 所示。

（3）在浏览器中访问地址 http://localhost:8080/chapter13/addData，程序将执行 addData()方法，方法执行后页面显示效果如图 13-8 所示。

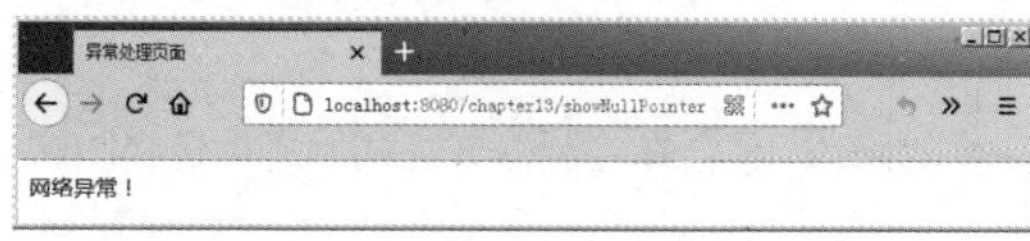

图13-7　执行showNullPointer()方法后页面显示效果

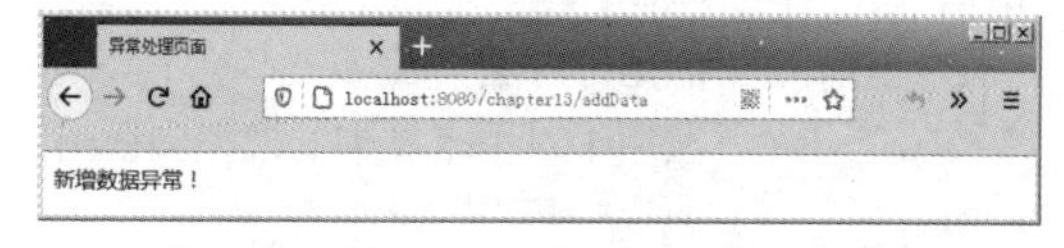

图13-8　执行addData()方法后页面显示效果

从图 13-7 和图 13-8 所示的页面显示效果可以得出，使用@ControllerAdvice 注解和@ExceptionHandler 注解实现的异常分类处理效果与 13.1.2 节使用自定义异常处理器一样。

13.2 拦截器

在实际项目中，拦截器的使用是非常普遍的。例如，购物网站中通过拦截器拦截未登录的用户，禁止其提交订单，或者使用拦截器验证已登录用户的操作权限等。Spring MVC 也提供了拦截器功能，本节将对 Spring MVC 中拦截器的使用进行详细讲解。

13.2.1 拦截器概述

拦截器（Interceptor）是一种动态拦截 Controller 方法调用的对象，它可以在指定的方法调用前或者调用后执行预先设定的代码。拦截器作用类似于 Filter（过滤器），但是它们的技术归属和拦截内容不同。Filter 采用 Servlet 技术，拦截器采用 Spring MVC 技术；Filter 会对所有的请求进行拦截，拦截器只针对 Spring MVC 的请求进行拦截。

在 Spring MVC 中定义一个拦截器非常简单，常用的拦截器定义方式有以下两种。

- 第一种方式是通过实现 HandlerInterceptor 接口定义拦截器。
- 第二种方式是通过继承 HandlerInterceptor 接口的实现类 HandlerInterceptorAdapter 定义拦截器。

上述两种方式的区别在于，直接实现 HandlerInterceptor 接口需要重写 HandlerInterceptor 接口的所有方法；而继承 HandlerInterceptorAdapter 类的方式允许只重写想要回调的方法。

下面通过实现 HandlerInterceptor 接口自定义拦截器，自定义拦截器的代码如下：

```
public class CustomInterceptor implements HandlerInterceptor{
    @Override
    public boolean preHandle(HttpServletRequest request,
         HttpServletResponse response, Object handler)throws Exception {
         return false;
    }
    @Override
    public void postHandle(HttpServletRequest request,
         HttpServletResponse response, Object handler,
         ModelAndView modelAndView) throws Exception {
    }
    @Override
    public void afterCompletion(HttpServletRequest request,
            HttpServletResponse response, Object handler,
            Exception ex) throws Exception {
    }
}
```

从上述代码可以看出，通过实现 HandlerInterceptor 接口自定义的拦截器，需要重写接口中的 3 个方法，这 3 个方法的具体描述如下。

1. preHandle()方法

preHandle()方法用于对程序进行安全控制、权限校验等，它会在控制器方法调用前执行。preHandle()方法的参数 request 是请求对象，response 是响应对象，handler 是被调用的处理器对象。

preHandle()方法的返回值为 boolean 类型，表示是否中断后续操作。当返回值为 true 时，表示继续向下执行；当返回值为 false 时，整个请求就结束了，后续的所有操作（包括调用下一个拦截器和控制器类中的方法执行等）都会中断。

2. postHandle()方法

postHandle()方法用于对请求域中的模型和视图做进一步的修改，它会在控制器方法调用之后且视图解析之前执行。

postHandle()方法的前 2 个参数与 preHandle()方法的前 2 个参数一样，分别是请求对象和响应对象。如果处理器执行完成有返回结果，可以通过第 3 个参数 modelAndView 读取和调整返回结果对应的数据与视图信息。

3. afterCompletion()方法

afterCompletion()方法可以完成一些资源清理、日志信息记录等工作，它会在整个请求完成后执行，即视图渲染结束之后执行。

afterCompletion()方法的前 2 个参数与 preHandle()方法的前 2 个参数一样，分别是请求对象和响应对象。第 3 个参数 ex 是异常对象，如果处理器执行过程中出现异常，会将异常信息封装在该异常对象中，可以在 afterCompletion()方法中针对异常情况进行单独处理。

需要注意的是，只有在 preHandle()方法的返回值为 true 时，postHandle()方法和 afterCompletion()方法才会按上述执行规则执行。

13.2.2　拦截器的配置

要想使自定义的拦截器生效，还需要在 Spring MVC 的配置文件中进行配置。配置代码如下：

```
<!-- 配置拦截器 -->
<mvc:interceptors>
   <!--拦截所有请求-->
   <bean class="com.itheima.interceptor.MyInterceptor1"/>
   <mvc:interceptor>
       <!-- 配置拦截器作用的路径 -->
       <mvc:mapping path="/**"/>
       <!-- 配置不需要拦截器作用的路径 -->
       <mvc:exclude-mapping path=""/>
       <!-- 对匹配路径的请求才进行拦截-->
       <bean class="com.itheima.interceptor.MyInterceptor2" />
   </mvc:interceptor>
</mvc:interceptors>
```

在上述代码中，<mvc:interceptors>元素使用 2 种方式配置了拦截器，其中，使用子元素<bean>声明的拦截器将会对所有的请求进行拦截；而使用<mvc:interceptor>元素声明的拦截器会对指定路径下的请求进行拦截。

<mvc:interceptor>元素的子元素<mvc:mapping>通过 path 属性配置拦截器作用的路径。例如，上述代码中 path 的属性值为“/**”，表示拦截所有路径。如果有不需要拦截的请求，可以通过<mvc:exclude-mapping>元素进行配置。

需要注意的是，<mvc:interceptor>中的子元素必须按照上述代码的配置顺序进行编写，即<mvc:mapping>→<mvc:exclude-mapping >→<bean >的顺序，否则文件会报错。

13.2.3　拦截器的执行流程

在运行程序时，拦截器的执行是有一定顺序的，该顺序与配置文件中所定义的拦截器的顺序相关。

1. 单个拦截器的执行流程

如果在项目中只定义了一个拦截器，单个拦截器的执行流程如图 13-9 所示。

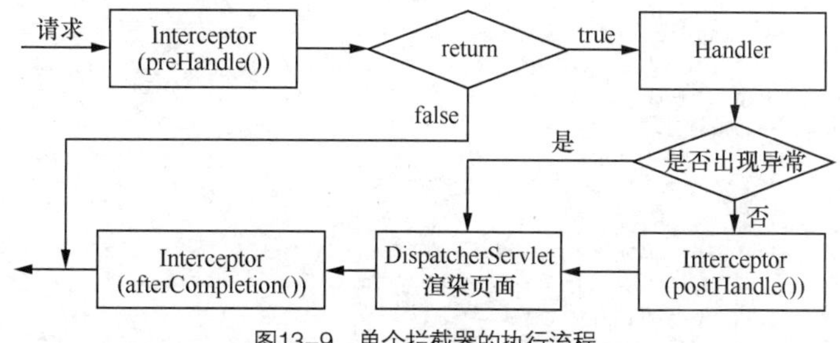

图13-9　单个拦截器的执行流程

从图 13-9 可以看出，程序收到请求后，首先会执行拦截器中的 preHandle()方法，如果 preHandle()方法返回的值为 false，则将中断后续所有代码的执行；如果 preHandle()方法的返回值为 true，则程序会继续向下执行 Handler 的代码。当 Handler 执行过程中没有出现异常时，会执行拦截器中的 postHandle()方法。postHandle()

方法执行后会通过 DispatcherServlet 向客户端返回响应，并且在 DispatcherServlet 处理完请求后，执行拦截器中的 afterCompletion()方法；如果 Handler 执行过程中出现异常，将跳过拦截器中的 postHandle()方法，直接由 DispatcherServlet 渲染异常页面返回响应，最后执行拦截器中的 afterCompletion()方法。

下面通过一个案例演示单个拦截器的执行流程，案例具体实现步骤如下所示。

（1）在 chapter13 项目的 com.itheima.controller 包下，创建名称为 HelloController 的控制器类，在 HelloController 类中定义 2 个方法，其中，hello()方法用于正常处理客户端的请求，exp()方法被调用时会产生异常。HelloController 类具体代码如文件 13-10 所示。

文件 13-10 HelloController.java

```
1  package com.itheima.controller;
2  import org.springframework.stereotype.Controller;
3  import org.springframework.web.bind.annotation.RequestMapping;
4  @Controller
5  public class HelloController {
6      @RequestMapping("/hello")
7      public String hello(){
8          System.out.println("HelloController...Hello");
9          return "success.jsp";
10     }
11     @RequestMapping("/exp")
12     public String exp(){
13         System.out.println(1/0);
14         return "success.jsp";
15     }
16 }
```

在文件 13-10 中，第 6～10 行的代码中 hello()方法会处理 URL 为 hello 的请求，方法执行时会先在控制台输出字符串，然后跳转到 success.jsp 页面；第 11～15 行代码中的 exp()方法会处理 URL 为 exp 的请求，方法执行输出语句时会抛出异常。

（2）在 src/main/java 目录下，创建一个路径为 com.itheima.interceptor 的包，并在包中创建实现 Handler Interceptor 接口的拦截器 MyInterceptor。在 MyInterceptor 类中重写的 3 个方法中编写输出语句来验证方法的执行情况。MyInterceptor 类具体代码如文件 13-11 所示。

文件 13-11 MyInterceptor.java

```
1  package com.itheima.interceptor;
2  import org.springframework.web.servlet.HandlerInterceptor;
3  import org.springframework.web.servlet.ModelAndView;
4  import javax.servlet.http.HttpServletRequest;
5  import javax.servlet.http.HttpServletResponse;
6   /**
7    * 实现了 HandlerInterceptor 接口的自定义拦截器
8    */
9  public class MyInterceptor implements HandlerInterceptor {
10     @Override
11     public boolean preHandle(HttpServletRequest request,
12                        HttpServletResponse response, Object handler) {
13         System.out.println("MyInterceptor...preHandle");
14         //对拦截的请求进行放行处理
15         return true;
16     }
17     @Override
18     public void postHandle(HttpServletRequest request,
19                       HttpServletResponse response, Object handler,
20                       ModelAndView modelAndView)  {
21         System.out.println("MyInterceptor...postHandle");
22     }
23     @Override
24     public void afterCompletion(HttpServletRequest request,
25                           HttpServletResponse response, Object handler,
26                           Exception ex) {
```

```
27          System.out.println("MyInterceptor...afterCompletion");
28      }
29 }
```

在文件 13-11 中，第 11～16 行代码的 preHandle()方法执行时，会在控制台输出字符串 MyInterceptor...preHandle 后将请求放行；第 18～22 行代码的 postHandle()方法执行时，会在控制台输出字符串 MyInterceptor...postHandle；第 24～28 行代码的 afterCompletion()方法执行时，会在控制台输出字符串 MyInterceptor...afterCompletion。

（3）在 Spring MVC 的配置文件 spring-mvc.xml 中添加 MyInterceptor 拦截器的配置，具体配置如下：

```
<!-- 配置拦截器 -->
<mvc:interceptors>
<!--使用 bean 直接定义在<mvc:interceptors>下面的拦截器将拦截所有请求-->
    <bean class="com.itheima.interceptor.MyInterceptor"/>
</mvc:interceptors>
```

在 spring-mvc.xml 中使用<mvc:interceptors>元素的子元素<bean>来配置拦截器，配置的拦截器会拦截所有映射到 Handler 的请求。

（4）在 src/main/webapp 目录下，创建一个名称为 success 的 JSP 文件，文件 13-10 中 hello()方法执行后跳转到 success.jsp 页面。success.jsp 具体代码如文件 13-12 所示。

文件 13-12 success.jsp

```
1  <%@ page contentType="text/html;charset=UTF-8" language="java" %>
2  <html>
3  <head><title>执行成功页面</title></head>
4  <body>
5  Handler 执行成功
6  </body>
7  </html>
```

（5）启动 chapter13 项目，在浏览器中访问地址 http://localhost:8080/chapter13/hello，程序将执行 hello()方法，方法执行后控制台输出信息如图 13-10 所示。

控制台输出如图 13-10 所示的信息后，页面跳转到 success.jsp 页面，页面显示效果如图 13-11 所示。

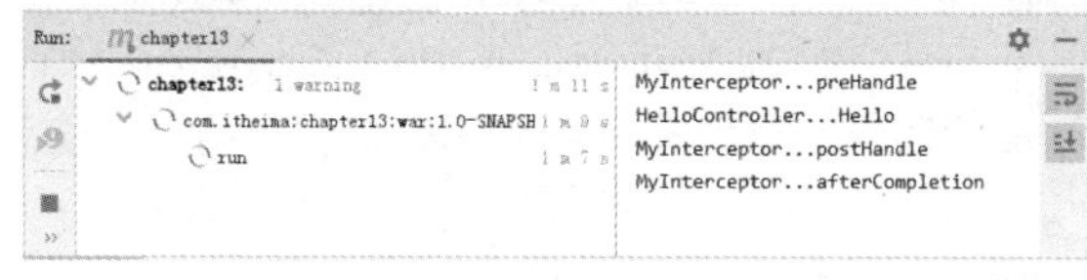

图13-10 执行hello()方法后控制台输出信息（1）

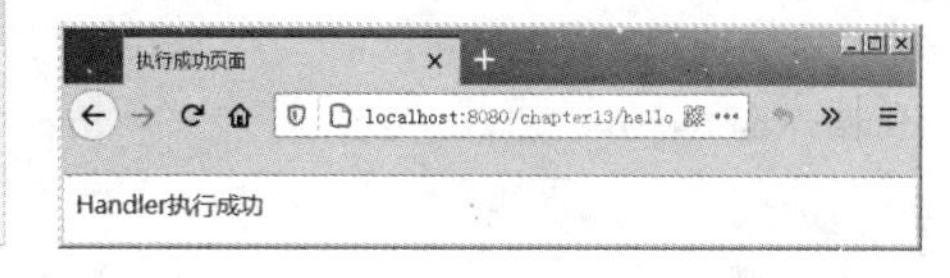

图13-11 success.jsp页面显示效果（1）

从图 13-10 和图 13-11 所示的信息可以看出，程序先执行了拦截器中的 preHandle()方法，然后成功执行了控制器中的 hello()方法，接着执行了拦截器中的 postHandle()方法，然后页面跳转到 success.jsp，最后执行了拦截器的 afterCompletion()方法。这表明，Handler 正常执行时拦截器的执行顺序与图 13-9 中是一致的。

下面验证 Handler 执行出现异常时，拦截器方法的执行顺序。启动 chapter13 项目，在浏览器中访问地址为 http://localhost:8080/chapter13/exp，此时，程序将执行 exp()方法，方法执行后控制台输出信息如图 13-12 所示。

控制台输出如图 13-12 所示的信息后，页面跳转到 error.jsp 页面，页面显示效果如图 13-13 所示。

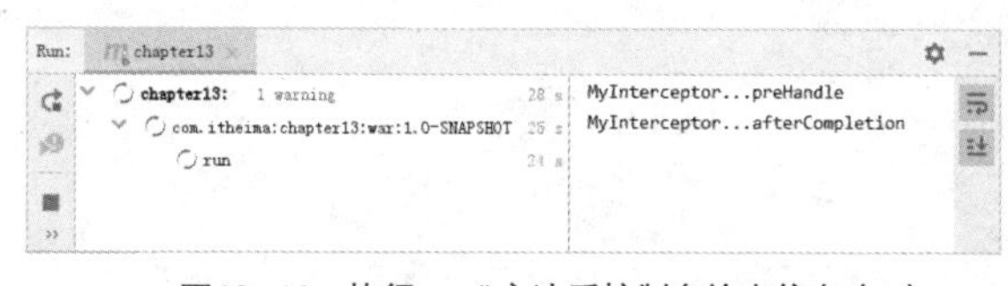

图13-12 执行exp()方法后控制台输出信息（1）

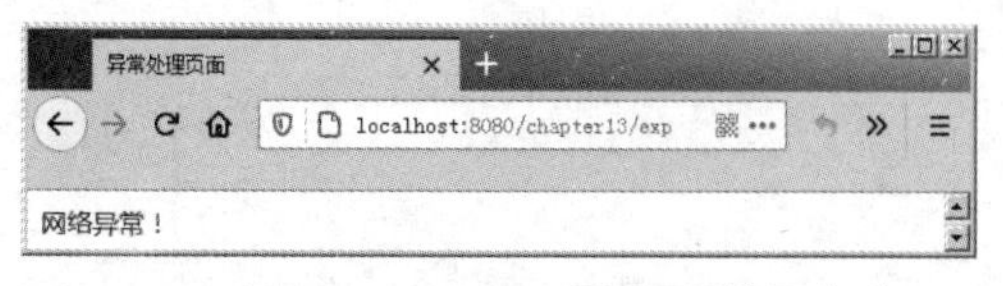

图13-13 error.jsp页面显示效果（1）

从图 13-12 和图 13-13 所示的信息可以得出，程序先执行了拦截器中的 preHandle()方法，然后执行了拦截器的 afterCompletion()方法。这是因为访问的地址映射到 exp()方法，执行 exp()方法时出现异常，由于程序中设置了异常处理器，DispatcherServlet 会渲染对应的异常处理页面进行页面转跳，程序跳过了拦截器 postHandle()方法的执行。

2. 多个拦截器的执行流程

在大型的企业级项目中，通常不会只定义一个拦截器，开发人员可能会定义很多拦截器来实现不同的功能。假设项目中配置了顺序为 Interceptor1、Interceptor2 的两个拦截器，多个拦截器的执行流程如图 13-14 所示。

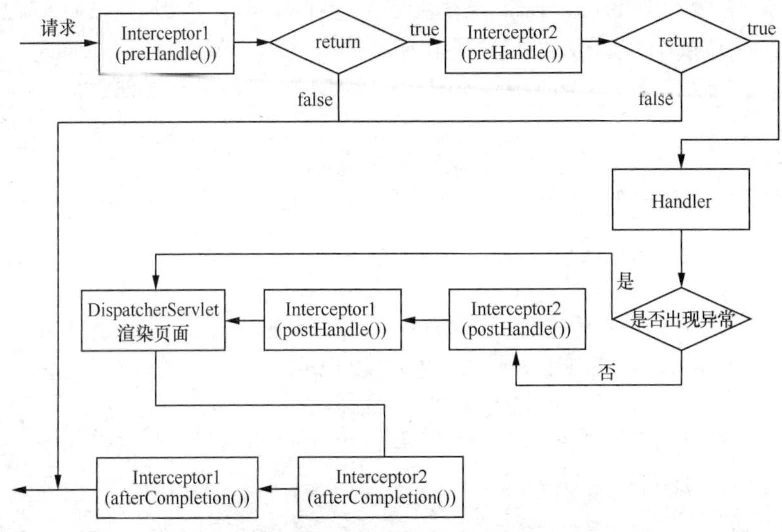

图13-14 多个拦截器的执行流程

从图 13-14 可以看出，当程序中配置了多个拦截器时，拦截器中的 preHandle()方法会按照配置文件中拦截器的配置顺序执行，而拦截器中的 postHandle()方法和 afterCompletion()方法则会按照与拦截器的配置顺序相反的顺序执行。

下面在单个拦截器案例的基础上新增一个拦截器，来演示多个拦截器的执行，具体步骤如下。

（1）在 com.itheima.interceptor 包中，新增拦截器 MyInterceptor2，MyInterceptor2 与 MyInterceptor 一样，也是 HandlerInterceptor 接口的实现类，在 MyInterceptor2 中也要重写 HandlerInterceptor 接口的 3 个方法。MyInterceptor2 具体代码如文件 13-13 所示。

文件 13-13 MyInterceptor2.java

```
1  package com.itheima.interceptor;
2  import org.springframework.web.servlet.HandlerInterceptor;
3  import org.springframework.web.servlet.ModelAndView;
4  import javax.servlet.http.HttpServletRequest;
5  import javax.servlet.http.HttpServletResponse;
6  /**
7   * 实现了 HandlerInterceptor 接口的自定义拦截器
8   */
9  public class MyInterceptor2 implements HandlerInterceptor {
10    @Override
11    public boolean preHandle(HttpServletRequest request,
12                      HttpServletResponse response, Object handler) {
13        System.out.println("MyInterceptor2...preHandle");
14        //对拦截的请求进行放行处理
15        return true;
16    }
17    @Override
18    public void postHandle(HttpServletRequest request,
19                     HttpServletResponse response, Object handler,
20                     ModelAndView modelAndView)  {
21        System.out.println("MyInterceptor2...postHandle");
22    }
23    @Override
24    public void afterCompletion(HttpServletRequest request,
25                         HttpServletResponse response, Object handler,
26                         Exception ex) {
27        System.out.println("MyInterceptor2...afterCompletion");
```

```
28     }
29 }
```

（2）在 Spring MVC 配置文件 springmvc-config.xml 中的<mvc:interceptors>元素内，新增拦截器 MyInterceptor2。<mvc:interceptors>元素内的配置代码具体如下：

```
<!-- 配置拦截器 -->
<mvc:interceptors>
    <!-- 拦截器 1 -->
    <bean class="com.itheima.interceptor.MyInterceptor"/>
    <!-- 拦截器 2 -->
    <bean class="com.itheima.interceptor.MyInterceptor2"/>
</mvc:interceptors>
```

在上述拦截器的配置代码中，两个拦截器都会拦截所有路径下的请求。

（3）启动 chapter13 项目，在浏览器中访问地址 http://localhost:8080/chapter13/hello。此时，程序将执行文件 13-10 中的 hello()方法，方法执行后控制台输出信息如图 13-15 所示。

控制台输出如图 13-15 所示的信息后，页面跳转到 success.jsp 页面，页面显示效果如图 13-16 所示。

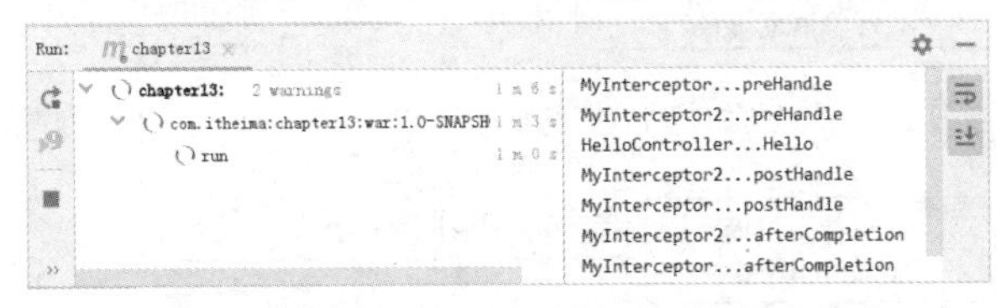

图13-15　执行hello()方法后控制台输出信息（2）

图13-16　success.jsp页面显示效果（2）

从图 13-15 和图 13-16 所示的信息可以看出，程序先按两个拦截器的配置顺序，依次执行了两个拦截器中的 preHandle()方法；然后成功执行了控制器中的 hello()方法；接着按与两个拦截器配置顺序相反的顺序，依次执行了两个拦截器中的 postHandle()方法；然后页面跳转到 success.jsp；最后按与两个拦截器配置相反的顺序，依次执行了两个拦截器的 afterCompletion()方法。这表明 Handler 正常执行时，两个拦截器的执行顺序与图 13-14 中是一致的。

下面验证 Handler 执行出现异常时，多个拦截器的执行流程。启动 chapter13 项目，在浏览器中访问地址 http://localhost:8080/chapter13/exp。此时，程序将执行文件 13-10 中的 exp()方法，方法执行后控制台输出信息如图 13-17 所示。

控制台输出如图 13-17 所示的信息后，页面跳转到 error.jsp 页面，页面显示效果如图 13-18 所示。

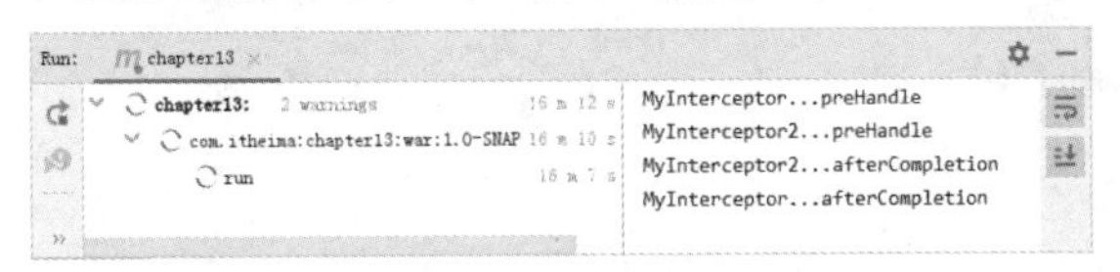

图13-17　执行exp()方法后控制台输出信息（2）

图13-18　error.jsp页面显示效果（2）

从图 13-17 和图 13-18 所示的信息可以看出，程序先按两个拦截器的配置顺序，依次执行了两个拦截器中的 preHandle()方法；然后按与两个拦截器配置相反的顺序，依次执行了两个拦截器的 afterCompletion()方法。这是因为执行控制器中的 exp()方法时出现异常，由于程序中设置了异常处理器，DispatcherServlet 会渲染对应的异常处理页面进行页面转跳，跳过了拦截器的 postHandle()方法的执行。

13.2.4　案例：后台系统登录验证

通过前面的讲解，相信读者已经掌握了拦截器的相关知识。下面通过实现一个后台系统登录验证的案例来加深读者对拦截器技术的理解。

本案例主要是对用户登录状态的验证，只有登录成功的用户才可以访问系统中的资源。为了保证后台系统的页面不被客户直接请求访问，本案例中所有的页面都存放在项目的 WEB-INF 文件夹下，客户访问相关页面时，需要在服务器端转发到相关页面。如果没有登录系统而直接访问系统首页，拦截器会将请求拦截，并转发到登录页面，同时在登录页面中给出提示信息。如果用户登录时提交的用户名或密码错误，也会在登录页面给出相应的提示信息。当已登录的用户在系统页面中单击“退出”链接时，系统同样会返回登录页面。

参考前面所述的案例功能说明，后台系统登录验证的流程如图 13-19 所示。

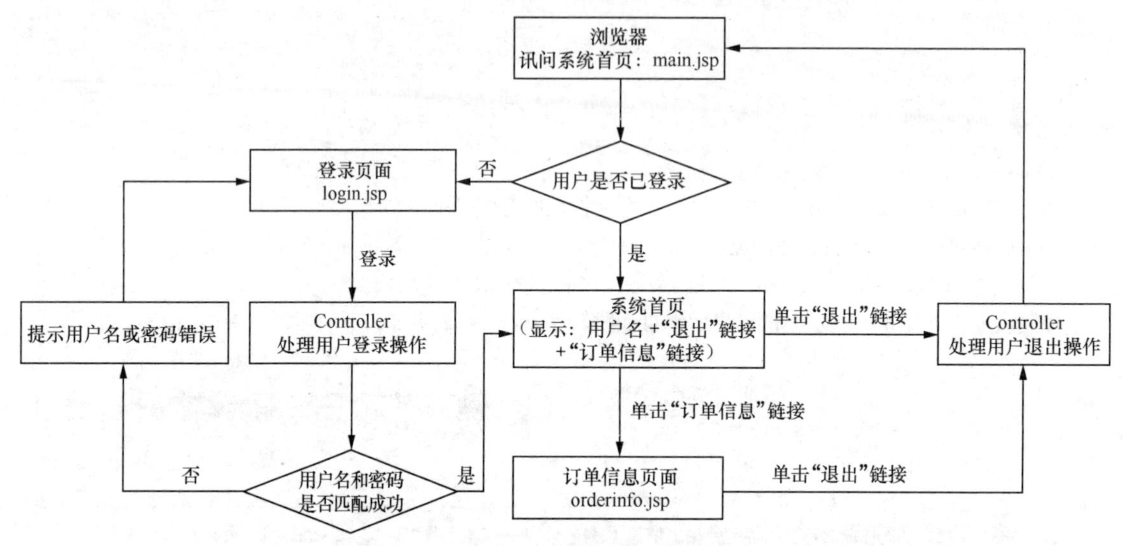

图13-19　后台系统登录验证的流程

了解了案例的验证规则后，接下来在项目中实现后台系统登录验证，具体实现步骤如下所示。

（1）在 src/main/java 目录下，创建一个名称为 com.itheima.pojo 的包，并在包中创建 User 类。在 User 类中声明 username 和 password 属性，分别表示用户名和用户密码，并定义了每个属性的 getter/setter 方法。User 类具体代码如文件 13-14 所示。

文件 13-14　User.java

```
1  package com.itheima.pojo;
2  /**
3   * 用户类
4   */
5  public class User {
6     private String username;            //用户名
7     private String password;            //用户密码
8     public String getUsername() {
9        return username;
10    }
11    public void setUsername(String username) {
12       this.username = username;
13    }
14    public String getPassword() {
15       return password;
16    }
17    public void setPassword(String password) {
18       this.password = password;
19    }
20 }
```

（2）在 com.itheima.controller 包中，创建控制器类 UserController，并在该类中定义跳转到系统首页、跳转到登录页面、跳转到订单信息页面、用户登录和用户退出这 5 个方法。UserController 类的具体代码如文件 13-15 所示。

文件 13-15　UserController.java

```
1  package com.itheima.controller;
2  import com.itheima.pojo.User;
3  import org.springframework.stereotype.Controller;
```

```
4  import org.springframework.ui.Model;
5  import org.springframework.web.bind.annotation.RequestMapping;
6  import javax.servlet.http.HttpSession;
7  @Controller
8  public class UserController {
9      //跳转到系统首页
10     @RequestMapping("/main")
11     public String toMainPage() {
12         return "main";
13     }
14     //跳转到登录页面
15     @RequestMapping("/tologin")
16     public String toLoginPage() {
17         return "login";
18     }
19     //跳转到订单信息页面
20     @RequestMapping("/orderinfo")
21     public String orderinfo() {
22         return "orderinfo";
23     }
24     /**
25      * 用户登录
26      */
27     @RequestMapping("/login")
28     public String login(User user, Model model, HttpSession session) {
29         // 获取用户名和密码
30         String username = user.getUsername();
31         String password = user.getPassword();
32         // 此处模拟从数据库中获取用户名和密码后进行判断
33         if (username != null && username.equals("heima")
34                 && password != null && password.equals("123456")) {
35             // 将用户对象添加到Session
36             session.setAttribute("USER_SESSION", user);
37             //用户登录成功，转发到系统首页
38             return "main" ;
39         }
40         //如果用户名和密码不匹配，转发到登录页面，并进行提醒
41         model.addAttribute("msg", "用户名或密码错误，请重新登录！");
42         return "login";
43     }
44     /**
45      * 用户退出
46      */
47     @RequestMapping("/logout")
48     public String logout(HttpSession session) {
49         // 清除Session
50         session.invalidate();
51         // 退出登录后重定向到登录页面
52         return "redirect:tologin";
53     }
54 }
```

在文件 13-15 中，第 27～43 行代码定义了用户登录方法，其中，第 30 行和第 31 行代码通过 User 类型的参数获取了用户名和密码；第 33～39 行代码通过 if 语句模拟从数据库中获取到用户名和密码后进行判断。如果用户登录信息匹配成功，就将用户信息保存到 Session 中，并转发到系统首页，否则跳转到登录页面。用户退出时，会将 Session 清除并重定向到用户登录页面。

（3）在 com.itheima.interceptor 包中，创建拦截器 LoginInterceptor，在重写的 preHandle()方法中对请求进行拦截。首先判断当前请求是否是用户登录的相关请求，如果是则放行。如果不是用户登录的相关请求，接着判断 Session 中是否存储了用户信息。如果 Session 中存储了用户信息，则表明用户当前已经成功登录，对当前请求放行，否则跳转到登录页面。LoginInterceptor 类的具体代码如文件 13-16 所示。

文件 13-16 LoginInterceptor.java

```
1  package com.itheima.interceptor;
2  import org.springframework.web.servlet.handler.HandlerInterceptorAdapter;
3  import javax.servlet.http.HttpServletRequest;
4  import javax.servlet.http.HttpServletResponse;
5  import javax.servlet.http.HttpSession;
6  public class LoginInterceptor extends HandlerInterceptorAdapter {
7     public boolean preHandle(HttpServletRequest request,
8           HttpServletResponse response, Object handler)throws Exception {
9        //获取请求的路径
10       String uri = request.getRequestURI();
11       //对用户登录的相关请求进行判断
12       if(uri.indexOf("/login")>=0){
13          return true;
14       }
15       HttpSession session = request.getSession();
16       //如果用户是已登录状态，放行
17       if(session.getAttribute("USER_SESSION")!=null){
18          return true;
19       }
20       //其他情况都直接跳转到登录页面
21       request.setAttribute("msg", "您还没有登录，请先登录！");
22       request.getRequestDispatcher("/WEB-INF/jsp/login.jsp")
23                                  .forward(request,response);
24       return false;
25    }
26 }
```

在文件 13-16 的 preHandle()方法中，第 12～14 行代码先获取了请求的路径，然后调用 indexOf()方法判断路径中是否有“/login”字符串。如果有，则返回 true，即直接放行；如果没有，则继续向下执行拦截处理。第 15～19 行代码获取了 Session 中的用户信息，如果 Session 中包含用户信息，则表示用户已登录，也直接放行；否则会转发到登录页面，不再执行后续程序。

（4）在 Spring MVC 配置文件 spring-mvc.xml 中配置包扫描、注解驱动、视图解析器、拦截器和静态资源访问映射，具体配置如下：

```
<!-- 配置创建 spring 容器要扫描的包 -->
   <context:component-scan base-package="com.itheima.controller"/>
   <!-- 配置注解驱动 -->
   <mvc:annotation-driven/>
   <!-- 配置视图解析器 -->
   <bean class="org.springframework.web.servlet.view.InternalResourceViewResolver">
      <property name="prefix" value="/WEB-INF/jsp/"/>
      <property name="suffix" value=".jsp"/>
   </bean>
   <!-- 配置拦截器 -->
   <mvc:interceptors>
      <bean class="com.itheima.interceptor.LoginInterceptor"/>
   </mvc:interceptors>
   <!--配置静态资源的访问映射，此配置中的文件将不被前端控制器拦截 -->
   <mvc:resources mapping="/js/**" location="/js/"/>
```

（5）在 WEB-INF 文件下创建名称为 jsp 的文件夹用于存放本案例的所有页面。在 jsp 文件夹中创建名称为 main 的 JSP 文件作为系统首页。在 main.jsp 中展示当前登录的用户名、用户退出页面的链接和订单信息页面的链接。main.jsp 的具体代码如文件 13-17 所示。

文件 13-17 main.jsp

```
1  <%@ page language="java" contentType="text/html; charset=UTF-8"
2      pageEncoding="UTF-8"%>
3  <html>
4  <head><title>后台系统</title></head>
5  <body>
6     <li>您好:${ USER_SESSION.username }</li>
7     <li><a href="${ pageContext.request.contextPath }/logout">退出</a></li>
```

```
8       <li><a href="${ pageContext.request.contextPath }/orderinfo">
9                                                       订单信息</a></li>
10  </body>
11  </html>
```

在文件 13-17 中，第 6 行代码获取 Session 中用户名并进行显示；第 7 行代码显示了用户退出的超链接，单击该超链接将发送用户退出的请求；第 8 行和第 9 行代码显示了订单信息的超链接，单击该超链接将发送订单信息页面跳转的请求。

（6）在路径为 WEB-INF/jsp 的文件夹下，创建一个登录页面 login.jsp，在 login.jsp 中编写一个用于提交用户登录信息的表单。login.jsp 的具体代码如文件 13-18 所示。

文件 13-18 login.jsp

```
1   <%@ page language="java" contentType="text/html; charset=UTF-8"
2       pageEncoding="UTF-8"%>
3   <html>
4   <head><title>用户登录</title></head>
5   <body>
6   <form action="${pageContext.request.contextPath }/login"
7         method="POST">
8        <div>${msg}</div>
9      用户名：<input type="text" name="username"/><br/>
10     密  码：
11     <input type="password" name="password"/><br/>
12     <input type="submit" value="登录"/>
13  </form>
14  </body>
15  </html>
```

在文件 13-18 中，第 8 行代码用于显示用户登录失败时的提示信息。

（7）在路径为 WEB-INF/jsp 的文件夹下，创建一个订单信息页面 orderinfo.jsp，orderinfo.jsp 用于展示订单信息。orderinfo.jsp 的具体代码如文件 13-19 所示。

文件 13-19 orderinfo.jsp

```
1   <%@ page language="java" contentType="text/html; charset=UTF-8 "pageEncoding="UTF-8"%>
2   <html>
3   <head><title>订单信息</title></head>
4   <body>
5   您好:${ USER_SESSION.username }
6   <a href="${ pageContext.request.contextPath }/logout">退出</a>
7       <table border="1" width="80%">
8           <tr align="center"><td colspan="2" >订单 id:D001</td></tr>
9           <tr align="center"><td>商品 Id</td><td>商品名称</td></tr>
10          <tr align="center"><td>P001</td><td>三文鱼</td></tr>
11          <tr align="center"><td>P002</td><td>红牛</td></tr>
12      </table>
13  </body>
14  </html>
```

（8）启动 chapter13 项目，在浏览器中访问系统首页，访问路径为 http://localhost:8080/chapter13/main。系统首页效果如图 13-20 所示。

（9）在浏览器中访问订单信息页面，访问路径为 http://localhost:8080/chapter13/orderinfo。未登录访问订单信息页面显示效果如图 13-21 所示

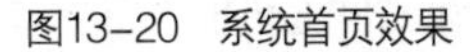
图13-20 系统首页效果

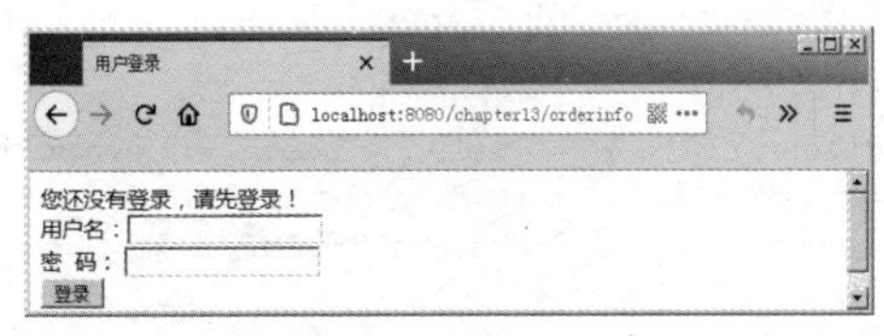

图13-21 未登录访问订单信息页面显示效果

从图 13-20 和图13-21 可以看出，两次访问都显示用户登录界面。这表明用户没有登录时，访问系统的

资源会跳转到登录页面，并且显示登录提示信息。

（10）在图 13-21 所示的表单中，不填写任何用户信息，直接单击左下角的“登录”按钮，页面显示效果如图 13-22 所示。

从图 13-22 所示的页面显示效果可以看出，系统提示用户重新登录。当用户登录时，如果填写的用户信息不正确，页面会重新跳转回登录页面，并且显示登录错误提示信息。

（11）在图 13-22 所示的表单中，在用户名输入框中填写 heima，在密码输入框中填写 123456，然后单击左下角的“登录”按钮，页面进行跳转，跳转页面如图 13-23 所示。

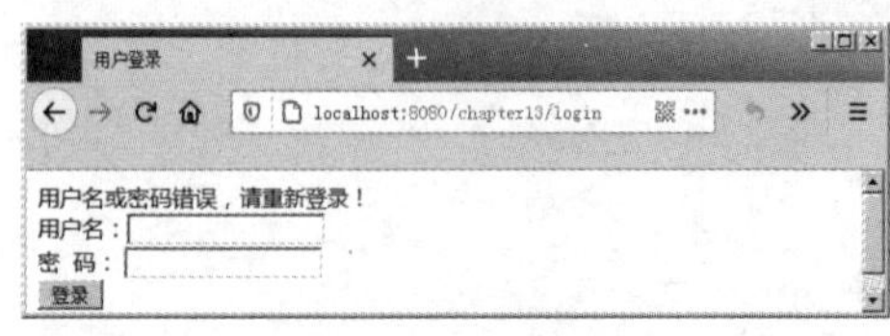

图13-22　单击“登录”按钮后页面显示效果

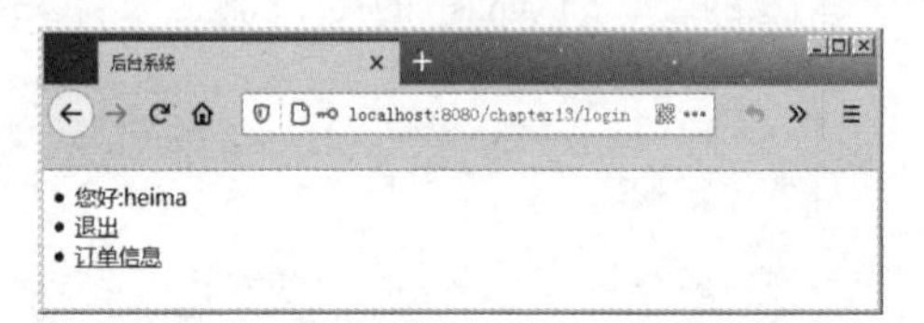

图13-23　单击“登录”按钮后的跳转页面

（12）在图 13-23 所示的页面中，单击“订单信息”超链接，页面显示效果如图 13-24 所示。

从图 13-24 所示的页面信息可以看出，当用户登录成功后，再访问系统中的资源会被拦截器放行。

（13）在图 13-24 所示的页面中，单击“退出”超链接，页面显示效果如图 13-25 所示。

图13-24　订单信息页面显示效果

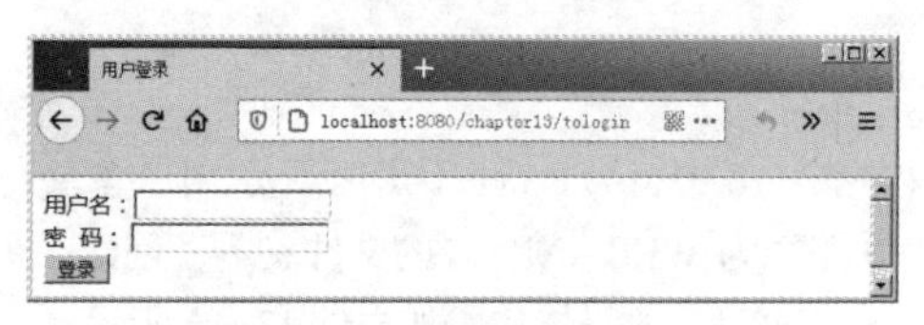

图13-25　退出登录页面显示效果

从图 13-25 所示的页面可以看出，当用户退出登录后，页面跳转回用户登录页面。

至此，后台系统登录验证案例全部完成。

13.3　文件上传和下载

在项目开发过程中，文件的上传和下载是比较常见的开发需求，例如，图片的上传与下载、邮件附件的上传与下载等。本节将对 Spring MVC 环境中文件的上传和下载进行讲解。

13.3.1　文件上传

大多数文件上传都是通过表单形式提交给后台服务器，因此，要想实现文件上传功能，就需要提供一个文件上传的表单，并且该表单必须满足以下 3 个条件。

- form 表单的 method 属性设置为 post。
- form 表单的 enctype 属性设置为 multipart/form-data。
- 提供<input type="file" name="filename" />的文件上传输入框。

文件上传表单的示例代码如下：

```
<form action="uploadUrl" method="post" enctype="multipart/form-data">
   <input type="file" name="filename" multiple="multiple" />
   <input type="submit" value="文件上传" />
</form>
```

上述代码中的文件上传表单除了满足了 3 个必要的条件外，还在文件上传输入框中增加了一个 HTML5 中的新属性 multiple。如果文件上传输入框中使用了 multiple 属性，则在上传文件时，可以同时选择多个文件进行上传，即可实现多文件上传。

当客户端提交的 form 表单中 enctype 属性为 multipart/form-data 时，浏览器会采用二进制流的方式来处理表单数据，服务器端会对请求中上传的文件进行解析处理。

Spring MVC 为文件上传提供了直接的支持，这种支持是通过 MultipartResolver（多部件解析器）对象实现的。MultipartResolver 是一个接口，可以使用 MultipartResolver 的实现类 CommonsMultipartResolver 来完成文件上传工作。

在 Sring MVC 中使用 MultipartResolver 接口非常简单，只需要在配置文件中定义 MultipartResolver 接口的 Bean 即可，具体配置方式如下：

```
<bean id="multipartResolver" class=
  "org.springframework.web.multipart.commons.CommonsMultipartResolver">
  <!-- 设置请求编码格式，必须与 JSP 中的 pageEncoding 属性一致，默认为 ISO-8859-1 -->
  <property name="defaultEncoding" value="UTF-8" />
  <!-- 设置允许上传文件的最大值为 2M，单位为字节 -->
  <property name="maxUploadSize" value="2097152" />
</bean>
```

在上述配置代码中，除了配置 CommonsMultipartResolver 类外，还通过<property>元素配置了编码格式和允许上传文件的大小。通过<property>元素可以对文件解析器类 CommonsMultipartResolver 的以下属性进行配置。

- maxUploadSize：上传文件最大值（以字节为单位）。
- maxInMemorySize：缓存中的最大值（以字节为单位）。
- defaultEncoding：默认编码格式。
- resolveLazily：推迟文件解析，以便在 Controller 中捕获文件大小异常。

注意：

因为初始化 MultipartResolver 时，程序会在 BeanFactory 中查找名称为 multipartResolver 的 MultipartResolver 实现类，如果没有查找到对应名称的 MultipartResolver 实现类，将不提供多部件解析处理。所以在配置 CommonsMultipartResolver 时必须指定该 Bean 的 id 为 multipartResolver。

CommonsMultipartResolver 并未自主实现文件上传下载对应的功能，而是在内部调用了 Apache Commons FileUpload 的组件，所以使用 Spirng MVC 的文件上传功能，需要在项目中导入 Apache Commons FileUpload 组件的依赖，即 commons-fileupload 依赖和 commons-io 依赖。由于 commons-fileupload 依赖会自动依赖 commons-io，所以可以只在项目的 pom.xml 文件中引入如下依赖：

```
<dependency>
    <groupId>commons-fileupload</groupId>
    <artifactId>commons-fileupload</artifactId>
    <version>1.4</version>
</dependency>
```

当完成文件上传表单和文件上传解析器的配置后，就可以在 Controller 中编写上传文件的方法。在 Spring MVC 中，上传文件的代码十分简单，具体如下：

```
@Controller
public class FileUploadController {
    @RequestMapping("/fileUpload ")
    public String fileUpload(MultipartFile file) {
         if (!file.isEmpty()) {
            // 保存上传的文件，filepath 为保存的目标目录
              file.transferTo(new File(filePath))
              return "uploadSuccess";
         }
         return "uploadFailure";
    }
}
```

上述代码的 fileUpload()方法会处理 URL 为 fileUpload 的请求，并使用 MultipartFile 类型的形参对象封装请求参数中上传到程序中的文件。需要注意的是，MultipartFile 类型的形参对象的名称必须与文件上传表单中文件的名称一致。

MultipartFile 接口提供了获取上传的文件信息的方法，其常用方法如表 13-1 所示。

表 13-1 MultipartFile 接口的常用方法

方法声明	功能描述
byte[] getBytes()	将文件转换为字节数组形式
String getContentType()	获取文件的内容类型
InputStream getInputStream()	读取文件内容，返回一个 InputStream 流
String getName()	获取多部件 form 表单的参数名称
String getOriginalFilename()	获取上传文件的初始化名
long getSize()	获取上传文件的大小，单位是字节
boolean isEmpty()	判断上传的文件是否为空
void transferTo(File file)	将上传文件保存到目标目录下

13.3.2 文件下载

文件下载就是将文件服务器中的文件传输到到本机上。进行文件下载时，为了不以客户端默认的方式处理返回的文件，可以在服务器端对所下载的文件进行相关的配置。配置的内容包括返回文件的形式、文件的打开方式、文件的下载方式和响应的状态码。其中，文件的打开方式可以通过响应头 Content-Disposition 的值来设定，文件的下载方式可以通过响应头 Content-Type 中设置的 MIME 类型来设定。

Spring 提供了一个 ResponseEntity 类，在 ResponseEntity 对象中可以设置 HTTP 响应的相关信息（如状态码、头部信息和响应体内容）。对此，可以在 ResponseEntity 对象中设置所下载文件的相关信息，返回该 ResponseEntity 对象来对文件下载进行响应。

使用 ResponseEntity 对象进行文件下载的示例代码如下：

```
@RequestMapping("/download")
public ResponseEntity<byte[]> fileDownload(HttpServletRequest request,
                                  String filename) throws Exception{
    // 指定要下载的文件所在路径
    String path = request.getServletContext().getRealPath("/upload/");
    // 创建该文件对象
    File file = new File(path+File.separator+filename);
    // 设置消息头
    HttpHeaders headers = new HttpHeaders();
    // 通知浏览器以下载的方式打开文件
    headers.setContentDispositionFormData("attachment", filename);
    // 定义以流的形式下载返回文件数据
    headers.setContentType(MediaType.APPLICATION_OCTET_STREAM);
    // 使用 Sring MVC 框架的 ResponseEntity 对象封装返回下载数据
   return new ResponseEntity<byte[]>(FileUtils.readFileToByteArray(file),
                                          headers,HttpStatus.OK);
}
```

上述代码的 fileDownload()方法首先根据文件路径和需要下载的文件名来创建文件对象，然后对响应头中文件下载时的打开方式和下载方式进行了设置，最后返回了 ResponseEntity 封装的下载结果对象。

上述示例中，设置响应头信息中的 MediaType 代表的是 Interner Media Type（即互联网媒体类型），也称作 MIME 类型，MediaType.APPLICATION_OCTET_STREAM 的值为 application/octet-stream，即表示以二进制流的形式下载数据。HttpStatus 类型代表的是 HTTP 协议中的状态，示例中的 HttpStatus.OK 表示 200，即服务器已成功处理了请求。

13.3.3 案例：文件上传和下载

通过前文的讲解，相信读者已掌握了文件上传和下载的基本过程。下面将结合文件上传和下载的相关知识，实现一个文件上传和下载的案例。

在实现案例之前，首先分析案例的功能需求。本案例要实现的功能为：将文件上传到项目的文件夹下，文件上传成功后将上传的文件名称记录到一个文件中，并将记录的文件列表展示在页面，单击文件列表的链接实现文件下载。

参考前面所述的案例功能，实现该文件上传和下载案例的具体思路如下。

（1）搭建文件上传和下载的环境。在项目中引入文件上传和下载的依赖，配置多部件解析器。

（2）实现文件上传功能。首先创建一个文件夹用于存放上传成功的文件和上传成功的记录文件；接着在 Controller 中定义文件上传的方法，在文件上传方法中获取上传文件的名称，如果当前上传的文件与上传成功的文件重名，则修改当前上传文件的名称。根据文件最终的名称将文件保存在项目中指定文件夹下，并且将文件的名称保存在存放文件名称的文件中。

（3）实现获取文件列表功能。在 Controller 中定义一个获取文件列表的方法，文件列表的内容为上传成功的记录文件中的内容。

（4）编写文件上传和下载页面。创建一个页面用于文件上传和下载，下载的文件列表为上传成功的文件列表。

（5）实现文件下载。在 Controller 中定义文件下载的方法，在文件下载方法中获取客户端请求中下载文件的名称，在存放上传文件的文件夹中寻找对应的文件，并且以下载的方法进行响应。

下面按照上述的分析思路实现文件上传和下载，具体步骤如下所示。

1. 搭建文件上传和下载的环境

在项目的 pom.xml 中引入 commons-fileupload 和 Jackson 的相关依赖，具体如下：

```
<dependency>
    <groupId>commons-fileupload</groupId>
    <artifactId>commons-fileupload</artifactId>
    <version>1.4</version>
</dependency>
<dependency>
    <groupId>com.fasterxml.jackson.core</groupId>
    <artifactId>jackson-core</artifactId>
    <version>2.9.2</version>
</dependency>
<dependency>
    <groupId>com.fasterxml.jackson.core</groupId>
    <artifactId>jackson-databind</artifactId>
    <version>2.9.2</version>
</dependency>
<dependency>
    <groupId>com.fasterxml.jackson.core</groupId>
    <artifactId>jackson-annotations</artifactId>
    <version>2.9.0</version>
</dependency>
```

在 Spring MVC 的配置文件 spring-mvc.xml 中配置多部件解析器，具体配置如下：

```
<bean id="multipartResolver" class=
"org.springframework.web.multipart.commons.CommonsMultipartResolver">
<!-- 设置请求编码格式，必须与 JSP 中的 pageEncoding 属性一致，默认为 ISO-8859-1 -->
<property name="defaultEncoding" value="UTF-8" />
<!-- 设置允许上传文件的最大值为 2M，单位为字节 -->
<property name="maxUploadSize" value="2097152" />
</bean>
```

2. 实现文件上传功能

在项目 chapter13 的 webapp 文件夹下创建一个名称为 files 的文件夹，用于存放上传成功的文件和上传成功的记录文件，其中，上传成功的记录文件中只记录上传成功的文件的名称。为了便于后续在页面中展示上传成功的文件列表，上传成功的记录文件中的数据以 JSON 格式存放。在 files 文件夹下创建一个 files.json 记录文件。为了便于对 files.json 文件内容进行存取，在 com.itheima.pojo 包下创建与 files.json 内容对应的资源类 Resource。Resource 类的具体代码如文件 13-20 所示。

文件 13-20　Resource.java

```
1  package com.itheima.pojo;
2  public class Resource {
```

```
3     private String name;                    //name 属性表示文件名称
4     public Resource() { }
5     public Resource(String name) {
6        this.name = name;
7     }
8     public String getName() {
9        return name;
10    }
11    public void setName(String name) {
12       this.name = name;
13    }
14 }
```

文件 13-20 中 Resource 的 name 属性与 files.json 文件中记录的上传成功的文件名称相对应。

为了便于对 files.json 文件内容进行存取，本案例将文件的存取操作抽取成工具类。创建一个名称为 com.itheima.utils 的包，在包下创建名称为 JSONFileUtils 的工具类。JSONFileUtils 类的具体代码如下：

```
1  package com.itheima.utils;
2  import org.apache.commons.io.IOUtils;
3  import java.io.FileInputStream;
4  import java.io.FileOutputStream;
5  public class JSONFileUtils {
6     public static String readFile(String filepath) throws Exception {
7        FileInputStream fis = new FileInputStream(filepath);
8        return IOUtils.toString(fis);
9     }
10    public static void writeFile(String data,String filepath)
11       throws Exception {
12       FileOutputStream fos = new FileOutputStream(filepath);
13       IOUtils.write(data,fos);
14    }
15 }
```

在上述代码中，第 6～9 行代码的 readFile()方法用于读取指定路径文件的内容，并将内容转换成字符串返回，其中参数 filepath 为指定的路径；第 10～14 行代码的 writeFile()方法用于将指定字符串内容写入到指定文件，其中参数 data 为指定字符串内容，参数 filepath 为指定写入文件的路径。

接着，在 com.itheima.controller 包下创建名称为 FileController 的控制器类，在 FileController 类中定义处理文件上传的方法 fileUpLoad()，fileUpLoad()方法用于保存客户端上传的文件和文件的名称。保存上传的文件之前，先将上传文件的名称和 files.json 文件中的文件名称进行比较，如果 files.json 文件中已经有同名文件，则将上传文件的名称与字符串（"1"）拼接，生成新的文件名称并保存。上传文件保存成功后，将保存的文件的名称存入 files.json 中。FileController 类的具体代码如文件 13-21 所示。

文件 13-21　FileController.java

```
1  package com.itheima.controller;
2  import com.fasterxml.jackson.core.type.TypeReference;
3  import com.fasterxml.jackson.databind.ObjectMapper;
4  import com.itheima.utils.JSONFileUtils;
5  import com.itheima.pojo.Resource;
6  import org.springframework.stereotype.Controller;
7  import org.springframework.web.bind.annotation.RequestMapping;
8  import org.springframework.web.multipart.MultipartFile;
9  import javax.servlet.http.HttpServletRequest;
10 import java.io.File;
11 import java.util.ArrayList;
12 import java.util.List;
13 @Controller
14 public class FileController {
15    /**
16     *文件上传
17     */
18    @RequestMapping("/fileUpLoad")
19    public String fileUpLoad(MultipartFile[] files,
20                      HttpServletRequest request) throws Exception {
```

```
21          //设置上传的文件所存放的路径
22         String path = request.getServletContext().getRealPath("/") + "files/";
23          ObjectMapper mapper = new ObjectMapper();
24          if (files != null && files.length > 0) {
25              //循环获取上传的文件
26              for (MultipartFile file : files) {
27                  //获取上传文件的名称
28                  String filename = file.getOriginalFilename();
29                  ArrayList<Resource> list = new ArrayList<>();
30                  //读取 files.json 文件中的文件名称
31                  String json = JSONFileUtils.readFile(path + "/files.json");
32                  if (json.length() != 0) {
33                      //将 files.json 的内容转为集合
34                      list = mapper.readValue(json,
35                              new TypeReference<List<Resource>>() {
36                      });
37                      for (Resource resource : list) {
38                      //如果上传的文件在 files.json 文件中有同名文件，将当前上传的文件重命名，以避免重名
39                          if (filename.equals(resource.getName())) {
40                              String[] split = filename.split("\\.");
41                              filename = split[0] + "(1)." + split[1];
42                          }
43                      }
44                  }
45                  // 文件保存的全路径
46                  String filePath = path + filename;
47                  // 保存上传的文件
48                  file.transferTo(new File(filePath));
49                  list.add(new Resource(filename));
50                  json = mapper.writeValueAsString(list); //将集合转换成 json
51                  //将上传文件的名称保存在 files.json 文件中
52                  JSONFileUtils.writeFile(json, path + "/files.json");
53              }
54              request.setAttribute("msg", "(上传成功)");
55              return "forward:fileload.jsp";
56          }
57          request.setAttribute("msg", "(上传失败)");
58          return "forward:fileload.jsp";
59      }
60  }
```

在文件 13-21 中，第 19 行代码使用 MultipartFile[]类型的参数 files 接收客户端上传的文件，files 是一个数组，可以同时存储多个文件；第 22 行代码指定了文件上传后所保存的文件夹路径；第 26～53 行代码利用循环将上传的文件依次保存到指定的文件夹中，并在文件上传成功后将文件名称保存到 files.json 文件中。其中，第 37～42 行代码判断本次保存的上传文件是否在 files.json 文件中存在同名的记录，如果存在同名记录，修改当前上传的文件名称，修改的规则为在当前文件名称的后缀名之前拼接字符串“(1).”；第 48 行代码调用 MultipartFile 的 transferTo()方法将文件保存到 files 文件夹下；第 49～52 行代码将当前保存的上传文件的名称添加到集合中，并将集合转换为 JOSN 数据保存到 files.json 文件中。

3. 实现获取文件列表功能

如果需要将上传的文件作为下载的资源，则需要将上传的文件展示在页面中供用户选择。由于文件上传成功后，将上传的文件的名称保存在 files.json 文件中了，所以可以将 files.json 文件的内容作为下载资源的列表。在文件 13-21 中新增获取文件列表的方法 getFilesName()，getFilesName()方法获取 files.json 文件中的内容，并且以 JSON 格式返回数据。getFilesName()方法的具体代码如下：

```
@ResponseBody
@RequestMapping(value = "/getFilesName",
               produces = "text/html;charset=utf-8")
public String getFilesName(HttpServletRequest request,
                           HttpServletResponse response) throws Exception {
    String path = request.getServletContext().
                 getRealPath("/") + "files/files.json";
```

```
    String json = JSONFileUtils.readFile(path);
    return json;
}
```

在上述代码中，使用@ResponseBody 注解将 files.json 中的内容转换成 JSON 格式进行响应。为了避免返回的数据出现中文乱码，使用@RequestMapping 注解的 produces 属性指定返回数据的编码为 utf-8。

4．编写文件上传和下载页面

在项目的 webapp 文件夹下创建名称为 fileload 的 JSP 文件，作为文件上传、下载列表展示和文件下载的页面。在 fileload.jsp 文件中创建一个文件上传表单，文件上传表单可以发起多文件上传请求。fileload.jsp 加载完成后，自动发起异步请求获取文件下载列表并且展示在页面中。提交文件上传表单，文件上传成功后页面中更新展示文件下载列表，文件上传成功或者失败都在页面中进行信息提醒。fileload.jsp 的具体代码如文件 13-22 所示。

文件 13-22 fileload.jsp

```
1  <%@ page contentType="text/html;charset=UTF-8" language="java" %>
2  <html>
3  <head>
4     <title>文件上传和下载</title>
5     <script src="${ pageContext.request.contextPath }/js/jquery.min.js"
6             type="text/javascript"></script>
7  </head>
8  <body>
9  <table border="1">
10    <tr>
11       <td width="200" align="center">文件上传${msg}</td>
12       <td width="300" align="center">下载列表</td>
13    </tr>
14    <tr>
15       <td height="100">
16          <form  action="${pageContext.request.contextPath}/fileUpLoad"
17                method="post" enctype="multipart/form-data">
18             <input type="file"  name="files" multiple="multiple"><br/>
19             <input type="reset" value="清空" />
20             <input type="submit"  value="提交"/>
21          </form>
22       </td>
23       <td id="files"></td>
24    </tr>
25 </table>
26 </body>
27 <script>
28    $(document).ready(function(){
29          var url="${pageContext.request.contextPath }/getFilesName";
30         $.get(url,function (files) {
31            var files = eval('(' + files + ')');
32            for (var i=0;i<files.length;i++){
33               $("#files").append("<li><a href=${pageContext.request.contextPath }"+
34                 "\\"+"download?filename="+files[i].name+">"+
35                                          files[i].name+"</a></li>" );
36            }
37         })
38    })
39 </script>
40 </html>
```

在文件 13-22 中，第 16～21 行代码创建了一个文件上传表单，其中第 18 行代码使用 multiple 属性标注可以同时上传多个文件；第 28～38 行代码会在页面加载完之后触发，触发后会向第 29 行代码的路径中发送异步请求，第 31 行代码将响应的数据转成 JSON 对象，第 32～36 行代码将转换后的 JSON 对象中的 name 属性依次拼接在<li>元素中，并且将拼接好的内容追加在 id 为 files 的单元格中显示。

启动 chapter13 项目，在浏览器中访问 fileload.jsp 页面，访问地址为 http://localhost:8080/chapter13/fileload.jsp。fileload.jsp 页面显示效果如图 13-26 所示。

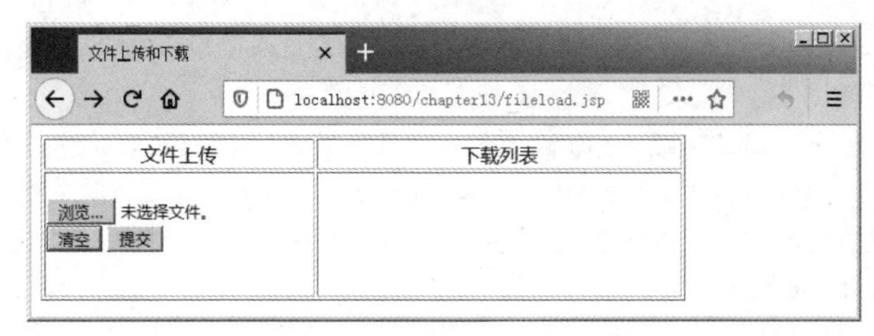

图13-26　fileload.jsp页面显示效果

单击图 13-26 中的“浏览...”按钮，弹出“文件上传”对话框，如图 13-27 所示。

在“文件上传”对话框中，选择需要上传的文件进行上传，选中 2 个同时上传的文件，如图 13-28 所示。

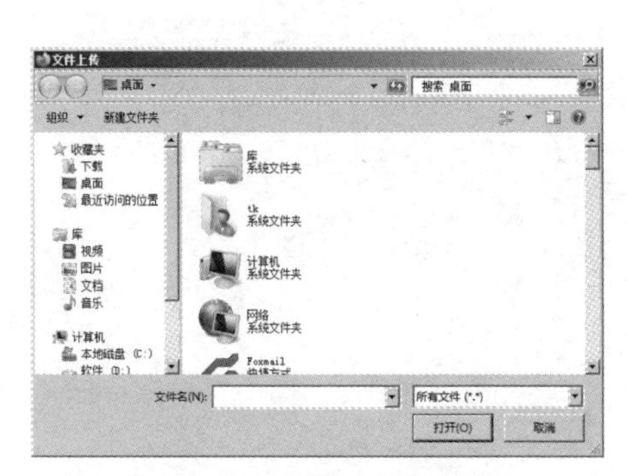

图13-27　“文件上传”对话框

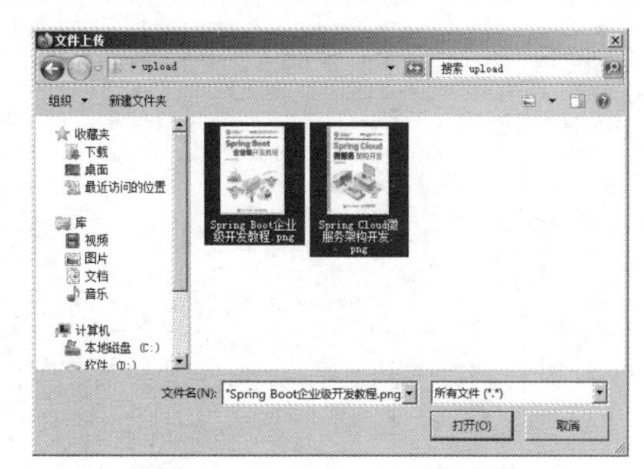

图13-28　选中2个同时上传的文件

单击图 13-28 所示对话框右下角的“打开”按钮，完成上传文件的选择。完成文件选择之后，“文件上传”对话框自动关闭。此时，fileload.jsp 页面显示效果如图 13-29 所示。

在图 13-29 中，“浏览...”按钮后面显示选择了 2 个文件。单击图 13-29 中的“提交”按钮向服务端发送上传请求，fileload.jsp 页面显示效果如图 13-30 所示。

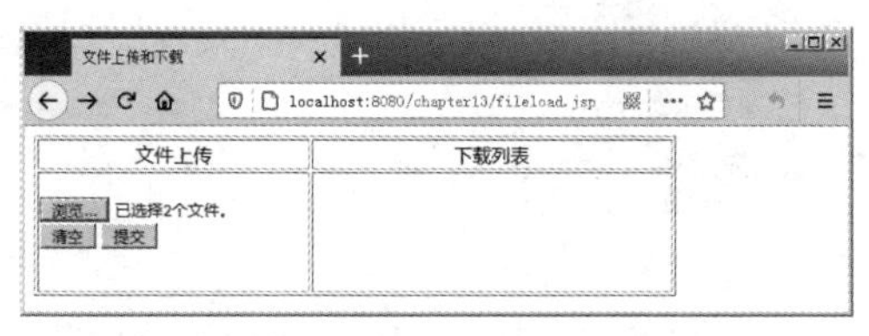

图13-29　选择文件后fileload.jsp页面显示效果

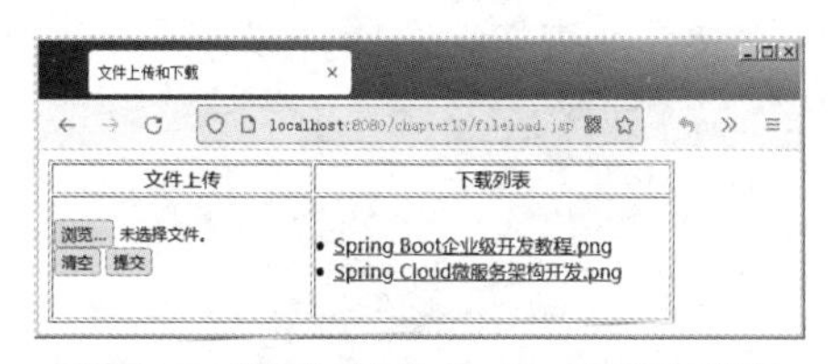

图13-30　提交文件后fileload.jsp页面显示效果

在图 13-30 中，左侧栏显示文件上传成功信息，右侧栏展示了刚上传成功的文件列表。此时，项目 files 文件夹下的内容如图 13-31 所示。

从图 13-31 所示的内容可以看出，fileload.jsp 页面上传的文件成功保存在 files 文件夹下。双击打开 files.json 文件，files.json 文件中的内容如图 13-32 所示。

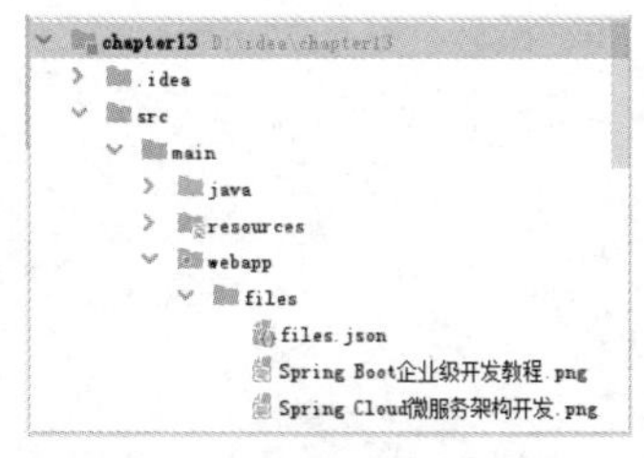

图13-31　项目files文件夹下的内容

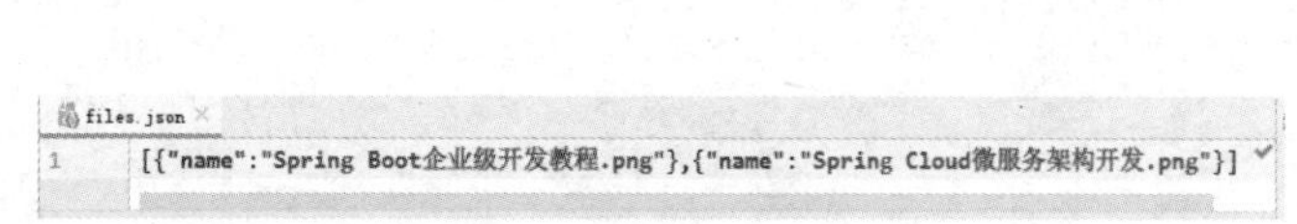

图13-32　files.json文件中的内容

从图 13-32 所示的内容可以看出，上传成功的文件的名称都记录在 files.json 文件中。

5. 实现文件下载

文件下载的基本过程在 13.3.2 节已经讲解，在实现文件下载功能时，还需要注意文件中文名称的乱码问题。在使用 Content-Disposition 设置参数信息时，如果 Content-Disposition 中设置的文件名称出现中文字符，需要针对不同的浏览器设置不同的编码方式。目前，Content-Disposition 支持的编码方式有 UrlEncode 编码、Base64 编码、RFC2231 编码和 ISO 编码。

本案例不对全部浏览器的编码方式进行设置，只对 FireFox 浏览器和非 FireFox 浏览器（如 IE）分别进行编码设置。目前的主流浏览器中，FireFox 浏览器支持 Base64 编码，IE 浏览器支持 UrlEncode 编码。在文件 13-21 中新增一个方法 getFileName()，根据浏览器进行编码设置，并返回编码后的文件名。getFileName() 方法的具体代码如下：

```
1  /**
2   * 根据浏览器的不同进行编码设置，返回编码后的文件名
3   */
4  public String getFileName(HttpServletRequest request,
5                          String filename) throws Exception {
6     BASE64Encoder base64Encoder = new BASE64Encoder();
7     String agent = request.getHeader("User-Agent");
8     if (agent.contains("Firefox")) {
9         // 火狐浏览器
10        filename = "=?UTF-8?B?" + new String
11 (base64Encoder.encode(filename.getBytes("UTF-8"))) + "?=";
12    } else {
13        // IE 及其他浏览器
14        filename = URLEncoder.encode(filename, "UTF-8");
15    }
16    return filename;
17 }
```

上述代码中的 getFileName()方法用于设置下载文件的名称的编码。第 8 行代码判断当前使用的浏览器是否是火狐浏览器，如果是，则根据火狐浏览器的编码方式对下载文件的名称进行编码；如果不是，则根据第 12～15 行代码对下载文件的名称进行编码。第 16 行代码将设置好编码的文件名称返回。

在文件 13-21 中新增一个方法 fileDownload()，用于下载文件。从 fileDownload()方法的形参中获取下载文件的名称，根据下载文件的名称，下载 files 文件夹中对应名称的文件。fileDownload()方法的具体代码如下：

```
1  /**
2   *文件下载
3   */
4  @RequestMapping("/download")
5  public ResponseEntity<byte[]> fileDownload(HttpServletRequest request,
6                                       String filename) throws Exception {
7     // 指定要下载的文件所在路径
8     String path = request.getServletContext().getRealPath("/files/");
9     filename = new String(filename.getBytes("ISO-8859-1"), "UTF-8");
10    // 创建该文件对象
11    File file = new File(path + File.separator + filename);
12    // 设置响应头
13    HttpHeaders headers = new HttpHeaders();
14    filename = this.getFileName(request, filename);
15    // 通知浏览器以下载的方式打开文件
16    headers.setContentDispositionFormData("attachment", filename);
17    // 定义以流的形式下载返回文件数据
18    headers.setContentType(MediaType.APPLICATION_OCTET_STREAM);
19    // 使用 Sring MVC 框架的 ResponseEntity 对象封装返回下载数据
20    return new ResponseEntity<byte[]>(FileUtils.readFileToByteArray(file),
21          headers, HttpStatus.OK);
22 }
```

上述代码中的 fileDownload()方法用于处理 URL 为 download 的文件下载请求。其中，第 8 行代码获取到

下载文件所在的文件夹路径；第 9 行代码设置请求下载的文件名称的编码，防止获取到的请求名称是中文乱码；第 14 行代码设置浏览器下载时文件名称的编码；第 16 行代码设置文件下载时不直接打开，而是以下载的方式返回；第 18 行代码设置以流的方式返回下载的文件；第 20 行代码将下载的文件、头信息和状态码封装在 ResponseEntity 对象中返回。

启动 chapter13 项目，单击如图 13-30 所示页面中的“SpringBoot 企业级开发教程.png”超链接，弹出下载对话框，如图 13-33 所示。

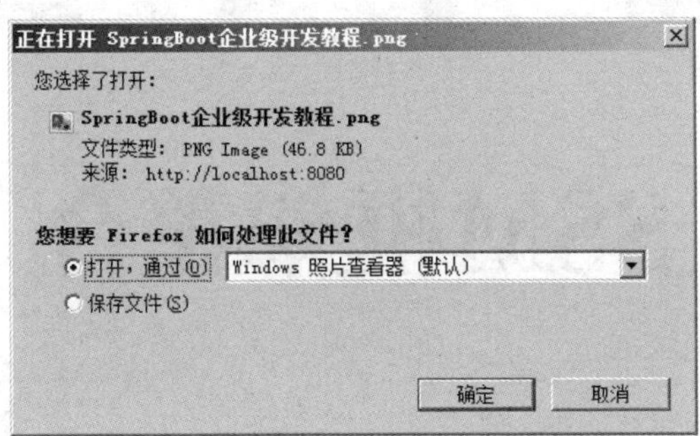

图13-33　下载对话框

在图 13-33 中，可以选中“打开，通过”单选按钮，然后单击对话框的“确定”按钮直接打开下载文件；也可以选中“保存文件”单选按钮，然后单击对话框的“确定”按钮保存文件。

至此，文件上传和下载案例全部完成。

13.4　本章小结

本章首先对 Spring MVC 中的异常处理进行了讲解，包括简单异常处理器、自定义异常处理器和异常处理注解；然后讲解了拦截器，包括拦截器概述、拦截器的配置、拦截器的执行流程和拦截器的应用；最后对文件上传和下载进行了详细讲解。通过学习本章的内容，读者能够掌握 Spring MVC 统一异常处理，以及自定义拦截器的编写，并能够掌握文件上传和下载。

【思考题】

1. 请简述 Spring MVC 统一处理异常的 3 种方式。
2. 请简述单个拦截器和多个拦截器的执行流程。
3. 请简述上传表单需要满足的 3 个条件。
4. 请简述如何解决中文文件名称下载时的乱码问题。

第 14 章

SSM框架整合

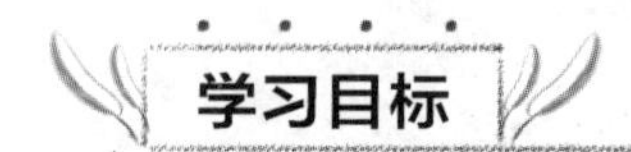

★ 了解SSM框架的整合思路

★ 熟悉SSM框架整合时的配置文件内容

★ 掌握SSM框架整合应用程序的编写

针对Java EE应用程序的开发，行业中提供了非常多的技术框架，但是不管如何进行技术选型，Java EE应用都可以分为表现层、业务逻辑层和数据持久层。当前，这3个层的主流框架分别是Spring MVC、Spring和MyBatis，简称为SSM框架，Java EE应用程序也经常通过整合这3大框架来完成开发。SSM框架的整合有多种方式，本章将对SSM框架常用的整合方式和纯注解的整合方式进行讲解。

14.1 常用方式整合 SSM 框架

14.1.1 整合思路

进行SSM框架整合时，Spring MVC、Spring和MyBatis这3个框架的分工如下所示。

- Spring MVC负责管理表现层的Handler。Spring MVC容器是Spring容器的子容器，因此Spring MVC容器可以调用Spring容器中的Service对象。
- Spring负责事务管理，Spring可以管理持久层的Mapper对象和业务层的Service对象。由于Mapper对象和Service对象都在Spring容器中，所以可以在业务逻辑层通过Service对象调用持久层的Mapper对象。
- MyBatis负责与数据库进行交互。

SSM框架整合后，当Spring MVC接收到请求后，就可以通过Service对象去执行对应的业务逻辑代码，再由Service层装载Mapper对象，最终由Mapper对象完成数据交互。

在SSM框架的整合过程中，Spring MVC和MyBatis没有直接交集，所以只需将Spring分别与MyBatis和Spring MVC整合，就可以完成SSM框架的整合。下面通过一个图书信息查询案例来描述SSM框架的整合，案例实现思路如下。

（1）搭建项目基础结构。首先需要在数据库中搭建项目对应的数据库环境；然后创建一个Maven Web项目，并引入案例所需的依赖；最后创建项目的实体类，并创建三层架构对应的模块、类和接口。

（2）整合Spring和MyBatis。在Spring配置文件中配置数据源信息，并且将SqlSessionFactory对象和

Mapper 对象都交由 Spring 管理。

（3）整合 Spring 和 Spring MVC。Spring MVC 是 Spring 框架中的一个模块，所以 Spring 整合 Spring MVC 只需在项目启动时分别加载各自的配置即可。

案例编写完之后，客户端向服务器端发送查询请求，如果服务器端能将数据库中的数据正确响应给客户端，那么就可以认为 SSM 框架整合成功。

14.1.2 项目基础结构搭建

下面根据 14.1.1 节中的整合思路搭建 SSM 框架整合的项目基础结构，具体如下所示。

1. 搭建数据库环境

在 MySQL 数据库中创建一个名称为 ssm 的数据库，在该数据库中创建一个名称为 tb_book 的数据表，并在 tb_book 数据表中插入数据。创建数据库和数据表，以及往数据表中插入数据的 SQL 语句如下：

```
CREATE DATABASE ssm;
USE ssm;
CREATE TABLE `tb_book`  (
  `id` int(11) ,
  `name` varchar(32) ,
  `press` varchar(32) ,
  `author` varchar(32)
);
INSERT INTO `tb_book` VALUES
(1, 'Java EE 企业级应用开发教程', '人民邮电出版社', '黑马程序员');
```

2. 引入项目依赖

本案例中需要引入的相关依赖如下所示。

（1）Spring 相关的依赖

- spring-context : Spring 上下文。
- spring-tx : Spring 事务管理。
- spring-jdbc : SpringJDBC。
- spring-test : Spring 单元测试。
- spring-webmvc : Spring MVC 核心。

（2）MyBatis 相关的依赖

mybatis : MyBatis 核心。

（3）MyBatis 与 Spring 整合包

mybatis-spring : MyBatis 与 Spring 整合。

（4）数据源相关的依赖

- druid : 阿里提供的数据库连接池。

（5）单元测试相关的依赖

junit : 单元测试，与 spring-test 放在一起作单元测试。

（6）ServletAPI 相关的依赖

- jsp-api : JSP 页面中使用 request 等对象。
- servlet-api : Java 文件使用 request 等对象。

（7）数据库相关的依赖

mysql-connector-java : MySQL 数据库驱动包。

在 IDEA 中创建一个名称为 chapter14 的 Maven Web 项目，在项目的 pom.xml 文件中引入上述依赖，具体依赖如下所示。

```
<dependencies>
      <!-- Spring 相关依赖-->
      <dependency>
```

```
        <groupId>org.springframework</groupId>
        <artifactId>spring-context</artifactId>
        <version>5.2.8.RELEASE</version>
    </dependency>
    <!--Spring 事务管理-->
    <dependency>
        <groupId>org.springframework</groupId>
        <artifactId>spring-tx</artifactId>
        <version>5.2.8.RELEASE</version>
    </dependency>
    <dependency>
        <groupId>org.springframework</groupId>
        <artifactId>spring-jdbc</artifactId>
        <version>5.2.8.RELEASE</version>
    </dependency>
    <dependency>
        <groupId>org.springframework</groupId>
        <artifactId>spring-test</artifactId>
        <version>5.2.8.RELEASE</version>
    </dependency>
    <!--Spring MVC 的相关依赖-->
    <dependency>
        <groupId>org.springframework</groupId>
        <artifactId>spring-webmvc</artifactId>
        <version>5.2.8.RELEASE</version>
    </dependency>
    <!--MyBatis 相关依赖-->
    <dependency>
        <groupId>org.mybatis</groupId>
        <artifactId>mybatis</artifactId>
        <version>3.5.2</version>
    </dependency>
    <!--MyBatis 与 Spring 整合相关依赖-->
    <dependency>
        <groupId>org.mybatis</groupId>
        <artifactId>mybatis-spring</artifactId>
        <version>2.0.1</version>
    </dependency>
    <!--数据源-->
    <dependency>
        <groupId>com.alibaba</groupId>
        <artifactId>druid</artifactId>
        <version>1.1.20</version>
    </dependency>
    <!--单元测试相关的依赖-->
    <dependency>
        <groupId>junit</groupId>
        <artifactId>junit</artifactId>
        <version>4.12</version>
        <scope>test</scope>
    </dependency>
    <!-- 相关的依赖-->
    <!--ServletAPI：引入 servlet 的功能-->
    <dependency>
         <groupId>javax.servlet</groupId>
        <artifactId>javax.servlet-api</artifactId>
        <version>3.1.0</version>
        <scope>provided</scope>
    </dependency>
    <!--ServletAPI: JSP 页面的功能包 -->
    <dependency>
        <groupId>javax.servlet.jsp</groupId>
        <artifactId>jsp-api</artifactId>
        <version>2.2</version>
        <scope>provided</scope>
```

```
        </dependency>
        <!-- 数据库驱动相关依赖-->
        <dependency>
            <groupId>mysql</groupId>
            <artifactId>mysql-connector-java</artifactId>
            <version>8.0.16</version>
        </dependency>
    </dependencies>
```

3. 创建实体类

在项目的 src/main/java 目录下，创建一个名称为 com.itheima.domain 的包，并在包下创建名称为 Book 的实体类。Book 类的具体代码如文件 14-1 所示。

文件 14-1　Book.java

```
1   package com.itheima.domain;
2   public class Book {
3       private Integer id;             //图书id
4       private String name;            //图书名称
5       private String press;           //出版社
6       private String author;          //作者
7       public Integer getId() {
8           return id;
9       }
10      public void setId(Integer id) {
11          this.id = id;
12      }
13      public String getName() {
14          return name;
15      }
16      public void setName(String name) {
17          this.name = name;
18      }
19      public String getPress() {
20          return press;
21      }
22      public void setPress(String press) {
23          this.press = press;
24      }
25      public String getAuthor() {
26          return author;
27      }
28      public void setAuthor(String author) {
29          this.author = author;
30      }
31  }
```

4. 创建三层架构对应模块的类和接口

（1）在项目的 src/main/java 目录下，创建一个名称为 com.itheima.dao 的包，并在包下创建名称为 Book Mapper 的持久层接口，在 BookMapper 接口中定义 findBookById()方法，通过图书 id 获取对应的图书信息。BookMapper 接口的具体代码如文件 14-2 所示。

文件 14-2　BookMapper.java

```
1   package com.itheima.dao;
2   import com.itheima.domain.Book;
3   public interface BookMapper {
4       public Book findBookById(Integer id);
5   }
```

（2）在项目的 src/main/resources 目录下，创建路径为 com\itheima\dao 的文件夹，并在文件夹下创建 BookMapper 接口对应的映射文件 BookMapper.xml。BookMapper.xml 映射文件的具体代码如文件 14-3 所示。

文件 14-3　BookMapper.xml

```
1   <?xml version="1.0" encoding="utf-8" ?>
2   <!DOCTYPE mapper
3           PUBLIC "-//mybatis.org//DTD Mapper 3.0//EN"
```

```
4          "http://mybatis.org/dtd/mybatis-3-mapper.dtd">
5   <mapper namespace="com.itheima.dao.BookMapper">
6       <!--根据 id 查询图书信息 -->
7       <select id="findBookById" parameterType="int"
8             resultType="com.itheima.domain.Book">
9             select * from tb_book where id = #{id}
10       </select>
11  </mapper>
```

（3）在项目的 src/main/java 目录下，创建一个名称为 com.itheima.service 的包，并在包下创建名称为 Book Service 的业务层接口，在 BookService 接口中定义 findBookById()方法，通过 id 获取对应的 Book 信息。BookService 接口的具体代码如文件 14-4 所示。

文件 14-4　BookService.java

```
1  package com.itheima.service;
2  import com.itheima.domain.Book;
3  public interface BookService {
4     public Book findBookById(Integer id);
5  }
```

（4） 在项目的 src/main/java 目录下，创建一个名称为 com.itheima.service.impl 的包，并在包下创建 Book Service 接口的业务层实现类 BookServiceImpl。BookServiceImpl 类实现 BookService 接口的 findBookById()方法，并在类中注入一个 BookMapper 对象。findBookById()方法通过注入的 BookMapper 对象调用 findBookById()方法，根据 id 查询对应的图书信息。BookServiceImpl 类的具体代码如文件 14–5 所示。

文件 14-5　BookServiceImpl.java

```
1  package com.itheima.service.impl;
2  import com.itheima.dao.BookMapper;
3  import com.itheima.domain.Book;
4  import com.itheima.service.BookService;
5  import org.springframework.beans.factory.annotation.Autowired;
6  import org.springframework.stereotype.Service;
7  @Service
8  public class BookServiceImpl implements BookService {
9     @Autowired
10    private BookMapper bookMapper;
11    public Book findBookById(Integer id) {
12       return bookMapper.findBookById(id);
13    }
14 }
```

（5）在项目的 src/main/java 目录下，创建一个名称为 com.itheima.controller 的包，并在包下创建名称为 BookController 的类。在 BookController 类中注入一个 BookService 对象，并且定义一个名称为 findBookById() 的方法。findBookById()方法获取传递过来的图书 id，并将图书 id 作为参数传递给 BookService 对象调用的 findBookById()方法。BookController 类的具体代码如文件 14–6 所示。

文件 14-6　BookController.java

```
1  package com.itheima.controller;
2  import com.itheima.domain.Book;
3  import com.itheima.service.BookService;
4  import org.springframework.beans.factory.annotation.Autowired;
5  import org.springframework.stereotype.Controller;
6  import org.springframework.web.servlet.ModelAndView;
7  import org.springframework.web.bind.annotation.RequestMapping;
8  @Controller
9  public class BookController {
10    @Autowired
11    private BookService bookService;
12    @RequestMapping("/book")
13    public ModelAndView findBookById(Integer id){
14       Book book = bookService.findBookById(id);
15       ModelAndView modelAndView = new ModelAndView();
16       modelAndView.setViewName("book.jsp");
17       modelAndView.addObject("book",book);
```

```
18          return modelAndView;
19      }
20  }
```

至此，项目基础结构已经搭建完成，chapter14 项目的目录结构如图 14–1 所示。

14.1.3 Spring 和 MyBatis 整合

Spring 和 MyBatis 的整合可以分 2 步来完成，首先搭建 Spring 环境，然后整合 MyBatis 到 Spring 环境中。框架环境包含框架对应的依赖和配置文件。其中，Spring 的依赖、MyBatis 的依赖、Spring 和 MyBatis 整合的依赖在项目基础结构搭建时就已经引入到项目中了，下面只需编写 Spring 的配置文件、Spring 和 MyBatis 整合的配置文件即可。

```
chapter14 D:\idea\chapter14
  .idea
  src
    main
      java
        com.itheima
          controller
            BookController
          dao
            BookMapper
          domain
            Book
          service
            impl
              BookServiceImpl
            BookService
      resources
        com.itheima.dao
          BookMapper.xml
      webapp
        WEB-INF
          web.xml
    test
  chapter14.iml
  pom.xml
External Libraries
Scratches and Consoles
```

图14–1 chapter14 项目的目录结构

1. Spring 的配置文件

在项目的src/main/resources 目录下创建配置文件application–service.xml，用于配置 Spring 对 Service 层的扫描信息。application–service.xml 具体代码如文件 14–7 所示。

文件 14-7 application-service.xml

```
1  <?xml version="1.0" encoding="UTF-8"?>
2  <beans xmlns="http://www.springframework.org/schema/beans"
3         xmlns:xsi="http://www.w3.org/2001/XMLSchema-instance"
4         xmlns:context="http://www.springframework.org/schema/
context"
5         xsi:schemaLocation="
6           http://www.springframework.org/schema/beans
7           http://www.springframework.org/schema/beans/spring-
beans.xsd
8           http://www.springframework.org/schema/context
9           http://www.springframework.org/schema/context/
spring-context.xsd
10              ">
11 <!--开启注解扫描，扫描包-->
12     <context:component-scan base-package="com.itheima.service"/>
13 </beans>
```

2. Spring 和 MyBatis 整合的配置

Spring 和 MyBatis 的整合包中提供了一个 SqlSessionFactoryBean 对象，可以在 Spring 配置文件中配置 SqlSessionFactoryBean 的 Bean，配置好 SqlSessionFactoryBean 的 Bean 后，就可以将 MyBatis 中的 SqlSessionFactory 交给 Spring 管理。

SqlSessionFactoryBean 的 Bean 需要注入数据源，也可以根据需求在 SqlSessionFactoryBean 的 Bean 中配置 MyBatis 核心文件路径、别名映射和 Mapper 映射文件路径。

Spring 和 MyBatis 的整合包中还提供了对 Mapper 扫描的 Bean，扫描到的 Mapper 将交由 Spring 管理。

SqlSessionFactoryBean 对象需要注入数据源，可以将数据库连接信息配置在属性文件中，然后通过 Spring 引入该属性文件来获取数据库连接信息。在项目的 src\main\resources 目录下创建数据源属性文件 jdbc.properties，jdbc.properties 配置的数据源信息如下：

```
jdbc.driverClassName=com.mysql.cj.jdbc.Driver
jdbc.url=jdbc:mysql://localhost:3306/ssm?useUnicode=true\
        &characterEncoding=utf-8&serverTimezone=Asia/Shanghai
jdbc.username=root
jdbc.password=root
```

下面将 MyBatis 整合到 Spring 的环境中。在 src/main/resources 目录下创建配置文件 application–dao.xml，用于配置 Spring 和 MyBatis 整合信息。application–dao.xml 的具体代码如文件 14–8 所示。

文件 14-8 application-dao.xml

```
1  <?xml version="1.0" encoding="UTF-8"?>
```

```
2   <beans xmlns="http://www.springframework.org/schema/beans"
3       xmlns:xsi="http://www.w3.org/2001/XMLSchema-instance"
4       xmlns:context="http://www.springframework.org/schema/context"
5       xsi:schemaLocation="
6       http://www.springframework.org/schema/beans
7       http://www.springframework.org/schema/beans/spring-beans.xsd
8       http://www.springframework.org/schema/context
9       http://www.springframework.org/schema/context/spring-context.xsd">
10    <!--引入属性文件-->
11    <context:property-placeholder location="classpath:jdbc.properties"/>
12    <!--数据源-->
13    <bean id="dataSource" class="com.alibaba.druid.pool.DruidDataSource">
14       <property name="driverClassName" value="${jdbc.driverClassName}"/>
15       <property name="url" value="${jdbc.url}"/>
16       <property name="username" value="${jdbc.username}"/>
17       <property name="password" value="${jdbc.password}"/>
18    </bean>
19    <!--创建 SqlSessionFactory 对象-->
20    <bean id="sqlSessionFactory"
21         class="org.mybatis.spring.SqlSessionFactoryBean">
22       <!--数据源-->
23       <property name="dataSource" ref="dataSource"/>
24    </bean>
25    <!--扫描 Dao 包，创建动态代理对象，会自动存储到 Spring IoC 容器中-->
26    <bean class="org.mybatis.spring.mapper.MapperScannerConfigurer">
27       <!--指定要扫描的 dao 的包-->
28       <property name="basePackage" value="com.itheima.dao"/>
29    </bean>
30 </beans>
```

在文件 14-8 中，第 11 行代码引入了 jdbc.properties 属性文件；第 13～18 行代码将引入的属性文件中的数据库连接信息注入 DruidDataSource 对象中；第 20～24 行代码创建 SqlSessionFactoryBean，并将数据源注入 SqlSession FactoryBean；第 26～29 行代码将 com.itheima.dao 下的 Mapper 接口都扫描到 Spring 中，交由 Spring 管理。

至此，Spring 和 MyBatis 整合完毕。

3. 整合测试

下面通过单元测试来对整合的情况进行测试。在项目的 src/test 目录下的 java 文件夹中，创建名称为 BookServiceTest 的测试类，用于对 Spring 和 MyBatis 的整合进行测试。BookServiceTest 类的具体代码如文件 14-9 所示。

文件 14-9 BookServiceTest .java

```
1  import com.itheima.domain.Book;
2  import com.itheima.service.BookService;
3  import org.junit.Test;
4  import org.junit.runner.RunWith;
5  import org.springframework.beans.factory.annotation.Autowired;
6  import org.springframework.test.context.ContextConfiguration;
7  import org.springframework.test.context.junit4.SpringJUnit4ClassRunner;
8  @RunWith(SpringJUnit4ClassRunner.class)
9  @ContextConfiguration(locations = {"classpath:application-service.xml",
10 "classpath:application-dao.xml"})
11 public class BookServiceTest {
12     @Autowired
13    private BookService bookService;
14     @Test
15     public void findBookById(){
16        Book book = bookService.findBookById(1);
17        System.out.println("图书 id:"+book.getId());
18        System.out.println("图书名称:"+book.getName());
19        System.out.println("作者:"+book.getAuthor());
20        System.out.println("出版社:"+book.getPress());
21     }
22 }
```

文件 14–9 中，第 9 行和第 10 行代码引入了配置文件 application–service.xml 和 application–dao.xml；第 12 行和第 13 行代码装配了 BookService 对象；第 16 行代码 BookService 对象调用 findBookById()方法进行图书信息查询。

运行测试方法 findBookById()，方法运行后控制台输出信息如图 14–2 所示。

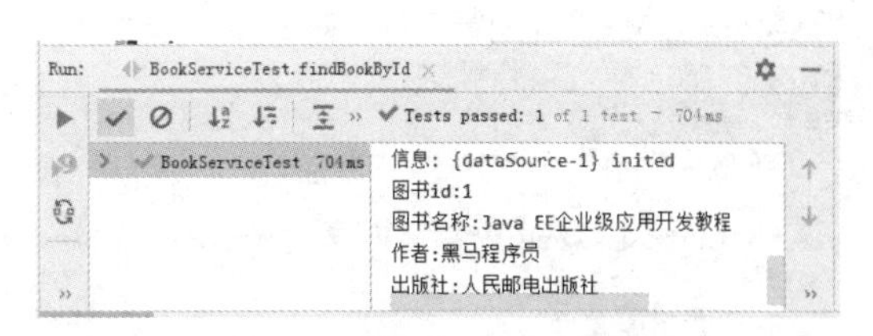

图14–2 运行findBookById()方法后控制台输出信息

从图 14–2 所示的信息可以看出，程序输出了 id 为 1 的图书信息。这表明测试类中成功装配了 Book Service 对象，BookService 对象成功调用 Service 层的 findBookById()方法，Service 层的 findBookById()方法成功调用 Dao 层的 findBookById()方法完成了数据查询，说明 Spring 和 MyBatis 已经整合成功。

14.1.4 Spring 和 Spring MVC 整合

Spring 和 Spring MVC 的整合比较简单，导入相关依赖后，只需加载各自的配置文件即可。

1. Spring 的配置

之前 Spring 和 MyBatis 整合时，已经完成了 Spring 的配置文件，Spring 和 Spring MVC 整合只需在项目启动时加载 Spring 容器和 Spring 的配置文件即可。在项目的 web.xml 文件中配置 Spring 的监听器来加载 Spring 容器和 Spring 的配置文件，具体配置如下：

```
<!--配置文件加载-->
<context-param>
    <param-name>contextConfigLocation</param-name>
    <param-value>classpath:application-*.xml</param-value>
</context-param>
<!--容器加载的监听器-->
<listener>
    <listener-class>
        org.springframework.web.context.ContextLoaderListener
    </listener-class>
</listener>
```

配置了以上代码后，项目启动时会加载<context–param>元素的<param–value>子元素指定的参数，即会加载 classpath 下所有以 application–开头且以.xml 结尾的文件。

2. Spring MVC 的配置

本案例主要测试 SSM 整合的情况，因此在 Spring MVC 的配置文件中只配置 SSM 整合案例必须配置的项，具体如下：

- 配置包扫描，指定需要扫描到 Spring MVC 中的 Controller 层所在的包路径。
- 配置注解驱动，让项目启动时启用注解驱动，并且自动注册 HandlerMapping 和 HandlerAdapter。

在项目的 src/main/resources 目录下创建 Spring MVC 的配置文件 spring–mvc.xml，spring–mvc.xml 具体配置如文件 14–10 所示。

文件 14-10 spring-mvc.xml

```
1   <?xml version="1.0" encoding="UTF-8"?>
2   <beans xmlns="http://www.springframework.org/schema/beans"
3          xmlns:context="http://www.springframework.org/schema/context"
4          xmlns:mvc="http://www.springframework.org/schema/mvc"
5          xmlns:xsi="http://www.w3.org/2001/XMLSchema-instance"
6          xsi:schemaLocation="http://www.springframework.org/schema/beans
7       http://www.springframework.org/schema/beans/spring-beans.xsd
8       http://www.springframework.org/schema/mvc
9       http://www.springframework.org/schema/mvc/spring-mvc.xsd
10      http://www.springframework.org/schema/context
11      http://www.springframework.org/schema/context/spring-context.xsd">
12      <!-- 配置要扫描的包 -->
13      <context:component-scan base-package="com.itheima.controller"/>
```

```
14     <!-- 配置注解驱动 -->
15     <mvc:annotation-driven />
16 </beans>
```

spring-mvc.xml 文件配置完成后，在 web.xml 中配置 Spring MVC 的前端控制器，并在初始化前端控制器时加载 Spring MVC 的配置文件。web.xml 具体配置如下：

```
<!--Spring MVC 前端控制器-->
<servlet>
    <servlet-name>DispatcherServlet</servlet-name>
    <servlet-class>
org.springframework.web.servlet.DispatcherServlet
</servlet-class>
    <!--初始化参数-->
    <init-param>
        <param-name>contextConfigLocation</param-name>
        <param-value>classpath:spring-mvc.xml</param-value>
    </init-param>
    <!--项目启动时初始化前端控制器-->
    <load-on-startup>1</load-on-startup>
</servlet>
<servlet-mapping>
    <servlet-name>DispatcherServlet</servlet-name>
    <url-pattern>/</url-pattern>
</servlet-mapping>
```

至此，SSM 框架的整合已经完成。

3. SSM 框架整合测试

下面通过在页面查询图书信息来测试 SSM 框架的整合情况。在项目的 src/main/webapp 目录下创建名称为 book 的 JSP 文件，用于展示处理器返回的图书信息。book.jsp 的具体代码如文件 14-11 所示。

文件 14-11 book.jsp

```
<%@ page contentType="text/html;charset=UTF-8" language="java" %>
<html>
<head><title>图书信息查询</title></head>
<body>
<table border="1">
<tr>
    <th>图书 id</th>
    <th>图书名称</th>
    <th>出版社</th>
    <th>作者</th>
</tr>
    <tr>
        <td>${book.id}</td>
        <td>${book.name}</td>
        <td>${book.press}</td>
        <td>${book.author}</td>
    </tr>
</table>
</body>
</html>
```

项目基础结构搭建时，文件 14-6 BookController 类中 findBookById()方法返回了名称为 book 的 Book 对象，文件 14-11 中通过 EL 表达式在页面展示 Book 对象的信息。

将 chapter14 项目部署到 Tomcat 中，启动项目，在浏览器中访问地址 http://localhost:8080/book?id=1 来进行图书查询，页面显示效果如图 14-3 所示。

图14-3 “图书信息查询”页面显示效果（1）

从图 14-3 所示的信息可以看出，程序成功查询到了 id 为 1 的图书信息。这表明 Controller 层成功将 Service 层获取的图书信息返回给页面，由此说明 SSM 框架整合成功。

14.2 纯注解方式整合 SSM 框架

前面的 SSM 框架整合是使用 XML 配置文件结合注解完成的，Spring 可以使用注解完成一些配置，这样项目就可以完全脱离 XML 配置文件，全部使用纯注解的代码来实现。本节使用纯注解的方式对 SSM 框架进行整合。

14.2.1 整合思路

使用注解整合 SSM 框架，其实就是使用配置类替代原来 XML 配置文件在项目的作用。在 14.1 节中，使用 XML 配置文件完成了 SSM 框架的整合，使用到的 XML 配置文件具体如下。

1. application-dao.xml

application-dao.xml 配置文件中配置的内容包含以下 4 项。

- 读取 jdbc.properties 文件中的数据连接信息。
- 创建 Druid 对象，并将读取的数据连接信息注入到 Druid 数据连接池对象中。
- 创建 SqlSessionFactoryBean 对象，并将 Druid 对象注入到 SqlSessionFactoryBean 对象中。
- 创建 MapperScannerConfigurer 对象，并指定扫描的 Mapper 的路径。

2. application-service.xml

application-service.xml 配置文件中只配置了包扫描，指定需要扫描到 Spring 的 Service 层所在的包路径。

3. spring-mvc.xml

spring-mvc.xml 配置文件中配置了 Spring MVC 扫描的包路径和注解驱动。

4. web.xml

web.xml 配置文件配置了项目启动时加载的信息，包含以下 3 个内容。

- 使用<context-param>元素加载 Spring 配置文件 application-service.xml 和 Spring 整合 MyBatis 的配置文件 application-dao.xml。
- Spring 容器加载监听器。
- 配置 Spring MVC 的前端控制器。

14.2.2 纯注解 SSM 框架整合

分析完 SSM 框架整合中 XML 配置文件的内容和作用后，下面将项目中的 XML 配置文件删除，使用纯注解的配置类依次替换对应的 XML 文件内容，以完成纯注解的 SSM 框架整合。具体实现步骤如下所示。

（1）在项目的 src/main/java 目录下创建一个名称为 com.itheima.config 的包，用于存放项目中的配置类。在 com.itheima.config 包中创建名称为 JdbcConfig 的类，用于获取数据库连接信息并定义创建数据源的对象方法。在 JdbcConfig 类中，通过@PropertySource 注解读取 jdbc.properties 文件中的数据库连接信息，并定义 getDataSource() 方法，用于创建 DruidDataSource 对象，通过 DruidDataSource 对象返回数据库连接信息。JdbcConfig 类的具体代码如文件 14-12 所示。

文件 14-12 JdbcConfig.java

```
1   package com.itheima.config;
2   import com.alibaba.druid.pool.DruidDataSource;
3   import org.springframework.beans.factory.annotation.Value;
4   import org.springframework.context.annotation.Bean;
5   import org.springframework.context.annotation.PropertySource;
6   import javax.sql.DataSource;
7   /*
8   等同于
9   <context:property-placeholder location="classpath*:jdbc.properties"/>
10   */
11  @PropertySource("classpath:jdbc.properties")
12  public class JdbcConfig {
```

```
13      /*
14      使用注入的形式，读取properties文件中的属性值，
15      等同于<property name="*******" value="${jdbc.driver}"/>
16       */
17      @Value("${jdbc.driverClassName}")
18      private String driver;
19      @Value("${jdbc.url}")
20      private String url;
21      @Value("${jdbc.username}")
22      private String userName;
23      @Value("${jdbc.password}")
24      private String password;
25
26      /*定义dataSource的bean， 等同于
27      <bean id="dataSource" class="com.alibaba.druid.pool.DruidDataSource">
28       */
29      @Bean("dataSource")
30      public DataSource getDataSource(){
31          //创建对象
32          DruidDataSource ds = new DruidDataSource();
33          /*
34          等同于set属性注入<property name="driverClassName" value="driver"/>
35           */
36          ds.setDriverClassName(driver);
37          ds.setUrl(url);
38          ds.setUsername(userName);
39          ds.setPassword(password);
40          return ds;
41      }
42  }
```

在文件14-12中，第11行代码读取jdbc.properties文件中的数据库连接信息；第17～24行代码将获取到的数据库连接信息注入JdbcConfig类的属性中；第29～41行代码创建了DruidDataSource对象ds，并将数据库连接信息通过属性设置到ds对象中，然后将ds对象返回，其中第29行代码的@Bean注解指示了返回的ds对象将交给Spring管理，并指定返回的ds对象在Spring中的名称为dataSource。

（2）在com.itheima.config包中创建名称为MyBatisConfig的类，在MyBatisConfig类中定义getSqlSessionFactoryBean()方法，用于创建SqlSessionFactoryBean对象并返回；定义getMapperScannerConfigurer()方法，用于创建getMapperScannerConfigurer对象并返回。MyBatisConfig类的具体代码如文件14-13所示。

文件14-13 MyBatisConfig.java

```
1   package com.itheima.config;
2   import org.mybatis.spring.SqlSessionFactoryBean;
3   import org.mybatis.spring.mapper.MapperScannerConfigurer;
4   import org.springframework.beans.factory.annotation.Autowired;
5   import org.springframework.context.annotation.Bean;
6   import javax.sql.DataSource;
7
8   public class MyBatisConfig {
9       /*
10      定义MyBatis的核心连接工厂bean，
11      等同于<bean class="org.mybatis.spring.SqlSessionFactoryBean">
12       参数使用自动装配的形式加载dataSource，
13      为set注入提供数据源，dataSource来源于JdbcConfig中的配置
14       */
15      @Bean
16      public SqlSessionFactoryBean getSqlSessionFactoryBean(
17                                  @Autowired DataSource dataSource){
18          SqlSessionFactoryBean ssfb = new SqlSessionFactoryBean();
19          //等同于<property name="dataSource" ref="dataSource"/>
20          ssfb.setDataSource(dataSource);
21          return ssfb;
22      }
23      /*
```

```
24     定义 MyBatis 的映射扫描,
25     等同于<bean class="org.mybatis.spring.mapper.MapperScannerConfigurer">
26      */
27     @Bean
28     public MapperScannerConfigurer getMapperScannerConfigurer(){
29        MapperScannerConfigurer msc = new MapperScannerConfigurer();
30        //等同于<property name="basePackage" value="com.itheima.dao"/>
31        msc.setBasePackage("com.itheima.dao");
32        return msc;
33     }
34  }
```

在文件 14-13 中，第 15～22 行代码创建了 SqlSessionFactoryBean 对象 ssfb 并交由 Spring 管理，使用@Autowired 注解将数据源注入形参中；第 27～33 行代码创建了 MapperScannerConfigurer 对象 msc 并交由 Spring 管理，其中第 31 行代码指定了要扫描的 dao 的包。

（3）在 com.itheima.config 包中创建名称为 SpringConfig 的类作为项目定义 Bean 的源头，并扫描 Service 层对应的包。SpringConfig 类的具体代码如文件 14-14 所示。

文件 14-14 SpringConfig.java

```
1   package com.itheima.config;
2   import org.springframework.context.annotation.*;
3   @Configuration
4   @Import({MyBatisConfig.class,JdbcConfig.class})
5   /*
6   等同于<context:component-scan base-package="com.itheima.service">
7    */
8   @ComponentScan(value = "com.itheima.service")
9   /*
10  将 MyBatisConfig 类和 JdbcConfig 类交给 Spring 管理
11   */
12  public class SpringConfig {
13  }
```

（4）在 com.itheima.config 包中创建名称为 SpringMvcConfig 的类作为 Spring MVC 的配置类，在配置类中指定 Controller 层的扫描路径。SpringMvcConfig 类的具体代码如文件 14-15 所示。

文件 14-15 SpringMvcConfig.java

```
1   package com.itheima.config;
2   import org.springframework.context.annotation.ComponentScan;
3   import org.springframework.context.annotation.Configuration;
4   import org.springframework.web.servlet.config.annotation.EnableWebMvc;
5   @Configuration
6   //等同于<context:component-scan base-package="com.itheima.controller"/>
7   @ComponentScan("com.itheima.controller")
8   //等同于<mvc:annotation-driven/>，但不完全相同
9   @EnableWebMvc
10  public class SpringMvcConfig {
11  }
```

在上述代码中，第 7 行代码指定了 Controller 的扫描路径；第 9 行代码使用@EnableWebMvc 注解开启 Web MVC 的配置支持。

（5）至此，已经完成了 SSM 框架整合的配置类编写，下面需要在项目初始化 Servlet 容器时加载指定初始化的信息，来替代之前 web.xml 文件配置的信息。

Spring 提供了一个抽象类 AbstractAnnotationConfigDispatcherServletInitializer，任意继承 AbstractAnnotationConfigDispatcherServletInitializer 的类都会在项目启动时自动配置 DispatcherServlet、初始化 Spring MVC 容器和 Spring 容器。在项目中，可以通过继承该抽象类来设置 DispatcherServlet 的映射路径，加载 Spring MVC 配置类信息到 Spring MVC 容器，并加载 Spring 配置类信息到 Spring 容器。

在 com.itheima.config 包中创建名称为 ServletContainersInitConfig 的类，继承 AbstractAnnotationConfigDispatcherServletInitializer 抽象类，重写抽象类的方法，需要重写的方法有以下 3 个。

- getRootConfigClasses()方法：将 Spring 配置类的信息加载到 Spring 容器中。

- getServletConfigClasses()方法：将 Spring MVC 配置类的信息加载到 Spring MVC 容器中。
- getServletMappings()方法：可以指定 DispatcherServlet 的映射路径。

ServletContainersInitConfig 类的具体代码如文件 14-16 所示。

文件 14-16 ServletContainersInitConfig.java

```
1  package com.itheima.config;
2  import org.springframework.web.servlet.support.
3            AbstractAnnotationConfigDispatcherServletInitializer;
4
5  public class ServletContainersInitConfig extends
6              AbstractAnnotationConfigDispatcherServletInitializer {
7     /*
8     加载 Spring 配置类中的信息，
9     初始化 Spring 容器
10    */
11    protected Class<?>[] getRootConfigClasses() {
12       return new Class[]{SpringConfig.class};
13    }
14    /*
15    加载 Spring MVC 配置类中的信息，
16    初始化 Spring MVC 容器
17     */
18    protected Class<?>[] getServletConfigClasses() {
19       return new Class[]{SpringMvcConfig.class};
20    }
21    //配置 DispatcherServlet 的映射路径
22    protected String[] getServletMappings() {
23       return new String[]{"/"};
24    }
25 }
```

文件 14-16 会在项目启动时被加载，文件 14-16 加载后会自动初始化 Spring MVC 容器和 Spring 容器，加载对应配置类的信息，并配置好 DispatcherServlet。

至此，纯注解的 SSM 框架整合已经完成。

启动 chapter14 项目，在浏览器中访问图书信息查询地址，地址为 http://localhost:8080/book?id=1，页面显示效果如图 14-4 所示。

从图 14-4 所示的信息可以看出，程序成功查询到了 id 为 1 的图书信息。这表明 Controller 将 Service 获取的图书信息成功返回给页面，由此说明纯注解的 SSM 框架整合成功。

图14-4 “图书信息查询”页面显示效果（2）

14.3 本章小结

本章主要讲解了 SSM 框架的整合知识。首先对常用方式整合 SSM 框架进行了讲解，包括项目基础结构搭建、Spring 和 MyBatis 整合、Spring 和 Spring MVC 整合；然后讲解了纯注解方式整合 SSM 框架。通过学习本章的内容，读者将能够了解 SSM 框架的整合思路，掌握 SSM 框架的整合过程。SSM 框架的整合是 SSM 框架使用的基础，读者一定要多加练习，并熟练掌握。

【思考题】

1. 请简述 SSM 框架整合思路。

2. 请简述 SSM 框架整合时，Spring 整合 MyBatis 的配置文件中的配置信息（无须写代码，只简单描述所要配置的内容即可）。

第 15 章

云借阅图书管理系统

学习目标

★ 了解云借阅图书管理系统架构

★ 了解云借阅图书管理系统的文件组织结构

★ 熟悉系统环境搭建步骤

★ 掌握登录模块功能的实现

★ 掌握图书管理模块功能的编写

★ 掌握访问权限控制的实现

本章将通过前面章节学习的 SSM（Spring+Spring MVC+MyBatis）框架知识来实现一个简单的云借阅图书管理系统。云借阅图书管理系统在 SSM 框架整合的基础上实现了系统功能。

15.1 系统概述

15.1.1 系统功能介绍

本系统后台使用 SSM 框架编写，前台页面使用当前主流的 Bootstrap 和 jQuery 框架编写。关于 Bootstrap 的知识，有兴趣的读者可参考黑马程序员编著的《Bootstrap 响应式 Web 开发》。

云借阅图书管理系统主要实现了两大功能模块：用户登录模块和图书管理模块。其中，用户登录模块主要用于实现用户的登录和注销；图书管理模块主要用于管理图书，如新书推荐、图书借阅等。云借阅图书管理系统主要功能结构如图 15-1 所示。

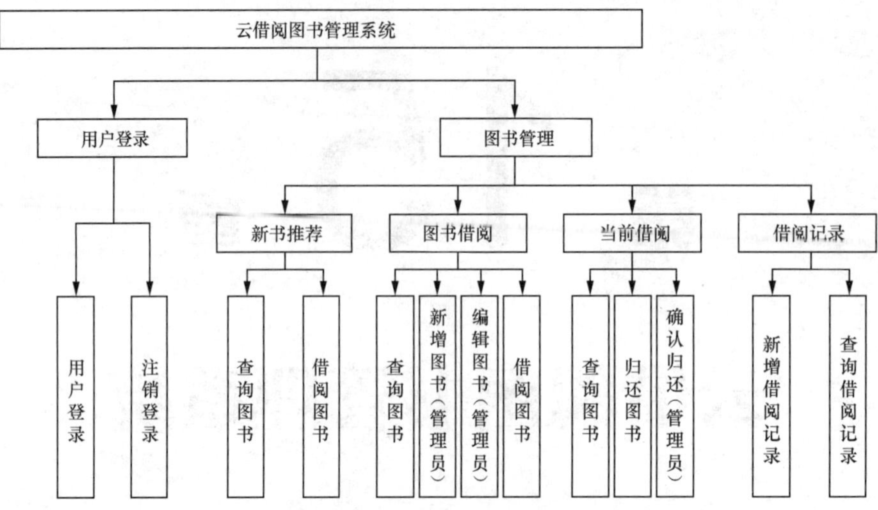

图15-1 云借阅图书管理系统主要功能结构

15.1.2 系统架构设计

根据功能的不同，云借阅图书管理系统项目结构可以划分为以下几个层次。

- 持久对象层（也称持久层或持久化层）：该层由若干持久化类（实体类）组成。
- 数据访问层（DAO 层）：该层由若干 DAO 接口和 MyBatis 映射文件组成。DAO 接口的名称统一以 Mapper 结尾，且 MyBatis 的映射文件名称要与接口的名称相同。
- 业务逻辑层（Service 层）：该层由若干 Service 接口和实现类组成。在本系统中，业务逻辑层的接口统一以 Service 结尾，其实现类名称统一在接口名后加 Impl。业务逻辑层主要用于实现系统的业务逻辑。
- Web 表现层：该层主要包括 Spring MVC 中的 Controller 类和 JSP 页面。Controller 类主要负责拦截用户请求，并调用业务逻辑层中相应组件的业务逻辑方法来处理用户请求，然后将处理结果返回给 JSP 页面。

为了让读者更清晰地了解各个层次之间的关系，下面通过一张图来描述云借阅图书管理系统各个层次的关系和作用，如图 15-2 所示。

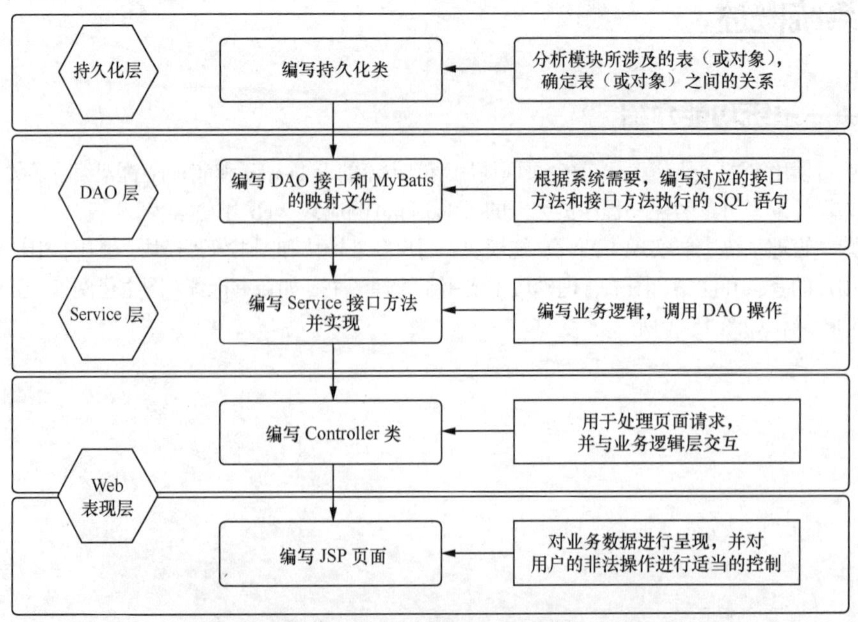

图15-2 云借阅图书管理系统各个层次的关系和作用

15.1.3　文件组织结构

在正式讲解项目的功能代码之前，先来了解下项目中所涉及到的类、依赖、配置类、配置文件和页面文件等项目文件在项目中的组织结构，如图 15-3 所示。

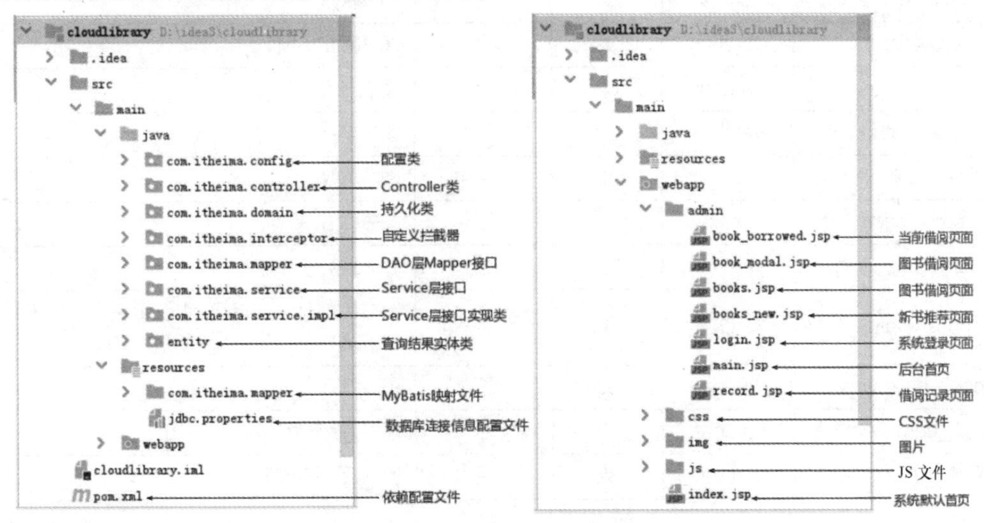

图15-3　项目文件的组织结构

15.1.4　系统开发及运行环境

云借阅图书管理系统开发环境如下。

- 操作系统：Windows 7。
- Web 服务器：Tomcat 8.5.24。
- Java 开发包：JDK 8。
- 开发工具：IntelliJ IDEA 2019.3.2。
- 数据库：MySQL 5.7.17。
- 浏览器：Mozilla Firefox 84.0（64 位）。

15.2　数据库设计

云借阅图书管理系统中主要包括用户登录和图书管理两大模块，用户登录模块会用到用户表，图书管理模块会用到图书信息表。除此之外，在图书管理模块中，每次图书借阅完成后，系统会记录图书借阅情况，因此，图书管理模块还需要一个借阅记录表。用户表、图书信息表和借阅记录表的表结构分别如表15-1、表 15-2 和表 15-3 所示。

表 15-1　用户表（user）的表结构

字段名	类型	长度	是否主键	说明
user_id	int	32	是	用户 id
user_name	varchar	32	否	用户名称
user_password	varchar	32	否	用户密码
user_email	varchar	32	否	用户邮箱（用户账号）
user_role	varchar	32	否	用户角色（ADMIN：管理员，USER：普通用户）
user_status	varchar	1	否	用户状态（0：正常，1：禁用）

表 15-2 图书信息表（book）的表结构

字段名	类型	长度	是否主键	说明
book_id	int	32	是	图书编号
book_name	varchar	32	否	图书名称
book_isbn	varchar	32	否	图书标准 ISBN
book_press	varchar	32	否	图书出版社
book_author	varchar	32	否	图书作者
book_pagination	int	32	否	图书页数
book_price	double	32	否	图书价格
book_uploadtime	varchar	32	否	图书上架时间
book_status	varchar	1	否	图书状态（0：可借阅，1:借阅中，2：归还中，3：已下架）
book_borrower	varchar	32	否	图书借阅人
book_borrowtime	varchar	32	否	图书借阅时间
book_returntime	varchar	32	否	图书预计归还时间

表 15-3 借阅记录表（record）的表结构

字段名	类型	长度	是否主键	说明
record_id	varchar	32	是	借阅记录 id
record_bookname	varchar	32	否	借阅的图书名称
record_bookisbn	varchar	32	否	借阅的图书的 ISBN
record_borrower	varchar	32	否	图书借阅人
record_borrowtime	varchar	32	否	图书借阅时间
record_remandtime	varchar	32	否	图书归还时间

15.3 系统环境搭建

15.3.1 需要引入的依赖

云借阅图书管理系统基于 SSM 框架和 Maven 开发，因此需要在项目中引入这三大框架的依赖。此外，项目中还涉及数据库连接、JSTL 标签等，因此还要引入数据库连接、JSTL 标签等其他依赖。整个系统所需要引入的依赖如下所示。

1. Spring 框架相关的依赖

- spring-context : Spring 上下文。
- spring-tx : Spring 事务管理。
- spring-jdbc : Spring JDBC。

2. Spring MVC 框架相关的依赖

spring-webmvc : Spring MVC 核心。

3. MyBatis 框架相关的依赖

mybatis : MyBatis 核心。

4. 分页插件相关的依赖

pagehelper：分页插件。

5. MyBatis 与 Spring 整合的依赖

mybatis-spring：MyBatis 与 Spring 整合。

6. 数据库驱动依赖

mysql-connector-java：MySQL 的数据库驱动。

7. 数据源相关依赖

druid：阿里巴巴提供的数据库连接池。

8. ServletAPI 相关的依赖

- jsp-api：JSP 页面使用 request 等对象。
- servlet-api：Java 文件使用 request 等对象。

9. JSTL 标签库相关依赖

- jstl：JSP 标准标签库。
- taglibs：Taglib 指令。

10. Jackson 相关依赖

- jackson-core：Jackson 核心。
- jackson-databind：Jackson 数据转换。
- jackson-annotations：Jackson 核心注解。

在上述依赖中，除 pagehelper 分页插件外，其他都是本书前面章节所使用过的，这里不再进行详细介绍。pagehelper 分页插件的使用会在系统实现的过程中具体讲解。

云借阅图书管理系统项目依赖的代码如下：

```
<!--Spring 核心容器-->
<dependency>
    <groupId>org.springframework</groupId>
    <artifactId>spring-context</artifactId>
    <version>5.2.8.RELEASE</version>
</dependency>
<!--Spring 事务管理-->
<dependency>
    <groupId>org.springframework</groupId>
    <artifactId>spring-tx</artifactId>
    <version>5.2.8.RELEASE</version>
</dependency>
<!--Spring 的 JDBC 操作数据库的依赖，包含 Spring 自带数据源，jdbcTemplate-->
<dependency>
    <groupId>org.springframework</groupId>
    <artifactId>spring-jdbc</artifactId>
    <version>5.2.8.RELEASE</version>
</dependency>
<!--Spring MVC 核心-->
<dependency>
    <groupId>org.springframework</groupId>
    <artifactId>spring-webmvc</artifactId>
    <version>5.2.8.RELEASE</version>
</dependency>
<!--MyBatis 核心-->
<dependency>
    <groupId>org.mybatis</groupId>
    <artifactId>mybatis</artifactId>
    <version>3.5.2</version>
</dependency>
<!--MyBatis 的分页插件-->
<dependency>
    <groupId>com.github.pagehelper</groupId>
```

```
    <artifactId>pagehelper</artifactId>
    <version>5.1.10</version>
</dependency>
<!--MyBatis 整合 Spring-->
<dependency>
    <groupId>org.mybatis</groupId>
    <artifactId>mybatis-spring</artifactId>
    <version>2.0.1</version>
</dependency>
<!--MySQL 数据库驱动-->
<dependency>
    <groupId>mysql</groupId>
    <artifactId>mysql-connector-java</artifactId>
    <version>8.0.16</version>
</dependency>
<!--Druid 数据源-->
<dependency>
    <groupId>com.alibaba</groupId>
    <artifactId>druid</artifactId>
    <version>1.1.20</version>
</dependency>
<!--servlet-api ：引入 Servlet 的功能-->
<dependency>
    <groupId>javax.servlet</groupId>
    <artifactId>javax.servlet-api</artifactId>
    <version>3.1.0</version>
    <scope>provided</scope>
</dependency>
<!--jsp-api: JSP 页面的功能包 -->
<dependency>
    <groupId>javax.servlet.jsp</groupId>
    <artifactId>jsp-api</artifactId>
    <version>2.2</version>
    <scope>provided</scope>
</dependency>
<!-- JSTL 标签库 -->
<dependency>
    <groupId>jstl</groupId>
    <artifactId>jstl</artifactId>
    <version>1.2</version>
</dependency>
<dependency>
    <groupId>taglibs</groupId>
    <artifactId>standard</artifactId>
    <version>1.1.2</version>
</dependency>
<!--Jackson-->
<dependency>
    <groupId>com.fasterxml.jackson.core</groupId>
    <artifactId>jackson-core</artifactId>
    <version>2.9.2</version>
</dependency>
<dependency>
    <groupId>com.fasterxml.jackson.core</groupId>
    <artifactId>jackson-databind</artifactId>
    <version>2.9.2</version>
</dependency>
<dependency>
    <groupId>com.fasterxml.jackson.core</groupId>
    <artifactId>jackson-annotations</artifactId>
    <version>2.9.0</version>
</dependency>
```

15.3.2　准备数据库资源

通过 MySQL 5.7 Command Line Client 登录数据库后，创建一个名称为 cloudlibrary 的数据库。通过 SQL 命令将本书资源中提供的 cloudlibrary.sql 文件导入 cloudlibrary 数据库中，即可导入云借阅图书管理系统所使用的全部数据。创建数据库并导入数据的具体 SQL 命令如下。

（1）创建数据库，具体命令如下：

```
CREATE DATABASE cloudlibrary;
```

（2）选择所创建的数据库，具体命令如下：

```
USE cloudlibrary;
```

（3）导入数据库文件，这里假设该文件在 F 盘的根目录下，导入命令如下：

```
source F:\cloudlibrary.sql;
```

除了使用命令导入数据库文件外，还可以通过其他数据库管理工具导入数据库文件，如 Navicat Premium 和 SQLyog 等。

15.3.3　准备项目环境

下面根据 14.2.1 节中的思路整合 SSM 框架，并在 SSM 整合之后引入已经提供好的页面资源，具体如下所示。

1. 创建项目，引入依赖

在 IntelliJ IDEA 中创建一个名称为 cloudlibrary 的 Maven Web 项目，将系统所需要的依赖配置到项目的 pom.xml 文件中。

2. 编写配置文件和配置类

（1）在项目的 src/main/resources 目录下创建数据库连接信息的配置文件 jdbc.properties，jdbc.properties 配置文件配置的内容除了连接的数据库需要换成 cloudlibrary 外，其他内容都与 14.1.3 节一样，这里不再重复演示。

（2）本项目使用纯注解的方式整合 SSM 框架，使用配置类替代框架的相关配置文件。在项目的 src/main/java 目录下创建一个名称为 com.itheima.config 的包，并在该包下分别创建并配置以下 6 个配置类。

- ServletContainersInitConfig：用于初始化 Servlet 容器的配置类。
- JdbcConfig：用于读取数据库连接信息的配置类。
- MyBatisConfig：MyBatis 相关的配置类。
- SpringConfig：Spring 相关的配置类。
- SpringMvcConfig：Spring MVC 相关的配置类。
- EncodingFilter：编码拦截器。

其中，ServletContainersInitConfig 和 JdbcConfig 中配置的内容与 14.2.2 节相同，这里不再重复讲解。其他配置类的代码分别如文件 15-1～文件 15-4 所示。

文件 15-1　MyBatisConfig.java

```
1   public class MyBatisConfig {
2       //配置分页插件
3       @Bean
4       public PageInterceptor getPageInterceptor() {
5           PageInterceptor pageIntercptor = new PageInterceptor();
6           Properties properties = new Properties();
7           properties.setProperty("value", "true");
8           pageIntercptor.setProperties(properties);
9           return pageIntercptor;
10      }
11      /*
12      定义MyBatis的核心连接工厂bean,
13      等同于<bean class="org.mybatis.spring.SqlSessionFactoryBean">
```

```
14          参数使用自动装配的形式加载 dataSource,
15          为 set 注入提供数据源, dataSource 来源于 JdbcConfig 中的配置
16          */
17          @Bean
18          public SqlSessionFactoryBean getSqlSessionFactoryBean(
19                  @Autowired DataSource dataSource,
20                  @Autowired PageInterceptor pageIntercptor){
21              SqlSessionFactoryBean ssfb = new SqlSessionFactoryBean();
22              //等同于<property name="dataSource" ref="dataSource"/>
23              ssfb.setDataSource(dataSource);
24              Interceptor[] plugins={pageIntercptor};
25              ssfb.setPlugins(plugins);
26              return ssfb;
27          }
28          /*
29          定义 MyBatis 的映射扫描,
30          等同于<bean class="org.mybatis.spring.mapper.MapperScannerConfigurer">
31          */
32          @Bean
33          public MapperScannerConfigurer getMapperScannerConfigurer(){
34              MapperScannerConfigurer msc = new MapperScannerConfigurer();
35              //等同于<property name="basePackage" value="com.itheima.dao"/>
36              msc.setBasePackage("com.itheima.mapper");
37              return msc;
38          }
39      }
```

上述代码的 MyBatisConfig 配置类中配置了 MyBatis 的相关信息，与 14.2.2 节中 SSM 纯注解整合时 MyBatis 的配置类代码不同的是，上述代码中增加了分页插件的配置。其中，第 17～27 行代码创建并返回分页插件对象，交由 Spring 管理；第 25 行代码将分页插件设置到 SqlSessionFactoryBean 中，后续 MyBatis 中可使用分页插件进行更便捷的分页操作。文件 15-1 其他的配置与文件 14-13 类似，这里不再赘述。

文件 15-2　SpringConfig.java

```
1   @Configuration
2   /*
3   将 MyBatisConfig 类和 JdbcConfig 类交给 Spring 管理
4    */
5   @Import({MyBatisConfig.class,JdbcConfig.class})
6   /*
7   等同于<context:component-scan base-package="com.itheima.service">
8    */
9   @ComponentScan( "com.itheima.service")
10  /*开启事务管理
11  等同于<tx:annotation-driven transaction-manager="transactionManager"/>
12   */
13  @EnableTransactionManagement
14  public class SpringConfig {
15      /*
16      等同于<bean class=
17       "org.springframework.jdbc.datasource.DataSourceTransactionManager">
18       */
19      @Bean("transactionManager")
20      public DataSourceTransactionManager getDataSourceTxManager
21              (@Autowired DataSource dataSource){
22      DataSourceTransactionManager dtm = new DataSourceTransactionManager();
23          //等同于<property name="dataSource" ref="dataSource"/>
24          dtm.setDataSource(dataSource);
25          return dtm;
26      }
27  }
```

上述代码 SpringConfig 配置类中配置了 Spring 的相关信息，并导入 MyBatis 配置类和 JdbcConfig 配置类，与 14.2.2 节中 SSM 纯注解整合时的配置类代码不同的是，上述代码中增加了事务管理的配置，其中第 13 行代码中的@EnableTransactionManagement 注解用于开启 Spring 的事务支持，在文件 15-2 被加载时，第 19～26

行代码将事务管理器注册到 Spring 容器中，交由 Spring 管理。

文件 15-3 SpringMvcConfig.java

```
1  @Configuration
2  //等同于<context:component-scan base-package="com.itheima.controller"/>
3  @ComponentScan({"com.itheima.controller"})
4  @EnableWebMvc
5  public class SpringMvcConfig  implements WebMvcConfigurer {
6     /*
7      *开启对静态资源的访问
8      * 类似在 Spring MVC 的配置文件中设置<mvc:default-servlet-handler/>元素
9      */
10    @Override
11    public void configureDefaultServletHandling(
12            DefaultServletHandlerConfigurer configurer) {
13       configurer.enable();
14    }
15    @Override
16    public void configureViewResolvers(ViewResolverRegistry registry) {
17       registry.jsp("/admin/",".jsp");
18    }
19 }
```

上述代码 SpringMvcConfig 配置类中配置了 Spring MVC 的相关信息，其中，SpringMvcConfig.java 类实现了 WebMvcConfigurer 接口，这样可以在类中定制 Spring MVC 的配置，如添加自定义拦截器、静态资源访问和视图解析器等配置。第 11～14 行代码配置了容器默认的 DefaultServletHandling，会放行与 RequestMapping 路径无关的所有静态内容；第 16～18 行代码配置了视图解析器，其中前缀设置为 “/admin/”，后缀设置为 “.jsp”。

文件 15-4 EncodingFilter.java

```
1  @WebFilter(filterName = "encodingFilter",urlPatterns = "/*")
2  public class EncodingFilter  implements Filter {
3     @Override
4     public void init(FilterConfig filterConfig) {}
5     @Override
6     public void doFilter(ServletRequest servletRequest,
7             ServletResponse servletResponse, FilterChain filterChain)
8             throws IOException, ServletException {
9        servletRequest.setCharacterEncoding("UTF-8");
10       servletResponse.setCharacterEncoding("UTF-8");
11       filterChain.doFilter(servletRequest,servletResponse);
12    }
13    @Override
14    public void destroy() {}
15 }
```

上述代码配置了一个编码过滤器，将请求和响应的内容都以 UTF-8 进行编码，以防止出现中文乱码。其中，第 1 行代码配置的@WebFilter 注解会在容器启动时将 EncodingFilter.java 过滤器加载到程序中。

3. 引入页面资源

将项目运行所需要的 CSS 文件、图片、JavaScript 文件和 JSP 文件按照图 15-3 所示的结构引入到项目中。其中，系统默认首页 index.jsp 实现了一个转发功能，在访问时会转发到登录页面，其实现代码如下：

```
<%@ page language="java" contentType="text/html; charset=UTF-8"
   pageEncoding="UTF-8"%>
<!-- 访问时自动转发到登录页面 -->
<jsp:forward page="/admin/login.jsp"/>
```

至此，开发系统前的环境准备工作就已经完成了。将项目发布到 Tomcat 服务器中，启动项目 cloudlibrary，并在浏览器中访问项目首页，访问地址为 http://localhost:8080/cloudlibrary/index.jsp，访问效果如图 15-4 所示。

图15-4 访问项目首页效果

从图 15-4 可以得出，访问系统首页时，页面转发到了系统登录页面。

15.4 用户登录模块

15.4.1 用户登录

用户登录模块中用户登录的流程如图 15-5 所示。

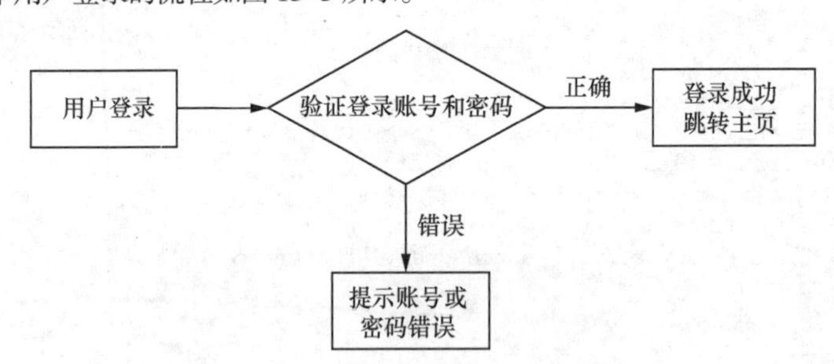

图15-5 用户登录的流程

从图 15-5 可以看出，用户登录过程中首先要验证用户名和密码是否正确，如果正确，可以成功登录系统，系统会自动跳转到主页；如果错误，则在登录页面给出错误提示信息。

下面按照图 15-5 所示的流程，实现用户登录功能，具体步骤如下。

1. 创建持久化类

在项目的 src/main/java 目录下，创建一个 com.itheima.domain 包，在包中创建用户持久化类 User，并在 User 类中定义用户相关属性和相应的 getter/setter 方法，具体代码如文件 15-5 所示。

文件 15-5 User.java

```
1  package com.itheima.domain;
2  import java.io.Serializable;
3  public class User implements Serializable {
4      private Integer id;        //用户 id
5      private String name;       //用户名称
6      private String password;   //用户密码
7      private String email;      //用户邮箱（用户账号）
```

```
8       private String role;        //用户角色
9       private String status;      //用户状态
10      …getter/setter 方法
11  }
```

2. 实现 DAO

创建 DAO 层用户接口。在 java 文件夹下创建一个 com.itheima.dao 包，在包中创建一个用户接口 UserMapper，并在接口中定义 login()方法，login()方法通过用户账号和用户密码查询用户信息。UserMapper 接口具体代码如文件 15-6 所示。

文件 15-6　UserMapper.java

```
1   package com.itheima.mapper;
2   import com.itheima.domain.User;
3   import org.apache.ibatis.annotations.Result;
4   import org.apache.ibatis.annotations.Results;
5   import org.apache.ibatis.annotations.Select;
6   public interface UserMapper{
7      @Select("select * from user where user_email=#{email} AND "+
8              "user_password=#{password} AND user_status!='1'")
9      @Results(id = "userMap",value = {
10             //id 字段默认为 false，表示不是主键
11             //column 表示数据库表字段，property 表示持久化类属性名称
12             @Result(id = true,column = "user_id",property = "id"),
13             @Result(column = "user_name",property = "name"),
14             @Result(column = "user_password",property = "password"),
15             @Result(column = "user_email",property = "email"),
16             @Result(column = "user_role",property = "role"),
17             @Result(column = "user_status",property = "status")
18     })
19     User login(User user);
20  }
```

云借阅图书管理系统所有 Mapper 接口的查询方法都基于@Select 注解完成，其他方法都使用 Mapper 的映射文件完成。从文件 15-6 可以看出，第 7 行和第 8 行代码通过@Select 注解的方式查询用户信息。由于 User 持久化类中的属性名称与 user 数据库表中的字段名称不一致，无法直接将查询的结果封装到持久化类中，所以，第 9～18 行代码使用@Results 注解将查询结果集映射到 User 持久化类中的属性，从而完成查询结果的封装。

3. 实现 Service

（1）创建 Service 层用户接口。在 java 目录下创建一个 com.itheima.service 包，在包中创建 UserService 接口，并在该接口中定义 login()方法，login()方法通过用户账号和用户密码查询用户信息。UserService 接口具体代码如文件 15-7 所示。

文件 15-7　UserService.java

```
1   package com.itheima.service;
2   import com.itheima.domain.User;
3   /**
4    *用户接口
5    */
6   public interface UserService{
7      //通过 User 的用户账号和用户密码查询用户信息
8      User login(User user);
9   }
```

（2）创建 Service 层用户接口的实现类。在 java 目录下创建一个 com.itheima.service.impl 包，并在包中创建 UserService 接口的实现类 UserServiceImpl，在类中重写接口的 login()方法。UserServiceImpl 实现类具体代码如文件 15-8 所示。

文件 15-8　UserServiceImpl.java

```
1   package com.itheima.service.impl;
2   import com.itheima.domain.User;
3   import com.itheima.mapper.UserMapper;
```

```
4   import com.itheima.service.UserService;
5   import org.springframework.beans.factory.annotation.Autowired;
6   import org.springframework.stereotype.Service;
7   /**
8    *用户接口实现类
9    */
10  @Service
11  public class UserServiceImpl  implements UserService {
12      //注入 UserMapper 对象
13      @Autowired
14      private UserMapper userMapper;
15      //通过 User 的用户账号和用户密码查询用户信息
16      @Override
17      public User login(User user) {
18          return userMapper.login(user);
19      }
20  }
```

在文件 15-8 中，第 18 行代码将用户登录信息作为 login()方法的参数，通过 UserMapper 对象调用 login()方法执行用户登录操作，并将登录的结果返回。

4. 实现 Controller

在 java 目录下创建一个 com.itheima.controller 包，在包中创建用户控制器类 UserController，类中定义了用户登录的方法 login()。UserController 控制器类的代码如文件 15-9 所示。

文件 15-9 UserController.java

```
1   package com.itheima.controller;
2   import com.itheima.domain.User;
3   import com.itheima.service.UserService;
4   import org.springframework.beans.factory.annotation.Autowired;
5   import org.springframework.stereotype.Controller;
6   import org.springframework.web.bind.annotation.RequestMapping;
7   import javax.servlet.http.HttpServletRequest;
8   import javax.servlet.http.HttpSession;
9   /**
10   * 用户登录和注销 Controller
11   */
12  @Controller
13  public class UserController {
14      //注入 UserService 对象
15      @Autowired
16      private UserService userService;
17      /*
18     用户登录
19      */
20      @RequestMapping("/login")
21      public String login(User user, HttpServletRequest request){
22          try {
23              User u=userService.login(user);
24              /*
25              用户账号和密码是否查询出用户信息
26                  是：将用户信息存入 Session，并跳转到后台首页
27                  否：Request 域中添加提示信息，并转发到登录页面
28               */
29              if(u!=null){
30                  request.getSession().setAttribute("USER_SESSION",u);
31                   return "redirect:/admin/main.jsp";
32              }
33              request.setAttribute("msg","用户名或密码错误");
34              return  "forward:/admin/login.jsp";
35          }catch(Exception e){
36              e.printStackTrace();
37              request.setAttribute("msg","系统错误");
38              return  "forward:/admin/login.jsp";
39          }
```

```
40      }
41  }
```

在上述代码中，第 15 行和第 16 行代码通过@Autowired 注解将 UserService 对象注入本类中。第 20～40 行代码创建了一个用于用户登录的 login()方法，在 login()方法中，页面传递过来的用户账号和用户密码封装在 User 对象 user 中。其中，第 23 行代码表示 UserService 对象调用 login()方法查询用户信息时，将 user 作为方法的实参；第 29～32 行代码表示如果查询到用户信息，就将用户信息存入 Session，并跳转到后台首页；如果没查询到用户信息，第 33 行和第 34 行代码在 Request 域中添加提示信息，并转发到登录页面；如果查询出现异常，第 36～38 行代码将提示信息放在 Request 域中，并转发到登录页面。

5. 实现登录页面功能

在 15.3.3 节中引入页面资源时，已经把登录页面 login.jsp 导入项目中，登录页面主要包含一个登录表单，其页面实现代码如文件 15-10 所示。

文件 15-10 login.jsp

```
1  <%@ page language="java" contentType="text/html;
2           charset=UTF-8" pageEncoding="UTF-8" %>
3  <html>
4  <head>
5     <meta charset="UTF-8">
6     <title>云借阅-图书管理系统</title>
7     <link rel="stylesheet" type="text/css"
8         href="${pageContext.request.contextPath}/css/webbase.css"/>
9     <link rel="stylesheet" type="text/css"
10  href="${pageContext.request.contextPath}/css/pages-login-manage.css"/>
11    <script type="text/javascript"
12     src="${pageContext.request.contextPath}/js/jquery.min.js"></script>
13 </head>
14 <body>
15 <div class="loginmanage">
16    <div class="py-container">
17        <h4 class="manage-title">云借阅-图书管理系统</h4>
18        <div class="loginform">
19            <ul class="sui-nav nav-tabs tab-wraped">
20                <li class="active">
21                    <h3>账户登录</h3>
22                </li>
23            </ul>
24            <div class="tab-content tab-wraped">
25                <%--登录提示信息--%>
26                <span style="color: red">${msg}</span>
27                <div id="profile" class="tab-pane  active">
28                    <form id="loginform" class="sui-form"
29       action="${pageContext.request.contextPath}/login"  method="post">
30                        <div class="input-prepend">
31                            <span class="add-on loginname">用户名</span>
32                            <input type="text" placeholder="企业邮箱"
33                                  class="span2 input-xfat" name="email">
34                        </div>
35                        <div class="input-prepend">
36                            <span class="add-on loginpwd">密码</span>
37                            <input type="password" placeholder="请输入密码"
38                                  class="span2 input-xfat" name="password">
39                        </div>
40                        <div class="logined">
41                            <a class="sui-btn btn-block btn-xlarge btn-danger"
42                             href='javascript:document:loginform.submit();'
43                             target="_self">登  录</a>
44                        </div>
45                    </form>
46                </div>
47            </div>
48        </div>
```

```
49        </div>
50    </div>
51    </body>
52    <script type="text/javascript">
53        /**
54         * 登录超时 展示区跳出 iframe
55         */
56        var _topWin = window;
57        while (_topWin != _topWin.parent.window) {
58            _topWin = _topWin.parent.window;
59        }
60        if (window != _topWin)
61            _topWin.document.location.href =
62                    '${pageContext.request.contextPath}/index.jsp';
63    </script>
64    </html>
```

在上述登录页面的代码中，第 24～46 行的核心代码是用户登录操作的 form 表单。其中，第 28 行和第 29 行代码编写了表单的用户账号输入框；第 37 行和第 38 行代码编写了表单的用户密码输入框；第 41～43 行代码编写了 1 个超链接按钮，在页面中单击该超链接按钮时会将表单中的数据提交到映射路径为“/login”的处理器中。第 52～63 行代码用于控制 iframe 内容展示的区域，用户成功登录后台后，当 Session 过期时，将重新跳转到用户登录页面，且展示在 iframe 的顶层。

6. 启动项目，测试登录

在执行登录操作之前，先查看一下数据库中 user 表中的数据，如图 15-6 所示。

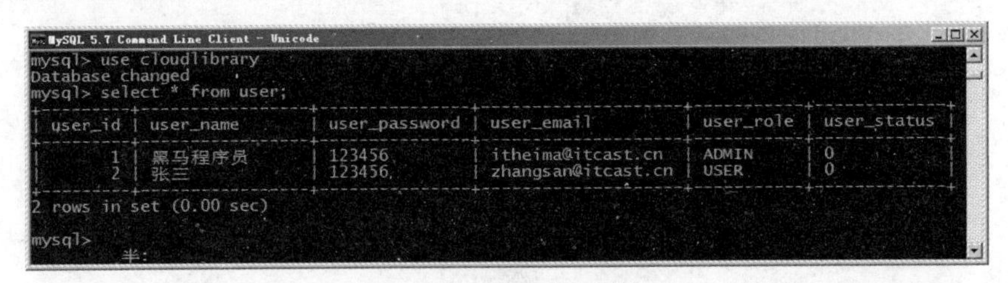

图15-6　user表中的数据

从图 15-6 可以看出，表 user 中包含 2 条用户信息，一条是用户账号为“itheima@itcast.cn”的管理员用户信息，另一条是用户账号为“zhangsan@itcast.cn”的普通用户信息。

将项目部署到 Tomcat 服务器并启动项目，访问登录页面，登录页面如图 15-4 所示。在登录页面中分别输入账号“itheima@itcast.cn”和密码“123456”，单击“登录”按钮登录系统，登录成功后系统后台首页如图 15-7 所示。

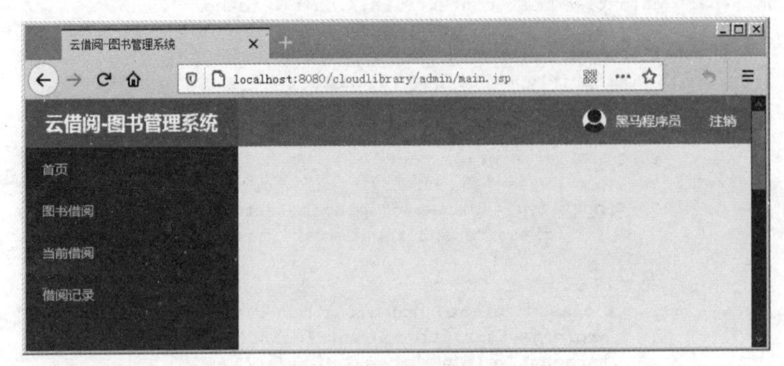

图15-7　登录后系统后台首页

从图 15-7 可以看出，管理员用户 itheima@itcast.cn 已经成功进入系统后台首页，这说明用户登录成功。此时，图 15-7 右上角显示当前登录用户的名称。由于项目中尚未实现图书查询功能，所以右侧数据展示区域没有任何数据。

15.4.2　实现登录验证

虽然现在已经实现了用户登录功能，但是此功能还不完善。假设控制器类中也存在其他访问系统首页的方法，那么用户完全可以绕过登录步骤，而直接通过访问该方法进入系统后台首页。

为了验证上述假设，在 UserController 控制器类中新增一个方法 toMainPage()，用于跳转到系统后台首页，其代码如下：

```
/**
 * 跳转到系统后台首页的方法
 */
@RequestMapping("/toMainPage")
public String  toMainPage(){
    return "main";
}
```

上述代码中，toMainPage()方法只用于页面跳转。toMainPage()方法会处理 URL 为 toMainPage 的请求，并跳转到名称为 main 的页面。

此时，不进行用户登录，直接在浏览器访问跳转到系统后台首页的地址 http://localhost:8080/cloudlibrary/toMainPage，页面跳转结果如图 15-8 所示。

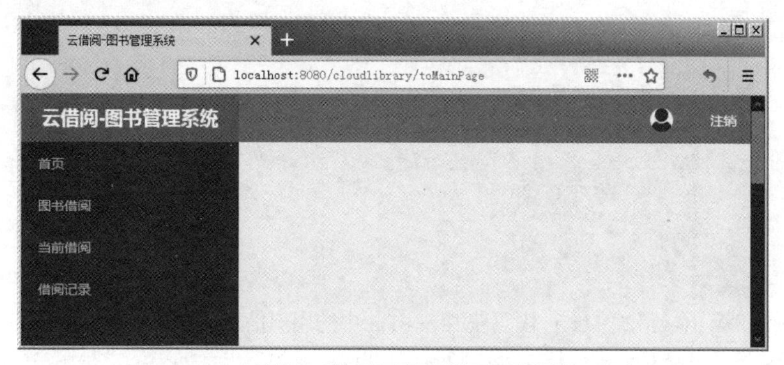

图15-8　直接访问系统后台首页时的页面跳转结果（1）

从图 15-8 可以看出，未登录也能直接访问到系统后台首页。显然，让未登录的用户直接访问到系统的后台页面是十分不安全的。为了避免此种情况的发生，提升系统的安全性，可以创建一个拦截器来拦截所有请求。当用户处于登录状态时，直接放行该用户的请求；如果用户没有登录，但是访问的是登录相关的请求，也放行；否则将请求转发到登录页面，并提示用户登录。拦截器的执行流程如图 15-9 所示。

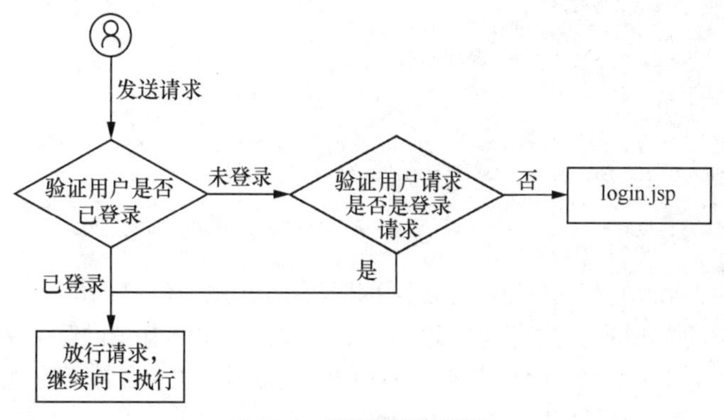

图15-9　拦截器的执行流程

用户登录验证的具体实现如下。

1. 创建登录拦截器类

在项目的 src/main/java 目录下，创建一个 com.itheima.interceptor 包，并在包中创建登录拦截器类 ResourcesInterceptor，用于对用户访问进行拦截控制。ResourcesInterceptor 拦截器类具体实现代码如文件 15-11 所示。

文件 15-11 ResourcesInterceptor .java

```
1   package com.itheima.interceptor;
2   import com.itheima.domain.User;
3   import
4      org.springframework.web.servlet.handler.HandlerInterceptorAdapter;
5   import javax.servlet.http.HttpServletRequest;
6   import javax.servlet.http.HttpServletResponse;
7   public class ResourcesInterceptor extends HandlerInterceptorAdapter {
8      public boolean preHandle(HttpServletRequest request,
9         HttpServletResponse response, Object handler) throws Exception {
10        User user =
11            (User)request.getSession().getAttribute("USER_SESSION");
12        //获取请求的路径
13        String uri = request.getRequestURI();
14        //如果用户是已登录状态，放行
15        if (user != null) {
16           return  true;
17        }
18        //用户登录的相关请求，放行
19        if (uri.indexOf("login") >= 0) {
20           return true;
21        }
22        //其他情况都直接跳转到登录页面
23        request.setAttribute("msg", "您还没有登录，请先登录！");
24        request.getRequestDispatcher("/admin/login.jsp").forward(
25              request, response);
26        return false;
27     }
28  }
```

在上述代码中，第 10 行和第 11 行代码获取 Session 中的用户信息，如果获取到的用户不为空，说明用户已经处于登录状态，直接对请求放行；第 13 行代码获取用户的请求，如果请求是用户登录的相关请求，则直接放行，否则将请求转发到登录页面并提示用户登录。

2. 配置拦截器

在 SpringMvcConfig 配置类中重写 addInterceptors()方法，将自定义的资源拦截器添加到拦截器注册类中。重写的 addInterceptors()方法具体代码如下：

```
1   /**
2    * 在拦截器注册类中添加自定义拦截器
3    * addPathPatterns()方法设置拦截的路径
4    * excludePathPatterns()方法设置不拦截的路径
5   */
6   @Override
7   public void addInterceptors(InterceptorRegistry registry) {
8      registry.addInterceptor( new ResourcesInterceptor())
9              .addPathPatterns("/**")
10             .excludePathPatterns("/css/**","/js/**","/img/**");
11  }
```

在上述配置代码中，第 9 行代码设置了拦截器拦截所有的请求路径；第 10 行代码设置了拦截器忽略对 css、js 和 img 文件夹下的资源的访问请求。至此，登录拦截器的实现工作就已经完成。

启动 cloudlibrary 项目，不进行用户登录，直接访问跳转到系统后台首页的地址 http://localhost:8080/cloudlibrary/toMainPage，页面跳转结果如图 15-10 所示。

图15-10　直接访问系统后台首页时的页面跳转结果（2）

从图 15-10 可以看出，未登录的用户直接执行访问控制器方法后，并没有成功跳转到系统后台首页，而是跳转到了系统登录页面，同时在登录页面中也给出了用户未登录的提示信息。这表明用户登录验证功能已成功实现。

15.4.3　注销登录

用户登录模块中还包含注销登录功能。成功登录后的用户会跳转到系统后台首页，并且在页面右上角会显示当前登录的用户名称，如图 15-7 所示。

从图 15-7 可以看出，页面的右上角显示了当前登录的用户名称“黑马程序员”，并且用户名称右侧还有“注销”文字。下面实现用户登录模块的注销登录功能，具体实现如下。

在 main.jsp 文件中，展示图 15-7 中用户名称和“注销”文字的代码具体如下：

```
<ul class="nav navbar-nav">
   <li class="dropdown user user-menu">
      <a>
         <img src="${pageContext.request.contextPath}/img/user.jpg"
              class="user-image"  alt="User Image">
         <span class="hidden-xs">${USER_SESSION.name}</span>
      </a>
   </li>
   <li class="dropdown user user-menu">
      <a href="${pageContext.request.contextPath}/logout">
         <span class="hidden-xs">注销</span>
      </a>
   </li>
</ul>
```

从上述代码中可以看出，图 15-7 右上角展示的登录的用户名称是通过 EL 表达式从 Session 中获取的，而单击“注销”链接时，会提交一个以“/logout”结尾的请求。

下面在 UserController 控制器类中新增一个注销登录的方法 logout()，在该方法中首先清除 Session 中的用户信息，然后跳转到登录页面。logout()方法的具体代码如下：

```
1   /*
2   注销登录
3    */
4   @RequestMapping("/logout")
5   public String logout( HttpServletRequest request){
6      try {
7         HttpSession session = request.getSession();
8         //销毁 Session
9         session.invalidate();
```

```
10          return  "forward:/admin/login.jsp";
11      }catch(Exception e){
12          e.printStackTrace();
13          request.setAttribute("msg","系统错误");
14          return  "forward:/admin/login.jsp";
15      }
16  }
```

在上述代码中，logout()方法用于注销用户登录。logout()方法会处理 URL 为 logout 的请求，第 9 行代码销毁 Session，Session 被销毁后用户的登录状态就被清除了；第 10 行代码用于跳转到系统的登录页面。

至此，注销登录的功能就实现了。重启项目并登录系统后，单击图 15-7 中的“注销”文字链接，跳转到的页面如图 15-11 所示。

图15-11　注销登录后跳转到的页面

从图 15-11 可以看出，用户黑马程序员的登录状态已经被注销，并跳转到了登录页面。

15.5　图书管理模块

图书管理模块是云借阅图书管理系统的核心模块，该模块中包含了新书推荐、图书借阅、当前借阅和借阅记录 4 个子模块。下面将对这 4 个子模块的实现分别进行讲解。

15.5.1　新书推荐

在实际应用中，无论是企业级项目，还是互联网项目，使用最多的一定是查询操作。无论是展示数据，还是修改、删除数据，都需要先查询并展示出数据库中的数据。

云借阅图书管理系统的新书推荐模块主要包含查询图书和借阅图书 2 个功能，其中查询图书功能是根据图书的上架时间将图书相关信息展示在页面，本系统中固定推荐最新上架的 5 本图书；借阅图书功能是在用户发起借阅请求时，修改该图书的借阅状态、借阅人、借阅时间和预计归还的时间。下面分别实现这 2 个功能。

1. 查询图书

查询图书功能的具体实现步骤如下所示。

（1）创建持久化类

在 com.itheima.domain 包中，创建图书持久化类 Book，在 Book 类中声明与图书数据表对应的属性并定义各个属性的 getter/setter 方法，具体代码如下：

```
package com.itheima.domain;
import java.io.Serializable;
public class Book implements Serializable {
    private Integer id;           //图书编号
```

```
    private String name;           //图书名称
    private String isbn;           //图书标准 ISBN
    private String press;          //图书出版社
    private String author;         //图书作者
    private Integer pagination    ;//图书页数
    private Double price;          //图书价格
    private String uploadTime;     //图书上架时间
    private String status;         //图书状态
    private String borrower;       //图书借阅人
    private String borrowTime;     //图书借阅时间
    private String returnTime;     //图书预计归还时间
    ...getter/setter 方法
}
```

（2）实现 DAO 层

在 com.itheima.dao 包中，创建一个 BookMapper 接口，并在接口中定义方法 selectNewBooks()，selectNewBooks()方法根据上架时间查询图书信息。BookMapper 接口的代码如文件 15-12 所示。

文件 15-12 BookMapper.java

```
1   package com.itheima.mapper;
2   import com.github.pagehelper.Page;
3   import com.itheima.domain.Book;
4   import org.apache.ibatis.annotations.*;
5   /**
6    * 图书接口
7    */
8   public interface BookMapper {
9       @Select("SELECT * FROM book where book_status !='3' order by book_uploadtime DESC")
10      @Results(id = "bookMap",value = {
11              //id 字段默认为 false，表示不是主键
12              //column 表示数据库表字段，property 表示实体类属性名
13              @Result(id = true,column = "book_id",property = "id"),
14              @Result(column = "book_name",property = "name"),
15              @Result(column = "book_isbn",property = "isbn"),
16              @Result(column = "book_press",property = "press"),
17              @Result(column = "book_author",property = "author"),
18              @Result(column = "book_pagination",property = "pagination"),
19              @Result(column = "book_price",property = "price"),
20              @Result(column = "book_uploadtime",property = "uploadTime"),
21              @Result(column = "book_status",property = "status"),
22              @Result(column = "book_borrower",property = "borrower"),
23              @Result(column = "book_borrowtime",property = "borrowTime"),
24              @Result(column = "book_returntime",property = "returnTime")
25      })
26      Page<Book> selectNewBooks();
27  }
```

在上述代码中，第 9 行代码通过@Select 注解的方式，按上架时间倒序查询出未下架的图书信息；由于 Book 持久化类中的属性名称与 book 数据库表中的字段不一致，无法将查询结果直接封装到持久化类中，所以，第 10~25 行代码使用@Results 注解将查询结果和持久化类的属性进行映射；第 26 行代码中 selectNewBooks()方法的返回值类型 Page 是 PageHelper 分页插件中提供的，分页插件之前已经在 15.3.3 节的 MyBatis 配置类中完成了配置。Page 继承了 ArrayList，不仅可以作为集合存放返回的对象，而且 Page 对象中还封装了页码和总页数等分页相关的内容，使用 PageHelper 进行分页查询时，使用 Page 对象封装查询的结果集非常方便。

（3）实现 Service 层

在项目的 src/main/java 目录下创建一个 com.itheima.entity 包，在包中创建分页结果实体类 PageResult，用于将查询的结果展示在页面。PageResult 类具体代码如下：

```
package entity;
import java.io.Serializable;
import java.util.List;
/**
 * 分页结果的实体类
```

```
 */
public class PageResult implements Serializable{
    private long total;      // 总数
    private List rows;       // 返回的数据集合
    public PageResult(long total, List rows) {
         super();
         this.total = total;
         this.rows = rows;
    }
    … getter/setter 方法
}
```

在 com.itheima.service 包中创建 Service 层的图书接口 BookService，在接口中定义查询最新上架图书的方法。BookService 接口具体代码如文件 15-13 所示。

文件 15-13 BookService.java

```
1  package com.itheima.service;
2  import entity.PageResult;
3  /**
4   * 图书接口
5   */
6  public interface BookService {
7      //查询最新上架的图书
8      PageResult selectNewBooks(Integer pageNum, Integer pageSize);
9  }
```

在 com.itheima.service.impl 包中创建 Service 层的图书接口的实现类 BookServiceImpl，重写接口中的 selectNewBooks()方法。BookServiceImpl 类的代码如文件 15-14 所示。

文件 15-14 BookServiceImpl.java

```
1  package com.itheima.service.impl;
2  import com.github.pagehelper.Page;
3  import com.github.pagehelper.PageHelper;
4  import com.itheima.domain.Book;
5  import com.itheima.mapper.BookMapper;
6  import com.itheima.service.BookService;
7  import entity.PageResult;
8  import org.springframework.beans.factory.annotation.Autowired;
9  import org.springframework.stereotype.Service;
10 import org.springframework.transaction.annotation.Transactional;
11 @Service
12 @Transactional
13 public class BookServiceImpl implements BookService {
14    //注入 BookMapper 对象
15     @Autowired
16     private BookMapper bookMapper;
17
18     /**
19      * 根据当前页码和每页需要展示的数据条数，查询最新上架的图书信息
20      * @param pageNum 当前页码
21      * @param pageSize 每页显示数量
22      */
23     @Override
24     public PageResult selectNewBooks(Integer pageNum, Integer pageSize) {
25         // 设置分页查询的参数，开始分页
26         PageHelper.startPage(pageNum, pageSize);
27         Page<Book> page=bookMapper.selectNewBooks();
28         return new PageResult(page.getTotal(),page.getResult());
29     }
30 }
```

在上述代码中，第 26 行代码开启分页查询，通过 PageHelper 类调用 startPage()方法，并设置好分页参数，后续的查询就会按这些参数进行分页查询；第 28 行代码将查询出的记录总数和数据集封装到 PageResult 对象中返回。

小提示：

在实际开发时，分页功能通常都会使用通用的工具类或分页组件来实现，而这些工具类和组件一般不需要开发人员自己编写，只需会用即可。所以对于本书中的分页工具类，读者只需直接引入并掌握如何使用即可，并不需要自己编写。

（4）实现 Controller

在 com.itheima.controller 包中创建图书控制器类 BookController，在 BookController 类中定义方法 selectNewbooks()，用于查询最新上架的图书，并将查询结果响应到新书推荐页面。BookController 类的代码如文件 15-15 所示。

文件 15-15 BookController.java

```
1  package com.itheima.controller;
2  import com.itheima.service.BookService;
3  import entity.PageResult;
4  import org.springframework.beans.factory.annotation.Autowired;
5  import org.springframework.stereotype.Controller;
6  import org.springframework.web.bind.annotation.RequestMapping;
7  import org.springframework.web.servlet.ModelAndView;
8  /*
9  图书信息 Controller
10  */
11 @Controller
12 @RequestMapping("/book")
13 public class BookController {
14     //注入 BookService 对象
15     @Autowired
16     private BookService bookService;
17     /**
18      * 查询最新上架的图书
19      */
20     @RequestMapping("/selectNewbooks")
21     public ModelAndView selectNewbooks() {
22         //查询最新上架的 5 个图书信息
23         int pageNum = 1;
24         int pageSize = 5;
25         PageResult pageResult =
26                     bookService.selectNewBooks(pageNum, pageSize);
27         ModelAndView modelAndView = new ModelAndView();
28         modelAndView.setViewName("books_new");
29         modelAndView.addObject("pageResult", pageResult);
30         return modelAndView;
31     }
32 }
```

在上述代码中，第 23 行和第 24 行代码设置了查询的参数；第 25 行和第 26 行代码将查询的参数作为 selectNewBooks()方法的实参，通过 BookService 对象调用 selectNewBooks()方法查询最新上架的图书；第 28 行代码设置了响应的页面；第 29 行代码将查询结果存放在响应中，books_new.jsp 页面中可以通过名称 pageResult 获取查询结果的数据。

（5）实现页面显示

在 books_new.jsp 中接收响应的数据，响应的数据是一个集合对象。遍历该集合对象，将遍历出来的内容展示在页面的数据表格中。books_new.jsp 页面中数据表格的代码如文件 15-16 所示。

文件 15-16 books_new.jsp

```
1  …
2  <!-- 数据表格 -->
3  <table id="dataList" class="table table-bordered table-striped
4  table-hover dataTable text-center">
5      <thead>
6      <tr>
7          <th class="sorting_asc">图书名称</th>
8          <th class="sorting">图书作者</th>
9          <th class="sorting">出版社</th>
```

```
10          <th class="sorting">标准 ISBN</th>
11          <th class="sorting">书籍状态</th>
12          <th class="sorting">借阅人</th>
13          <th class="sorting">借阅时间</th>
14          <th class="sorting">预计归还时间</th>
15          <th class="text-center">操作</th>
16      </tr>
17      </thead>
18      <tbody>
19      <c:forEach items="${pageResult.rows}" var="book">
20          <tr>
21              <td> ${book.name}</td>
22              <td>${book.author}</td>
23              <td>${book.press}</td>
24              <td>${book.isbn}</td>
25              <td>
26                  <c:if test="${book.status ==0}">可借阅</c:if>
27                  <c:if test="${book.status ==1}">借阅中</c:if>
28                  <c:if test="${book.status ==2}">归还中</c:if>
29              </td>
30              <td>${book.borrower }</td>
31              <td>${book.borrowTime}</td>
32              <td>${book.returnTime}</td>
33              <td class="text-center">
34                  <c:if test="${book.status ==0}">
35                      <button type="button" class="btn bg-olive  btn-xs"
36                       data-toggle="modal" data-target="#borrowModal"  > 借阅
37                      </button>
38                  </c:if>
39                  <c:if test="${book.status ==1 ||book.status ==2}">
40                      <button type="button" class="btn bg-olive
41                              btn-xs" disabled="true">借阅</button>
42                  </c:if>
43              </td>
44          </tr>
45      </c:forEach>
46      </tbody>
47  </table>
48  <!-- 数据表格 /-->
49  …
```

在上述数据表格代码中，第19～46行代码通过<c:forEach>元素将响应的数据循环显示在页面。其中，第25～29行代码根据图书的状态码在单元格中显示对应的状态内容；第33～43行代码根据图书的状态码设置单元格中“借阅”按钮的样式，如果是可借阅则将“借阅”按钮设置为可用状态，如果是已借阅或者归还中则将“借阅”按钮设置为禁用状态。

本系统设计时，后台首页的内容展示区默认展示新书推荐的内容，因此需要在后台首页的内容展示区引入新书推荐的路径。后台首页内容展示区域具体代码如文件15-17所示。

文件 15-17　main.jsp

```
1  …
2  <!-- 内容展示区域 -->
3  <div class="content-wrapper">
4      <iframe width="100%" id="iframe" name="iframe"
5              onload="SetIFrameHeight()" frameborder="0"
6          src="${pageContext.request.contextPath}/book/selectNewbooks">
7      </iframe>
8  </div>
9  …
```

在main.jsp加载时会向<iframe>元素中src对应的URL发送请求，并将请求的响应展示在该行内框架中。由于请求的URL是查询新书推荐，所以main.jsp加载完成后内容展示区显示的就是新书推荐的内容。

（6）测试新书推荐功能

启动cloudlibrary项目，使用账号itheima@itcast.cn登录图书管理系统，此时，后台首页显示效果如图15-12所示。

图15-12　后台首页显示效果

从图 15-12 可以看出，最新上架的 5 本图书的信息全部展示在页面。至此，新书推荐的功能已经完成。

2. 借阅图书

当用户登录成功后，单击图书列表中可借阅状态的“借阅”按钮，系统会弹出图书借阅的模态框，并发送根据图书 id 查询图书信息的异步请求。查询成功后，将查询到的图书信息回显到图书借阅的模态框中，在图书借阅的模态框中填写预计归还的日期并提交借阅请求，从而完成图书借阅。

借阅图书功能的具体实现步骤如下所示。

（1）实现 DAO 层

借阅图书功能包含根据 id 查询图书信息和借阅图书 2 个操作，其中借阅图书其实就是更新图书信息中借阅的相关字段。在 BookMapper 接口中新增 2 个方法 findById()和 editBook()，新增后的文件内容如文件 15-18 所示。

文件 15-18　BookMapper.java

```
1   ...
2   @Select("SELECT * FROM book where book_id=#{id}")
3   @ResultMap("bookMap")
4   //根据 id 查询图书信息
5   Book findById(String id);
6   //编辑图书信息
7   Integer editBook(Book book);
8   ...
```

在文件 15-18 中，第 2～5 行代码定义了根据 id 查询图书信息的方法，因为图书持久化类的属性和图书表的字段不一致，所以需要通过设置映射关系来完成结果集的封装。在之前 BookMapper 接口中的 selectNewBooks()方法上方，已经通过@Results 注解配置了图书持久化类的属性和图书表字段的映射。在 BookMapper 接口中，如果其他方法需要使用这种映射关系，只需要在方法上方添加@ResultsMap 注解，并在@ResultsMap 注解中添加@Results 注解的 id 即可。

在 src/main/resource 目录下创建层级为 com/itheima/mapper 的文件夹，在文件夹下中创建与 BookMapper 接口同名的映射文件 BookMapper.xml，在映射文件中使用<update>元素编写修改图书信息的语句。BookMapper.xml 映射文件的代码如文件 15-19 所示。

文件 15-19　BookMapper.xml

```
1   <?xml version="1.0" encoding="UTF-8"?>
2   <!DOCTYPE mapper PUBLIC "-//mybatis.org//DTD Mapper 3.0//EN"
3    "http://mybatis.org/dtd/mybatis-3-mapper.dtd">
4   <mapper namespace="com.itheima.mapper.BookMapper">
5   <!--修改图书信息-->
6       <update id="editBook" >
7           update book
8           <trim prefix="set" suffixOverrides=",">
9               <if test="name != null" >
10                  book_name = #{name},
11              </if>
```

```
12            <if test="isbn != null" >
13                book_isbn = #{isbn},
14            </if>
15            <if test="press != null" >
16                book_press = #{press},
17            </if>
18            <if test="author != null" >
19                book_author = #{author},
20            </if>
21            <if test="pagination != null" >
22                book_pagination = #{pagination},
23            </if>
24            <if test="price != null" >
25                book_price = #{price},
26            </if>
27            <if test="uploadTime != null" >
28                book_uploadtime = #{uploadTime},
29            </if>
30            <if test="status != null" >
31                book_status = #{status},
32            </if>
33            <if test="borrower!= null" >
34                book_borrower= #{borrower },
35            </if>
36            <if test="borrowTime != null" >
37                book_borrowtime = #{borrowTime},
38            </if>
39            <if test="returnTime != null" >
40                book_returntime = #{returnTime}
41            </if>
42        </trim>
43        where book_id = #{id}
44    </update>
45 </mapper>
```

（2）实现 Service 层

在文件 15-13 的 BookService 接口中新增 findById()方法，根据 id 查询图书信息；新增 borrowBook()方法，用于借阅图书。新增的代码如下：

```
//根据 id 查询图书信息
Book findById(String id);
//借阅图书
Integer borrowBook(Book book);
```

在 BookServiceImpl 类中重写 BookService 接口的 findById()方法和 borrowBook()方法，具体代码如文件 15-20 所示。

文件 15-20 BookServiceImpl.java

```
1  …
2  /**
3   * 根据 id 查询图书信息
4   * @param id 图书 id
5   */
6  public Book findById(String id) {
7      return bookMapper.findById(id);
8  }
9  /**
10  * 借阅图书
11  * @param book 申请借阅的图书
12  */
13 @Override
14 public Integer borrowBook(Book book) {
15     //根据 id 查询出需要借阅的完整图书信息
16     Book b = this.findById(book.getId()+"");
17     DateFormat dateFormat = new SimpleDateFormat("yyyy-MM-dd");
18     //设置当天为借阅时间
19     book.setBorrowTime(dateFormat.format(new Date()));
20     //设置所借阅的图书状态为借阅中
```

```
21      book.setStatus("1");
22      //将图书的价格设置在 book 对象中
23      book.setPrice(b.getPrice());
24      //将图书的上架设置在 book 对象中
25      book.setUploadTime(b.getUploadTime());
26      return bookMapper.editBook(book);
27  }
28  …
```

在上述代码中，第 6～8 行代码定义了方法 findById()，用于根据图书的 id 查询对应图书的信息；第 14～27 行代码定义了方法 borrowBook()，用于执行图书借阅操作。图书借阅需要将当前图书的信息进行更新，更新的信息包括借阅人、借阅状态、借阅时间。由于图书借阅时，页面传递到 Service 层的图书信息不完整，所以在更新图书信息前需要根据 id 将该图书的完整信息查询出来，再更新对应的图书信息。第 16 行代码根据 id 查询出图书的完整信息；第 17～25 行代码设置了需要更新的图书信息；第 26 行代码将更新后完整的图书信息作为 editBook()方法的参数，通过 BookMapper 对象调用 editBook()方法来执行图书借阅操作，并将借阅结果返回。

（3）实现 Controller

为了便于将页面操作结果和提示信息一起响应给页面，可以定义一个类，将页面操作结果和提示信息作为该类的属性，当 Controller 层需要向页面传递信息时，将内容封装在该类的对象中返回即可。

在 entity 包下创建一个结果信息类 Result，具体代码如下：

```
package entity;
import java.io.Serializable;
/**
 * 用于向页面传递信息的类
 */
public class Result<T> implements Serializable{
    private boolean success;      //标识是否成功操作
    private String message;       //需要传递的信息
    private T data;               //需要传递的数据
    public Result(boolean success, String message) {
         super();
         this.success=success;
         this.message = message;
    }
    public Result(boolean success, String message, T data) {
         this.success = success;
         this.message = message;
         this.data = data;
    }
    …getter/setter 方法
}
```

在 BookController 类中新增根据 id 查询图书的方法 findById()和借阅图书的方法 borrowBook()，新增的代码如文件 15-21 所示。

文件 15-21　BookController.java

```
1    …
2    /**
3     * 根据 id 查询图书信息
4     * @param id 查询的图书 id
5     */
6    @ResponseBody
7    @RequestMapping("/findById")
8    public Result<Book> findById(String id) {
9       try {
10         Book book=bookService.findById(id);
11         if(book==null){
12            return new Result(false,"查询图书失败！");
13         }
14         return new Result(true,"查询图书成功",book);
15      }catch (Exception e){
16         e.printStackTrace();
```

```
17            return new Result(false,"查询图书失败！");
18        }
19    }
20    /**
21     * 借阅图书
22     * @param book 借阅的图书
23     */
24    @ResponseBody
25    @RequestMapping("/borrowBook")
26    public Result borrowBook(Book book, HttpSession session) {
27        //获取当前登录的用户姓名
28        String pname =
29                ((User) session.getAttribute("USER_SESSION")).getName();
30        book.setBorrower(pname);
31        try {
32            //根据图书的 id 和用户进行图书借阅
33            Integer count = bookService.borrowBook(book);
34            if (count != 1) {
35                return new Result(false, "借阅图书失败!");
36            }
37            return new Result(true, "借阅成功，请到行政中心取书!");
38        } catch (Exception e) {
39            e.printStackTrace();
40            return new Result(false, "借阅图书失败!");
41        }
42    }
43    …
```

在上述代码中，第 6～19 行代码定义了根据 id 查询图书信息的方法，并将查询结果以 JSON 格式响应给页面；第 24～42 行代码定义了借阅图书的方法，其中，28～30 行代码将当前登录用户作为图书的借阅人，最后将查询结果以 JSON 格式响应给页面。

（4）实现页面显示

在 books_new.jsp 页面中数据表格第 35～37 行代码的“借阅”按钮中绑定鼠标单击事件，单击按钮时，将调用 my.js 文件中的 findBookById()方法，findBookById()方法中会发起异步请求，并将响应数据回显到 book_modal.jsp 页面的模态对话框中。books_new.jsp 页面中的“借阅”按钮新增的代码如下：

```
<button type="button" class="btn bg-olive btn-xs" data-toggle="modal"
        data-target="#borrowModal"
      onclick="findBookById(${book.id},'borrow')"> 借阅
</button>
```

启动 cloudlibrary 项目，登录系统，对图 15-12 中的《边城》进行借阅，单击图书《边城》右侧的“借阅”按钮，弹出图书信息模态对话框，如图 15-13 所示。

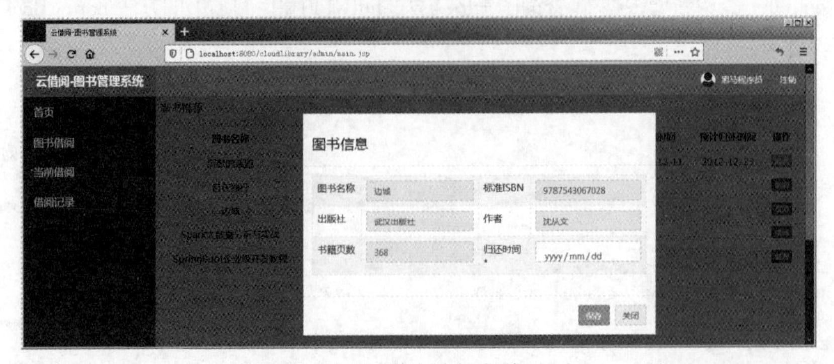

图15-13　图书信息模态对话框（1）

在图 15-13 中，填写图书归还时间。由于“保存”按钮绑定了 onclick 事件，触发事件后，程序会执行 my.js 文件中的 borrow()方法，borrow()方法会将 book_modal.jsp 中的表单数据，提交到映射路径为“/book/borrowBook”的控制器，如果借阅成功，borrow()方法会异步查询所有的图书信息。

需要注意的是，图书的归还时间不能早于借阅当天，填写好归还时间后，单击图 15-13 中的“保存”按钮，弹出借阅成功提示框，如图 15-14 所示。

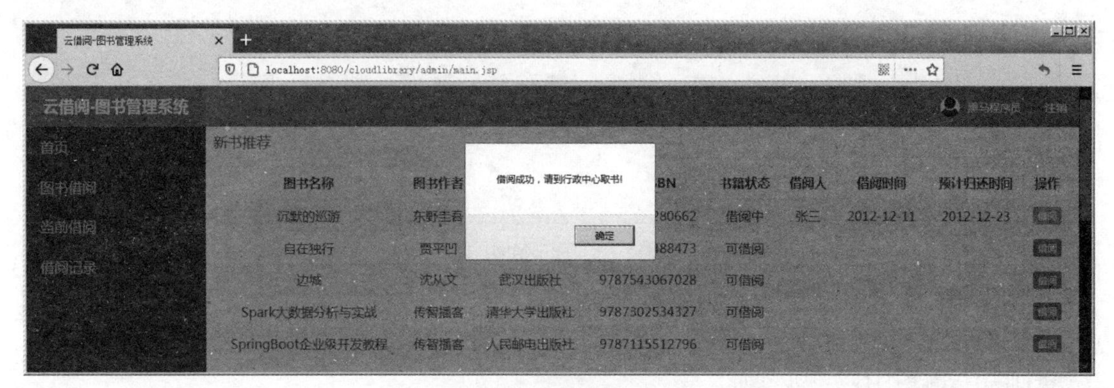

图15-14　借阅成功提示框

从图 15-14 可以看出，页面提示图书借阅成功。由于尚未完成查询所有的图书信息的功能，此时，单击“确定”按钮，内容显示区域将出现 404 提示。再次单击图 15-12 中菜单栏的“首页”链接查询出新书推荐的图书信息，页面显示如图 15-15 所示。

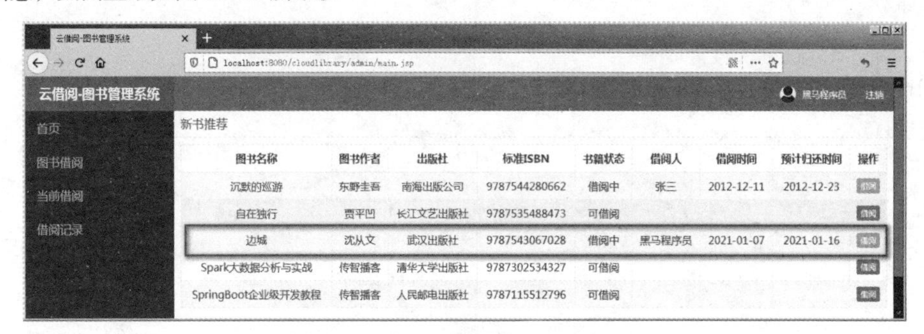

图15-15　新书推荐的图书信息

从图 15-15 可以看出，《边城》的“借阅”按钮变成了灰色，表明图书借阅功能已经完成。

小提示：

页面引入的 my.js 文件中，包含了本系统的绝大部分的自定义 JavaScript 代码。my.js 文件的 JavaScript 代码实现都不复杂，本章在讲解时将会着重讲解 Java 代码和页面的逻辑代码，对 my.js 文件中的代码不进行讲解。

15.5.2　图书借阅

图书借阅模块包括查询图书、新增图书、编辑图书和借阅图书这 4 个功能，其中，借阅图书功能与新书推荐模块中的借阅图书功能执行的是同样的代码，在此不再重复讲解。新增图书和编辑图书是管理员角色才有的权限，当普通用户登录时，不会展示和开放对应的功能。下面分别对查询图书、新增图书和编辑图书这 3 个功能的实现进行讲解。

1. 查询图书

查询图书时，用户可以根据条件查询所有未下架的图书信息，如果没有输入查询条件，就查询所有图书信息。由于数据库中的数据可能有很多，如果让这些数据在一个页面中全部显示出来，势必会使页面数据的可读性变得很差，所以本系统将查询的数据进行分页，每页默认展示 10 条数据。

登录系统后，在浏览器中输入地址 http://localhost:8080/cloudlibrary/admin/books.jsp，访问图书借阅页面，显示效果如图 15-16 所示。

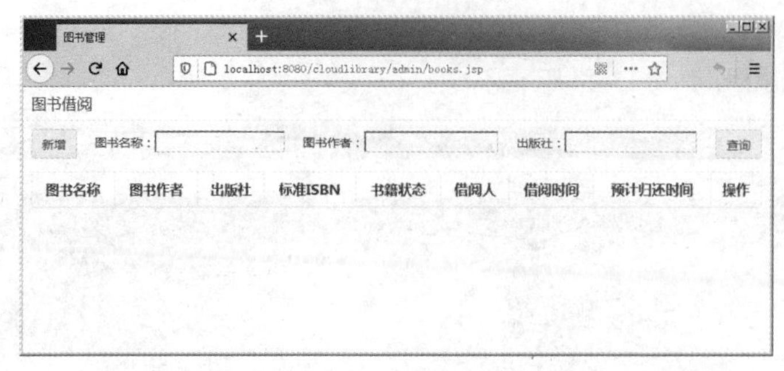

图15-16 图书借阅页面

从图 15-16 可以看出，图书借阅页面的查询条件包括图书名称、图书作者和出版社。用户在查询图书信息时，可以输入相应的查询条件进行查询，如果不输入任何条件，则系统会展示所有图书信息。

查询图书功能的具体实现步骤如下。

（1）实现 DAO 层

由于不能预测用户是有条件查询还是无条件查询，查询时统一将查询条件封装到 Book 对象中，最后根据查询条件是否为空进行查询语句的动态拼接。在 BookMapper 接口中新增查询方法 searchBooks()，新增后的代码如文件 15-22 所示。

文件 15-22 BookMapper.java

```
1   …
2   @Select({"<script>" +
3           "SELECT * FROM book " +
4           "where book_status !='3'" +
5           "<if test=\"name != null\">
6               AND  book_name  like  CONCAT('%',#{name},'%')</if>" +
7           "<if test=\"press != null\">
8               AND book_press like  CONCAT('%', #{press},'%') </if>" +
9           "<if test=\"author != null\">
10              AND book_author like  CONCAT('%', #{author},'%')</if>" +
11          "order by book_status" +
12          "</script>"
13  })
14  @ResultMap("bookMap")
15  //查询图书
16  Page<Book> searchBooks(Book book);
17  …
```

在文件 15-22 中，第 2～13 行代码为动态查询图书信息的语句，查询时分别根据 name、press 和 author 的值是否为空进行语句的动态拼接，并将最终的查询结果以图书状态升序返回。如果当前属性的值为空，则查询条件不拼接该属性。

（2）实现 Service 层

在文件 15-13 的 BookService 接口中新增查询图书的方法 search()，具体代码如下：

```
//分页查询图书
PageResult search(Book book, Integer pageNum, Integer pageSize);
```

在 BookServiceImpl 类中重写 BookService 接口的 search()方法，具体代码如文件 15-23 所示。

文件 15-23 BookServiceImpl.java

```
1   …
2   /**
3    * @param book 封装查询条件的对象
4    * @param pageNum 当前页码
5    * @param pageSize 每页显示数量
6    */
7   @Override
8   public PageResult search(Book book, Integer pageNum, Integer pageSize) {
9      // 设置分页查询的参数，开始分页
10     PageHelper.startPage(pageNum, pageSize);
11     Page<Book> page=bookMapper.searchBooks(book);
```

```
12      return new PageResult(page.getTotal(),page.getResult());
13  }
14  …
```

在文件 15-23 中，第 8～13 行代码定义了方法 search()，用于查询图书。其中，第 10 行代码调用 PageHelper 的 startPage()方法开启分页查询；第 11 行代码将页面的查询条件作为 searchBooks()方法的实参，通过 BookMapper 对象调用 searchBooks()方法执行图书查询操作，并返回查询结果。

（3）实现 Controller

在 BookController 类中新增查询图书的方法 search()，新增的代码如文件 15-24 所示。

文件 15-24　BookController.java

```
1   …
2   /**
3    * 分页查询符合条件且未下架图书信息
4    * @param book 查询的条件封装到 book 中
5    * @param pageNum  数据列表的当前页码
6    * @param pageSize 数据列表 1 页展示多少条数据
7    */
8   @RequestMapping("/search")
9   public ModelAndView search(Book book, Integer pageNum,
10          Integer pageSize, HttpServletRequest request) {
11      if (pageNum == null) {
12          pageNum = 1;
13      }
14      if (pageSize == null) {
15          pageSize = 10;
16      }
17      //查询到的图书信息
18      PageResult pageResult = bookService.search(book, pageNum, pageSize);
19      ModelAndView modelAndView = new ModelAndView();
20      modelAndView.setViewName("books");
21      //将查询到的数据存放在 ModelAndView 的对象中
22      modelAndView.addObject("pageResult", pageResult);
23      //将查询的参数返回到页面，用于回显到查询的输入框中
24      modelAndView.addObject("search", book);
25      //将当前页码返回到页面，用于分页插件的分页显示
26      modelAndView.addObject("pageNum", pageNum);
27      //将当前查询的控制器路径返回到页面，页码变化时继续向该路径发送请求
28      modelAndView.addObject("gourl", request.getRequestURI());
29      return modelAndView;
30  }
31  …
```

在上述代码中，第 9 行代码的参数 book 封装了查询条件；第 11～16 行代码判断当前页码是否为 null，如果页码为 null，默认显示第 1 页，每页显示的数据默认为 10 条；第 20 行代码设置了响应的页面；第 22 行代码将查询到的图书信息封装在 ModelAndView 对象中（如果是有条件查询，需要将查询条件回显到对应的查询框中，以便页码变化时数据列表仍显示查询条件）；第 24 行代码将查询条件返回到响应页面中；第 26 行代码用于设置当显示新的一页时，将新页码展示在当前页面；第 28 行代码将当前查询的控制器路径返回到页面，页码变化时继续向该路径发送请求。

（4）实现页面效果

在后台首页 main.jsp 的导航侧栏中配置“图书借阅”超链接的目标路径，配置代码如下：

```
…
<li>
   <a href="${pageContext.request.contextPath}/book/search"
           target="iframe">
      <i class="fa fa-circle-o"></i>图书借阅
   </a>
</li>
…
```

编写了以上配置代码后，当单击图 15-15 中的“图书借阅”超链接时，会向 URL 为“/book/search”的控制器发送请求，查询出当前未下架的图书信息。

启动项目，使用管理员账号登录系统，单击图 15-15 中导航侧栏的“图书借阅”超链接，页面显示效果如图 15-17 所示。

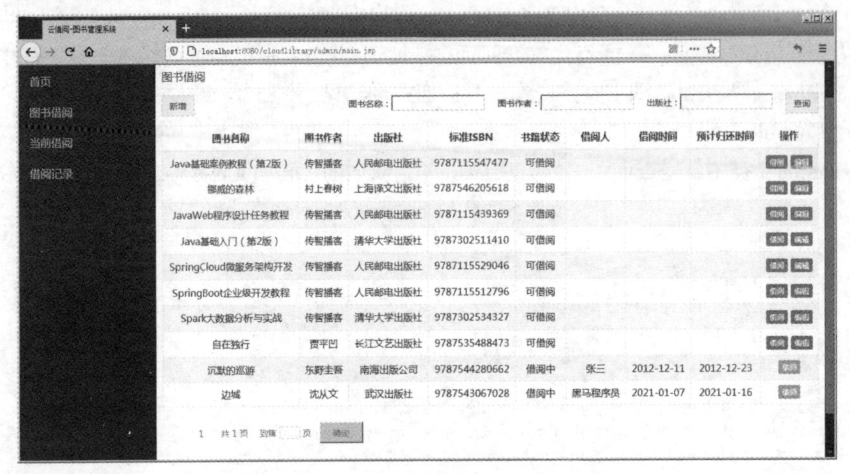

图15-17　单击“图书借阅”超链接效果

下面测试条件查询的效果，在图 15-17 中的“图书名称”输入框中输入“Java”，单击“查询”按钮，页面显示效果如图 15-18 所示。

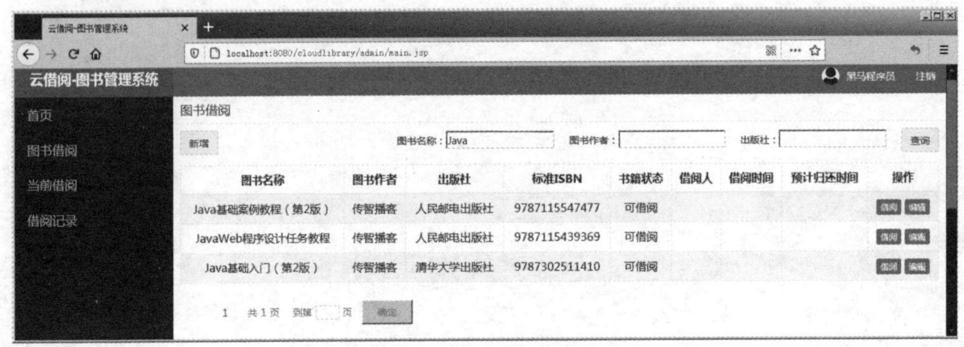

图15-18　条件查询效果

从图 15-17 和图 15-18 可以看出，按既定的查询条件查询出相应的图书信息。

至此，图书借阅模块的查询图书功能已经完成。

2. 新增图书

单击图 15-18 中图书借阅页面左上角的“新增”按钮，系统会弹出一个图书信息模态对话框，如图 15-19 所示。

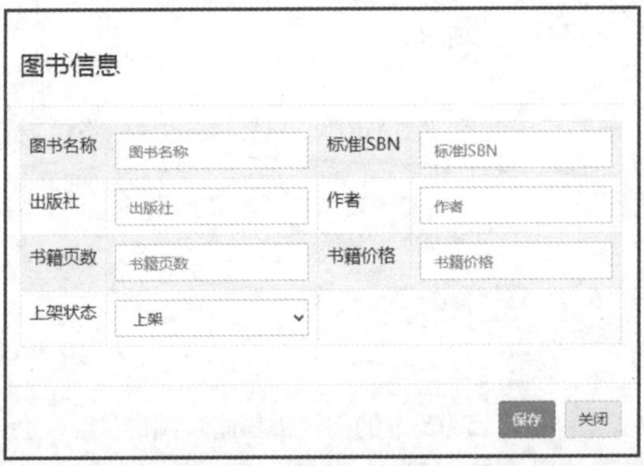

图书信息

图书名称　图书名称　标准ISBN　标准ISBN

出版社　出版社　作者　作者

书籍页数　书籍页数　书籍价格　书籍价格

上架状态　上架

保存　关闭

图15-19　图书信息模态对话框（2）

图 15-19 的模态框用于填写新增的图书信息。模态框内的信息必须填写完整才能提交，其中图书的标准 ISBN 必须是 13 位数的编号。

新增图书的具体实现步骤如下所示。

（1）实现 DAO 层

在文件 15-22 的 BookMapper 接口中新增一个新增图书的方法 addBook()，新增后的文件内容如下：

```
//新增图书
Integer addBook(Book book);
```

在 BookMapper.xml 映射文件中，使用<insert>元素编写新增图书的语句，具体代码如下：

```
<!--新增图书-->
<insert id="addBook" parameterType="com.itheima.domain.Book">
    insert into book(
    book_id,book_name,book_isbn,book_press,book_author,book_pagination,
    book_price,book_uploadtime,book_status,book_borrower,
    book_borrowtime,book_returntime)
    values
    (#{id},#{name},#{isbn},#{press},#{author},#{pagination},
    #{price},#{uploadTime},#{status},#{borrower},
    #{borrowTime},#{returnTime})
</insert>
```

（2）实现 Service 层

在文件 15-13 的 BookService 接口中添加新增图书的方法 addBook()，具体代码如下：

```
//新增图书
Integer addBook(Book book);
```

在文件 15-23 的 BookServiceImpl 类中重写 BookService 接口的 addBook()方法，具体代码如文件 15-25 所示。

文件 15-25　BookServiceImpl.java

```
1   …
2   /**
3    * 新增图书
4    * @param book 页面提交的新增图书信息
5    */
6   public Integer addBook(Book book) {
7       DateFormat dateFormat = new SimpleDateFormat("yyyy-MM-dd");
8       //设置新增图书的上架时间
9       book.setUploadTime(dateFormat.format(new Date()));
10      return  bookMapper.addBook(book);
11  }
12  …
```

在文件 15-25 中，第 9 行代码将新增图书的当天设置为图书的上架时间；第 10 行代码将图书信息作为 addBook()方法的实参，通过 BookMapper 对象调用 addBook()方法执行新增图书操作，并返回新增结果。

（3）实现 Controller

在 BookController 类中新增一个新增图书的方法 addBook()。新增 addBook()方法的代码如文件 15-26 所示。

文件 15-26　BookController.java

```
1   …
2   /**
3    * 新增图书
4    * @param book 页面表单提交的图书信息
5    * 将新增的结果和向页面传递信息封装到 Result 对象中返回
6    */
7   @ResponseBody
8   @RequestMapping("/addBook")
9   public Result addBook(Book book) {
10      try {
11          Integer count=bookService.addBook(book);
12          if(count!=1){
13              return new Result(false, "新增图书失败!");
14          }
```

```
15          return new Result(true, "新增图书成功!");
16      }catch (Exception e){
17          e.printStackTrace();
18          return new Result(false, "新增图书失败!");
19      }
20  }
21  …
```

在文件 15-26 中，第 11 行代码将形参对象 book 获取到的图书信息作为 addBook()方法的实参，通过 BookService 对象调用 addBook()方法执行新增图书操作，并获取新增的结果；第 12～19 行代码根据新增的结果响应不同的结果信息。

（4）实现页面效果

单击图 15-19 中的新增图书信息模态框的“确定”按钮后，模态对话框会自动隐藏。由于“确定”按钮同时绑定了鼠标单击事件，单击“确定”按钮触发事件，系统会执行 my.js 文件中的 addOrEdit()方法，addOrEdit()方法判断操作是新增图书还是编辑图书，如果是新增图书的操作，addOrEdit()方法会将表单数据异步提交到映射路径为“/book/addBook”的控制器，并将新增的结果响应在页面。如果图书新增成功，页面会将最新的图书信息刷新显示。

启动项目，使用管理员账号登录系统，在新增图书的模态框中填写如图 15-20 所示的内容。

在图 15-20 中，填写完新增图书信息后，单击“保存”按钮，页面弹出提示框如图 15-21 所示。

图15-20　新增图书信息

图15-21　新增图书成功提示框

在图 15-21 中，单击“确定”按钮，页面显示效果如图 15-22 所示。

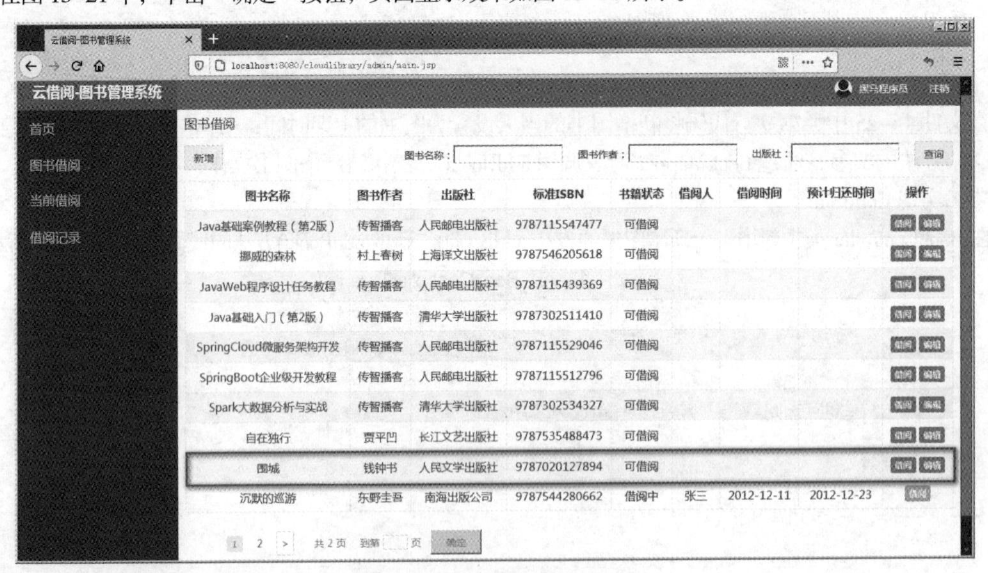

图15-22　《围城》新增成功

从图 15-22 可以看出，图 15-20 中提交的图书信息已经成功添加到数据库中。此时数据库中数据大于 10 条，数据列表分成 2 页展示。

至此，图书借阅模块的新增图书功能已经完成。

3. 编辑图书

编辑图书也是管理员用户才能执行的操作，且只有图书状态为可借阅时，才可以对图书进行编辑。

编辑图书之前需要将对应的图书信息先查询出来显示在编辑的对话框中。单击图 15-22 中《自在独行》图书对应的“编辑”按钮，图书信息模态框显示内容如图 15-23 所示。

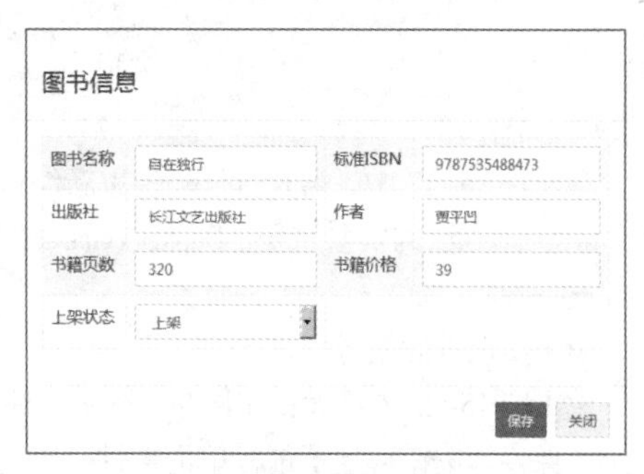

图15-23　编辑图书信息模态框显示内容

由于“确定”按钮绑定了鼠标单击事件，单击“确定”按钮触发事件，系统会调用 my.js 文件中的 findBookbyId()方法。findBookbyId()方法根据参数判断当前执行的操作是否是编辑图书的操作，如果是，则发送根据 id 查询对应的图书信息的异步请求，并将响应数据回显在图书信息的模态框中。图 15-23 所示的模态对话框就是回显图书信息后的效果。

编辑图书功能的具体步骤如下所示。

（1）实现 DAO 层

由于编辑图书与之前实现的图书借阅类似，都是将当前操作的图书信息进行更新，所以编辑图书无须在 BookMapper 接口中新增方法，直接复用 BookMapper 接口中的 editBook()方法即可。

（2）实现 Service 层

在文件 15-13 的 BookService 接口中添加新增图书的方法 editBook()，具体代码如下：

```
//编辑图书信息
Integer editBook(Book book);
```

在文件 15-25 的 BookServiceImpl 类中重写 BookService 接口的 editBook()方法，具体代码如下：

```
1   /**
2    * 编辑图书信息
3    * @param book 图书信息
4    */
5   public Integer editBook(Book book) {
6       return bookMapper.editBook(book);
7   }
```

在上述代码中，第 5~7 行代码定义了 editBook()方法，用于编辑图书信息。其中，第 6 行代码将编辑好的图书信息作为 editBook()方法的实参，通过 BookMapper 对象调用 editBook()方法执行编辑图书操作，并将编辑结果返回。

（3）实现 Controller

在文件 15-26 的 BookController 类中新增一个编辑图书的方法 editBook()，新增的 editBook()方法代码如文件 15-27 所示。

文件 15-27　BookController.java

```
1   …
2   /**
3    * 编辑图书信息
4    * @param book 编辑的图书信息
5    */
6   @ResponseBody
7   @RequestMapping("/editBook")
8   public Result editBook(Book book) {
9       try {
10          Integer count= bookService.editBook(book);
11          if(count!=1){
12              return new Result(false, "编辑失败!");
```

```
13          }
14          return new Result(true, "编辑成功!");
15      }catch (Exception e){
16          e.printStackTrace();
17          return new Result(false, "编辑失败!");
18      }
19  }
20
```

在文件 15-27 中，第 8 行代码将重新编辑的图书信息封装在 Book 对象 book 中；第 10 行代码将 book 作为 editBook()方法的实参，通过 BookService 对象调用 editBook()方法执行编辑图书操作，并将编辑结果以 JSON 格式进行响应。

（4）实现页面效果

单击图 15-23 右下角的“保存”按钮，图书信息模态框将自动隐藏。由于“保存”按钮绑定了鼠标单击事件，单击“保存”按钮触发事件，系统将会调用 my.js 文件中的 addOrEdit()方法。addOrEdit()方法根据表单中的图书 id 是否为空，判断是添加图书还是编辑图书的操作。如果是编辑图书操作，将表单数据异步发送到映射路径为“/book/editBook”的控制器。

图15-24　编辑成功提示框

将图 15-23 所示的图书信息中的“上架状态”修改为“下架”，单击“保存”按钮，页面弹出编辑成功提示框，如图 15-24 所示。

单击图 15-24 中的“确定”按钮，页面显示效果如图 15-25 所示。

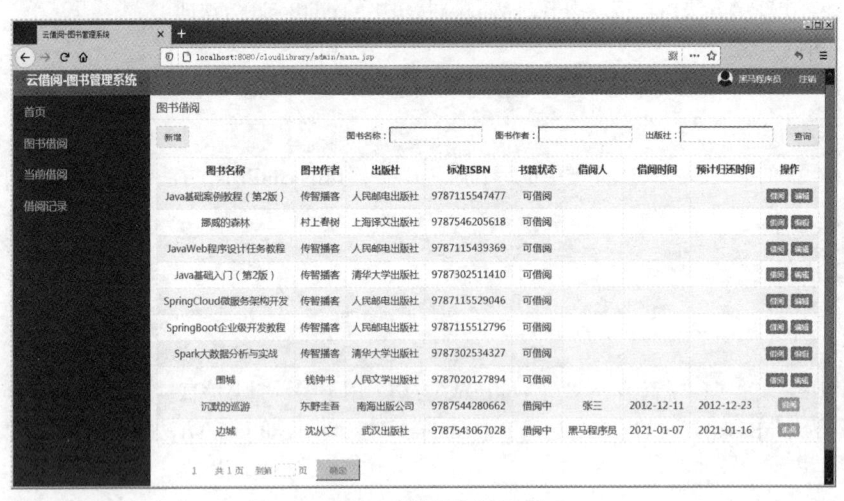

图15-25　图书编辑成功页面效果

从图 15-25 可以看出，刚才编辑的图书《自在独行》已不显示，说明图书已经成功下架，页面数据列表又变回 1 页显示了。

至此，图书借阅模块的编辑图书功能已经完成。

15.5.3　当前借阅

当前借阅模块包括查询图书、归还图书和确认归还这 3 个功能，其中，确认归还为管理员的权限。下面分别对这 3 个功能的实现进行讲解。

1. 查询图书

单击图 15-25 中导航侧栏的“当前借阅”超链接时，系统会展示当前登录用户借阅但未归还的图书。由于用户申请图书归还时，需要管理员确认归还后才算真正归还图书，所以管理员查询出的当前借阅图书包括两个部分，即自己借阅未归还的图书和所有待归还确认的图书。

当前借阅模块的图书查询与图书借阅模块中的图书查询类似，可以按条件查询图书，如果不输入查询条件，则会查询全部图书，并对查询结果进行分页显示。

查询图书功能的具体实现步骤如下所示。

（1）实现 DAO 层

由于普通用户和管理员用户查询出的当前借阅的图书信息并不相同，所以可以定义 2 个不同的方法来供 Service 层调用。在文件 15-22 的 BookMapper 接口中新增 2 个方法 selectMyBorrowed()和 selectBorrowed()。其中，selectMyBorrowed()方法用于查询当前用户未归还的图书信息；selectBorrowed()方法用于查询当前用户未归还和所有待确认归还的图书信息。新增的代码如文件 15-28 所示。

文件 15-28　BookMapper.java

```
1   …
2   @Select(
3          {"<script>" +
4                 "SELECT * FROM book " +
5                 "where book_borrower=#{borrower}" +
6                 "AND book_status ='1'"+
7                 "<if test=\"name != null\">
8                      AND  book_name  like  CONCAT('%',#{name},'%')</if>" +
9                 "<if test=\"press != null\">
10                     AND book_press like  CONCAT('%', #{press},'%') </if>" +
11                "<if test=\"author != null\">
12                    AND book_author like  CONCAT('%', #{author},'%')</if>" +
13                "or book_status ='2'"+
14                "<if test=\"name != null\">
15                    AND  book_name  like  CONCAT('%',#{name},'%')</if>" +
16                "<if test=\"press != null\">
17                    AND book_press like  CONCAT('%', #{press},'%') </if>" +
18                "<if test=\"author != null\">
19                    AND book_author like  CONCAT('%', #{author},'%')</if>" +
20                "order by book_borrowtime" +
21                "</script>"})
22  @ResultMap("bookMap")
23  //查询借阅但未归还的图书和所有待确认归还的图书
24  Page<Book> selectBorrowed(Book book);
25
26  @Select({"<script>" +
27         "SELECT * FROM book " +
28         "where book_borrower=#{borrower}" +
29         "AND book_status in('1','2')"+
30         "<if test=\"name != null\">
31              AND  book_name  like  CONCAT('%',#{name},'%')</if>" +
32         "<if test=\"press != null\">
33              AND book_press like  CONCAT('%', #{press},'%') </if>" +
34         "<if test=\"author != null\">
35              AND book_author like  CONCAT('%', #{author},'%')</if>" +
36         "order by book_borrowtime" +
37         "</script>"})
38  @ResultMap("bookMap")
39  //查询借阅但未归还的图书
40  Page<Book> selectMyBorrowed(Book book);
41  …
```

在上述代码中，第 2～24 行代码定义了 selectBorrowed()方法，用于查询当前用户借阅但未归还的图书和所有待确认归还的图书，管理员用户进行当前借阅的查询时调用该方法；第 26～40 行代码定义了 selectMyBorrowed()方法，用于查询当前登录用户借阅但未归还的图书，普通用户进行当前借阅的查询时调用该方法。

（2）实现 Service 层

在文件 15-13 的 BookService 接口中新增一个查询当前借阅的图书的方法 searchBorrowed()，具体代码如下：

```
//查询当前借阅的图书
PageResult searchBorrowed(Book book, User user, Integer pageNum,
        Integer pageSize);
```

在文件 15-25 的 BookServiceImpl 类中重写 BookService 接口的 searchBorrowed()方法，具体代码如文件 15-29 所示。

文件 15-29　BookServiceImpl.java

```
1  …
2  /**
3   * 查询用户当前借阅的图书
4   * @param book 封装了查询条件的对象
5   * @param user 当前登录用户
6   * @param pageNum 当前页码
7   * @param pageSize 每页显示数量
8   */
9  @Override
10 public PageResult searchBorrowed(Book book, User user, Integer pageNum,
11 Integer pageSize) {
12     // 设置分页查询的参数，开始分页
13     PageHelper.startPage(pageNum, pageSize);
14     Page<Book> page;
15     //将当前登录的用户放入查询条件中
16     book.setBorrower(user.getName());
17     //如果是管理员，查询当前用户借阅但未归还的图书和所有待确认归还的图书
18     if("ADMIN".equals(user.getRole())){
19        page= bookMapper.selectBorrowed(book);
20     }else {
21        //如果是普通用户，查询当前用户借阅但未归还的图书
22        page= bookMapper.selectMyBorrowed(book);
23     }
24     return new PageResult(page.getTotal(),page.getResult());
25 }
26 …
```

在文件 15-29 中，第 16 行代码将当前登录的用户名称存放在查询条件中。第 18～23 行代码判断当前用户是否是管理员用户，如果是，则调用 selectBorrowed()方法查询当前用户借阅但未归还的图书和所有待确认归还的图书；如果当前登录用户是普通用户，则调用 selectMyBorrowed()方法查询当前用户借阅但未归还的图书。

（3）实现 Controller

在文件 15-27 的 BookController 类中新增一个查询当前借阅图书的方法 searchBorrowed()，新增的代码如文件 15-30 所示。

文件 15-30　BookController.java

```
1  …
2  /**
3   *分页查询当前被借阅且未归还的图书信息
4   * @param pageNum  数据列表的当前页码
5   * @param pageSize 数据列表 1 页展示多少条数据
6   */
7  @RequestMapping("/searchBorrowed")
8  public ModelAndView searchBorrowed(Book book,Integer pageNum,
9     Integer pageSize, HttpServletRequest request) {
10    if (pageNum == null) {
11       pageNum = 1;
12    }
13    if (pageSize == null) {
14       pageSize = 10;
15    }
16    //获取当前登录的用户
17    User user = (User) request.getSession().getAttribute("USER_SESSION");
18    PageResult pageResult = bookService.searchBorrowed(book,user,
19             pageNum, pageSize);
20    ModelAndView modelAndView = new ModelAndView();
21    modelAndView.setViewName("book_borrowed");
```

```
22      //将查询到的数据存放在 ModelAndView 的对象中
23      modelAndView.addObject("pageResult", pageResult);
24      //将查询的参数返回到页面，用于回显到查询的输入框中
25      modelAndView.addObject("search", book);
26      //将当前页码返回到页面，用于分页插件的分页显示
27      modelAndView.addObject("pageNum", pageNum);
28      //将当前查询的控制器路径返回到页面，页码变化时继续向该路径发送请求
29      modelAndView.addObject("gourl", request.getRequestURI());
30      return modelAndView;
31  …
```

在上述代码中，第 8 行代码将请求中的查询条件封装在 Book 对象 book 中；第 21 行代码设置响应的页面；第 23～29 行代码将需要返回到页面的数据封装到 ModelAndView 对象，在页面中可以根据数据的名称将数据取出。

（4）实现页面效果

在后台首页 main.jsp 的导航侧栏中配置“当前借阅”超链接的目标路径。配置代码如下：

```
…
<li>
    <a href="${pageContext.request.contextPath}/book/searchBorrowed"
       target="iframe">
        <i class="fa fa-circle-o"></i>当前借阅
    </a>
</li>
…
```

编写了上述代码后，当单击图 15-25 中的“当前借阅”超链接时，会向 URL 为“/book/searchBorrowed”的控制器发送请求，查询出当前借阅的图书信息。

启动项目，使用管理员账号登录系统，单击图 15-25 所示导航侧栏中的“当前借阅”超链接，页面显示效果如图 15-26 所示。

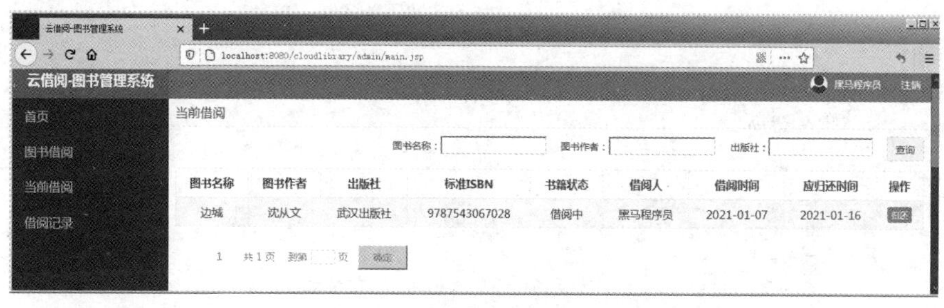

图15-26　单击“当前借阅”超链接后的页面显示效果

从图 15-26 可以得出，单击“当前借阅”超链接后，系统将当前登录用户的借阅情况展示在页面中了。至此，当前借阅模块的查询图书功能已经完成。

2. 归还图书

在归还图书时，需要由借阅者先在系统中提交归还图书的申请，然后将图书归还到指定还书点，管理员确认图书归还后，图书才真正归还成功。

当用户申请归还图书时，只需在当前借阅的图书列表中单击右侧的“归还”按钮选择归还图书即可，申请归还后，图书的状态由“借阅中”变为“归还中”。

归还图书的具体实现步骤如下所示。

（1）实现 DAO 层

提交归还图书的申请，只是修改图书的借阅状态，因此复用 BookMapper 接口的 editBook()方法即可。

（2）实现 Service 层

在文件 15-13 的 BookService 接口中新增归还图书的方法 returnBook()，具体代码如下：

```
//归还图书
boolean returnBook(String  id,User user);
```

在文件 15-29 的 BookServiceImpl 类中重写 BookService 接口的 returnBook()方法，具体代码如文件 15-31 所示。

文件 15-31 BookServiceImpl.java

```
1   …
2   /**
3    * 归还图书
4    * @param id 归还的图书id
5    * @param user 归还的人员，也就是当前图书的借阅者
6    */
7   @Override
8   public boolean returnBook(String id,User user) {
9       //根据图书id查询出图书的完整信息
10      Book book = this.findById(id);
11      //再次核验当前登录人员和图书借阅者是不是同一个人
12      boolean rb=book.getBorrower().equals(user.getName());
13      //如果是同一个人，允许归还
14      if(rb){
15          //将图书借阅状态修改为归还中
16          book.setStatus("2");
17          bookMapper.editBook(book);
18      }
19      return rb;
20  }
21  …
```

在文件 15-31 中，第 10 行代码根据归还的图书 id 查询出该图书的完整信息；第 12 行代码做了登录用户和图书当前借阅人的校验，因为系统设定图书的归还申请只能是借阅者自行申请；第 14～18 行代码对校验结果进行判断，如果校验无误，将借阅的图书状态修改为“2”，即归还中。

（3）实现 Controller

在文件 15-27 的 BookController 类中新增一个归还图书的方法 returnBook()，新增的代码如文件 15-32 所示。

文件 15-32 BookController.java

```
1   …
2   /**
3    * 归还图书
4    * @param id 归还的图书的id
5    */
6   @ResponseBody
7   @RequestMapping("/returnBook")
8   public Result returnBook(String id, HttpSession session) {
9       //获取当前登录的用户信息
10      User user = (User) session.getAttribute("USER_SESSION");
11      try {
12          boolean flag = bookService.returnBook(id, user);
13          if (!flag) {
14              return new Result(false, "还书失败!");
15          }
16          return new Result(true, "还书确认中，请先到行政中心还书!");
17      }catch (Exception e){
18          e.printStackTrace();
19          return new Result(false, "还书失败!");
20      }
21  }
22  …
```

在文件 15-32 中，第 10 行代码获取当前登录的用户信息；第 12 行代码将归还的图书 id 和当前登录的用户信息作为 returnBook()方法的实参，通过 BookService 对象调用 returnBook()方法执行归还图书操作，并将归还结果返回。

（4）实现页面效果

当前借阅图书列表中的“归还”按钮绑定了鼠标单击事件，当事件触发时，会执行文件 my.js 中的 returnBook()方法。returnBook()方法将归还的图书 id 作为参数向映射路径为“/book/returnBook”的控制器发送异步请求，并将请求结果的信息展示在页面中，显示当前借阅列表最新的信息。

book_borrowed.jsp 页面中“归还”按钮的代码如下：

```
<c:if test="${book.status ==1}">
    <button type="button" class="btn bg-olive btn-xs"
            onclick="returnBook(${book.id})">归还
    </button>
</c:if>
```

启动项目，使用普通用户账号登录系统，单击后台首页导航侧栏中的“当前借阅”超链接，页面显示效果如图 15-27 所示。

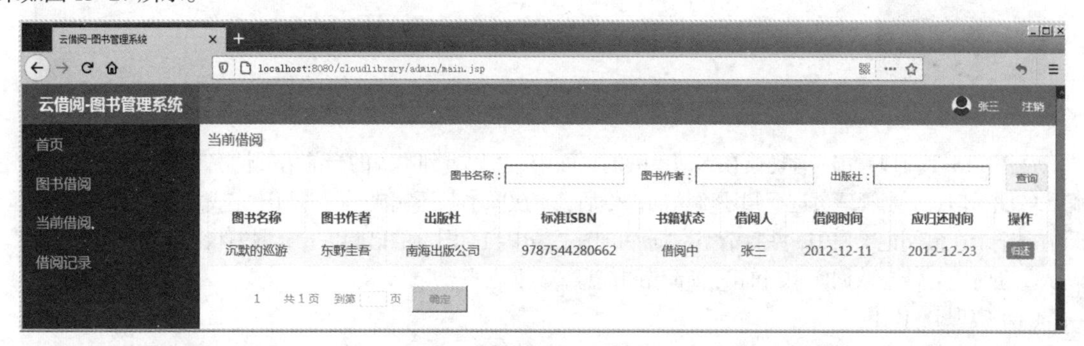

图15-27　普通用户当前借阅页面效果

从图 15-27 可以看出，用户张三当前有一本借阅中的图书《沉默的巡游》。在图 15-27 中单击数据列表右侧的“归还”按钮，弹出确认归还图书提示框，如图 15-28 所示。

单击图 15-28 中的“确定”按钮，此时页面会弹出图书归还提示框，如图 15-29 所示。

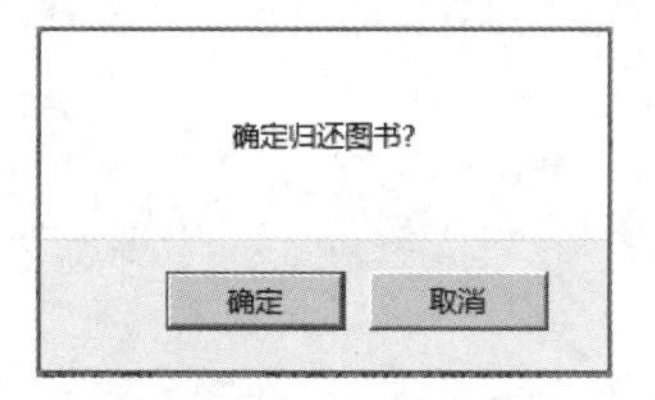

图15-28　确认归还图书提示框

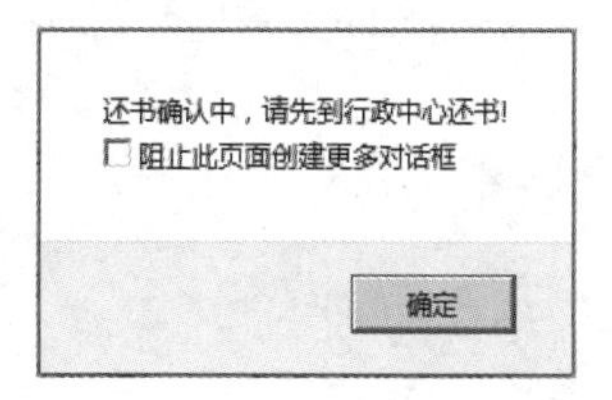

图15-29　图书归还提示框

单击图 15-29 中的“确定”按钮，确认图书归还中，页面显示效果如图 15-30 所示。

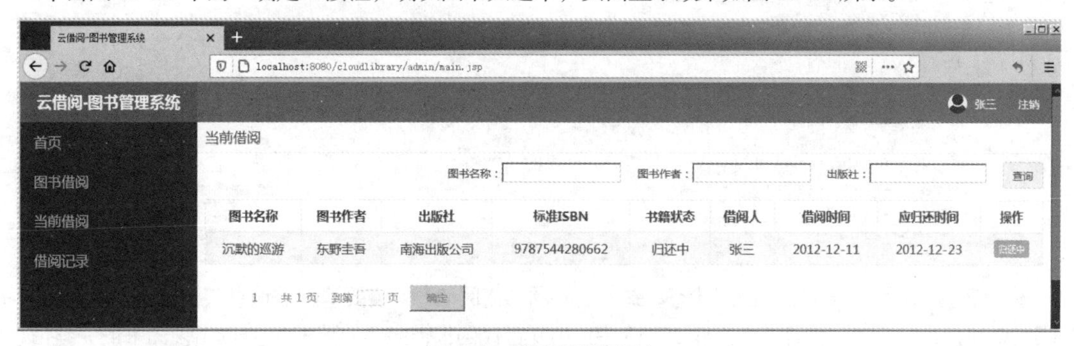

图15-30　确认图书归还中

从图 15-30 可以看出，申请图书归还后，图书的状态变为了“归还中”。此时，将图书归还到指定还书点后，由管理员确认图书归还，从而完成图书的归还。

至此，当前借阅模块的归还图书功能已经完成。

3. 确认归还

用户在申请图书归还后，需要由图书管理员进行归还确认。使用管理员账号登录系统，单击图 15-30 所示导航侧栏中的“当前借阅”超链接，页面显示效果如图 15-31 所示。

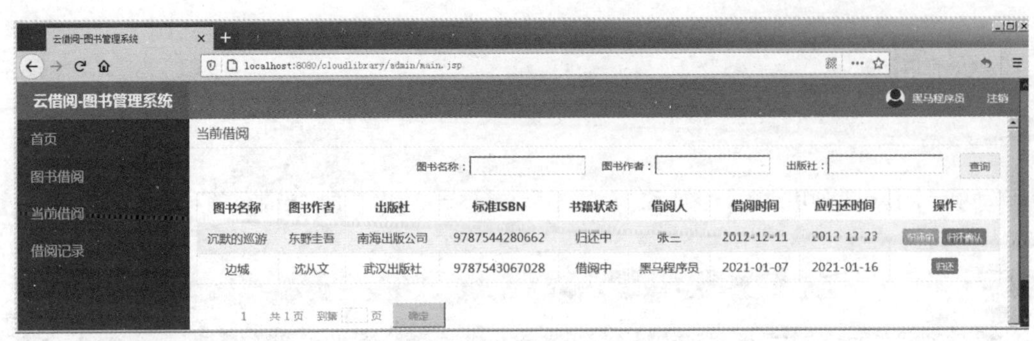

图15-31　管理员当前借阅页面显示效果

从图 15-31 可以看出，管理员在当前借阅的页面中，可以看到本人的当前借阅情况和所有用户的待归还确认的图书信息。当管理员进行归还确认的操作后，本次图书归还完成。图书归还完成之后，需要将本次借阅情况记录在借阅记录表中，并且清空数据库的图书表中当前图书的借阅信息，图书状态又变为“可借阅”。确认归还时应先清空数据库中当前图书的借阅信息，具体步骤如下所示。

（1）实现 DAO 层

归还确认的操作只是将图书的借阅信息清除，所以复用 BookMapper 接口的 editBook()方法即可。

（2）实现 Service 层

在文件 15-13 的 BookService 接口中新增一个图书归还确认的方法 returnConfirm()，具体代码如下：

```
//归还确认
Integer returnConfirm(String id);
```

在文件 15-31 的 BookServiceImpl 类中重写 BookService 接口的 returnConfirm()方法，具体代码如文件 15-33 所示。

文件 15-33　BookServiceImpl.java

```
1   ...
2   /**
3    * 归还确认
4    * @param id 待归还确认的图书 id
5    */
6   @Override
7   public Integer returnConfirm(String id) {
8       //根据图书 id 查询图书的完整信息
9       Book book = this.findById(id);
10      //将图书的借阅状态修改为可借阅
11      book.setStatus("0");
12      //清除当前图书的借阅人信息
13      book.setBorrower("");
14      //清除当前图书的借阅时间信息
15      book.setBorrowTime("");
16      //清除当前图书的预计归还时间信息
17      book.setReturnTime("");
18      return bookMapper.editBook(book);
19  }
20  ...
```

图书归还后，需要修改图书借阅状态，并且清除图书借阅信息。需要清除的信息包括借阅人信息、借阅时间信息和预计归还时间信息。在文件 15-33 中，第 9 行代码根据归还的图书 id 查询出该图书的完整信息；第 11 行代码将借阅状态修改为可借阅状态；第 13～17 行代码清除当前图书的借阅信息。

（3）实现 Controller

在文件 15-32 的 BookController 类中新增一个图书归还确认的方法 returnConfirm()，新增的代码如文件 15-34 所示。

文件 15-34　BookController.java

```
1   ...
2   /**
3    * 图书归还确认
```

```
4    * @param id 确认归还的图书的 id
5    */
6   @ResponseBody
7   @RequestMapping("/returnConfirm")
8   public Result returnConfirm(String id) {
9      try {
10         Integer count=bookService.returnConfirm(id);
11         if(count!=1){
12            return new Result(false, "确认失败!");
13         }
14         return new Result(true, "确认成功!");
15     }catch (Exception e){
16         e.printStackTrace();
17         return new Result(false, "确认失败!");
18     }
19  }
20  …
```

在文件 15-34 中，第 10 行代码将归还确认的图书 id 作为 returnConfirm()方法的实参，通过 BookService 对象调用 returnConfirm()方法执行图书的归还确认操作，并返回归还确认的结果。

（4）实现页面效果

当前借阅数据列表中的“归还确认”按钮（图 15-31）绑定了鼠标单击事件，当事件触发时，会执行文件 my.js 中的 returnConfirm()方法。returnConfirm()方法将待归还确认的图书 id 作为参数向映射路径为“/book/returnConfirm”的控制器发送异步请求，并将请求结果的信息展示在页面中，从而显示最新的当前借阅列表信息。

book_borrowed.jsp 页面中“归还确认”按钮的代码如下：

```
<c:if test="${USER_SESSION.role =='ADMIN'}">
   <button type="button" class="btn bg-olive btn-xs"
         onclick="returnConfirm(${book.id})"> 归还确认
   </button>
</c:if>
```

启动项目，使用管理员账号登录系统，单击图 15-31 所示页面右侧的“归还确认”按钮，弹出归还确认提示框，如图 15-32 所示。

单击图 15-32 中的“确认”按钮，弹出归还确认的结果提示框，如图 15-33 所示。

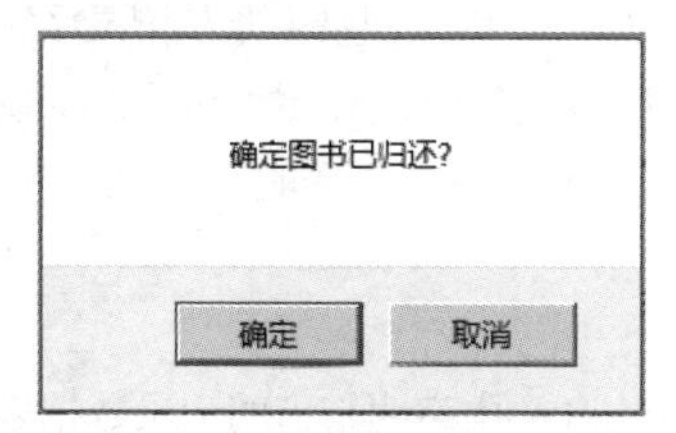

图15-32　归还确认提示框

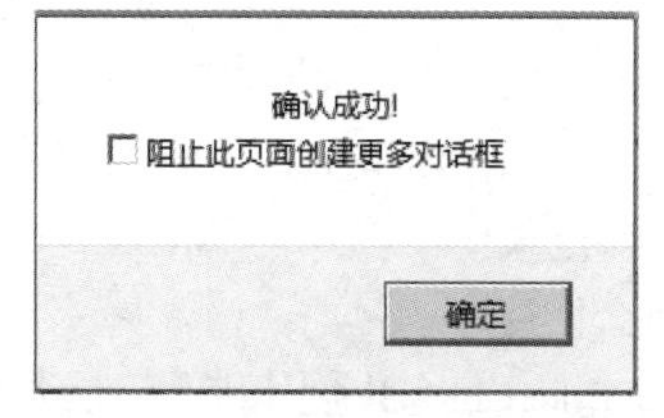

图15-33　归还确认的结果提示框

单击图 15-33 中的“确认”按钮，页面将会显示最新的当前借阅图书数据列表，如图 15-34 所示。

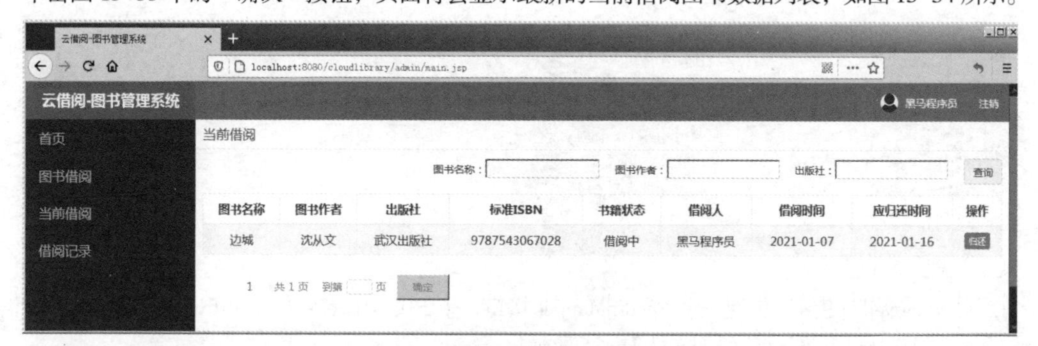

图15-34　最新的当前借阅图书数据列表

从图 15-34 可以看出，图书归还确认后，当前借阅页面已经看不到该图书的信息了。单击图 15-34 所示的导航侧栏中“图书借阅”超链接，查看最新的图书借阅数据列表，如图 15-35 所示。

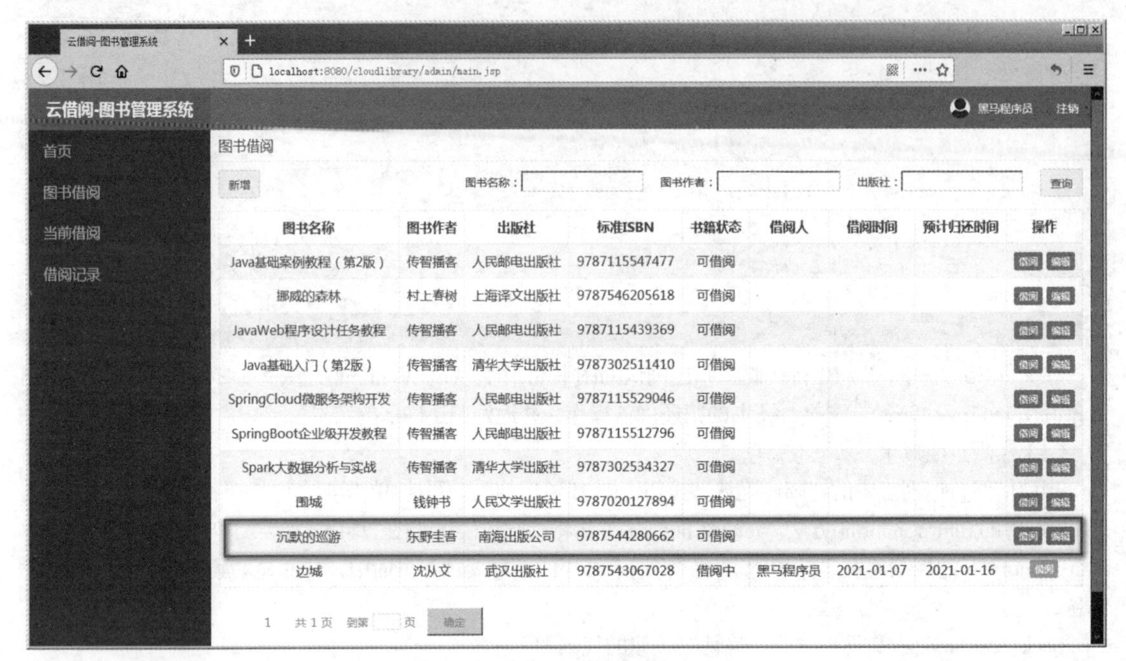

图15-35　最新的图书借阅数据列表

从图 15-35 所示的数据列表可以看出，归还确认后的图书《沉默的巡游》已经清除借阅信息，其状态已变为“可借阅”。

至此，当前借阅模块的确认归还功能已经完成。

15.5.4　借阅记录

本系统设定图书借阅是指从借阅到归还确认后的一次完整借阅，借阅记录主要是记录系统用户每次的完整借阅情况。借阅记录包含新增借阅记录和查询借阅记录这 2 个功能，其中，借阅记录在归还确认时新增，查询借阅记录分为全部查询和按条件查询。下面分别实现借阅记录的这 2 个功能。

1. 新增借阅记录

（1）创建持久化类

在 com.itheima.domain 包中创建借阅记录类 Record，在 Record 类中声明与借阅记录数据表对应的属性并定义各个属性的 getter/setter 方法，具体代码如下：

```
package com.itheima.domain;
import java.io.Serializable;
public class Record implements Serializable {
   private Integer id;        //图书借阅 id
   private String bookname;   //借阅的图书名称
   private String bookisbn;   //借阅的图书的 ISBN
   private String borrower;   //图书借阅人
   private String borrowTime; //图书借阅时间
   private String remandTime; //图书归还时间
    …getter/setter 方法
}
```

（2）实现 DAO 层

在 com.itheima.dao 包中，创建一个 RecordMapper 接口，并在接口中定义方法 addRecord()，用于新增借阅记录。RecordMapper 接口具体代码如文件 15-35 所示。

文件 15-35　RecordMapper .java

```
1   package com.itheima.mapper;
2   import com.itheima.domain.Record;
3   public interface RecordMapper {
4   //新增借阅记录
5   Integer addRecord(Record record);
6   }
```

在 resources 文件夹的 com/itheima/mapper 文件夹下创建与 RecordMapper 接口同名的映射文件 RecordMapper.xml，在映射文件中使用<insert>元素编写新增借阅记录的语句，具体内容如文件 15-36 所示。

文件 15-36　RecordMapper.xml

```
1   <?xml version="1.0" encoding="UTF-8"?>
2   <?xml version="1.0" encoding="UTF-8"?>
3   <!DOCTYPE mapper PUBLIC "-//mybatis.org//DTD Mapper 3.0//EN"
4    "http://mybatis.org/dtd/mybatis-3-mapper.dtd">
5   <mapper namespace="com.itheima.mapper.RecordMapper">
6      <insert id="addRecord">
7          insert into record(
8          record_id,record_bookname,record_bookisbn,record_borrower,
9          record_borrowtime,record_remandtime)
10         values(
11        #{id},#{bookname},#{bookisbn},#{borrower},
12        #{borrowTime},#{remandTime})
13     </insert>
14  </mapper>
```

（3）实现 Service 层

在 com.itheima.service 包中，创建 Service 层的借阅记录接口 RecordService，在 RecordService 接口中定义新增借阅记录的方法 addRecord()，具体代码如文件 15-37 所示。

文件 15-37　RecordService.java

```
1   package com.itheima.service;
2   import com.itheima.domain.Record;
3   /**
4    * 借阅记录接口
5    */
6   public interface RecordService {
7      //新增借阅记录
8      Integer addRecord(Record record);
9   }
```

在 com.itheima.service.impl 包中，创建 Service 层的借阅记录接口的实现类 RecordServiceImpl，在 RecordServiceImpl 类中重写 RecordService 接口中的 addRecord()方法，具体代码如文件 15-38 所示。

文件 15-38　RecordServiceImpl.java

```
1   …
2   /**
3    * 新增借阅记录
4    * @param record 新增的借阅记录
5    */
6   @Override
7   public Integer addRecord(Record record) {
8      return recordMapper.addRecord(record);
9   }
10  …
```

文件 15-38 中新增的借阅记录的对象由图书归还确认时创建，图书归还确认无误后，调用 RecordService 的 addRecord()方法新增借阅记录。

修改 BookServiceImpl 类中的 returnConfirm()方法，在 returnConfirm()方法执行归还确认无误时，设置借阅记录信息，并且调用 RecordService 的 addRecord()方法新增借阅记录，编辑后的文件 15-33 内容如文件 15-39 所示。

文件 15-39　BookServiceImpl.java

```
1   …
2   @Autowired
```

```
3    //注入 RecordService 对象
4    private RecordService recordService;
5    /**
6     * 归还确认
7     * @param id 待归还确认的图书 id
8     */
9    @Override
10   public Integer returnConfirm(String id) {
11       //根据图书 id 查询图书的完整信息
12       Book book = this.findById(id);
13       //根据归还确认的图书信息，设置借阅记录
14       Record record = this.setRecord(book);
15       //将图书的借阅状态修改为可借阅
16       book.setStatus("0");
17       //清除当前图书的借阅人信息
18       book.setBorrower("");
19       //清除当前图书的借阅时间信息
20       book.setBorrowTime("");
21       //清除当前图书的预计归还时间信息
22       book.setReturnTime("");
23       Integer count= bookMapper.editBook(book);
24       //如果归还确认成功，则新增借阅记录
25       if(count==1){
26           return  recordService.addRecord(record);
27       }
28       return 0;
29   }
30   /**
31    * 根据图书信息设置借阅记录的信息
32    * @param book 借阅的图书信息
33    */
34   private Record setRecord(Book book){
35       Record record=new Record();
36       //设置借阅记录的图书名称
37       record.setBookname(book.getName());
38       //设置借阅记录的图书 ISBN
39       record.setBookisbn(book.getIsbn());
40       //设置借阅记录的借阅人
41       record.setBorrower(book.getBorrower());
42       //设置借阅记录的借阅时间
43       record.setBorrowTime(book.getBorrowTime());
44       DateFormat dateFormat = new SimpleDateFormat("yyyy-MM-dd");
45       //设置图书归还确认的当天为图书归还时间
46       record.setRemandTime(dateFormat.format(new Date()));
47       return record;
48   }
49   …
```

在上述代码中，第 2～4 行代码注入了 RecordService 对象；第 10～29 行代码用于图书的归还确认，其中第 14 行代码根据归还确认的图书信息设置借阅记录，当归还确认成功时执行第 26 行代码新增借阅记录；第 34～48 行代码定义了方法 setRecord()，用于根据确认归还的图书信息设置借阅记录。

至此，借阅记录模块的新增借阅记录的功能已经完成。

2. 查询借阅记录

在借阅记录页面 record.jsp 中，可以根据借阅人和图书名称来查询对应的借阅记录，其中，根据借阅人查询借阅记录是管理员才有的权限。如果查询条件为空，则忽略查询条件查询所有借阅记录。

（1）实现 DAO 层

在文件 15-35 的 RecordMapper 接口中新增 searchRecords()方法用于查询借阅记录。RecordMapper 接口具体代码如文件 15-40 所示。

文件 15-40　RecordMapper.java

```
1    …
2    @Select({"<script>" +
3            "SELECT * FROM record " +
```

```
4         "where 1=1" +
5         "<if test=\"borrower != null\">
6          AND record_borrower like  CONCAT('%',#{borrower},'%')</if>" +
7         "<if test=\"bookname != null\">
8         AND record_bookname  like  CONCAT('%',#{bookname},'%') </if>" +
9         "order by record_remandtime DESC" +
10        "</script>"
11  })
12  @Results(id = "recordMap",value = {
13        //id 字段默认为 false，表示不是主键
14        //column 表示数据库表字段，property 表示实体类属性名。
15        @Result(id = true,column = "record_id",property = "id"),
16        @Result(column = "record_bookname",property = "bookname"),
17        @Result(column = "record_bookisbn",property = "bookisbn"),
18        @Result(column = "record_borrower",property = "borrower"),
19        @Result(column = "record_borrowtime",property = "borrowTime"),
20        @Result(column = "record_remandtime",property = "remandTime")
21  })
22  //查询借阅记录
23  Page<Record> searchRecords(Record record);
24  …
```

在上述代码中，第 2～11 行代码基于@Select 注解执行借阅记录的查询，如果查询条件为空，则忽略查询条件进行查询；第 12～21 行代码映射了持久化类 Record 的属性和 record 数据库表字段的关系。

（2）实现 Service 层

在文件 15-37 的 RecordService 接口中，添加查询借阅记录的方法，具体代码如下：

```
//查询借阅记录
PageResult searchRecords(Record record, User user, Integer pageNum,
          Integer pageSize);
```

在文件 15-38 的 RecordServiceImpl 类中重写 RecordService 接口中的 searchRecords()方法，具体代码如文件 15-41 所示。

文件 15-41　RecordServiceImpl.java

```
1   …
2   /**
3    * 查询借阅记录
4    * @param record 借阅记录的查询条件
5    * @param user 当前的登录用户
6    * @param pageNum 当前页码
7    * @param pageSize 每页显示数量
8    */
9   @Override
10  public PageResult searchRecords(Record record, User user,
11        Integer pageNum, Integer pageSize) {
12     // 设置分页查询的参数，开始分页
13     PageHelper.startPage(pageNum, pageSize);
14     //如果不是管理员，则查询条件中的借阅人设置为当前登录用户
15     if(!"ADMIN".equals(user.getRole())){
16        record.setBorrower(user.getName());
17     }
18     Page<Record> page= recordMapper.searchRecords(record);
19     return new PageResult(page.getTotal(),page.getResult());
20  }
21  …
```

在文件 15-41 中，第 15～17 行代码判断当前用户的角色，如果不是管理员，则查询条件中的借阅人设置为当前登录用户；如果是管理员则根据查询条件中的借阅人信息进行分页查询。

（3）实现 Controller

在 com.itheima.controller 包中，创建借阅记录控制器类 RecordController，在该类中定义方法 searchRecords()，用于查询借阅记录，并将查询结果响应到借阅记录的页面。RecordController 类具体代码如文件 15-42 所示。

文件 15-42　RecordController.java

```
1   package com.itheima.controller;
2   import com.itheima.domain.Record;
```

```
3   import com.itheima.domain.User;
4   import com.itheima.service.RecordService;
5   import entity.PageResult;
6   import org.springframework.beans.factory.annotation.Autowired;
7   import org.springframework.stereotype.Controller;
8   import org.springframework.web.bind.annotation.RequestMapping;
9   import org.springframework.web.servlet.ModelAndView;
10  import javax.servlet.http.HttpServletRequest;
11  @Controller
12  @RequestMapping("/record")
13  public class RecordController {
14     @Autowired
15     private RecordService recordService;
16  /**
17   * 查询借阅记录
18   * @param record 借阅记录的查询条件
19   * @param pageNum 当前页码
20   * @param pageSize 每页显示数量
21   */
22  @RequestMapping("/searchRecords")
23  private ModelAndView searchRecords(Record record,
24          HttpServletRequest request, Integer pageNum, Integer pageSize){
25     if(pageNum==null){
26        pageNum=1;
27     }
28     if(pageSize==null){
29        pageSize=10;
30     }
31     //获取当前登录用户的信息
32     User user = ((User)
33          request.getSession().getAttribute("USER_SESSION"));
34     PageResult pageResult=
35             recordService.searchRecords(record,user,pageNum,pageSize);
36     ModelAndView modelAndView=new ModelAndView();
37     modelAndView.setViewName("record");
38     //将查询到的数据存放在 ModelAndView 的对象中
39     modelAndView.addObject("pageResult",pageResult);
40     //将查询的参数返回到页面，用于回显到查询的输入框中
41     modelAndView.addObject("search",record);
42     //将当前页码返回到页面，用于分页插件的分页显示
43     modelAndView.addObject("pageNum",pageNum);
44     //将当前查询的控制器路径返回到页面，页码变化时继续向该路径发送请求
45     modelAndView.addObject("gourl", request.getRequestURI());
46     return modelAndView;
47  }
48  }
```

在上述代码中，第 34 行和第 35 行代码，将查询条件、当前登录用户的信息和分页数据作为 searchRecords() 方法的实参，通过 RecordService 对象调用 searchRecords()方法执行查询借阅记录的操作。第 39～45 行代码将查询结果和分页相关数据封装在 ModelAndView 对象中返回。

（4）实现页面效果

在后台首页 main.jsp 的导航侧栏中配置“借阅记录”超链接的目标路径，配置代码如下：

```
<li >
   <a href="${pageContext.request.contextPath}/record/searchRecords"
     target="iframe">
      <i class="fa fa-circle-o"></i>借阅记录
   </a>
</li>
```

当单击图 15-25 所示的“借阅记录”超链接时，将对借阅记录进行查询。

至此，借阅记录模块的查询借阅记录的功能已经完成。

下面测试借阅记录模块的新增借阅记录和查询借阅记录的功能。启动项目，使用普通用户借阅 2 本图书，借阅完成后单击导航侧栏中“当前借阅”超链接，如图 15-36 所示。

图15-36　普通用户“当前借阅”页面显示（1）

在图 15-36 中，普通用户有 2 本借阅中待归还的图书，单击图书《Java 基础案例教程（第 2 版）》右侧的“归还”按钮，此时普通用户“当前借阅”页面显示如图 15-37 所示。

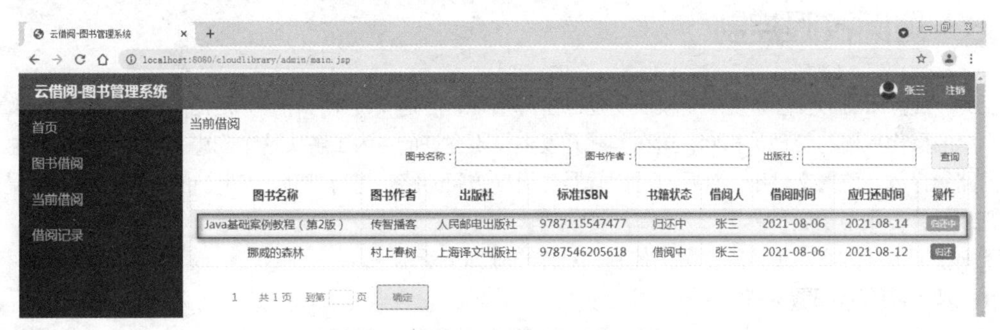

图15-37　普通用户“当前借阅”页面显示（2）

在图 15-37 中，普通用户有 2 本借阅未归还的图书，其中，图书《Java 基础案例教程（第 2 版）》状态是“归还中”，图书《挪威的森林》状态是“借阅中”。使用管理员用户登录，管理员用户的“当前借阅”页面如图 15-38 所示。

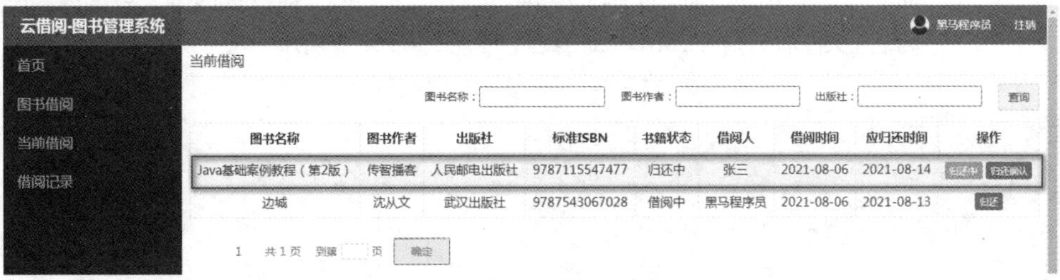

图15-38　管理员“当前借阅”页面显示

单击图 15-38 中的“归还确认”按钮，页面效果如图 15-39 所示。

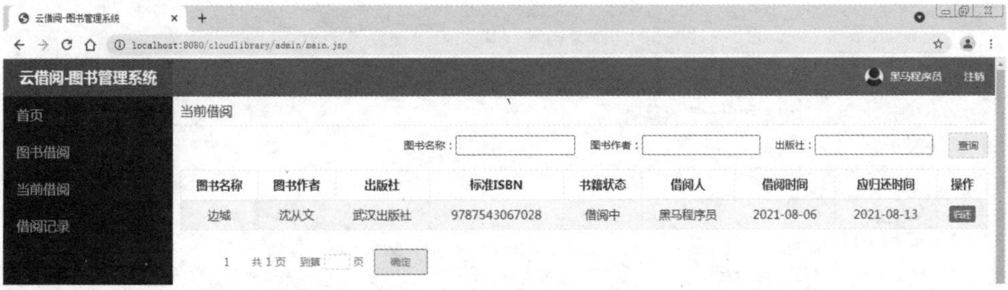

图15-39　管理员归还确认后页面显示

在图 15-39 中，单击导航侧栏中“借阅记录”链接，借阅记录页面如图 15-40 所示。

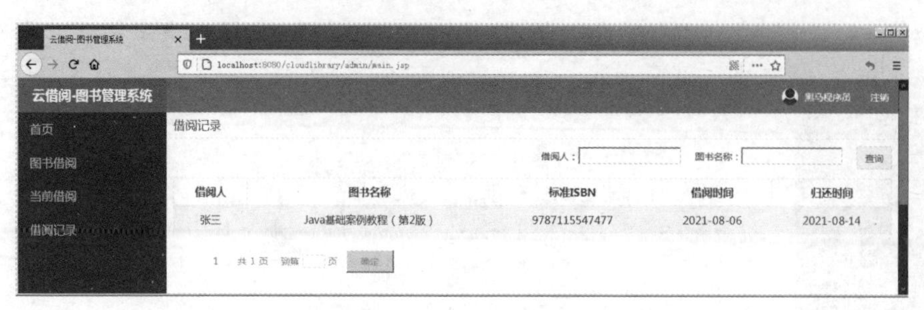

图15-40 借阅记录页面

从图 15-40 可以看出，归还确认后，新增了《Java 基础案例教程（第 2 版）》的借阅记录，说明借阅记录的新增借阅记录和查询借阅记录成功实现了。

15.6 访问权限控制

至此，云借阅图书管理系统主要模块功能已全部实现，但是项目此时存在一定的隐患，因为此时普通用户对系统的操作权限与管理员相同，这在实际开发中是不允许的。为了解决这个隐患，可以将允许普通用户访问的路径存放在配置文件中，然后通过拦截器对用户访问的路径进行判断，如果访问的路径位于配置文件中，则放行，否则不予放行。

下面根据上述方案实现访问权限的控制，具体步骤如下所示。

1. 创建并编写配置文件

在项目的 resources 文件夹中创建普通用户可以访问的资源配置文件 ignoreUrl.properties，在配置文件中编写普通用户可以访问的资源路径，具体内容如下：

```
ignoreUrl=/logout,/selectNewbooks,/findById,/borrowBook,/search,
         /searchBorrowed,/returnBook,/searchRecords
```

2. 加载配置文件

在 SpringMvcConfig 配置类中加载 ignoreUrl.properties 配置文件，并将读取到的配置文件的内容设置到自定义拦截器中。加载配置文件后的 SpringMvcConfig 配置类如文件 15-43 所示。

文件 15-43 SpringMvcConfig.java

```
1  @Configuration
2  @PropertySource("classpath:ignoreUrl.properties")
3  //等同于<context:component-scan base-package="com.itheima.controller"/>
4  @ComponentScan({"com.itheima.controller"})
5  /*@Import({MyWebMvcConfig.class})*/
6  @EnableWebMvc
7  public class SpringMvcConfig  implements WebMvcConfigurer {
8    @Value("#{'${ignoreUrl}'.split(',')}")
9      private List<String> ignoreUrl;
10     @Bean
11     public ResourcesInterceptor resourcesInterceptor(){
12        return new ResourcesInterceptor(ignoreUrl);
13     }
14     /*
15      * 在注册的拦截器类中添加自定义拦截器
16      * addPathPatterns()方法设置拦截的路径
17      * excludePathPatterns()方法设置不拦截的路径
18      */
19     @Override
20     public void addInterceptors(InterceptorRegistry registry) {
21        registry.addInterceptor( resourcesInterceptor())
22        .addPathPatterns("/**")
23        .excludePathPatterns("/css/**","/js/**","/img/**");
24     }
```

```
25 }
```

在文件 15-43 中，第 2 行代码读取 ignoreUrl.properties 配置文件的内容；第 8 行和第 9 行代码以符号 “,” 作为分隔符分隔第 2 行代码读取到的内容，并将分隔后的内容赋值给列表 ignoreUrl；第 10～13 行代码创建并返回自定义拦截器对象，并交由 Spring 管理。

加载 ignoreUrl.properties 配置文件后，文件 15-43 中 ignoreUrl 变量的值可以通过自定义拦截器的构造方法获取，便于在自定义拦截器中对用户访问的路径进行过滤。

3. 更新自定义拦截器

之前自定义的拦截器中只对用户的登录状态和登录访问进行判断，为判断当前用户是否对当前访问路径有权限，需要更新 ResourcesInterceptor 拦截器。更新文件 15-11 的自定义拦截器类 ResourcesInterceptor，更新后的自定义拦截器如文件 15-44 所示。

文件 15-44　ResourcesInterceptor.java

```
1  /**
2   *拦截器
3   */
4  public class ResourcesInterceptor extends HandlerInterceptorAdapter {
5      //任意角色都能访问的路径
6      private List<String> ignoreUrl;
7      public ResourcesInterceptor(List<String> ignoreUrl) {
8          this.ignoreUrl = ignoreUrl;
9      }
10     public boolean preHandle(HttpServletRequest request,
11             HttpServletResponse response, Object handler) throws Exception {
12         //获取请求的路径
13         String uri = request.getRequestURI();
14         //对用户登录的相关请求，放行
15         if (uri.indexOf("login") >= 0) {
16             return true;
17         }
18         User user = (User)
19                 request.getSession().getAttribute("USER_SESSION");
20         //如果用户是已登录状态，判断访问的资源是否有权限
21         if (user != null) {
22             //如果是管理员，放行
23             if ("ADMIN".equals(user.getRole())) {
24                 return true;
25             }
26             //如果是普通用户
27             else if (!"ADMIN".equals(user.getRole())) {
28                 for (String url : ignoreUrl) {
29                     //访问的资源不是管理员权限的资源，放行
30                     if (uri.indexOf(url) >= 0) {
31                         return true;
32                     }
33                 }
34             }
35         }
36         //其他情况都直接跳转到登录页面
37         request.setAttribute("msg", "您还没有登录，请先登录！");
38         request.getRequestDispatcher("/admin/login.jsp").
39                 forward(request, response);
40         return false;
41     }
42 }
```

在上述代码中，对用户访问的资源路径进行拦截，第 7～9 行代码通过 ResourcesInterceptor 类的构造器获取 ignoreUrl.properties 配置文件的内容；第 13 行代码获取用户当前访问的资源路径；第 15～17 行代码判断当前用户访问的是否是登录相关路径，如果是，则直接放行；第 18 行和第 19 行代码获取 Session 中的用户信息；第 27～34 行代码表示如果登录的用户是普通用户，则判断用户访问的路径是否是普通用户允许访

问的路径，如果是，则放行，否则跳转到用户登录页面。

至此，自定义拦截器对访问权限的控制已经完成。

下面测试用户的访问权限。启动项目，使用普通用户登录系统，在浏览器中访问图书下架的方法，访问路径为 http://localhost:8080/cloudlibrary/book/editBook?id=1&status=3，此时页面跳转到用户登录页面，如图 15–41 所示。

图15–41 用户登录页面

使用管理员登录系统后，浏览器中访问图书下架的方法，访问路径为 http://localhost:8080/cloudlibrary/book/editBook?id=1&status=3，此时跳转页面如图 15–42 所示。

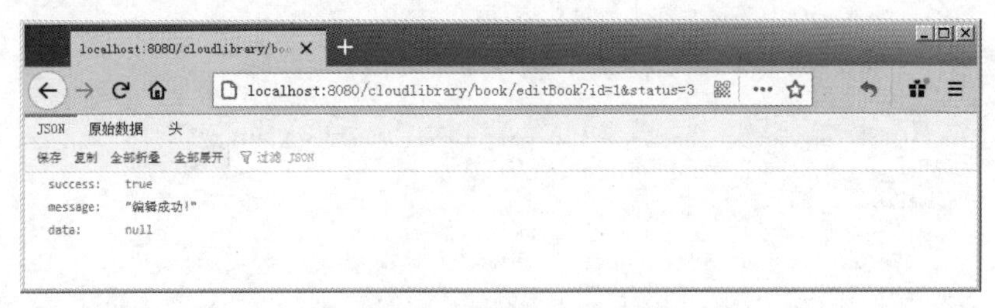

图15–42 管理员访问图书下架的方法的跳转页面

从图 15–42 所示的内容可以得出，系统响应回来的的 JSON 数据提示编辑成功。从图 15–41 和图 15–42 可以看出，拦截器的访问权限已经设置成功。

15.7 本章小结

本章主要通过一个云借阅图书管理系统来讲解 SSM 框架的实际使用。首先对云借阅图书管理系统进行了一个整体概述，包括系统功能、系统架构设计、文件组织结构、系统开发及运行环境；其次讲解了云借阅图书管理系统的数据库设计；然后讲解了系统环境搭建；接着详细讲解了用户登录模块和图书管理模块的实现；最后讲解了访问权限控制。通过学习本章的内容，读者可以熟练掌握 SSM 框架的整合使用，并能熟练地使用 SSM 框架实现系统功能模块的开发工作。本系统是 SSM 框架综合应用的案例，读者一定要多加练习，并熟练编写各个功能模块的实现代码，这样才能将前面所学知识融会贯通。

【思考题】

1. 请简述系统中各个层次的组成和作用。
2. 请简述引入 SQL 文件的过程。